Baetge (Hrsg.) · Grundlagen der Wirtschafts- und Sozialkybernetik

Moderne Lehrtexte:

Wirtschaftswissenschaften Band 11

Jörg Baetge (Hrsg.)

Grundlagen der Wirtschafts- und Sozialkybernetik

Betriebswirtschaftliche Kontrolltheorie

Westdeutscher Verlag

© 1975 Westdeutscher Verlag GmbH, Opladen
Umschlaggestaltung: Hanswerner Klein, Opladen
Satz: Margit Seifert, Erkrath
Alle Rechte vorbehalten. Auch die fotomechanische Vervielfältigung des Werkes (Fotokopie, Mikrokopie) oder von Teilen daraus bedarf der vorherigen Zustimmung des Verlages.

ISBN-13: 978-3-531-11198-8   e-ISBN-13: 978-3-322-85683-8
DOI: 10.1007/978-3-322-85683-8

Inhalt

Vorwort des Herausgebers

I. Die vorliegende Aufsatzsammlung ist als selbständiges Lehrbuch für Studierende der Wirtschafts- und Sozialwissenschaften und für an der Wirtschaftskybernetik interessierte Praktiker gedacht. Sie soll zugleich die Monographie „Betriebswirtschaftliche Systemtheorie" des Herausgebers[1], die beim gleichen Verlag und in der gleichen Schriftenreihe erschienen ist, in der Weise ergänzen, daß der Leser mit den Beiträgen jener hervorragenden Sachkenner konfrontiert wird, die die „Betriebswirtschaftliche Systemtheorie" nicht unerheblich beeinflußt haben.

Als ich mich in das Gebiet der betriebswirtschaftlichen System- und Kontrolltheorie einarbeiten wollte, gab es noch kein Lehrbuch für diesen Bereich. Daher habe ich mich damals anhand der weitverstreuten Aufsätze über dieses Gebiet informiert. Einige der mir am wichtigsten erscheinenden Beiträge habe ich für das vorliegende Buch zusammengestellt; sie wurden teils wegen ihrer didaktischen und teils wegen ihrer herausragenden wissenschaftlichen Bedeutung ausgesucht, wobei das eine das andere selbstverständlich nicht ausschließt. Die meisten Beiträge sind Studenten und Praktikern im Original schwer zugänglich. Alle englischen Aufsätze wurden ins Deutsche übertragen, um die Sprachbarriere abzubauen. Diese Gründe und die Überzeugung von der Tragfähigkeit des regelungstheoretischen Ansatzes sind der Anlaß für die Publikation des Readers, d. h. den Abdruck der Beiträge.

Die Aufsätze habe ich in vier Hauptteilen zusammengestellt, die sich zu einer Einheit ergänzen. Der Untertitel dieser Beiträge, „Betriebswirtschaftliche Kontrolltheorie", ergibt sich daraus, daß wir uns vom zweiten Teil des Buches an nur mit einem Teilgebiet der Kybernetik beschäftigen, nämlich mit der „Regelungstheorie", die auch als „Kontrolltheorie" bezeichnet wird.

II. Seit der Veröffentlichung der „Betriebswirtschaftlichen Systemtheorie" und anderer Literatur, die den Systemansatz zur Lösung betriebswirtschaftlicher Probleme heranzieht, hat es viel Zustimmung, aber auch Kritik, insbesondere auf Symposien und Kongressen, gegeben.

Die Kritik richtete sich teils gegen jene „Systemtheoretiker", die ihre Systeme nur verbal vorstellen, ohne die von der Systemtheorie entwickelten operationalen Verfahren, wie die in diesem Reader im zweiten Teil dargestellte Testtheorie, Regelungstheorie, Theorie optimaler Steuerung von Prozessen und die Simulation, heran-

---

1 Vgl. *Baetge, Jörg:* Betriebswirtschaftliche Systemtheorie. Regelungstheoretische Planungs-Überwachungs-Modelle für Produktion, Lagerung und Absatz, Opladen 1974 (im folgenden zitiert als „Betriebswirtschaftliche Systemtheorie").

7

zuziehen; sie richtete sich aber teils auch gerade gegen jene, die diese Verfahren verwenden. Die Kritik an den „Verbalisten" ist inzwischen abgeklungen, zumal die „Operationalisten" das Feld beherrschen.

Die Gründe für eine Kritik an den Operationalisten liegen vermutlich in der wenig kritischen Auseinandersetzung mancher Autoren mit den Anwendungsmöglichkeiten dieses Ansatzes in der Betriebswirtschaftslehre. Manchmal werden nämlich die besonderen Probleme ökonomischer Steuerungs- und Regelungsprozesse nicht genügend berücksichtigt und die in der Regelungs*technik* erarbeiteten Ergebnisse und Verfahren *ohne weiteres*, d. h. ohne Prüfung ihrer Brauchbarkeit, übernommen. Diese Vorgehensweise ist unzulässig, weil technische Systeme und Prozesse sich erheblich von (betriebs-)wirtschaftlichen Systemen und Prozessen unterscheiden. In technischen Prozessen gibt es keine Verhaltensrelationen[2]; d. h. in der Regelungstechnik müssen keine Hypothesen über das Verhalten von Menschen berücksichtigt werden. Es liegt wahrscheinlich an dieser voreiligen Analogisierung, warum in einigen ökonomischen regelungstheoretischen Arbeiten nur die von der Regelungstechnik entwickelten Stabilitätsmethoden zur Beurteilung herangezogen werden. Ich habe diesen Weg vermieden. Für *technische* Systeme ist in der Tat die Stabilität häufig von alleiniger Bedeutung; für *ökonomische* Systeme ist darüber hinaus vor allem das Kurzzeitverhalten (insbesondere die Regelgüte nach Auftritt einer Störung) entscheidend[3], d. h. man muß versuchen, das Einschwingverhalten eines Systems nach ökonomischen Kriterien zu beurteilen. Meines Erachtens sind technische und ökonomische Regelungssysteme nicht deckungsgleich, so daß der Ökonom u. U. eigene Methoden zur Analyse und Synthese ökonomischer Systeme entwickeln oder vorliegende Methoden weiterentwickeln muß. Trotz dieser Einwendungen will ich nicht den Eindruck erwecken, als könnte der ökonomische Regelungs-(Kontroll-)Theoretiker nicht sehr viel von den Technikern lernen und auf deren Methoden zurückgreifen. Das Gegenteil ist der Fall. Allerdings muß der Ökonom darauf achten, daß seine Methoden problemadäquat sind bzw. gemacht werden.

Eine kritische Auseinandersetzung mit dem Systemansatz in der Betriebswirtschaftslehre fand u. a. am 9. April 1974 in Mannheim auf einer Tagung des Arbeitskreises „Wissenschaftstheorie" des Verbandes der Hochschullehrer für Betriebswirtschaft e. V. statt. Thema dieser Tagung war „Wissenschaftstheorie, Betriebswirtschaftslehre und Systemtheorie".[4] An dieser Stelle kann ich mich nicht mit den einzelnen Beiträgen zu dieser Tagung beschäftigen, zumal ich vielen auf dieser Tagung geäußerten Thesen ohne weiteres zustimme. Allerdings möchte ich einen Abschnitt aus einem Thesenpapier zitieren, der meines Erachtens nicht unwidersprochen bleiben sollte, weil er nach meinen auf Symposien und Kongressen über systemtheoretische Fragen gesammelten Erfahrungen die Meinung vieler Kritiker an

2 Zu diesem Begriff vgl. *Baetge, Jörg:* Betriebswirtschaftliche Systemtheorie, S. 53–54.
3 Vgl. dazu die Ausführungen in meinem Beitrag: „Möglichkeiten des Tests der dynamischen Eigenschaften betriebswirtschaftlicher Planungs-Überwachungs-Modelle" in diesem Buch S. 116–131, hier S. 119–126.
4 Die Referate dieser Tagung wurden in einem Sammelband beim *Poeschel* Verlag unter dem Titel: Systemforschung in der Betriebswirtschaftslehre, hrsg. v. Egon Jehle, Stuttgart 1975, veröffentlicht.

der systemorientierten, insbesondere der regelungstheoretischen Betriebswirtschaftslehre — wenn auch in konzentrierter und pointierter Form — widerspiegelt. Dieser Abschnitt lautet:

„Die kybernetische Analyse verfolgt die Abstraktion realer Vorgänge in graphischen und mathematischen Modellen, indem die im Bereich technischer Systeme entwickelten regelungstechnischen Verfahren auf soziale Systeme übertragen werden. Die Realität wird auf operationale, rechenbare, planbare, automatisierbare Phänomene reduziert, denen bestimmte kybernetische Elementtypen zugeordnet werden (Regler, Regelstrecke, Steuerglied etc.). Durch die verkürzte Abbildung der Realität wird die Methode nicht mehr auf die Eigenart des Forschungsprojektes abgestellt, sondern das Forschungsprojekt auf die Eigenart der Methode ausgerichtet. Das Erkenntnisinteresse richtet sich nicht auf die Lösung konkreter Probleme der Unternehmenspraxis bzw. auf die Analyse und Erklärung sozialer Systeme, sondern auf die Suche nach Realitäten, auf die die Problemlösungsmethode paßt. Nicht Erklärung von Struktur und Verhalten von Systemen als Voraussetzung für sinnvolle Gestaltungsempfehlungen sind Erkenntnisziel der Kybernetiker, sondern die regelungstechnische Manipulation des Systems nach beliebigen, nicht problematisierten, systemexternen Zielvorschriften."[5]

Die Aussage, daß bei der kybernetischen Analyse ökonomischer Probleme „ . . . die regelungs*technischen* Verfahren auf soziale Systeme übertragen werden", ist meines Erachtens eine unzulässige Verallgemeinerung. In vielen systemtheoretischen Arbeiten wird darauf hingewiesen, daß die analoge Anwendung oder *Übertragung* von regelungs*technischen* Methoden insofern unzureichend und unzulässig ist, als bei der unkritischen Übernahme bestimmter Problemlösungen aus dem *technischen* Bereich in den betriebswirtschaftlichen die Besonderheiten der *ökonomischen* Lenkungsvorgänge *nicht ausreichend* berücksichtigt werden. Bei der Untersuchung *betriebswirtschaftlicher* Regelungs- und Steuerungsvorgänge dürfen daher die Ergebnisse aus den *technischen* Wissenschaften *nicht ohne weiteres* durch Analogien auf die Betriebs- und Volkswirtschaftslehre übertragen werden, sondern die betriebswirtschaftliche Kybernetik muß die Frage klären, wie man allgemeine und — wenn möglich — konkret-rechnerische Aussagen über die Struktur und das Verhalten der *ökonomischen* Systeme machen kann. Es geht den ökonomischen Regelungstheoretikern also um eine möglichst isomorphe Abbildung der realen ökonomischen Systeme. Der Versuch, betriebliche Realitäten mittels Regelungssystemen zu beschreiben, bedient sich damit nur eines systematisch angewandten Instrumentariums für ökonomische Lenkungsprobleme.

Die von den Autoren geäußerte Kritik, die ökonomische Realität werde durch die kybernetische Analyse „ . . . auf operationale, rechenbare, planbare, automatisierbare Phänomene reduziert . . . ", enthält meines Erachtens Richtiges und Falsches zugleich. Richtig ist, daß die kybernetische Analyse ökonomischer Probleme,

5 *Staehle, W. H.; Gaitanides, M.; Oechsler, W.* und *Remer, A.*: Thesen zu: Forschungsziele der systemtheoretisch orientierten Betriebswirtschaftslehre, unveröffentlichtes Thesenpapier zur Tagung des Arbeitskreises „Wissenschaftstheorie" des Verbandes der Hochschullehrer für Betriebswirtschaft am 9. April 1974 in Mannheim, S. 2 und 3.

wie jedes Arbeiten mit Modellen (Hypothesen) von realen Vorgängen zu verbalen, graphischen oder mathematischen Modellen abstrahiert (reduziert). „Modell" steht hier für die Sammlung allgemeiner oder *abstrahierender* widerspruchsfreier Aussagen über die Struktur und das Verhalten von Ausschnitten der wirtschaftlichen Realität. Die kybernetische (systemtheoretische) Analyse abstrahiert nach einem bestimmten Konzept. Bisher fehlt im Schrifttum meines Wissens ein Nachweis, daß diese Konzeption für die *Beschreibung* und/oder *Erklärung* realer Tatbestände Schwächen gegenüber anderen Konzeptionen aufweist.

Richtig ist weiterhin, daß die kybernetische Analyse — wie jede ökonomische Analyse — auf operationale und planbare Phänomene rekurriert. Das Zitat erweckt indes den Eindruck, als sei dieses Faktum kritisch zu beurteilen. Aus der Sicht des Herausgebers bietet ein solches Vorgehen der ökonomischen Systemtheoretiker keinen Angriffspunkt, zumal Spielregeln einer Kommunikation für nicht-operationale und nicht-planbare Phänomene der ökonomischen Realität meines Erachtens kaum konstituierbar sind.

Falsch ist, daß *die* (gesamte) Realität mit Hilfe des regelungstheoretischen Ansatzes auf irgendwelche Phänomene reduziert wird. Meines Wissens vertreten die Systemtheoretiker nicht die Auffassung, daß *die* (gesamte) ökonomische Realität mit diesem Ansatz besonders gut erklärt werden kann, denn nach dem heutigen Stande der Regelungstheorie müssen wir uns mit Partialmodellen (und d. h. auch mit der partiellen Anwendung des regelungstheoretischen Ansatzes in Teilmodellen) begnügen. In diesem Zusammenhang habe ich, unter Verweis auf *R. Bellman,* gezeigt, daß der Konstrukteur von komplexen regelungstheoretischen Modellen insbesondere darauf achten muß, einfache Entscheidungspolitiken zu suchen und die Erwartungen des Anwenders solcher Modelle zu dämpfen. Außerdem halte ich es für falsch zu behaupten, die ökonomischen Systemtheoretiker reduzierten die Realität auf rechenbare und automatisierbare Phänomene. Gerade für komplexere regelungstheoretische Modelle läßt sich zeigen, daß diese nach dem heutigen Stande des Wissens nicht einfach — vielleicht gar nicht — anzuwenden sind. Ich habe an anderer Stelle[6] die Frage gestellt, was man mit den Ergebnissen einer regelungstheoretischen Analyse von komplexeren und realitätsnäheren Systemen anfangen kann, wenn allein schon Zurechnungs- und Koordinationsprobleme die Ergebnisse fragwürdig machen. Von dem Versuch einer Reduktion auf vollständige Rechenbarkeit oder auf eine Automatisierung aller ökonomischen Lenkungsfragen durch den regelungstheoretischen Ansatz kann (bei Kenntnis des entsprechenden Schrifttums) keine Rede sein.

Den härtesten Vorwurf des obigen Zitates: „Durch die verkürzte Abbildung der Realität wird die Methode nicht mehr auf die Eigenart des Forschungsprojektes abgestellt, sondern das Forschungsprojekt auf die Eigenart der Methode ausgerichtet", halte ich zumindest für schief. Daß die Realität durch Modellbildung (Hypothesenbildung) verkürzt werden muß, ist meines Erachtens selbstverständlich. Genauso klar scheint mir, daß eine gewisse Art der Verkürzung[7] — je nach Ansatz —

6 Vgl. *Baetge, Jörg:* Betriebswirtschaftliche Systemtheorie, S. 240—241.
7 Hierbei ist nicht die Selektivität einer Theorie, sondern der Erklärungsanspruch des Theoretikers gemeint.

durchaus verschieden sein kann. Diese Verkürzung wird zum Problem.[8] Den systemtheoretischen Ansatz als Hilfsmittel einer Art von „Sozialtechnologie"[9] anzusehen, mag für den einen zum Vorwurf werden, dem anderen in seinem Wissenschaftsverständnis vielleicht unvermeidlich erscheinen. Die Entwicklung einer Sozialtechnologie verhindert keineswegs, Reflexionen darüber für irrelevant zu halten. Die Unzulässigkeit der Verkürzung mit Hilfe des systemtheoretischen Ansatzes läßt sich meines Erachtens jedoch nicht allein mit dem nicht gerechtfertigten Hinweis auf die Analogisierung technischer Fragestellungen auf ökonomische Probleme belegen.

Daß das Forschungsprojekt nicht auf die Eigenart der Methode ausgerichtet werden darf, ist ein auch von Systemtheoretikern allgemein akzeptiertes Postulat.

Für verfehlt halte ich die in der These verborgene Aussage, der Theoretiker könne und müsse nach der Analyse seines Forschungsprojektes entweder die Methoden jeweils selbst entwickeln oder er dürfe sich erst dann nach geeigneten Methoden umsehen, nachdem er die Eigenart(en) seines Forschungsprojektes vollständig ermittelt habe. Ich halte es dagegen durchaus für vertretbar, vor allem aber für eine (notwendigerweise) gängige Forschungsstrategie, eine (von Nachbardisziplinen entwickelte) Methode — cum grano salis — aufzugreifen und geeignet erscheinende Forschungsprojekte daraufhin zu prüfen, ob sie mit dieser Methode besser als mit anderen „gelöst" (oder gehandhabt) werden können. Wichtig scheint mir dabei nur zu sein, daß die Besonderheiten des Forschungsgegenstandes adäquat berücksichtigt werden. Entsprechende Wechselwirkungen zwischen Problemformulierung und Methodenentwicklung werden (hoffentlich) die Folge sein.

Auch die im Zitat folgende Behauptung, das Erkenntnisinteresse der Systemtheoretiker richte sich nicht auf die Lösung konkreter Probleme der Unternehmenspraxis, trifft nicht zu. Gerade die Verwertung — nicht die analoge Übertragung — des regelungstheoretischen Ansatzes für die Praxis ist ein ernstes Anliegen der Kybernetiker. Dabei ist übrigens schon eine ganze Reihe von Erfolgen zu verzeichnen.[10]

Schließlich ist auch der letzte Vorwurf, die Kybernetiker arbeiteten mit „beliebigen, nicht problematisierten, systemexternen Zielvorschriften", nicht angebracht: Begreift man den systemtheoretischen Ansatz als Instrument für eine Modellbildung, ist damit die *Verwendungsweise* dieses Modells für eine bestimmte Zielreali-

8 Man vergleiche hierzu etwa: *Adorno, Theodor W.; Albert, Hans; Dahrendorf, Ralf; Habermas, Jürgen; Pilot, Harald; Popper, Karl R.* (Hrsg.): Der Positivismusstreit in der deutschen Soziologie, 3. Aufl., Neuwied und Berlin 1971.
9 Vgl. *Habermas, Jürgen:* Legitimationsprobleme im Spätkapitalismus. Frankfurt/Main 1973, insb. S. 15–16.
10 Vgl. dazu u. a. die folgenden Beiträge aus *Hansen, Hans Robert* (Hrsg.): Computergestützte Marketing-Planung. Beiträge zum Wirtschaftsinformatiksymposium 1973 der IBM Deutschland, o. O. o. J. [München 1974]: *Naylor, Th. H.* und *Schauland, H.:* Marketing-Modelle – Spezifizierung, Schätzung und Problemlösung, S. 519–543; *Rosenkranz, F.:* Konstruktion und Einführung von Marketing-Modellen bei einem Unternehmen der chemischen Industrie, S. 565–584; *Thabor, A.:* Ein Marketing-Mix-Simulationssystem – angewandt beim Bankenmarkt, S. 585–650; *Little, J. D. C.:* Ein On-Line-Marketing-Mix-Modell, S. 651–704; *Montgomery, D. B.:* Perspektiven der Entwicklung von computergestützten Marketing-Informationssystemen und Marketing-Modellen in den 70er Jahren, S. 705–726.

sierung nicht (exakter: nur teilweise) präjudiziert. Das Problem der nicht problematisierten, systemexternen Zielvorschriften scheint mir das Problem der Relevanz einer jeden Entscheidungslogik zu sein. Dies dem systemtheoretischen Instrumentarium allein anlasten zu wollen, ist verfehlt. Durch sehr undifferenzierte Übertragung der Regelungstechnik auf jede ökonomische Fragestellung mag es hier und da dazu gekommen sein, irrelevante Entscheidungslogiken zu produzieren. Daraus zu schließen, die systemtheoretischen Methoden würden generell das Forschungsprojekt unzulässigerweise normieren, halte ich für übertrieben.

Zusammenfassend läßt sich feststellen, daß der regelungstheoretische Ansatz (von mir) nicht bemüht wird, um die „klassische" Betriebswirtschaftslehre abzulösen, sondern um Fragestellungen, für die bisher keine Lösungsmethoden existieren, zu untersuchen. Daß die regelungstheoretischen Methoden beim derzeitigen Wissensstand nur für einen Teil der Lenkungsfragen zu befriedigenden Antworten führen, zeigt das ökonomische regelungstheoretische Schrifttum.

Gleichzeitig muß jedoch betont werden, daß mit Hilfe des regelungstheoretischen Ansatzes einige — wenn auch bescheidene — Fragen besser beantwortet werden konnten als mit allen übrigen Ansätzen.[11] Hierin liegt die Berechtigung für diesen Ansatz. Hierin liegt auch die Motivation für die Publikation dieses Buches, das im folgenden inhaltlich kurz skizziert wird.

III. (1) Mit dem *ersten Teil* des Buches erhält der Leser von sieben hervorragenden Sachkennern eine leicht verständliche, aber gründliche Einführung in das Gebiet der allgemeinen und der ökonomischen Systemtheorie und Kybernetik. *Boulding* entwirft im ersten Beitrag ein „System der Systeme", bestehend aus neun verschiedenen Untersuchungsebenen. Dieses Konzept für eine „allgemeine Systemtheorie" macht deutlich, wie schwach der systemtheoretische Ansatz in der Ökonomie noch entwickelt ist, denn von den neun Ebenen *Boulding*s lassen sich derzeit im wirtschaftswissenschaftlichen Schrifttum bestenfalls die vier untersten Ebenen durch Untersuchungen belegen. Dabei zeigt sich sogar, daß Analysen auf der dritten Ebene (der Kontrollmechanismen) und auf der vierten Ebene (der Selbsterhaltungssysteme) in den Wirtschaftswissenschaften erst sehr vereinzelt zu finden sind. Die im dritten und vierten Teil des Readers abgedruckten Beiträge können zur dritten und vierten Ebene *Boulding*s gerechnet werden.

Ulrich gibt in seinem Beitrag einen sehr guten Überblick über den Systembegriff. Die von ihm gewählte Definition ist die Basis aller Beiträge des Readers. Der Beitrag von *Küpfmüller* macht den Inhalt von Systemtheorie und Kybernetik sowie der Regelungstheorie anschaulich. *Steinbuch* gibt einen knappen und klaren Überblick über das riesige Gebiet der Systemanalyse. *Forrester* zeigt in seinem Rückblick auf die fünfziger und sechziger Jahre, wie sich das Konzept der weltbekannten "Industrial Dynamics" entwickelt hat. Zugleich skizziert er den Stand der Regelungstheorie und beschreibt das Vorgehen des Systemtheoretikers, der das Konzept der Regelungstheorie in den Wirtschaftswissenschaften verwenden möchte. Mit dem gleichen Ansatz ist das zu Recht vieldiskutierte und problematisierte Modell des "Club of Rome"

11 Vgl. dazu u. a. das in Anm. 10 dieses Vorwortes zitierte Schrifttum.

entwickelt worden.[12] *Meffert* schildert das Vorgehen bei der Systemgestaltung (system design). Im letzten Beitrag des ersten Teiles behandelt *Lindemann* die Prinzipien der Steuerung und Regelung.

(2) Mit diesen sieben Beiträgen des ersten Teils besitzt der Leser die Basis für den *zweiten Teil*. Von diesem Teil an enthält der Reader überwiegend Beiträge aus dem Bereich der Kontrolltheorie. Sieben Autoren legen in systematischer Reihenfolge die methodischen Grundlagen für eine möglichst operationale Durchdringung ökonomischer Systeme. Der erste Beitrag des Herausgebers erläutert die dynamischen Eigenschaften ökonomischer Systeme und zeigt Möglichkeiten für deren Test. Die Beiträge von *Schiemenz* und *Nitsche* geben – ohne Überschneidungen – eine kurze, gut verständliche Einführung in die analytisch-mathematischen Verfahren zur Analyse von Systemen und erläutern die dabei auftauchenden Probleme. *Gluschkow* weist nach, daß die mathematische Systemtheorie mit dem „numerischen" Zweig durch die Entwicklung der maschinellen Mathematik eine erhebliche Bereicherung erfahren hat. Mit ihr lassen sich nämlich auch komplexere Systeme handhaben, bei denen die Analysis versagt. Die Beiträge von *Koller* und *Koelle* befassen sich in sehr übersichtlicher Weise mit der in den Wirtschafts- und Sozialwissenschaften in ihrer Bedeutung ständig wachsenden Methode der „numerischen" Mathematik, der Simulation. Anschließend wird die in den Wirtschaftswissenschaften leider noch recht unbekannte, jedoch sehr leistungsfähige Computer-Simulationssprache CSMP (bzw. DSL) von *Kunstmann* erläutert, die auch dem Nicht-Programmierer nach kurzer Einarbeitungszeit die Simulation komplexer Systeme ermöglicht.

(3) Im *dritten Teil* der Aufsatzsammlung werden die analytischen Methoden des zweiten Hauptteils auf zwei betriebswirtschaftliche System-Modelle angewendet. Die Beiträge von *Simon* und *Truninger* gehören zu den auch heute noch hochaktuellen „Klassikern" der ökonomischen Kybernetik. Sie zeigen beispielhaft, auf welche Weise ökonomische System-Modelle operationalisiert, dynamisiert und „optimiert" werden können. Meiner „Betriebswirtschaftlichen Systemtheorie" habe ich insbesondere diese beiden Beiträge wegen ihres neuen Ansatzes zugrundegelegt und versucht, die Modelle weiterzuentwickeln.

(4) Der *vierte Teil* des Buches enthält drei Beiträge, die die im zweiten Hauptteil vorgestellte Programmiersprache CSMP für die Simulation zweier betriebswirtschaftlicher Systeme und eines volkswirtschaftlichen Systems verwenden. In dem Beitrag von *Fuchs, Lehmann* und *Möhrstedt* wird die Simulationssprache zur Analyse des Zeitverhaltens betrieblicher Informationssysteme eingesetzt. Der zweite Beitrag des Herausgebers zeigt die Anwendungsmöglichkeit des Instrumentariums der Regelungstheorie auf Fragen des Lernverhaltens von Individuen in betrieblichen Fertigungsprozessen. Der Beitrag von *Bolle* befaßt sich mit dem Testen von Politiken in einem makroökonomischen Modell *Keynes*scher Prägung, das in dieser Form einer analytischen Behandlung nur sehr schwer zugänglich ist. Auf diese Weise kann

---

12 Vgl. *Meadows, Dennis et al.:* Die Grenzen des Wachstums, Stuttgart 1972.

sich der Leser an drei Beispielen von den Möglichkeiten der „numerischen" Analyse ökonomischer Systeme überzeugen.

Abschließend skizziert *Ulrich* als einer der hervorragenden Sachkenner der ökonomischen Systemtheorie die künftigen Entwicklungschancen der ökonomischen Kybernetik.

IV. Den Autoren der Beiträge des Readers möchte ich herzlich dafür danken, daß sie dem Abdruck ihrer Beiträge zugestimmt haben. Den Übersetzern und Bearbeitern danke ich für ihre mühevolle Arbeit. Auch den Verlagen der Autoren sei für die Abdruckgenehmigungen gedankt. Meinen Mitarbeitern, den Herren *Dipl.-Kfm. Wolfgang Ballwieser, Dipl.-Kfm. Gerhard Bolenz* und *Dr. Reinhold Hömberg* danke ich besonders herzlich für ihren unermüdlichen Einsatz bei der redaktionellen Bearbeitung der Beiträge und für die Mühen bei der Anfertigung des druckreifen Manuskripts. Schließlich gilt mein Dank dem Westdeutschen Verlag, der das Buch in die Modernen Lehrtexte: „Wirtschaftswissenschaften" aufgenommen hat.

Frankfurt am Main, im Juli 1974 *Jörg Baetge*

Erster Teil:

Einführung in die Wirtschafts- und Sozialkybernetik

Die allgemeine Systemtheorie – als Skelett der Wissenschaft

von Kenneth E. Boulding *

übersetzt und bearbeitet von *Wilfried Bechtel*

1. Die Anwendungsmöglichkeiten der allgemeinen Systemtheorie

1.0. Die Bildung eines Systems von Systemen

Die Bezeichnung allgemeine Systemtheorie[1] ist für theoretische Modelle eingeführt worden, die sich zwischen den stark verallgemeinerten gedanklichen Konstruktionen der reinen Mathematik und den besonderen Theorien spezieller Disziplinen einordnen lassen. In der Mathematik versucht man, sehr allgemeine Abhängigkeiten in ein zusammenhängendes System zu bringen, das jedoch nicht notwendigerweise unsere „tatsächliche" Umwelt beschreiben soll. Man untersucht alle denkbaren Abhängigkeiten, wobei man von konkreten Situationen oder Erfahrungstatbeständen abstrahiert. Hierbei ist man nicht etwa nur auf die eng definierten „quantitativen" Abhängigkeiten beschränkt, sondern man widmet sich in den mathematischen Theorien insbesondere auch den qualitativen Zusammenhängen und Strukturen. Allerdings ist dieser Bereich noch nicht so weit entwickelt wie die „klassische" Mathematik der quantitativen Größen und der Zahlen.

Gerade weil die Mathematik in gewissem Sinne für alle Theorien verwendbar ist, macht sie keine gehaltvolle Aussage; sie ist die Sprache der Theorien, aber sie liefert uns nicht deren Inhalt. Das andere Extrem stellen die Spezialtheorien der einzelnen Fach- und Wissenschaftsrichtungen dar. Jedes Fach ist für einen bestimmten Ausschnitt aus der Erfahrungswelt zuständig, und es entwickelt Theorien, deren Anwendbarkeit für diesen Bereich bestimmt ist. Physik, Chemie, Biologie, Psychologie, Soziologie, Wirtschaftswissenschaften und so weiter kristallisieren voneinander isoliert Bestandteile der menschlichen Erfahrungswelt heraus und entwickeln Theorien und Modelle, die dem jeweiligen Spezialfach angemessene Erklärungen der Realität liefern sollen. In neuerer Zeit hat sich gezeigt, daß ein System von theoretischen Konstrukten entwickelt werden muß, welches die allgemeinen Zusammenhänge zwischen den einzelnen Theorien über die Erfahrungswelt berücksichtigt und erhellt. Diese Aufgabe fällt der allgemeinen Systemtheorie zu. Natürlich wird nicht angestrebt, eine einfache „Allzwecktheorie" aufzubauen, die alle Spezialtheorien der verschiedenen Dis-

* *Boulding, Kenneth E.:* General Systems Theory – The Skeleton of Science, in: Management Science, Vol. 2 (1956), S. 197–208.
1 Die Bezeichnung und viele Ideen verdanken wir *L. von Bertalanffy,* der jedoch für die hier vorgetragenen Gedankengänge des Verfassers nicht verantwortlich gemacht werden kann. Zur allgemeinen Diskussion der Ideen von *Bertalanffy* vgl. ders., General System Theory: A New Approach to Unity of Science, in: Human Biology, Vol. 23 (1951), S. 303–312.

ziplinen ersetzt wird. Eine solche Theorie würde ziemlich inhaltslos sein, da der Preis für höhere Allgemeingültigkeit immer eine Minderung an Gehalt ist. Die einzige Aussage, die wir über Allzwecktheorien machen können, ist die, daß sie nichts aussagen. Immerhin muß irgendwo zwischen dem Fachspezifischen, dem es an Allgemeingültigkeit fehlt, und dem Allgemeinen, dem es an Aussagegehalt mangelt, für jeden Zweck und für jedes Abstraktionsniveau ein optimaler Allgemeinheitsgrad zu finden sein. Die Vertreter der allgemeinen Systemtheorie behaupten, daß dieser optimale Allgemeinheitsgrad in den einzelnen Wissenschaftszweigen nicht immer erreicht wird. Die allgemeine Systemtheorie erlaubt durchaus, die Ansprüche an den Erklärungswert und an die Genauigkeit der Implikationen einer Theorie zu variieren.

Ähnlichkeiten im theoretischen Aufbau verschiedener Disziplinen lassen sich vielleicht herausarbeiten. Diese Ähnlichkeiten können auf zweierlei Art ausgenutzt werden: (1) Je allgemeiner, das heißt, abstrakter die Aussagen einer Theorie sind, desto größer ist der Gültigkeitsbereich der Theorie. Allgemeine Theorien können unter Umständen in mehreren Disziplinen angewendet werden. (2) Je spezieller, das heißt je konkreter die Hypothesen einer Theorie sind, desto mehr Theorien werden in einer Disziplin gebraucht. Man kann zu einem „Spektrum" von Aussagesystemen innerhalb einer Disziplin kommen. Den Systemspektren der verschiedenen Disziplinen mögen Regelmäßigkeiten im Aufbau innewohnen. Diese Regelmäßigkeiten können ein System bilden. So läßt sich vielleicht ein „System der Systeme" entwickeln, das die gemeinsame Struktur von Theorien offenlegt und das eine Gestaltungsfunktion bei der Entwicklung neuer Theorien ausüben kann.[2]

Auf bestimmten Gebieten haben solche Systematisierungen große Dienste geleistet, da sie Lücken offenbar werden lassen, denen sich die Forschung dann zuwenden kann. So hat das Periodische System der Elemente die Chemie während mehrerer Jahrzehnte dazu veranlaßt, nach noch nicht entdeckten Elementen zu forschen, bis alle offenen Stellen, die das System enthielt, ausgefüllt waren. Ähnlich könnte ein „System der Systeme" die Theoretiker auf Theorielücken aufmerksam machen und möglicherweise könnten Anregungen für das Ausfüllen der Lücken durch dieses System gegeben werden.

1.1. Die Kommunikationsförderung zwischen Spezialisten verschiedener Fachrichtungen

Die Notwendigkeit der Entwicklung der allgemeinen Systemtheorie wird infolge der gegenwärtigen gesellschaftswissenschaftlichen Bedeutung der „Wissen"schaf(f)ten besonders deutlich. Wissen besteht und wächst nicht im Abstrakten. Es ist eine Funktion des menschlichen Geistes und der sozialen Ordnung. Wir betonen, daß Wissen nur das sein kann, was auch beherrscht wird: Die perfekteste Darstellung

2 Die hier unter (1) und (2) gegebene Darstellung ist ausführlicher als der Wortlaut des Originals. Wir hoffen, daß das Verständnis hierdurch erleichtert wird. "Low level of ambition" ist hier als „allgemeine Aussagen" und "high level of ambition" als „speziell bzw. konkret formulierte Hypothesen" bezeichnet. (A. d. Ü.)

einer bestimmten Sprache ist kein Wissen, solange niemand sie sprechen kann. „Wissen" wird erst dadurch geschaffen, daß jemand gehaltvolle Informationen aufnimmt — das bedeutet, daß ein Wissender durch eine Nachricht seinen Wissensstand umgestalten kann. Unter welchen Umständen diese Veränderung eine Vermehrung des Wissens bedeutet, ist ein Problem, das wir hier nicht behandeln wollen. Wir definieren „semantisches Wissenswachstum" als diejenigen Veränderungen des Wissensstandes von „Sachverständigen", die einen Nutzen bringen. Unter Wissenschaft verstehen wir den nutzbringenden Meinungsaustausch zwischen Fachleuten in ihrer Eigenschaft als Wissenschaftler. Die heutige Krise der Wissenschaft entspringt den wachsenden Schwierigkeiten, solche nutzbringenden Gespräche zwischen der Gesamtheit der Wissenschaftler zustande zu bringen. Die Spezialisierung verhindert den Meinungsaustausch, die Kommunikation zwischen den Fachrichtungen wird zunehmend schwieriger und die „Föderation der Lernenden" zerfällt in autonome Teile, die Disziplinen, die nur einen dürftigen Meinungsaustausch miteinander pflegen — eine Situation, von der die Gefahr eines intellektuellen Bürgerkrieges ausgeht. Der Grund für diese Auflösung der Einheit der Wissenschaften ist darin zu sehen, daß die Lernenden durch den Prozeß der Isolierung der Stoffgebiete zu Spezialisten werden. Deshalb unterhalten sich Physiker nur mit Physikern, Wirtschaftswissenschaftler nur mit Wirtschaftswissenschaftlern — und noch schlimmer ist, daß Kernphysiker nur mit Kernphysikern und Ökonometriker nur mit Ökonometrikern fachlich diskutieren. Man muß sich manchmal fragen, ob die Wissenschaften durch diese Ansammlung abgekapselter Einsiedlergruppen, von denen jede in ihrer Privatsprache Selbstgespräche führt, die nur sie versteht, nicht bis zum Stillstand gebremst werden. Gegenwärtig mögen die Künste die Wissenschaften in der Unfruchtbarkeit gegenseitigen Nichtverstehens noch übertreffen; das aber könnte lediglich daran liegen, daß die Einfälle im Bereich der Kunst schneller sichtbar werden als die mühsame Kleinarbeit des Wissenschaftlers. Je mehr die Wissenschaft in Teilgebiete zerfällt und je weniger Kommunikation zwischen den Fächern möglich ist, desto größer ist immerhin die Wahrscheinlichkeit, daß der Gesamtzuwachs an Wissen durch die Hemmnisse beim Informationsaustausch zwischen den Disziplinen gebremst wird. Die Ausbreitung der Fachidiotie hat zur Folge, daß man nicht in der Lage ist, sich das Wissen eines anderen anzueignen, da man sich mit ihm nicht fachgerecht verständigen kann.

Eines der hauptsächlichen Ziele der allgemeinen Systemtheorie besteht in der Förderung der Allgemeinverständlichkeit und in dem Bestreben, Spezialisten durch die Errichtung einer grundlegenden allgemeinen Theorie in die Lage zu versetzen, mit anderen Spezialisten Informationen auszutauschen. So ist z. B. der Wirtschaftswissenschaftler, dem die große formelle Ähnlichkeit zwischen der ökonomischen Nutzentheorie und der Feldtheorie in der Physik[3] bewußt ist, eher in der Lage, vom Physiker zu lernen als derjenige, der darüber nichts weiß. In ähnlicher Weise wird ein Spezialist, der Wachstumsprobleme bearbeitet — ob er Kristallograph, Virologe, Zytologe, Physiologe, Psychologe, Soziologe oder Wirtschaftswissenschaftler ist, mehr auf die Beiträge der anderen Fächer achten, wenn er über die vielen Analogien der Wachstumsprozesse der verschiedensten Erfahrungsbereiche Bescheid weiß.

3 Vgl. *Pikler, A. G.*: Utility Theories in Field Physics and Mathematical Economics, in: British Journal for the Philosophy of Science, Vol. 5 (1955), S. 47—58 und 303—318.

1.2. Die Teilintegration von verschiedenen Disziplinen

Man kann kaum bezweifeln, daß ein Bedarf für eine allgemeine Systemtheorie besteht. Es ist aber etwas schwierig anzugeben, welches Angebot verfügbar ist. Gibt es überhaupt bereits Theorien allgemeiner Systeme und welche sind es? Besteht die Möglichkeit einer Angebotssteigerung und wenn ja, welche? Man könnte die Situation als vielversprechend bezeichnen. Es tut sich etwas; jedoch ist nicht ganz klar, was da zusammengebraut wird. Einige Zeit hat es eine Art „interdisziplinäre Bewegung" gegeben. Erste Anzeichen für solche Entwicklungen sind gewöhnlich in der Entstehung von Doppelfächern zu sehen. So entwickelte sich die physikalische Chemie im neunzehnten Jahrhundert; die Sozialpsychologie entstand in den zwanziger und dreißiger Jahren des zwanzigsten Jahrhunderts. In der Physik und in der Biologie ist die Liste der Doppelfächer heutzutage ziemlich lang — Biophysik, Biochemie, Astrophysik sind weit fortgeschritten. In den Sozialwissenschaften ist die Gesellschaftsanthropologie hinreichend gut eingeführt, Wirtschaftspsychologie und Wirtschaftssoziologie sind gerade im Entstehen begriffen. Es gibt sogar Anzeichen dafür, daß die politische Ökonomie, die in ihrem Kindheitsstadium vor einigen hundert Jahren schon erstarb, wieder entstehen könnte. In den letzten Jahren kann man eine zusätzliche, sehr interessante Entwicklung von „multigeschlechtlichen" Zwischendisziplinen feststellen. Die älteren Doppelfächer stammen, wie ihre Bezeichnung andeutet, jeweils von zwei angesehenen und ehrbaren akademischen Elternteilen ab. Die neueren Zwischendisziplinen haben erheblich vielfältigere und gelegentlich sogar obskure Vorfahren. Sie sind das Ergebnis der Aufbereitung der verschiedensten Stoffgebiete. Die Kybernetik zum Beispiel stammt sowohl von der Elektrotechnik als auch von der Neurophysiologie, der Physik und der Biologie ab, und sogar ein Schuß Ökonomie ist darin enthalten.[4]

Die Informationstheorie, die ihren Ursprung in der Nachrichtentechnik hat, findet bedeutende Anwendungsmöglichkeiten in vielen Gebieten, die sich von der Biologie bis zu den Sozialwissenschaften erstrecken. Die Organisationstheorie entstammt den Wirtschaftswissenschaften, der Soziologie, der Technik und der Physiologie. Auch Management Science[5] ist das Produkt mehrerer Disziplinen. Die mehr empirische und praktische Seite der interdisziplinären Bewegung spiegelt sich in der Entstehung von fachungebundenen Institutionen vielfältiger Art. Einige werden aufgrund des empirischen Bereiches, auf dem sie arbeiten, zu Einheiten abgegrenzt, so zum Bei-

---

4 Der Begriff Kybernetik wird in der Literatur nicht einheitlich gebraucht. Vgl. hierzu die bei *Flechtner* genannte Literatur: *Flechtner, Hans-Joachim:* Grundbegriffe der Kybernetik. Eine Einführung, 5. Auflage, Stuttgart 1970, S. 9—11. Heute herrscht eine Definition vor, wie: „Kybernetik ist die Theorie dynamischer Systeme", vgl. *Baetge, Jörg:* Betriebswirtschaftliche Systemtheorie. Regelungstheoretische Planungs-Überwachungs-Modelle für Produktion, Lagerung und Absatz, Opladen 1974, S. 11. Begriffe aus dem Gebiet der Systemtheorie, die seit dem Erscheinen des Originalaufsatzes im Jahre 1956 eingeführt wurden oder eine Verwandlung ihres Inhalts erfahren haben, sind in der Übersetzung in der Regel in der Bedeutung berücksichtigt, wie sie bei *Baetge* benutzt werden. (A. d. Ü.).

5 Unter "Management Science" wird meist die Anwendung quantitativer Methoden und Techniken zur Analyse und Lösung von Führungsproblemen in Wirtschaft und Verwaltung verstanden. (A. d. Ü.).

spiel Institute für Industrieforschung, für öffentliche Verwaltung, für internationale Beziehungen und so weiter. Andere sind für die Anwendung eines Verfahrens auf verschiedene Arbeitsbereiche und Probleme eingerichtet, so zum Beispiel das Survey Research Center und das Group Dynamics Center an der Universität von Michigan. Noch wichtiger, jedoch schwerer festzustellen und zu erkennen als diese sichtbaren Entwicklungen ist insbesondere im Rahmen der Forschungsstudien eine wachsende Unzufriedenheit in vielen Fachbereichen in bezug auf die herkömmlichen theoretischen Grundlagen für die empirische Forschung, die zum größten Teil Gegenstand der Dissertationen ist. Zumindest gilt dies für den Tätigkeitsbereich, mit dem ich am besten vertraut bin.[6] Forschungen auf den Gebieten Arbeitslehre, Geld- und Bankwesen und Auslandinvestitionen werden herkömmlicherweise im Fachbereich Wirtschaftswissenschaften betrieben. Viele der benötigten theoretischen Modelle und Grundzusammenhänge dieses Arbeitsfeldes kommen indes nicht aus dem Bereich der „ökonomischen Theorie", wie man gewöhnlich meint, sondern aus der Soziologie, Sozialpsychologie und Kulturanthropologie. Studenten der Wirtschaftswissenschaften haben allerdings nur selten die Möglichkeit, über diese theoretischen Modelle etwas zu erfahren, die für ihre Forschungen relevant sein können, und sie ärgern sich über die Wirtschaftstheorie, von der viele Teile irrelevant sind.

Es ist klar, daß ein großer Teil der Anregungen zu interdisziplinärem Arbeiten aus den fachbezogenen Disziplinen kommt. Wenn diese Anstöße ertragbringend sein sollen, müssen sie aber mit einem System erarbeitet werden, das allen Disziplinen als Grundlage dient. Sonst wäre es leicht möglich, daß das Überfachliche zum Unfachlichen degeneriert. Wenn die interdisziplinäre Bewegung nicht zugrundegehen soll, muß das Streben nach Form und Struktur, welches das Wesen dieses in verschiedene getrennte Disziplinen eingebetteten Faches ist, selbst eine eigene Struktur bekommen. Das halte ich für die große Aufgabe der allgemeinen Systemtheorie. Ich schlage deshalb vor, im folgenden einige Möglichkeiten für die Strukturierung einer allgemeinen Systemtheorie zu betrachten. Für die Gestaltung der allgemeinen Systemtheorie lassen sich zwei mögliche Ansätze denken, die man sich als gegenseitige Ergänzungen und nicht als einander ausschließende Alternativen vorstellen muß. Es handelt sich um zwei Wege, die es beide wert sind, daß man sie erkundet. Der erste Ansatz besteht darin, die gesamte Erfahrungswelt nach allgemeinen Erscheinungen abzusuchen, die in vielen Gebieten in gleicher Weise auftreten, und danach zu trachten, allgemeine theoretische Modelle für diese gleichartigen Erscheinungen zu konzipieren. Der zweite Ansatz versucht, die Erfahrungsbereiche in eine Hierarchie zu bringen, und zwar gemäß der Komplexität der Organisation ihrer Elemente oder gemäß der Art des Verhaltens, und dafür den jeweils angemessenen Abstraktionsgrad zu finden.

6 *Boulding* ist zu jener Zeit Professor für Volkswirtschaftslehre an der University of Michigan, Ann Arbor, gewesen. (A. d. Ü.)

2. Möglichkeiten des Aufbaus einer allgemeinen Systemtheorie

2.0. Die Betrachtung gleichartiger Bewegungsabläufe in unterschiedlichen Disziplinen

Einige Beispiele, die jedoch nicht als erschöpfend angesehen werden können, sollen dazu beitragen, den ersten Ansatz zu erläutern. In fast allen Fächern finden sich Fälle von *Grundgesamtheiten (Populationen)*, die gemäß einer üblichen Definition Aggregate von Einheiten darstellen. Die Einheiten werden auch als Elemente bezeichnet. Die Grundgesamtheiten werden durch Zugänge (z. B. Geburten) vergrößert und durch Abgänge (z. B. Todesfälle) verkleinert. Das Alter der Einheiten einer Grundgesamtheit ist eine wichtige und ermittelbare Variable. Diese Grundgesamtheiten (Populationen) zeigen dynamische Eigenbewegungen, die häufig durch recht einfache Differentialgleichungssysteme beschrieben werden können. Die Grundgesamtheiten unterscheiden sich durch die Art ihrer Elemente. Zwischen den Elementen bestehen dynamische Wechselwirkungen, wie zum Beispiel in der Theorie von Volterra[7]. Modelle von Populationsbewegungen und -wechselwirkungen findet man in sehr vielen verschiedenen Bereichen — in den ökologischen Systemen in der Biologie, in der wirtschaftswissenschaftlichen Kapitaltheorie, wobei es sich um Populationen von „Gütern" handelt, in der sozialen Ökologie und selbst einige Probleme der statistischen Mechanik sind hier zu nennen. In allen diesen Bereichen können die Populationsbewegungen zum Beispiel durch Geburten- und Überlebenszahlen ausgedrückt werden. Geburts- und Sterbefunktionen für einzelne Altersgruppen lassen sich unter verschiedenen Systemaspekten diskutieren. Auch die Wechselwirkungen zwischen Populationen kann man darstellen, wobei konkurrierende, ergänzende oder parasitäre Beziehungen zwischen verschiedenen Populationen auftreten können, gleichgültig, ob sie sich aus Tieren, Gütern, sozialen Klassen oder Molekülen zusammensetzen.

Eine andere allgemeine Erscheinung, die für fast alle Fachgebiete sehr große Bedeutung besitzt, ist die Wechselwirkung zwischen einem Element irgendeiner Art und seiner Umgebung. In jedem Fach untersucht man bestimmte Arten von Elementen — Elektronen, Atome, Moleküle, Kristalle, Viren, Zellen, Pflanzen, Tiere, Menschen, Familien, Stämme, Staaten, Kirchen, Firmen, Gesellschaften, Universitäten und so weiter. Jedes dieser Elemente zeigt ein „Verhalten", Aktivitäten nach außen oder Veränderungen an sich selbst. Dieses Verhalten muß in Abhängigkeit von den Umwelteinflüssen des Elements gesehen werden, d. h. in Abhängigkeit von anderen Elementen, mit dem es in Berührung kommt oder zu dem es Beziehungen hat. Jedes Element hat man sich als Struktur vorzustellen, als Zusammensetzung anderer, niedrigerer Individuen — Atome bestehen aus Protonen und Elektronen, Moleküle aus Atomen, Zellen aus Molekülen, Pflanzen, Tiere und Menschen aus Zellen, gesellschaftliche Organisationen aus Menschen. Das „Verhalten" eines jeden Elementes ist durch seine Struktur bestimmt, d. h. durch die An-

---

7 *Volterra* hat eine dynamische Theorie der Bevölkerungsentwicklung konzipiert. Vgl. *Volterra, V.:* Leçons sur la théorie mathématique de la lutte pour la vie, Paris 1931. (A. d. Ü.).

ordnung seiner Bestandteile, der niedrigeren Elemente; oder es ist durch Gleichge-
wichtsprinzipien oder Homöostasien begründet, die bewirken, daß bestimmte Zu-
standsformen, sogenannte „Stadien", von einem Element bevorzugt werden.[8] Das
Verhalten kann so gedeutet werden, daß es das Bemühen darstellt, diese Vorzugs-
lage wieder herzustellen, sobald sie durch Umwelteinwirkungen verlorengegangen
ist.

Eine weitere Erscheinung von allgemeinem Interesse ist das Wachstum. Die
Wachstumstheorie ist in gewissem Sinne ein Teilgebiet der Theorie des Individual-
verhaltens, da das Wachstum einen wichtigen Verhaltensaspekt darstellt. Es bestehen indes wichtige Unterschiede zwischen der Gleichgewichts- und der Wachstumstheorie, welche vielleicht die Eigenständigkeit der letzteren garantieren.

Das Wachstumsphänomen spielt in fast jeder Wissenschaft eine gewisse Rolle.
Trotz großer Unterschiede in der Komplexität zwischen dem Wachstum von Kristallen, Embryonen und Gesellschaften erhellen viele Prinzipien und Konzepte des niedrigeren Wachstums auch die komplexen Vorgänge. Einige Wachstumserscheinungen können mit Hilfe verhältnismäßig einfacher Populationsmodelle dargestellt werden, deren Lösungen Wachstumskurven für einzelne Variable ergeben. Bei höherem
Komplexitätsgrad treten die Strukturprobleme in den Vordergrund und die komplizierten Interdependenzen zwischen Wachstum und Struktur rücken in den Brenn-
punkt des Interesses. Alle Wachstumserscheinungen sind sich derart ähnlich, daß es
keineswegs unmöglich zu sein scheint, eine allgemeine Wachstumstheorie vorzu-
schlagen.[9]

Ein anderes Gebiet über Individuen und interindividuelle Beziehungen, das für
eine gesonderte Untersuchung ausgewählt werden könnte, ist die Informations- und
Kommunikationstheorie. Der informationstheoretische Ansatz, wie ihn *Shannon*
entwickelt hat, fand auch bereits außerhalb des ursprünglichen Arbeitsbereiches,
der Elektrotechnik, interessante Anwendungsmöglichkeiten. Er ist zwar nicht dazu geeignet, daß man ihn auf Probleme anwendet, die sich auf die semantische
Ebene im Kommunikationswesen erstrecken. Aber im biologischen Bereich könnte dieses Informationskonzept immerhin der Entwicklung allgemeiner Struktur-
merkmale und abstrakter Organisationsmaßstäbe dienen. Wenn dieses Vorhaben
gelänge, wäre künftig immer eine dritte Kategorie neben Masse und Energie in den
Wissenschaften zu berücksichtigen, die Information. Kommunikations- und Infor-
mationsprozesse können in der Empirie in großer Vielfalt festgestellt werden. Sie
sind unfraglich wesentliche Einflußfaktoren für die Entwicklung des Aufbaus der
biologischen Welt und auch der menschlichen Gesellschaft.

Diese verschiedenen Ansätze für allgemeine Systeme mit Hilfe von unterschiedlichen Betrachtungsweisen der Erfahrungswelt könnten letztlich zu einer Art allgemeiner Feldtheorie dynamischer Handlungsabläufe führen. Bis dahin ist allerdings
noch ein weiter Weg zurückzulegen.

8 Als Beispiel kann die Erscheinung der Äquifinalität dienen. Hierunter versteht man die Tatsache, daß der Endzustand der Entwicklung gleichartiger Lebewesen bei verschiedensten
Umweltbedingungen in der Regel der gleiche ist. (A. d. Ü.).
9 Vgl. *Boulding, K. E.:* Towards a General Theory of Growth, in: Canadian Journal of
Economics and Political Science, Vol. 19 (1953), S. 326–340.

2.1. Die Betrachtung von Systemen unterschiedlicher Komplexität

2.1.0. Die Konstruktion verschiedener Systemtypen

Ein zweiter möglicher Ansatz für eine allgemeine Systemtheorie besteht — wie wir bereits ausführten — in der Klassifizierung von Systemen und theoretischen Konstrukten gemäß der Komplexität im Hinblick auf die Systemelemente, die Einheiten der verschiedenen Erfahrungsbereiche. Dieser Ansatz ist systematischer als der erste, da er zu einem „System von Systemen" führt. Völlig kann er den ersten jedoch nicht ersetzen, weil dieser wichtige theoretische Konzepte und Entwürfe enthalten könnte, die nicht in den Systemaufbau passen. Ich unterbreite im folgenden einen Vorschlag für die mögliche Anordnung von „Ebenen" für die theoretische Betrachtung:

(1) Die erste Ebene ist der statischen Struktur der Systeme gewidmet. Sie könnte die Ebene der *Bauprinzipien* genannt werden. Hierher gehört die Beschreibung der Lage und des Aufbaus des Universums — die Beschreibung der Nuklearmodelle der Atome, der Atommodelle im Molekularzustand, der Atomanordnung in Kristallen, die Beschreibungen des Aufbaus der Gene, der Zellen, der Pflanzen, der Tiere, die Kartographie der Erde, des Sonnensystems und des gesamten Weltalls. Die genaue Beschreibung dieser Bauprinzipien ist der Anfang geordneten theoretischen Wissens auf fast allen Gebieten, denn ohne diese peinlich genauen Beschreibungen der statischen Zusammenhänge ist keine exakte Theorie mit funktionalen Abhängigkeiten oder Bewegungsabläufen möglich.[10] Unter diesem Aspekt gesehen bestand die Kopernikanische Revolution in Wirklichkeit in der Entdeckung eines neuen Bauprinzips des Sonnensystems, das eine einfachere Beschreibung seiner Bewegungsabläufe erlaubte.

(2) Die nächste Ebene systematischer Analyse enthält einfache dynamische Systeme, deren Bewegungen durch Ursache-Wirkungs-Gesetze in fest vorgegebenen Bahnen ablaufen.[11] Man könnte von der *Uhrwerkebene* sprechen. Aus der Sicht des Menschen ist natürlich das Sonnensystem die große Uhr des Universums und die hervorragend genauen Vorhersagen der Astronomen geben ein Bild von der herrschenden Gesetzmäßigkeit und von der Ganggenauigkeit der von ihnen untersuchten Uhr. Einfache Werkzeuge, wie der Hebel und der Flaschenzug, und selbst kompliziertere Maschinen, wie die Dampfmaschine und der Generator, gehören zumeist in die Kategorie der deterministischen dynamischen Systeme. Überhaupt gehört der größte Teil der theoretischen Strukturen von Physik, Chemie und auch der Ökonomie in diese Ebene. Es sind hier zwei besondere Fälle zu erwähnen: (1) Einfache Gleichgewichtssysteme sind in diese Kategorie der dynamischen Systeme einzuordnen; wie überhaupt Gleich-

---

10 Vgl. hierzu *Baetge*s Beschreibung der Gewinnung von Modellen. *Baetge, Jörg:* Systemtheorie, Abschnitt 3, S. 47—70. (A. d. Ü.).
11 Es handelt sich um deterministische dynamische Systeme. Ihre Bewegungen müssen „gesteuert" sein, damit die vorgegebenen Bahnen stets eingehalten werden. Vgl. *Baetge, Jörg:* Systemtheorie, S. 23—27 und S. 78—80. (A. d. Ü.).

gewichtssysteme als Grenzfall dynamischer Systeme betrachtet werden müssen; die Bedingungen für die Gleichgewichtsstabilität lassen sich nur aus den Eigenschaften des zugrunde liegenden dynamischen Systems ermitteln. (2) Es gibt stochastische dynamische Systeme, die aber Gleichgewichtszustände annehmen, und die trotz ihrer Komplexität auch in diese Systemgruppe fallen. Dies zeigt sich bei der modernen Betrachtungsweise von Atomen und Molekülen, in der die Lage oder der Systemzustand nur mit einer bestimmten Wahrscheinlichkeit angegeben wird, wobei das Gesamtsystem jedoch eine determinierte Struktur aufweist. Hierbei sind zwei Typen von analytischen Methoden von Bedeutung, die wir in der Wissenschaft als „komparative Statik" und als „echte dynamische Betrachtung" bezeichnen. In der *komparativen Statik* vergleicht man zwei Gleichgewichtszustände eines Systems, die sich bei verschiedenen Werten von Grundparametern einstellen. Diese Gleichgewichtszustände werden zumeist durch die Lösung eines simultanen Gleichungssystems beschrieben. Die Methode der komparativen Statik besteht im Vergleich von Lösungen, die sich bei alternativen Werten für die Gleichungsparameter ergeben, ohne die Ursache-Wirkungs-Zusammenhänge für die Veränderungen zu analysieren. Die meisten einfachen Probleme der Mechanik werden auf diese Art gelöst.

Die *echte dynamische Betrachtung* fragt nach den Ursache-Wirkungs-Zusammenhängen, und zwar in der Regel mit Hilfe eines Differenzen- oder Differentialgleichungssystems, dessen Lösungen in Form von expliziten Funktionen der Systemvariablen in Abhängigkeit von der Zeit gefunden werden. Ein solches System kann entweder ein stationäres Gleichgewicht erreichen oder es erreicht es nicht. Für den letzteren Fall gibt es eine Fülle von Beispielen von sogenannten explodierenden dynamischen Systemen, von denen nur das Wachstum einer Geldsumme durch die Zahlung von Zinsen und Zinseszinsen genannt sei. Die meisten physikalischen und chemischen Vorgänge und die meisten Sozialsysteme tendieren zu einem Gleichgewichtszustand hin — wäre es anders, müßte die Welt seit langem explodiert oder implodiert sein.

(3) Die nächste Ebene ist die der Kontrollmechanismen[12] oder der kybernetischen Systeme. Man könnte sie mit dem Spitznamen *Thermostatenebene*[13] belegen. Der Unterschied zu den einfachen Systemen mit stabilem Gleichgewicht besteht vor allem darin, daß die Übermittlung und die Auswertung von Informationen über den Sollwert[14] und den Istwert[15] als wesentlicher Teil mit im System enthalten ist. Hiermit erreicht man, daß eine Gleichgewichtslage nicht nur durch die Gesetzmäßigkeit des Systems determiniert wird, sondern daß innerhalb gewisser Grenzen ein beliebiger Gleichgewichtspunkt (= Sollwert) vorgegeben werden kann, der vom System ange-

12 Die Eigenschaften der Kontrollsysteme sind bei *Baetge* beschrieben. Vgl. *Baetge, Jörg:* Systemtheorie, S. 15—20 und 27—36. (A. d. Ü.).
13 Zum Kontrollmechanismus eines Thermostaten vergleiche *Simon, Herbert A.:* Die Bedeutung der Regelungstheorie für die Überwachung der Produktion. Im vorliegenden Buch, S. 196—224 und *Baetge, Jörg:* Systemtheorie, S. 104—129. (A. d. Ü.).
14 Zum Begriff des Sollwertes vgl. *Baetge, Jörg:* Systemtheorie, S. 39—43. (A. d. Ü.).
15 Der Begriff Istwert wird auch als Regelgröße bezeichnet. Vgl. *Baetge, Jörg:* Systemtheorie, S. 43.

strebt wird. So wird ein Thermostat innerhalb gewisser Toleranzgrenzen jede beliebige Temperatur aufrechterhalten, die mit ihm eingestellt werden kann. Die Gleichgewichtstemperatur ist nicht ausschließlich durch die „Gesetzmäßigkeit" des Systems determiniert[16]. Der Trick bei diesen Systemen ist, daß die Abweichung zwischen dem Istwert der „beobachteten" oder „angezeigten" Zielgröße (= Regelgröße) von ihrem „Soll"wert zur wichtigsten Größe des Systems wird. Es handelt sich um die sogenannte Regelabweichung[17]. Wenn diese Abweichung nicht Null ist, werden Systemgrößen mit Hilfe von Stellgrößen[18] so eingestellt, daß die Regelabweichung kleiner wird; es wird mehr aufgeheizt, wenn die gemessene Temperatur „zu gering" ist und die Wärmezufuhr wird gedrosselt, wenn die Messung „zu warm" ergibt[19]. Das Homöostasie-Modell, das in der Physiologie eine so große Rolle spielt, ist ein Beispiel für einen solchen Regelungsmechanismus, und solche Mechanismen existieren in allen Erfahrungsbereichen der Biologie und der Sozialwissenschaften.

(4) Die vierte *Ebene* ist die *der Selbsterhaltungssysteme,* einer besonderen Art von offenen Systemen[20]. Das ist die Ebene, auf der sich Leben von Unbelebtem zu unterscheiden beginnt: Sie kann als die *Ebene der Zelle* bezeichnet werden. Solche Arten von offenen Systemen kennen wir natürlich auch in physikalisch-chemischen Gleichgewichtssystemen; atomare Strukturen erhalten sich, obwohl sie Elektronen abgeben, molekulare Strukturen bleiben trotz des Verlustes von Elektronen bestehen. Eine Flamme oder ein Wasserlauf sind im wesentlichen sehr einfache Selbsterhaltungssysteme. Verfolgt man die Skala der Organisationsstufen lebender Systeme, wird die beherrschende Rolle offenbar, die der Eigenschaft der Strukturerhaltung bei gleichzeitiger Abgabe von Materie zukommt. Ein Atom oder ein Molekül kann vermutlich auch ohne Materialabgaben existieren, aber der primitivste Lebensorganismus ist ohne Ernährung, ohne Ausscheidung und ohne Stoffwechselvorgänge nicht denkbar. In engem Zusammenhang mit der Eigenschaft der Selbsterhaltung steht die Selbstreproduktion. Es könnte allerdings so sein, daß die Selbstreproduktion primitiver ist, also auf einer „niedrigeren Ebene" liegt als die selbsterhaltenden Systeme, daß sich Gene und Viren zum Beispiel regenerieren können, ohne Selbsterhaltungssysteme zu sein. Vielleicht ist es gar keine wichtige Frage, an welcher Stelle der Skala steigender Komplexität das „Leben" beginnt. Immerhin ist klar, daß wir mit der

---

16 Man kann dem Thermostaten durchaus den Sollwert über eine Gesetzmäßigkeit vorgeben. Z. B. läßt sich die Raumtemperatur als Funktion der Tageszeit vorgeben. Das wesentliche Kennzeichen der Termostatenebene besteht darin zu sehen, daß der Gleichgewichtspunkt überhaupt als deterministische Größe vorgegeben werden kann, und daß dieses Gleichgewicht durch einen deterministischen Bewegungsablauf angestrebt wird. (A. d. Ü.).
17 Zum Begriff Regelabweichung vgl. *Baetge, Jörg:* Systemtheorie, S. 45–46.
18 Zum Begriff Stellgröße vgl. *Baetge, Jörg:* Systemtheorie, S. 44–45.
19 Vgl. *Simon, Herbert A.:* Regelungstheorie, in diesem Buch S. 198 f.
20 *Boulding* bezeichnet die Selbsterhaltungssysteme auch schlechthin als offene Systeme. Es ist üblich, solche Systeme als offen zu bezeichnen, bei denen Beziehungen zwischen den Systemelementen und der Umwelt bestehen. (Vgl. *Baetge, Jörg:* Systemtheorie, S. 11). Solche Beziehungen können z. B. auch beim Thermostatensystem bestehen. Deshalb kann die Bezeichnung „offene Systeme" ausschließlich für Selbsterhaltungssysteme zu Mißverständnissen führen. Selbsterhaltungssysteme sind als eine spezielle Kategorie von offenen Systemen zu betrachten. (A. d. Ü.).

Zeit zu regenerierenden und sich selbst erhaltenden Systemen gelangt sind, die Materie oder Energie abgeben, und die einen Tatbestand repräsentieren, für den die Bezeichnung „Leben" unleugbar zutrifft.

(5) Die fünfte Ebene könnte man als die *Ebene* bezeichnen, auf *der Sozialgebilde* entstehen; typisch ist für diese Ebene die *Pflanze;* sie ist das Haupttätigkeitsgebiet des Botanikers. Die hervorstechenden Merkmale dieses Systems sind *erstens* eine Arbeitsteilung zwischen Zellen, die zur Bildung eines Zellverbandes mit unterschiedlichen und voneinander abhängigen Teilen (Wurzeln, Laub, Samen usw.) führt, und *zweitens* eine scharfe Unterscheidung zwischen erbbedingten und umweltbedingten Eigenschaften. Hiermit in Zusammenhang steht die Erscheinung, daß die Wachstumsgesetze für gleichartige Zellverbände gleich sind. Auf dieser Ebene finden sich keine hochspezialisierten Sinnesorgane. Informationsreize gibt es jedoch bei allen Zellen des Verbandes. Die Informationsaufnahme und -abgabe ist ganz gering. Es muß bezweifelt werden, ob ein Baum viel mehr als hell und dunkel, lange und kurze Tage, kalt und heiß unterscheiden kann.

(6) Oberhalb der Pflanzenwelt treffen wir auf eine neue Ebene, die *Tier-Ebene.* Zusätzlich zur Äquifinalität[21] ist sie durch zunehmende Beweglichkeit, zielbestimmtes Verhalten und Selbstwahrnehmung der Systeme gekennzeichnet. Hier tritt die Entwicklung von Wahrnehmungsorganen auf (Augen, Ohren usw.), die zu einem ungeheuren Anwachsen der Informationsaufnahme führt; das Nervensystem wird stark entwickelt, was letztlich zur Entstehung des Gehirns führt. Dieses gestaltet die empfangenen Informationen zu einer Wissensstruktur, zum Bewußtsein. Je höhere Formen tierischen Lebens wir betrachten, desto mehr wird das Verhalten nicht von einem bestimmten Reiz ausgelöst, sondern das Bewußtsein als Ganzes beeinflußt das Verhalten. Das Bewußtsein ist allerdings letztlich von der Informationsaufnahme bestimmt; die Beziehungen zwischen dem Empfang der Informationen und dem Bewußtsein sind allerdings außerordentlich komplex. Es werden nicht nur Informationen im Gedächtnis gespeichert, sondern hier werden auch Informationen verarbeitet und umgestaltet, so daß eine neue, von Informationen wesensverschiedene Sache, das Bewußtsein, entsteht. Wenn sich eine fundierte Struktur für das Bewußtsein gebildet hat, wird sie durch den größten Teil der hinzukommenden Informationen, beispielsweise durch die große Zahl der redundanten Informationen, nicht mehr abgeändert. Diese Informationen gehen durch die Zwischenräume der Bewußtseinsstruktur hindurch, ohne anzustoßen, so wie ein Atomteilchen durch ein Atom fliegen kann, ohne dabei einen anderen Partikel zu treffen. Der andere Teil der Informationen geht nicht durch diese Struktur hindurch, sondern er wird ihm hinzugefügt. Solche Informationen treffen den Kern des Bewußtseins, so daß dieser umgestaltet wird. Das Verhalten wird als Folge eines unbedeutend erscheinenden Anlasses nicht selten weitreichend und radikal verändert. Die Schwierigkeiten in der Verhaltensprognose dieser Systeme entstehen weitgehend deshalb, weil in den Bereich des Bewußten (oder gar des Unterbewußten, A. d. Ü.), der zwischen den Anreizen und den Verhaltensreaktionen liegt, eingegriffen wird.

21 Vgl. Fußnote 8.

(7) Die nächste Ebene ist die *Ebene des Menschen*. Hier wird der einzelne Mensch als System angesehen. Zusätzlich zu allen oder fast allen Kennzeichen der tierischen Systemebene besitzt der Mensch die Selbsterkenntnis (self consciousness)[22], die von der reinen Selbstwahrnehmung zu unterscheiden ist. Sein Bewußtsein ist nicht nur sehr viel komplexer als das der höchstentwickelten Tiere, sondern es ist auch selbstbezogen, d. h. der Mensch besitzt nicht nur Wissen, sondern er weiß auch, daß er Wissen besitzt. Diese Eigenschaft ist vielleicht mit dem Phänomen der Sprache und dem Symbolverständnis gekoppelt. Die Sprechfähigkeit, die Gabe, Symbole und nicht nur bloße Signale — wie den Warnruf eines Tieres — zu erfinden, wahrzunehmen und zu interpretieren, diese Sprechfähigkeit ist es, die den Menschen deutlich von seiner unter ihm einzuordnenden Verwandtschaft abgrenzt. Der Mensch unterscheidet sich vom Tier auch noch durch ein viel besser entwickeltes Zeitempfinden und seine Einstellung zu seinen Artgenossen, insbesondere zur Nachkommenschaft. Der Mensch ist vielleicht das einzige Wesen, das weiß, daß es sterben muß, und das in seinem Verhalten seine gesamte Lebenszeit und noch längere Zeiträume berücksichtigt. Der Mensch lebt nicht nur in einer zeitlichen und räumlichen Dimension, sondern auch im geschichtlichen Geschehen, und sein Verhalten ist durch seine Sicht des zeitlichen Ablaufs, in dem er steht, zutiefst beeinflußt.

(8) Wegen der Lebenswichtigkeit des Symbolgebrauchs und des darauf fußenden Verhaltens für den einzelnen Menschen ist es nicht leicht, die Ebene des menschlichen Einzelwesens deutlich von der nächsten Ebene, der *Ebene der gesellschaftlichen Organisation,* abzugrenzen. Trotz der gelegentlich erzählten Geschichten von Kindern, die von wilden Tieren großgezogen wurden, ist der Mensch als Einsiedler in völliger Isolierung von anderen Menschen praktisch unbekannt. Der Symbolgebrauch spielt in der menschlichen Kommunikation eine derart wichtige Rolle, daß ein vollkommen isolierter Mensch, der keine Symbole beherrscht, von seinen Artgenossen vermutlich nicht als Mensch akzeptiert würde, obwohl er von seinen Anlagen her Mensch ist. Für bestimmte Zwecke ist es jedoch sinnvoll, den Einzelmenschen als System vom sozialen System, dem er angehört, zu unterscheiden; in diesem Sinne sind soziale Gebilde auf einer anderen Ebene einzustufen als das System „Einzelmensch". Untersuchungseinheit eines sozialen Systems ist nicht etwa die Person — der Einzelmensch als solcher —, sondern die „Rolle", die der Einzelne spielt, die Funktion, die er in der Gesellschaft ausübt. Es handelt sich um den Teil der Person, der mit der Organisation oder der sozialen Situation etwas zu tun hat, und es liegt nahe, soziale Organisation oder überhaupt soziale Systeme als eine Menge von Rollen zu definieren, die durch Nachrichtenkanäle miteinander verbunden sind. Die Wechselwirkungen zwischen Rolle und Person können jedoch niemals völlig vernachlässigt werden — eine kantige Person mag in einer runden Rolle etwas runder werden, aber sie sorgt auch dafür, daß die Rolle Kanten bekommt. Deshalb ist die Vorstellung davon, wie eine Rolle auszufüllen ist, von den Persönlichkeiten beeinflußt, die sie bisher innehatten. Daher müssen wir uns auf dieser Ebene mit dem Inhalt und der Bedeutung von Nachrichten befassen, mit dem Wesen und den

---

22 Hierunter ist die kritische Selbstbetrachtung des Menschen zu verstehen. (A. d. Ü.).

Maßstäben von Wertsystemen, mit dem Erinnerungsvermögen bei der Berichterstattung, mit den feinen Symbolsprachen der Kunst, Musik, Poesie und mit dem komplexen Fächer menschlicher Gefühle. Die Erfahrungswelt ist hier das menschliche Leben und die Gesellschaft in ihrer gesamten Vielfalt und Reichhaltigkeit.

(9) Um die Struktur der Systeme zu vervollständigen, sollten wir eine letzte *Ebene für transzendente Systeme* hinzufügen, selbst wenn man uns beschuldigt, in diesem Falle ein Luftschloß zu bauen. Hier sind jedoch die letzten und absoluten Dinge und die unvermeidbaren Wissenslücken unterzubringen. Denn diese zeigen ebenfalls systematische Strukturen und Verwandtschaften. Es wird ein schlimmer Tag für die Menschheit sein, wenn keiner mehr Fragen stellen kann, für die es keine Antwort gibt.

2.1.1. Die Systemtypen in der Erfahrungswelt

Ein Vorteil der Aufstellung einer derartigen Systemhierarchie besteht darin, daß sie Anhaltspunkte für Lücken sowohl in den theoretischen als auch in den empirischen Kenntnissen gibt. Adäquate theoretische Modelle erstrecken sich bis etwa zur 4. Ebene und nicht viel weiter. Die empirischen Kenntnisse sind praktisch auf allen Ebenen mangelhaft. So verfügen wir zwar auf der untersten Ebene über ziemlich gute Beschreibungsmodelle der Geographie, der Chemie, der Geologie, der Anatomie und der Sozialkunde. Aber selbst auf dieser einfachsten Stufe ist das Problem der adäquaten Beschreibung komplexer Strukturen noch weit von einer Lösung entfernt. Zum Beispiel stecken die Theorien der Registrierung und Katalogisierung noch in den Kinderschuhen. Bibliothekare können ganz gut Bücher katalogisieren, Chemiker haben begonnen, Strukturformeln zu katalogisieren, und Anthropologen fangen an, die Spuren von Kulturvölkern festzuhalten. Die Katalogisierung von Ereignissen, Gedanken, Theorien, Statistiken und empirischen Daten ist aber gerade erst in Angriff genommen worden. Die Vervielfachung der Berichterstattung, die im Laufe der Zeit anfallen wird, zwingt uns zu problemgerechterem Katalogisieren und zu einem adäquateren Verweissystem als wir es jetzt besitzen. Dies ist vielleicht das wichtigste ungelöste theoretische Problem auf der Stufe der Bauprinzipien[23]. Im empirischen Bereich sind noch große Gebiete vorhanden, in denen die Bauprinzipien wenig bekannt sind, obwohl die Kenntnisse dank neuerer Experimentiereinrichtungen, wie dem Elektronenmikroskop, rasch Fortschritte machen. Die Anatomie, das Gebiet der Erfahrungswelt, das zwischen den großen Molekülen und den Zellen liegt, tappt noch an vielen Stellen im Dunkeln. Immerhin ist es genau der Bereich − die Gene und die Viren liegen z. B. in ihm −, der das Geheimnis des Lebens in sich birgt. Bis die Anatomie des Lebens aufgeklärt ist, werden die funktionalen Systeme, die darin enthalten sind, unbekannt bleiben.

23 Im ökonomischen Bereich fehlen uns ebenfalls noch viele Bauprinzipien, insbesondere die Kenntnisse über die ökonomisch relevanten Relationen (z. B. Marktreaktionsfunktionen, time lags usw.). Zumindest sind sie alle noch nicht hinreichend getestet, so daß man von einer zureichenden „Bewährung" noch nicht sprechen kann. (A. d. Ü.).

Die Uhrwerkebene ist die Stufe der klassischen Naturwissenschaften: Sie ist beim augenblicklichen Wissensstand vielleicht die am vollständigsten entwickelte Ebene. Das gilt insbesondere dann, wenn wir sie so abgrenzen, daß sie auch noch die Feldtheorie und die stochastischen Modelle der Physik aufnimmt. Aber auch hier findet man bedeutende Lücken, insbesondere in den schwierigeren Erfahrungsbereichen. Es müßte noch einiges über den reinen Zellmechanismus, über das Funktionieren des Nervensystems, des Gehirns und von Gesellschaftssystemen bekannt sein.

Oberhalb der zweiten Ebene werden theoretische Modelle spärlicher. In den letzten Jahren konnten bedeutungsvolle Entwicklungen in der dritten und vierten Ebene beobachtet werden. Die Theorie der Kontrollmechanismen[24] oder der Kybernetik wurde zum selbständigen Fach, und die Theorie der Selbsterhaltungssysteme hat rasche Fortschritte gemacht. Wir können aber nicht behaupten, daß in diesen Bereichen mehr als nur ein Anfangsstadium erreicht ist. Wir wissen sehr wenig zum Beispiel über die Lenkungsmechanismen in den Genen und in genetischen Systemen[25] und noch weniger wissen wir über die Lenkungsvorgänge, die in der Gefühlswelt und dem gesellschaftlichen Bereich vor sich gehen. Ähnlich bleiben die Selbsterhaltungsprozesse in vielen Punkten sehr geheimnisvoll, und obwohl die theoretische Möglichkeit des Baus eines Selbsterhaltungsmechanismus schon durchdacht ist, scheint es uns von den gegenwärtigen Konstruktionen bis zu einem dem Leben gleichenden Mechanismus noch ein langer Weg zu sein.

Oberhalb der vierten Ebene kann man bezweifeln, ob es überhaupt schon Rudimente theoretischer Systeme gibt. Die komplizierten Wachstumsvorgänge, mit deren Hilfe genetische Komplexe ihre eigene Substanz vermehren, sind noch fast völlig unbekannt. Man weiß nicht, was die Zukunft bringt; bis heute kann nur Gott einen Baum entstehen lassen. Angesichts lebender Systeme sind wir ziemlich hilflos. In manchen Fällen können wir zwar mit Systemen umgehen, die wir nicht verstehen, aber wir können sie nicht erstellen. Der nicht ganz eindeutige Status der Medizin, die zu ihrem eigenen Unbehagen ein bißchen zwischen Magie und Wissenschaft hin und her pendelt, ist ein Beweis für den Zustand, in dem sich das systematische Wissen auf diesem Gebiet befindet. Je weiter wir auf der Stufenleiter nach oben gehen, desto deutlicher wird der Mangel an brauchbaren theoretischen Systemen. Wir können uns nur schwer den Aufbau eines Systems vorstellen, das in beachtlichem Maße „Wissen" enthält, geschweige denn Selbsterkenntnis. Je mehr wir uns den menschlichen und gesellschaftlichen Ebenen nähern, ereignet sich etwas Sonderbares: Die Tatsache, daß wir einen Zugang zu unserem Inneren haben und daß wir selber die Systeme darstellen, die wir untersuchen wollen, ermöglicht es uns, Systeme zu nutzen, die wir nicht wirklich verstehen. Wir können es uns nicht vorstellen, daß wir eine Maschine erstellen, die Gedichte macht: Gedichte werden aber verfaßt, und zwar von Menschen, wobei uns die Vorgänge, wie so etwas zustande kommt, völlig

24 Vgl. z. B. *Simon, Herbert A.*: Regelungstheorie. In diesem Buch S. 196—224. (A. d. Ü.).
25 Seit dem Erscheinen des Originalaufsatzes hat es Fortschritte auf diesem Gebiet gegeben. Die grundlegenden Erkenntnisse über die Struktur der Gene, deren Kenntnis die Voraussetzung für die Erforschung der Lenkungsmechanismen ist, wurden bereits 1953 gewonnen. Vgl. *Watson, J. D.* und *Crick, F. M. C.*: Molecular Structure of Nuclein Acids, in: Nature, Vol. 171 (1953), S. 737—738. (A. d. Ü.).

verborgen sind. Die Kenntnisse und die Fertigkeiten, die wir auf der Symbolebene besitzen, unterscheiden sich wesentlich von dem, was auf niedrigeren Ebenen vorhanden ist — wir können es als Vergleich zwischen dem „know-how" des Gens und dem „know-how" des Biologen darstellen. Es handelt sich jedoch um echtes Wissen, das die Quelle kreativen Schaffens des Menschen in seiner Eigenschaft als Künstler, Schriftsteller, Architekt und Komponist ist.

Vielleicht besteht eine der wertvollsten Gebrauchsmöglichkeiten des obigen Schemas darin, daß es uns daran hindert, eine theoretische Analyse als höchste Stufe zu akzeptieren, obwohl sie unterhalb der Erfahrungsebene liegt, in der wir forschen. Da jede Ebene die unter ihr liegenden Ebenen in einer gewissen Weise mit umfaßt, kann man viele Informationen und Einblicke dadurch erhalten, daß man niedrigere Systeme auf Sachverhalte höherer Ebenen anwendet. Deshalb sind die meisten theoretischen Gebilde der Sozialwissenschaften noch auf Stufe (2) und streben gerade hinauf zur Stufe (3), obwohl der Forschungsgegenstand ganz klar zur Stufe (8) gehört. Wirtschaftswissenschaft ist noch weitgehend als "mechanics of utility and self interest" zu bezeichnen, wie es *Jevons* meisterhaft ausdrückt. Ihre theoretische und mathematische Grundlage ist weitgehend der Ebene des einfachen Gleichgewichts und der dynamischen Theorie entnommen. Sie bedient sich nur der Konzepte, die zur Stufe (3) gehören, wie die Auswertung von Informationen, und sie nutzt keine höheren Systeme. Immerhin hat sie mit diesem groben Instrument ein Quentchen Erfolg gehabt: Dieser besteht darin, daß derjenige, der etwas von Ökonomie versteht, sicher sein kann, daß er in wirtschaftlichen Dingen demjenigen überlegen ist, der nichts davon versteht. In einigen Punkten hängt eben der Fortschritt in den Wirtschaftswissenschaften davon ab, wie gut man es versteht, diese niedrigen, als erste Näherung nützlichen Systeme zu überwinden und dem Niveau angemessenere Systeme einzuführen — natürlich nur dann, wenn solche Systeme entdeckt sind. Viele ähnliche Fälle könnten angeführt werden — zum Beispiel die völlig unangemessene Verwendung der psychoanalytischen Theorie, der Energiekonzepte und das langandauernde Unvermögen der Psychologie, sich von einem unfruchtbaren Reiz-Reaktionen-Modell[26] zu lösen.

Zuletzt könnte das obige Schema als kleine Warnung, auch für Management Science[27], dienen. Dieses neue Fach stellt einen wichtigen Durchbruch von den überaus einfachen mechanischen Modellen zur Organisations-[28] und Lenkungstheorie[29] dar. Seine Betonung der Kommunikationssysteme und der organisatorischen Strukturen, der Prinzipien von dynamischem Gleichgewicht und Wachstum, der Entscheidungsprozesse unter Unsicherheit führt uns weit über die einfachen

26 Eine Möglichkeit, diesen Ansatz zu überwinden, deutet *Baetge* in seinem Beitrag: „Sind ‚Lernkurven' adäquate Hypothesen für eine möglichst realistische Kostentheorie?" an. In: ZfbF, 26. Jg. (1974), S. 521—543, hier S. 532—543. In diesem Buch S. 257—281. (A. d. Ü.).
27 Vgl. Fußnote 5.
28 Vgl. *Grochla, Erwin:* Artikel: Organisationstheorie, in: Handwörterbuch der Organisation, hrsg. v. *Erwin Grochla,* Stuttgart 1973, Sp. 1236—1255.
29 Vgl. z. B. *Klaus, Georg* (Hrsg.): Wörterbuch der Kybernetik, Berlin 1968, *Oppelt, W.:* Kleines Handbuch technischer Regelungsvorgänge, 5. Aufl., Weinheim 1972, *Baetge, Jörg:* Systemtheorie.

Maximierungsmodelle aus den Jahren nach dem Zweiten Weltkrieg hinaus. Ein Fortschritt auf dem Gebiet der theoretischen Analyse kann nur über bessere und fruchtbarere Systeme erreicht werden.

Wir dürfen jedoch nicht ganz vergessen, daß selbst diese Fortschritte nicht viel weiterführen als bis zur dritten oder vierten Ebene: Wenn wir es mit Menschen oder Organisationen zu tun haben, handelt es sich um Systeme aus der Erfahrungswelt, die über unsere Darstellungskünste weit hinausgehen. Wir sollten deshalb nicht völlig überrascht sein, wenn uns unsere einfachen Systeme, trotz ihrer Bedeutung und Bewährung, gelegentlich im Stich lassen.

3. Die Funktion des Skeletts

Ich wählte den Untertitel dieser Abhandlung mit der Absicht, ein wenig zu übertreiben. Die Theorie allgemeiner Systeme ist in dem Sinn ein Skelett der Wissenschaften, als sie die Struktur von Systemen darstellt, die Fleisch und Blut unterschiedlicher Fächer zusammenhält, d. h. die Forschungsgegenstände in einem geordneten oder zusammenhängenden Wissenskörper vereint. Es handelt sich eigentlich um ein Skelett, das man versteckt hält. Das Verbergen hat seine Ursache in diesem Falle in der Abneigung der Wissenschaft, die sehr geringen Erfolge auf dem Gebiet der Systembildung zuzugeben, und ihrer Neigung, die Sicht auf diejenigen Probleme und Sachverhalte zu verdecken, die sich nicht in die einfachen mechanischen Schemata einordnen lassen. Die Wissenschaft muß noch einen sehr langen Erfolgsweg zurücklegen. Die allgemeine Systemtheorie könnte uns ab und zu in die Verlegenheit bringen, deutlich zu machen, wie weit unser Weg noch ist, und übertriebenen Wissenschaftsstolz für überaus einfache Systeme etwas dämpfen. Das Skelett muß aus der Verborgenheit hervorgeholt werden, bevor seine ausgetrockneten Gebeine zu Leben erweckt werden können.

Der allgemeine Systembegriff

von Hans Ulrich *

1. Begriffsbestimmung

Man kann die allgemeine Systemtheorie als die formale Wissenschaft von der Struktur, den Verknüpfungen und dem Verhalten irgendwelcher Systeme bezeichnen. Grundlegend ist also der Begriff des Systems; wir wollen uns deshalb kurz mit seinem Inhalt beschäftigen, wobei wir darauf achten müssen, im Sinne der allgemeinen Systemtheorie alle nicht allgemeingültigen Merkmale auszuschließen.

Wie *Flechtner*[1] ausführt, bedeutet das griechische Wort „τό σύστημα" Zusammenstellung, Vereinigung, Ganzes, was die Existenz von Teilen oder Elementen voraussetzt. Auch der heute übliche Gebrauch des Wortes System enthält diese Vorstellung; Teil, Glied oder *Element* einerseits, Einheit oder *Ganzheit* andererseits sind also zwei Grundmerkmale des allgemeinen Systembegriffes. Dazu kommt nun noch das Merkmal der *Ordnung;* die Teile oder Elemente sind in der Ganzheit nicht irgendwie und unbestimmbar vorhanden, sondern es besteht ein Anordnungsmuster, die Ganzheit ist strukturiert oder organisiert. Dies bedeutet auch, daß zwischen den Teilen *Beziehungen* bestehen, die von den verschiedenen Autoren verschieden bezeichnet werden. *Ackoff, R. L.*[2], *Luhmann, N.*[3] und andere sprechen von „Interdependenz" der Teile, *Beer, S.*[4] von ihrer „Konnektivität", *Flechtner, H. J.*[5] von „Verknüpfungen", andere Autoren von „Interaktivität" und „Zusammenwirken". Wir kommen somit zu einer allgemeinen Systemdefinition folgenden Inhalts:

> Unter einem System verstehen wir eine geordnete Gesamtheit von Elementen, zwischen denen irgendwelche Beziehungen bestehen oder hergestellt werden können.[6]

---

* Auszug aus: *Ulrich, Hans:* Die Unternehmung als produktives soziales System, Bern-Stuttgart o. J. (1968), S. 105–111.

1 *Flechtner, H. J.:* Grundbegriffe der Kybernetik, 1. Aufl., Stuttgart 1966, S. 228.

2 *Ackoff, R. L.:* Systems, Organization and interdisciplinary Research, in: General Systems, Bd. 5 (1960), S. 1–8. Wiederabgedruckt in: Systems, Research and Design. Proceedings of the first Systems Symposium at Case Institute of Technology, hrsg. von *D. P. Eckman,* New York-London, S. 26–46, hier S. 28.

3 *Luhmann, N.:* Funktionen und Folgen formaler Organisation, Berlin 1964, S. 23.

4 *Beer, S.:* Kybernetik und Management, Hamburg 1962, S. 24.

5 *Flechtner, H. J.:* Grundbegriffe der Kybernetik, S. 208–228.

6 Diese Definition ist identisch mit derjenigen *Flechtner*s (Grundbegriffe der Kybernetik, S. 353) bis auf unseren Zusatz „geordnet".

Die Festlegung des Systembegriffs ist in der Literatur nicht einheitlich. Von vielen Autoren werden weitere Systemeigenschaften in die Definition aufgenommen, die u. E. nicht allgemein zutreffen. Dies gilt u. E. in bezug auf die Auffassung von *Gibson, Chorafas, Churchman* und anderen, daß die dem System innewohnende Ordnung *geplant* sei, und zwar im Hinblick auf einen ebenfalls dem System immanenten *Zweck.* Sofern man „Plan" nicht identisch setzt mit „Ordnung", steht dahinter die Vorstellung eines bewußt zur Erreichung bestimmter Zwecke geschaffenen Systems, und es fällt schwer, diese Vorstellung auf naturgegebene Systeme wie Lebewesen, Pflanzen usw. zu übertragen, wenn man sich nicht in Spekulationen über den Plan des Schöpfers usw. verlieren will. Daran schließt auch die Auffassung an, daß die *Dynamik* ein Element des allgemeinen Systembegriffs sei, d. h. also, daß in jedem System Prozesse ablaufen, jedes System ein „Verhalten" zeigt. Auch hier fällt es schwer, in gewissen ideellen Systemen — z. B. Theorien, dem Periodensystem der Elemente — eine solche Dynamik zu erblicken. Umstritten ist auch die Frage nach der *Offenheit* des Systems nach außen. Gibt es geschlossene Systeme, oder steht jedes System in irgendwie gearteten „Austausch-Beziehungen" zu seiner Umwelt? Wir wagen diese annähernd philosophische Fragen nicht zu entscheiden, halten es aber für zweckmäßig, die Offenheit nicht als Wesensmerkmal eines Systems schlechthin aufzufassen.

Geplantheit, Zweckorientiertheit, Dynamik und Offenheit halten wir also nicht für allgemeine Systemmerkmale, wenn sie auch für große Gruppen von Systemen gelten und insbesondere als Eigenschaften der uns interessierenden sozialen Systeme besonders wichtig sind.

Bevor wir die Merkmale des allgemeinen Systembegriffs — Ganzheit, Element, Beziehungen, Ordnung — einer näheren Betrachtung unterziehen, soll hier festgehalten werden, was dieser Begriff insbesondere *nicht* beinhaltet:

1. Er sagt nichts aus über die Art der Elemente oder ihrer Beziehungen zueinander; ob es Dinge, Lebewesen, Gemeinschaften usw. sind und wie sie miteinander verbunden sind, wird nicht gesagt; jeder „Gegenstand" und jede denkbare Art von Beziehung können als Bestandteile von Systemen aufgefaßt werden.
2. Er sagt nichts aus über Art und Zweck einer Ganzheit und über die Art ihrer Beziehungen nach außen; ob es sich um bloß gedachte (ideelle) oder konkret feststellbare (materielle, physische) Systeme, um natürlich entstandene oder künstlich geschaffene Ganzheiten handelt, ob ihre Beziehungen nach außen intensiv oder gering, auf Nachrichten oder physische Güter beschränkt sind oder nicht, bleibt offen.
3. Die Art der Anordnung der Elemente im System ist nicht bestimmt; es kann sich um eine hierarchische oder eine andere Struktur handeln.
4. Zweck, Sinn, Bedeutung eines allfälligen Verhaltens des Systems oder seiner Elemente werden nicht erwähnt und können für verschiedene Systeme verschieden sein.

Dies bedeutet, daß der Begriff sehr formaler Art ist und seine wenigen Merkmale auf überaus viele Sachverhalte zutreffen. Ja noch mehr: Wir können etwas als System betrachten, das von einem anderen Standpunkt aus nur als Teil eines (größeren) Systems erscheint. *Stafford Beer* führt dazu aus:

„Wir müssen sofort feststellen, daß die Definition jedes besonderen Systems beliebig ist. Es ist durchaus berechtigt, eine Schere als System zu bezeichnen. Doch auch das größere System einer Frau, die mit dieser Schere arbeitet, ist ein echtes System. Dieses „Frau-Schere-System" jedoch ist wiederum Teil eines umfassenderen Fertigungssystems usw. Das Universum scheint sich aufzubauen aus einem Gefüge von Systemen, wo jedes System von einem jeweils größeren umfaßt wird – wie ein Satz von hohlen Bauklötzen. Ein System läßt sich über einen weiteren Bereich ausdehnen; man kann es aber ebensogut auf kleinere Einheiten beschränken. Man sollte meinen, daß eine Schere ein kleinstes System darstelle. Aber was geschieht, wenn wir die Schraube lösen und ein einzelnes Scherenblatt betrachten? Unter dem alten Gesichtspunkt haben wir kein System mehr vor uns, sondern einen einzelnen, isolierten und starren Gegenstand, der jedenfalls kein System zum Schneiden ist. Doch wenn wir dieses einzelne Scherenblatt unter ein Mikroskop legen, so stoßen wir von neuem auf ein System – zusammengesetzt diesmal aus metallischen Elementen, die in bestimmter, u. a. von der Temperatur des Scherenteils abhängiger Weise aufeinander einwirken. Die Bestandteile dieses Systems sind verschiedene Arten von Stahlkörnern. Und selbst wenn wir eines von ihnen herausgreifen, so finden wir wiederum ein System, diesmal ein System atomarer Struktur."[7]

Mit anderen Worten: System bedeutet die Vorstellung einer gegliederten Ganzheit, die wir auf ganz unterschiedliche Inhalte anwenden können, eine Denkweise, die es uns erlaubt, die uns jeweils interessierenden Zusammenhänge zwischen irgendwelchen Objekten, die wir als „Elemente" bezeichnen, und irgendeiner größeren Gesamtheit, die wir dann als „System" bezeichnen, zu erfassen.

Was ebenfalls wichtig ist: Wir können Systemvorstellungen auch auf Sachverhalte anwenden, die noch gar keine Systeme *sind*, weil ihnen einzelne der Systemmerkmale fehlen. Wir stellen uns dann gewissermaßen die Frage: Wie wäre es, wenn wir aus diesem Sachverhalt ein System machen würden? Was müßte in diese Ganzheit als Element einbezogen werden? Welche Beziehungen innerhalb des Systems und nach außen müßten geschaffen werden? Usw. Dies bedeutet, daß wir Systemvorstellungen als Konstruktions- oder Gestaltungsmodelle entwerfen und zur Gestaltung von Sachverhalten in der Realität verwenden können; wir gestalten dann die Wirklichkeit nach einem System-Modell. Diese den „Technikern" natürlich geläufige Möglichkeit wird von „reinen" Naturwissenschaftern unter den Systemtheoretikern, die lediglich die Wirklichkeit gedanklich erfassen, nicht aber verändern wollen, nicht erwähnt; für die Betriebswirtschaftslehre als Gestaltungslehre ist sie von grundlegender Bedeutung. Dies gilt natürlich nicht nur für den allgemeinen Systembegriff, sondern für beliebige zusätzliche Merkmale, wie relative Geschlossenheit, hierarchische Strukturierung usw.

Doch wenden wir uns nun einer näheren Erläuterung der einzelnen Begriffsmerkmale zu.

2. Teil und Ganzheit

Infolge des erwähnten, je nach Betrachtungsweise verschiedenen Umfangs von Systemvorstellungen wurden die Bezeichnungen *„Subsystem"* und *„Supersystem"* eingeführt. Die Ganzheit, die man betrachten will, wird als System bezeichnet, das

7 *Beer, S.:* Kybernetik und Management, S. 24–25.

möglicherweise Bestandteil eines größeren „Supersystems" bildet; Teile des Systems können als „Subsystem" aufgefaßt werden, wobei vorausgesetzt wird, daß auf alle drei Bereiche die allgemeinen Merkmale des Systembegriffs zutreffen.

Als „*Element*" wird sodann jener einzelne Teil des Systems verstanden, den man nicht weiter aufteilen kann bzw. will, die kleinste uns interessierende Einheit im System, die wir nicht weiter analysieren können oder wollen. Im ersten Fall trifft auf das Element der Systembegriff nicht zu — es ist eine Einheit, die nicht aus Teilen zusammengesetzt ist —, im zweiten Fall könnten wir das Element auch als System auffassen, interessieren uns aber nicht für seine Zusammensetzung und die inneren Vorgänge. Beispiele für diese zweite Betrachtungsweise sind viele volkswirtschaftliche Aussagen, welche die Unternehmung als Element des Systems „Gesamtwirtschaft" betrachten, die Vorgänge innerhalb der Unternehmung aber nicht analysieren.

Es stellt sich nun die Frage, wann wir bei gegebener Zielsetzung einer Betrachtung mit Recht von Element, Subsystem, System und Supersystem sprechen können, wo also die Grenzen eines Systems jeweils zu ziehen sind. Diese Frage ist recht schwierig zu beantworten. Einerseits haben wir den Sachverhalt vor uns, daß Beziehungen im ganzen Supersystem bestehen, und andererseits wäre es sinnlos, zu jeder beliebig herausgegriffenen Mehrzahl von Teilen System zu sagen. *N. Hartmann*[8] nennt bereits 1949 das „Übergewicht der inneren Bindung" als Abgrenzungskriterium; ähnlich verwenden später *Bennis, Benne* und *Chin*[9] das Ausmaß der Interaktionen als Grenzziehung. Ein System bzw. Subsystem liegt also dann vor, wenn innerhalb dieser Gesamtheit ein größeres Maß von Interaktionen oder Beziehungen besteht als von der Gesamtheit aus nach außen. Man kann sich die Grenzen eines Systems also als Kreis vorstellen, der intensivere bzw. weniger intensive Beziehungen zwischen Teilen voneinander abgrenzt (vgl. Abb. 1). Was nicht innerhalb des Kreises liegt, gehört nicht zum System, sondern zu seiner „Umwelt" und ist allenfalls Bestandteil eines Supersystems.

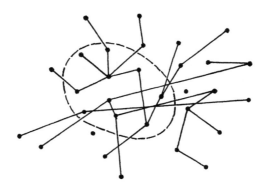

Abbildung 1: Abgrenzung eines Systems vom Supersystem

8 *Hartmann, N.:* Der Aufbau der realen Welt, Meisenheim 1949, S. 332.
9 *Bennis, W./Benne, K. D./Chin, R.:* The Planning of Change, New York 1961, S. 203: "The line forming a closed circle around selected variables, where there is less interchange of energy (or communication etc.) across the line of the circle than within the delimiting circle."

Wie ersichtlich entstehen diese Abgrenzungsschwierigkeiten beim Vorliegen offener Systeme. Die Grenzen ganz oder weitgehend geschlossener Systeme sind leicht zu finden, da ein offensichtlicher Unterschied der Beziehungen innerhalb der Ganzheit und nach außen besteht. Für soziale Gebilde mit ihrem Reichtum an inneren und äußeren Beziehungen ist jedoch eine klare Abgrenzung der jeweiligen Systemvorstellung wichtig; es ist sonst leicht möglich, daß man unzweckmäßige Grenzziehungen vornimmt, d. h. wichtige Beziehungen aus der Betrachtung bzw. Gestaltung eines Systems ausschließt oder unnötig weite Vorstellungen verwendet.

Sinngemäß liegt ein Subsystem dann vor, wenn innerhalb dieser Gruppe ein größerer Beziehungsreichtum vorliegt als zwischen diesen Elementen und anderen im System.

3. Die Beziehungen zwischen den Teilen

Daß eine Beziehung zwischen den Elementen eines Systems besteht, ist ein Merkmal des Systembegriffs, dem von den meisten Autoren eine entscheidende Bedeutung zugemessen wird; vor allem Kybernetiker, die sich mit Prozessen und Regelungsvorgängen in dynamischen Systemen befassen, neigen dazu, das System überhaupt als „Interdependenz" oder „Kohärenz" zu definieren.[10]

Was unter „Beziehung" allgemein zu verstehen ist, scheint nicht restlos geklärt zu sein, worauf schon die unterschiedlichen Bezeichnungen hindeuten. „Interdependenz" kann als gegenseitige Abhängigkeit definiert werden, wobei jedoch nicht jedes Element unmittelbar mit jedem anderen in Beziehung zu stehen und diese zwischen je zwei Elementen nicht notwendigerweise gegenseitig zu sein braucht. Anschaulicher wird es, wenn man ein dynamisches System in seinem Verhalten betrachtet; die einzelnen Elemente können dann aktiv oder nicht-aktiv sein. Die Beziehungen zwischen den Elementen bewirken nun, daß die einzelnen Aktivitäten nicht unabhängig voneinander sind; die Aktivität eines Elementes kann die Folge des Verhaltens eines anderen sein und wiederum die Aktivität eines dritten beeinflussen; das Verhalten des Systems als Ganzes ist vom Verhalten aller seiner Elemente abhängig.

Beziehungen sind also wohl irgendwelche Verbindungen zwischen Elementen, welche das Verhalten der Elemente und des ganzen Systems beeinflussen. Durch Beziehungsaufnahmen oder Interaktionen werden diese Beziehungen gewissermaßen aktiviert. *Flechtner*[11] spricht von „Verknüpfungen" und weist darauf hin, daß solche bereits bestehen oder aber geschaffen werden können; im letzteren Fall spricht er von „Verknüpfungs-Operationen". Damit wird die Möglichkeit der bewußten Systemgestaltung in den Vordergrund gerückt, die wie erwähnt für uns besonders wichtig ist.

Der Reichtum an Beziehungen in einem System wirkt sich nun sehr stark auf die Möglichkeit der gedanklichen Erfassung und der Erklärung des Systemverhaltens aus. Ein System ist mehr oder weniger *komplex* je nach Beziehungsreichtum zwischen sei-

---

10 So *Luhmann, N.*: Funktionen und Folgen formaler Organisation, Berlin 1964, S. 23, der das System als „Interdependenz der Teile im Rahmen des Ganzen" definiert; ähnlich *Beer, S.* an einzelnen Stellen seiner Werke.
11 *Flechtner, H. J.*: Grundbegriffe der Kybernetik, S. 231—246.

nen Elementen, und, wie *W. Wieser*[12] ausführt, „die verschiedenen Eigenschaften und Wirkungsgrade von Systemen beruhen auf den verschiedenen Graden ihrer Komplexität". Deshalb verwendet *Stafford Beer*[13] auch dieses Kriterium zur Entwicklung einer allgemeinen Kategorisierung der Systeme. Auf die Bedeutung der Komplexität werden wir weiter unten eingehen.

4. *Die Systemstruktur*

Stelle man sich die Elemente als Punkte und die Beziehungen zwischen ihnen als Linien vor, so stellt die Abbildung eines Systems in einem gegebenen Augenblick ein *Netzwerk* dar, das auch als „Anordnungsmuster" (pattern), „Struktur", „Gefüge" oder „Ordnung" bezeichnet werden kann. In zahlreichen Systemdefinitionen wird dieses grundlegende Merkmal hervorgehoben. Wir verwenden im folgenden vorwiegend den Ausdruck *„Struktur".*

Durch ein solches Anordnungsmuster werden also der Ort des einzelnen Elementes im ganzen System bestimmt und damit auch seine Wirkungsmöglichkeiten. Diese Systemstruktur ist jedoch in dynamischen Systemen nicht gleichbleibend; sie kann sich in einem bestimmten Zeitraum langsamer oder rascher, aber auch geringfügig oder weitgehend ändern. In allen künstlichen Gebilden kann die Struktur bewußt beeinflußt oder gestaltet werden; das System wird strukturiert. Durch Strukturveränderungen, seien sie nun von Natur aus entstanden oder bewußt gestaltet worden, kann sich das Verhalten des Systems als Ganzes verändern. Wenn man das Systemverhalten erklären und voraussagen will, muß man seine Struktur erkennen; wenn man — bei der Gestaltung künstlicher Systeme — ein bestimmtes Systemverhalten erreichen will, muß man ihm auch eine bestimmte Struktur geben.

Auf dieser Ebene stellt man sich die Struktur als Anordnung von Elementen im Raum vor. Man kann aber auch, wie dies u. a. *N. Wiener* und *W. G. Walter* tun, den Strukturbegriff in der zeitlichen Dimension verwenden und unter Struktur oder "Pattern" eine bestimmte Anordnung oder Abfolge von Ereignissen in zeitlicher Hinsicht verstehen.[14] Bezeichnen wir eine Reihe zusammenhängender Aktivitäten von Elementen als „Prozeß", so können wir also auch von einer *„Prozeß-Struktur"* sprechen, die ebenfalls je nachdem gegeben ist oder gestaltet werden kann. Für das durch einen Prozeß erreichbare Ziel ist natürlich die Art der Prozeß-Struktur wesentlich.

Natürliche dynamische Systeme können sich von selbst in ihrer Struktur auf einen „Endzustand" hin verändern, wobei Druck-, Wärme-, Spannungsunterschiede usw. innerhalb des Systems sukzessive ausgeglichen werden. Man kann daraus schließen, daß es für natürliche Systeme offenbar so etwas wie eine „natürlichste Struk-

12 *Wieser, W.:* Organismen, Strukturen, Maschinen, Frankfurt/M. 1959, S. 26.
13 *Beer, S.:* Kybernetik und Management, S. 27.
14 *Walter, W. G.:* The living Brain, Harmondsworth 1961, S. 68, definiert "pattern" als "any sequence of events in time, or any set of objects in space, distinguishable from or comparable with another sequence or set" (deutsche Übersetzung, S. 80).

tur" gibt, bei der das System im Gleichgewicht ist; man kann diese Struktur auch als die wahrscheinlichste bezeichnen. In der Regel empfinden wir solche Zustände als „natürliche Ordnung" der Dinge.

Ob uns etwas als Ordnung oder Unordnung erscheint, hängt u. E. aber von menschlichen Zwecken ab. Von diesen her gesehen, kann eine ganz spezifische Anordnung von Elementen erforderlich sein, die keineswegs „natürlich" ist und nicht von selbst entsteht; deshalb erscheint dem Menschen die Natur oft als chaotisch. Je spezifischer die Anforderungen sind, die Menschen an ein System stellen, um so unwahrscheinlicher ist es, daß dieses gerade das dafür zweckmäßige Anordnungsmuster aufweist; vom Menschen her gesehen ist „Unordnung" wahrscheinlicher als „Ordnung". Von Menschen für bestimmte Zwecke geschaffene künstliche Systeme können deshalb im Laufe ihres Verhaltens an Ordnung verlieren; Ordnung muß im Hinblick auf bestimmte Zwecke bewußt geschaffen und entstehende „Unordnung" bekämpft werden.

Auf die mit diesen Überlegungen in Zusammenhang stehenden, schwierigen Fragen der Wahrscheinlichkeit des Eintretens verschiedener Systemzustände wollen wir hier nicht näher eingehen.[15] Aus diesem kurzen Hinweis geht jedoch hervor, daß in vielen Systemen die Struktur sich von selbst verändert, so daß das Erkennen, Voraussagen oder Gestalten von Strukturänderungen in komplexen, dynamischen Systemen schwierige Probleme stellen, auf die wir, was Unternehmungen betrifft, in der Betriebswirtschaftslehre eingehen müssen. Ferner können wir festhalten, daß Struktur nicht nur räumliche Anordnung von Systemelementen, sondern auch zeitliche Anordnung ihrer Aktivitäten bedeutet.

5. Zusammenfassung

Überblicken wir das Gesagte, so können wir festhalten, daß Systeme ideelle oder reale, künstliche oder natürliche Ganzheiten sind, die aus Teilen mit ganz unterschiedlicher Anordnung zueinander bestehen. Da die Zahl der Elemente, das Ausmaß und die Art ihrer Beziehungen und die Art und Veränderlichkeit ihres Anordnungsmusters überaus verschieden sein können, ergibt sich schon aus dieser rein formalen Betrachtung eine unendlich große Vielfalt von Erscheinungen, auf die der Systembegriff anwendbar ist. Wir sehen nun aber auch den Sinn einer solchen Begriffsbildung: Die Systemvorstellung erlaubt es uns, vorurteilsfrei und nur mit einigen wenigen Grundbegriffen ausgerüstet, an die Vielfalt der wirklichen Erscheinungen heranzugehen und sie in ihrem Aufbau und in ihrem Verhalten nach formalen Kategorien zu analysieren.

15 Vgl. dazu die Ausführungen über „*Entropie*", z. B. bei *Flechtner* und *Beer* (*Beer, S.*: Kybernetik und Management, S. 41—43, *Flechtner, H. J.*: Grundbegriffe der Kybernetik, S. 75).

Systemtheorie und Kybernetik

*von Karl Küpfmüller**

1. Aufgabe

In den letzten Jahrzehnten sind neue Bezeichnungen für zusammenfassende Wissenschaften entstanden, unter denen die in der Überschrift genannten Begriffe eine weite Verbreitung gefunden haben. Von Definitionen solcher Begriffe neuer Wissensgebiete darf man nicht eine zu große Schärfe verlangen; sehr genaue Definitionen wären hier sogar unzweckmäßig, weil sie infolge der wachsenden Erkenntnisse mit großer Wahrscheinlichkeit zu Lücken führen müßten. Trotzdem dürfte es von Zeit zu Zeit nützlich sein, sich über die Bedeutung der Begriffe Gedanken zu machen. Diesem Zweck sollen die folgenden Ausführungen dienen. Dabei erschien es zweckmäßig, zunächst einiges über die Bedeutung des Begriffes „Theorie" selbst zu sagen.

2. Der Begriff der Theorie

Das Wort „Theorie", aus dem griechischen θεωρία, bedeutet ursprünglich das Anschauen, das Zuschauen, die Betrachtung. Es wird heute in merkwürdig gegensätzlicher Bedeutung gebraucht. Einerseits ist es das Gegenwort zur „Praxis", als dem wirklichen Tun und der Erfahrung. Die Bezeichnung „Theoretiker" kann dann durchaus abschätzig im Sinne eines wirklichkeitsfremden Menschen gemeint sein. Dazu gehören Aussagen wie: „Theoretisch mag dies ja so sein, aber praktisch ist es ganz anders." Die Theorie steht hier also in einem Gegensatz zur Erfahrung. In den Wissenschaften wird andererseits die Bezeichnung Theorie gerade für die klare und allgemein gültige Darstellung der Erfahrungen verwendet. Nach *Brockhaus* 1957 bedeutet Theorie „die wissenschaftliche Erklärung eines Erfahrungsbereiches, die sich in Versuch und Beobachtung bewähren muß". Von *L. Boltzmann* stammt die Feststellung: „Es gibt nichts Praktischeres als eine gute Theorie."

Diese Doppeldeutigkeit des Begriffes Theorie erklärt sich aus der Geschichte der Entwicklung der Wissenschaften. Von der griechischen Antike bis in die Neuzeit war es das Bemühen einer langen Reihe von Philosophen und Gelehrten, alle Erkenntnis und „Theorie" der Dinge allein durch logisches Denken abzuleiten, und zwar nicht aus Beobachtungen und Erfahrungen, sondern aus überlieferten oder erdachten Grundideen und Dogmen. Diese spekulative Betrachtungsweise mußte oft in Gegensatz zur

* In: Jubiläumsfestschrift 1968 vom Ohm-Polytechnikum. Staatliche Akademie für angewandte Technik Nürnberg, Nürnberg 1968, S. 99–103.

täglichen Erfahrung geraten; ihre gewaltsame Anwendung auf Naturvorgänge führte zu Folgerungen und Formulierungen, die uns heute als absurd erscheinen. Die bekannten vielfach angeführten Definitionen des Philosophen *Georg Wilhelm Friedrich Hegel* (1770—1831) von Wärme und Elektrizität können als eine Endstufe dieser Entwicklung angesehen werden. („Die Wärme ist das Sichwiederherstellen der Materie in ihrer Formlosigkeit, ihre Flüssigkeit der Triumph ihrer abstrakten Homogenität . . .”; „Die Elektrizität ist die unendliche Form, die mit sich selbst different ist, und die Einheit dieser Differenzen, und so sind beide Körper untrennbar zusammenhaltend . . .”; „Die Elektrizität ist der reine Zweck der Gestalt, der sich von ihr befreit: Die Gestalt, die ihre Gleichgültigkeit aufzuheben anfängt . . .”)

Diese durch viele Jahrhunderte hindurchgehenden Bemühungen größter Denker waren wohl notwendig auf dem Weg der Entfaltung des menschlichen Geistes. Es handelt sich im Grunde um die Frage, wie der Mensch überhaupt zu wirklichen Erkenntnissen gelangen könne. Die Möglichkeiten zur Beantwortung dieser Frage waren aber wieder abhängig von dem Weltbild, das sich der Mensch auf Grund seiner Erkenntnisse machte, und dieses formte sich daher nur langsam. Unsere heutige Auffassung, daß wissenschaftliche Erkenntnisse nur aus der Beobachtung der Natur und aus den daraus abgeleiteten Erfahrungen gewonnen werden können, ist nicht plötzlich entstanden. Die verschiedentlich geäußerte Ansicht, etwa im 16. Jahrhundert habe so etwas wie eine Mutation des menschlichen Gehirns stattgefunden, aus der dann die rasche Entwicklung der Naturwissenschaften und der Technik hervorgegangen sei, entspricht nicht dem Gang der Geschichte und kann nicht durch Tatsachen begründet werden. Vielmehr vollzog sich die Loslösung der Wissenschaften aus der dogmatischen Weltbetrachtung in einem allmählichen, viele Jahrhunderte währenden Prozeß[1]. Die Erkenntnis, daß es möglich ist, Naturvorgänge nur auf Grund von Beobachtungen und Experimenten durch allgemein gültige Gesetzmäßigkeiten zusammenzufassen, mußte selbst erst erkannt werden. Den ersten großen Schritt dazu vollzog *Galileo Galilei* (1564 bis 1642), als er die Ergebnisse seiner eigenen Experimente und die bereits vorliegenden Erfahrungen in den Gesetzen der Fall- und Wurfbewegung zusammenfaßte und mit der mathematischen Formulierung eine wissenschaftliche Theorie dieser Vorgänge schuf.

Von dieser Zeit an wurden immer weitergreifende Zusammenfassungen von Naturvorgängen unter Gesetzmäßigkeiten von immer breiter werdenden Geltungsbereichen gefunden. Als Beispiele seien nur angeführt:

Die Grundgesetze der Mechanik (*I. Newton* 1687).
Der Energiesatz (*R. Mayer* 1842, *J. P. Joule* 1843, *H. Helmholtz* 1847).
Der Entropiesatz (*R. Clausius* 1850).
Die Theorie der elektromagnetischen Felder (*J. C. Maxwell* 1865, *H. Hertz* 1890, *H. A. Lorentz* 1892).
Die Quantentheorie (*M. Planck* 1900).
Die Relativitätstheorie (*A. Einstein* 1905).

---

1 Eine ausführliche Darstellung dieser Entwicklung z. B. bei *A. C. Crombie:* Von Augustinus bis Galilei, die Emanzipation der Naturwissenschaften, Köln-Berlin 1964.

Die Quantenmechanik (*M. Born, P. Jordan, W. Heisenberg* 1925).
Die Wellenmechanik (*E. Schrödinger* 1927).
Die Informationstheorie (*Claude E. Shannon* 1945).

Der Wissensschatz der Menschheit wächst heute rascher als je zuvor. Auf dem Gebiet der Elektrotechnik wurde z. B. eine Verdoppelungszeit der Erkenntnisse von etwa 10 bis 15 Jahren geschätzt. Da die Aufnahmefähigkeit des Menschen begrenzt ist, so würde damit eine immer enger werdende Beschränkung des einzelnen auf immer schmälere Wissensgebiete verbunden sein müssen, wenn nicht mit dieser Entwicklung als ein zweiter, meist wenig beachteter Prozeß die Zusammenfassung der Erkenntnisse unter übergeordneten Gesichtspunkten und Theorien einhergehen würde.

Der heutige *wissenschaftliche Begriff der Theorie* kann etwa gekennzeichnet werden als *die Zusammenfassung der jeweils vorliegenden, durch Beobachtung und Messung gewonnenen Gesamterfahrungen in einer solchen Form, daß daraus Vorhersagen für alle denkbaren Spezialfälle abgeleitet werden können.*

Der Weg der Entwicklung naturwissenschaftlicher Erkenntnis hat damit zur ursprünglichen Bedeutung des Wortes Theorie zurückgeführt, wenn auch in einem weiteren Sinn, als die griechischen Denker dies erkennen konnten. Da die theoretischen Gesetzmäßigkeiten und Vorstellungen auch die Grundlage bilden für die Anwendung der Naturerkenntnisse auf die vielfachen Bedürfnisse der Menschen, für die Erfindungen und Erzeugnisse der Technik und damit für die kulturelle Entwicklung der Menschen, so wäre es angebracht, *das Wort Theorie allein in diesem Sinn der Darstellung der Erfahrungen* zu verwenden und nicht gleichzeitig als einen Gegensatz dazu.

Vorstufen einer jeden Theorie sind Vermutungen, Annahmen, Ideen. Solange diese noch nicht durch ausreichende Erfahrungen gesichert sind, werden sie als *Hypothesen* bezeichnet.

3. Systemtheorie

In der elektrischen Nachrichtentechnik konnten schon frühzeitig die interessierenden Vorgänge der Übertragung auf Leitungen theoretisch geklärt werden. Dazu haben in der Anfangszeit besonders die Arbeiten von *W. Thomson* 1856, *O. Heaviside* 1893, *H. Poincaré* 1904 und *K. W. Wagner* 1911 beigetragen. Neue Zusammenfassungen entstanden, als erkannt wurde, daß es sich hier im wesentlichen um Vorgänge in linearen Systemen handelt, d. h. um Einrichtungen, bei denen die Wirkungen der Kräfte sich ungestört überlagern. Daraus wurde etwa zwischen 1915 und 1925 die allgemeine *Vierpoltheorie* entwickelt. Die Voraussetzung der Linearität ermöglicht es, bei einer beliebig aus Widerständen, Spulen, Kondensatoren, Übertragern, Leitungen, Hohlleitern, Antennen, Funkstrecken zusammengesetzten Einrichtung mit zwei Eingangsklemmen und zwei Ausgangsklemmen gemäß Bild 1 Aussagen über die Beziehungen zwischen den Spannungen und Strömen am Eingang und Ausgang zu machen.

Ein technisch und historisch interessantes Beispiel für eine solche Aussage bildet der Umkehrungssatz (Reziprozitätssatz). Er wurde für zusammengesetzte Leitungen schon 1891 von *A. Franke,* in allgemeiner Form 1921 von *F. Breisig*[2] ausgesprochen und besagt: Eine beliebige am Eingang wirkende Wechselspannung U_1 erzeugt in einem Kurzschluß am Ausgang eine Stromstärke I_2, die unabhängig von der Übertragungsrichtung ist, also die gleiche bleibt, wenn man Eingang und Ausgang des Vierpols miteinander vertauscht. Dies ist eine überraschende Feststellung, da der Vierpol selbst, von beiden Seiten betrachtet, sehr verschiedenartig aufgebaut sein

Abbildung 1: Vierpol; U_1, U_2 sind die Eingangs- und Ausgangsspannungen; I_1, I_2 sind die Eingangs- und Ausgangsströme.

kann. Lange Zeit glaubte man, daß der Umkehrungssatz in dieser Form allgemein für alle passiven Vierpole gelte, das sind Vierpole, die keine Energiequellen enthalten. Im Jahre 1944 entdeckte nun *F. Braun*[3], daß es passive Vierpole gibt, bei denen dieser Satz nicht zutrifft. Im Jahre 1948 hat *H. Tellegen* dann die allgemeinen Gesetze für solche neuartigen Vierpole definiert und dafür die Bezeichnung *Gyrator* eingeführt. Der Gyrator hat die merkwürdige Eigenschaft, daß sich beim Vertauschen von Eingang und Ausgang gegenüber dem gewöhnlichen passiven Vierpol die Stromrichtung am Ausgang umkehrt; der Umkehrungssatz gilt daher hier ebenfalls bis auf das Vorzeichen des Stromes, ein Grund, weswegen dieser Effekt so lange unbemerkt blieb. Heute wird die Gyratorwirkung für verschiedene wichtige Zwecke praktisch verwendet, z. B. in der Hochfrequenztechnik in Form der *Trennvierpole*, mit deren Hilfe man Leitungen auch bei schwankenden Belastungswiderständen reflexionsfrei abschließen kann.

Das Bild des Vierpols, Bild 1, stellt eine Abstraktion dar, die zu einer Vereinfachung vieler Überlegungen geführt hat. Dabei liegt aber noch die Vorstellung des Stromkreises zugrunde; die Striche, die die Vierpole miteinander oder mit anderen Schaltungselementen verbinden, bedeuten Leitungsdrähte.

Diese Vorstellung wurde in einer weiteren Stufe der Abstraktion bei den *Blockdiagrammen* ganz aufgegeben. Die Bezeichnung „Block" ist alt; sie wurde im vorigen Jahrhundert im Eisenbahnwesen aus dem Englischen für „Streckenabschnitt" übernommen. In der elektrischen Nachrichtentechnik wurden die Blockdiagramme etwa zwischen 1925 und 1930 eingeführt. Eingang und Ausgang des Blockes, Bild 2 a,

2 *Breisig, F.:* Über das Nebensprechen in Fernsprechkreisen, in: Elektrotechnische Zeitschrift, 12. Jg. (1921), S. 933–939; *ders.:* Theoretische Telegraphie, Braunschweig 1924.
3 *Braun, F.:* Elektroakustische Vierpole, in: Telegraphen-, Fernsprech-, Funk- und Fernsehtechnik, 33. Jg. (1944), S. 85–95.

stellen jetzt nur noch physikalische Größen dar, nämlich Nachrichtensignale. Die Linien mit Pfeilen, die die Blöcke miteinander verbinden, geben an, wo und in welcher Richtung die Signale wirken. Der Block kann ein einfaches Bauelement darstellen, z. B. einen Kondensator, aber auch ein beliebig kompliziertes System, z. B. eine vollständige Funkstrecke einschließlich Sende- und Empfangseinrichtungen.

Handelt es sich um ein lineares System, so läßt sich der Block durch einen *komplexen Übertragungsfaktor A* vollständig beschreiben; er wird aus den komplexen Amplituden S_1 und S_2 am Eingang und Ausgang des Systems bei Sinusvorgängen definiert durch $A = S_2/S_1$. Bei den *Signalflußdiagrammen*[4] werden schließlich die

a)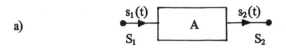

b)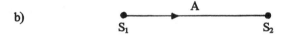

*Abbildung 2: a) Blockbild einer Signalübertragungseinrichtung; s_1 (t) und s_2 (t)
sind die Augenblickswerte von Eingangs- und Ausgangsgrößen;
S_1 und S_2 sind komplexe Amplituden.
b) Kanal eines Signalflußdiagramms.*

Beziehungen zwischen den Signalgrößen nur noch durch Linien mit den entsprechenden Übertragungsfaktoren A gemäß Bild 2 b dargestellt.

Die technischen Einrichtungen der Nachrichtenübertragung sind Systeme, die aus sehr vielen Bauelementen zusammengesetzt sind. Ein einziges Filter der Trägerfrequenztechnik kann z. B. über 30 Spulen und Kondensatoren enthalten; eine moderne Fernsprechverbindung über Koaxialkabel von 500 km Länge mit Zwischenverstärkern in Abständen von 5 km enthält außer den 100 Leitungsabschnitten viele Hunderte von Kondensatoren und Spulen in den Endgeräten und Verstärkern. Die mathematische Beschreibung der Vorgänge in solchen Einrichtungen würde zu Differentialgleichungen von vielhundertstem Grad führen.

Für solche Systeme sind daher die klassischen Verfahren zur *Berechnung von Schaltvorgängen*, wie sie z. B. bei der Telegraphie, bei der Datenübertragung und beim Fernsehen interessieren, nicht mehr anwendbar. Ein Ausweg aus dieser Schwierigkeit ergab sich dadurch, daß Näherungsdarstellungen für die Frequenzabhängigkeit von Betrag und Winkel des komplexen Übertragungsfaktors A eingeführt werden, derart, daß die Auswertung der die Schalt- und Impulsvorgänge darstellenden Fourierschen Integrale möglichst einfach wird. Dieses Verfahren wurde 1949 „Systemtheorie der elektrischen Nachrichtenübertragung"[5] genannt.

4 *Mason, S. J.* und *Zimmermann, H. J.:* Electronic Circuits, Signals and Systems, New York 1960.
5 *Küpfmüller, K.:* Systemtheorie der elektrischen Nachrichtenübertragung, Stuttgart 1949.

Das Wort Systemtheorie wird nun neuerdings zwar in ähnlichem Sinn, aber mit sehr erweiterter Bedeutung verwendet. Allerdings gibt es noch keine genormte Definition. Doch wird in der Literatur und in Symposien unter Systemtheorie heute etwa allgemein *die Anwendung mathematischer Methoden zur Berechnung der Eigenschaften von Anordnungen und Gebilden* verstanden, *die aus einer großen Zahl von einzelnen Elementen zusammengesetzt sind, und die Weiterentwicklung dieser Methoden*[6]. Bei technischen Systemen handelt es sich z. B. um Netzanalyse und Netzsynthese, um informationstheoretische Untersuchungen, insbesondere das Verhalten von Systemen bei statistisch definierten („stochastischen") Signalen, um Aufgaben der Optimierung von Signalübertragungssystemen und Systemen der automatischen Regelung; aber auch quantitative Untersuchungen biologischer und wirtschaftlicher Systeme werden einbezogen. Danach befaßt sich die Systemtheorie, wie aus dem folgenden Abschnitt hervorgeht, auch mit Aufgabenbereichen der Kybernetik. Der Nachdruck liegt bei der Systemtheorie auf den mathematischen Methoden und Lösungen. Komplizierte Systeme sind mathematisch durch eine große Zahl von Variablen gekennzeichnet. Daher bildet hier die *Matrizenrechnung*, die in die Elektrotechnik um 1929 von *R. Feldtkeller* und *F. Strecker* eingeführt wurde, ein wichtiges Hilfsmittel[7]. In vielen Fällen handelt es sich um nichtlineare Systeme, deren Behandlung heute durch die Elektronenrechner sehr erleichtert worden ist[8]. Häufig können nichtlineare Systeme mit Hilfe des *komplexen Übertragungsfaktors für die Grundschwingung* auf lineare Systeme zurückgeführt werden (in der Regelungstechnik meist „Beschreibungsfunktion" genannt[9]).

4. Kybernetik

Seit *Norbert Wiener* dieses Wort 1948 als Titel seines Buches[10] für das „gesamte Gebiet der Regelungstheorie und der Nachrichtenübertragungstheorie, im Lebewesen und in der Maschine" verwendet hat (aus dem griechischen κυβερνήτης für Steuermann), ist die Bezeichnung Kybernetik in Wort und Schrift weit verbreitet

6 *Schlitt, H.:* Systemtheorie für regellose Vorgänge, Berlin 1960; *Wunsch, G.:* Moderne Systemtheorie, Leipzig 1962; *Zadeh, L. A.* und *Desoer, C. A.:* Linear System-Theory, New York 1963; Proceedings of the Symposium on the System Theory New York 1965, Brooklyn 1965.
7 *Strecker, F.* und *Feldtkeller, R.:* Grundlage der Theorie des allgemeinen Vierpols, in: Elektrische Nachrichtentechnik, Bd. 6 (1929), S. 93–102.
8 *Philippow, E.:* Nichtlineare Elektrotechnik, Leipzig 1963; *Stern, T. E.:* Theory of Nonlinear Networks and Systems, Reading (Mass.) 1965.
9 Diese Bezeichnung stammt von *R. J. Kochenburger* (Industrial and Feedback Control. Considered in Two Sessions, in: Transactions of the American Institute of Electrical Engineers, 69. Jg. (1950), S. 270–271). Das Prinzip, die nichtsinusförmige Ausgangsschwingung durch ihre Grundschwingung zu ersetzen und deren Amplitude auf die Amplitude der sinusförmigen Eingangsschwingung zu beziehen, hat zuerst *Möller (H. G.:* Die Elektronenröhren, Braunschweig 1920 und *ders.:* Behandlung von Schwingungsaufgaben, Leipzig 1928) eingeführt („Schwingkennlinie").
10 *Wiener, Norbert:* Cybernetics or Control and Communication in the Animal and the Machine, New York 1948.

worden. Die Probleme waren an sich damals nicht neu. *H. Helmholtz* hatte bereits im Jahre 1855 die Ausbreitungsgeschwindigkeit der Signale in den Nervenbahnen gemessen. Daß Rückkopplung und Regelung im Organismus eine entscheidende Rolle spielen, ist schon 1925 von dem Physiologen *Richard Wagner* erkannt worden[11]. Auf die allgemeine Bedeutung der Regelung für Technik und Biologie hat zuerst *Hermann Schmidt* 1940 hingewiesen[12]. Die Wirkung des *Wiener*schen Buches ist aber wohl darauf zurückzuführen, daß er an konkreten Beispielen und mit neuen mathematischen Formulierungen und Ergebnissen gezeigt hat, welch weites Feld an Forschungsmöglichkeiten und Erkenntnissen sich aus der zusammenfassenden Schau exakter Theorien der Information und der Rückkopplung gewinnen lassen. Heute gibt es eine ganze Reihe von Buchdarstellungen sowie Zeitschriften, die sich mit der gleichen oder einer verwandten Überschrift ausschließlich diesem Thema widmen[13]. Die „Deutsche Gesellschaft für Kybernetik" veranstaltet alle zwei Jahre einen Kongreß, „der eine wachsende Beteiligung zeigt"[14].

In der Zeitschrift „Kybernetik" wird das Gebiet erläutert durch den Untertitel: Zeitschrift für Nachrichtenübertragung, Nachrichtenverarbeitung, Steuerung und Regelung in Automaten und in Organismen.

Zum Teil sind sehr breite Definitionen für die Kybernetik vorgeschlagen worden. Dies ist unnötig und unzweckmäßig. Daß das Fortschreiten der Wissenschaft heute eine enge Zusammenarbeit zwischen den verschiedenen Disziplinen erfordert, wird allgemein anerkannt; ein besonderer Name dafür ist nicht erforderlich. Soweit überhaupt eine Definition der Kybernetik über das Gesagte hinaus noch notwendig ist, kann sie vielleicht am besten durch das Schema der folgenden Tabelle gekennzeichnet werden (s. S. 48).

Die Felder 11 bis 44 stellen die einzelnen Wissens- und Forschungsgebiete dar. Die Felder der Zeile 1 betreffen sowohl die technischen Anwendungen als auch die Weiterentwicklung der theoretischen Grundlagen selbst. Am schwierigsten ist naturgemäß die Anwendung exakter wissenschaftlicher Methoden in den unteren Feldern, die die Probleme der menschlichen Gesellschaft, Recht, Wirtschaft, Soziologie und Politik umfassen. Es ist sehr erfreulich, daß in den letzten Jahren eine enge Zusammenarbeit zwischen Nachrichtentechnik und Regelungstechnik mit der Physiologie und Biologie entstanden ist (Zeile 2)[14].

Im folgenden werden einige Beispiele aus dem Gebiet der Kybernetik kurz betrachtet.

11 Siehe *Wagner, R.:* Probleme und Beispiele biologischer Regelung, Stuttgart 1954.
12 *Schmidt, H.:* Regelungstechnik. Die technische Aufgabe und ihre wissenschaftliche, sozial-politische und kulturpolitische Auswirkung, in: VDI-Zeitschrift, Bd. 85, Berlin 1941, S. 81–88.
13 Siehe z. B. *Steinbuch, K.:* Automat und Mensch, Berlin 1965; *Frank, H.* (Hrsg.): Kybernetik. Brücke zwischen den Wissenschaften, Frankfurt 1965; *Flechtner, H.-J.:* Grundbegriffe der Kybernetik, 2. Aufl., Stuttgart 1967; *Ljapunow, A. A.:* Probleme der Kybernetik, Berlin 1966.
14 *Kroebel, W.:* Fortschritt der Kybernetik, München 1967.

Tabelle: Arbeitsgebiete der Kybernetik

	Nachrichten-übertragung	Nachrichten-verarbeitung	Steuerung	Regelung
in Automaten	11	12	13	14
in Organismen, insbesondere im Menschen	21	22	23	24
in Gruppen von Organismen, insbesondere bei Menschen	31	32	33	34
im Zusammenleben der Organismen, insbesondere der Menschen, mit der Umwelt	41	42	43	44

5. Die Nachrichtenverarbeitung in den Nervenzellen

Die von den Sinnesorganen aufgenommenen Nachrichten werden in Form von Impulsfolgen in den Nervenfasern zum Gehirn übertragen; die Information ist dabei durch die Frequenz der Impulsfolge dargestellt. Die Nervenleitungen zeigen eine auffallende Ähnlichkeit mit den Kabelleitungen für die Nachrichtenübertragung mit Pulsmodulation. So wie diese in Abständen von einigen Kilometern Regenerationsverstärker enthalten, die die Impulse jeweils nach Amplitude und Form wiederherstellen, so enthalten die langen Nervenfasern in Abständen von einigen Millimetern solche Verstärkerelemente, die sogenannten Schnürringe.

Die Weiterverarbeitung der Impulsfolgen geht in den Nervenzellen (auch Neuronen genannt) des Gehirns und des übrigen Zentralnervensystems vor sich; ihre Anzahl liegt beim Menschen über 10^{10}. Auf jeder Nervenzelle endigt eine größere Anzahl von ankommenden Nervenfasern anderer Nervenzellen, und jede Nervenzelle besitzt eine Ausgangsleitung, die sich selbst wieder auf viele andere Nervenzellen oder auf Muskeln oder Drüsen verzweigen kann.

Wichtige Eigenschaften der Nervenzellen sind besonders durch Arbeiten von *Hodgkin, Huxley* und *Eccles* aufgeklärt worden. Auf Grund dieser Arbeiten konnten nachrichtentechnische Untersuchungen mit Hilfe elektronischer Modelle durchgeführt werden, und es konnte so der Zusammenhang zwischen den Eingangs- und den Ausgangsimpulsen untersucht werden, der wegen der Kleinheit der Nervenzellen einer unmittelbaren Messung nur sehr schwer zugänglich ist.

Diese Untersuchungen[15] haben zu dem bemerkenswerten Ergebnis geführt, daß Nervenzellen sowohl *sämtliche notwendigen Schaltfunktionen der digitalen Nachrichtenverarbeitung,* nämlich Und- sowie Oder-Verknüpfung, Umkehrung und Schalten ausführen können, als auch sämtliche *notwendigen Funktionen der analogen Nachrichtenverarbeitung,* nämlich Addition, Multiplikation und Integration, darüber hinaus noch Frequenzteilung, Frequenzvervielfachung und Schwingungserzeugung.

6. Steuerung und Regelung

Die *Steuerung* kann als Einwirkung eines Nachrichtensignals auf einen Energiefluß oder einen Transportvorgang definiert werden. Bei der *Regelung* wird das Nachrichtensignal für die Steuerung aus der Wirkung der Steuerung abgeleitet, so daß ein „Regelkreis" entsteht.

In den Organismen ist es die Regelung, durch die die für das Leben der Zellen, der Organe und des Organismus notwendigen Umweltbedingungen aufrecht erhalten werden trotz der immer vorhandenen Störeinflüsse. Zu diesen Regelungsvorgängen des vegetativen (ohne unser Bewußtsein tätigen) Nervensystems gehören z. B. die Regelung der Körpertemperatur, die Regelung der Atemtätigkeit, die Pupillenreaktion.

Steuerung ist ein Bestandteil der Regelung. In der Technik werden aber auch Steuerungen ohne Regelkreis angewendet. Sie erfordern ein Programm und die Kenntnis der Wirkung von auftretenden Störgrößen. Solche Steuerungen werden Programmsteuerungen bzw. Vorwärtssteuerungen oder Störgrößensteuerungen genannt; im folgenden wird für die Gesamtheit solcher Steuerungen als Abkürzung die Bezeichnung *Programmsteuerung* benützt. Angesichts der großen Bedeutung der Regelung wird leicht übersehen, daß auch derartige Steuerungen in lebenden Organismen und besonders beim Menschen eine wichtige Rolle spielen. Daher seien hier darüber einige Bemerkungen angeschlossen. Beim Menschen weisen z. B. willkürliche gezielte Bewegungen weitgehend die Merkmale eines Regelvorganges auf. Der Mensch kann aber durch Lernen Programme bilden und speichern, die dann nur abgerufen zu werden brauchen; damit können Regelungen durch Programmsteuerungen ersetzt und die Zeitdauer der Bewegungsvorgänge verkürzt werden. Beispiele sind Schreiben, Sprechen, Spielen von Musikinstrumenten. Eine Regelung findet hier nur noch in relativ langen Zeitabschnitten als eine rückschauende Überwachung und Korrektur statt. Alle Planungen und vorausschauenden Maßnahmen des Menschen sind Programmsteuerungen. Sie beruhen auf der Auswertung früherer eigener und von anderen gemachter Erfahrungen. Eine Programmsteuerung liegt z. B. vor, wenn wir morgens am Thermometer einen starken Abfall der Außentempe-

15 *Küpfmüller, K.* und *Jenik, F.:* Über die Nachrichtenverarbeitung in der Nervenzelle, in: Kybernetik, 1. Jg. (1961), S. 1–6; *Küpfmüller, K.:* Die nachrichtenverarbeitenden Funktionen der Nervenzellen. Aufnahme und Verarbeitung von Nachrichten durch Organismen, Stuttgart 1961; *Jenik, F.:* Electronic Neuron Models, in: Ergebnisse der Biologie, Bd. XXV, Berlin 1962, S. 206.

ratur feststellen und uns dementsprechend warm kleiden. Programmsteuerungen des Menschen bilden schon seit Urzeiten das Anlegen von Vorräten, das Speichern von Brennmaterial, Nahrung und dgl. Programmsteuerungen dieser Art treten in vielerlei Form bei Verwaltungs-, Produktions- und Geschäftsvorgängen auf, wie etwa Vorausbestellungen von Waren, Fertigungsprogramme, Bauplanungen und ähnliches.

Bei der Programmsteuerung wird versucht, kommende Ereignisse, die auf Grund der Erfahrung erwartet werden, in einem gewünschten Sinn zu lenken. Im Gegensatz dazu wird bei der Regelung sozusagen erst abgewartet, bis sich Abweichungen von dem gewünschten Zustand einstellen. *In diesem Sinn ist die bewußte Programmsteuerung als die höchste Stufe der organisatorischen Tätigkeit des Menschen anzusehen.* Gegenüber der Regelung, die in der nachträglichen Beseitigung von Mängeln und Fehlern besteht, beruht sie auf der Ausnützung der Fähigkeiten des Menschen zum Beobachten, Denken, Lernen und Entscheiden, auf seiner Intelligenz und Phantasie. Der Physiologe *R. Wagner* hat den Satz geprägt: „Dort, wo der erste Regelmechanismus war, war das erste Leben." Man kann diesem Satz einen zweiten hinzufügen: „Dort, wo die erste auf Vorausschau beruhende Programmsteuerung war, war die erste Intelligenz."

7. Schlußbemerkungen

In den vorangegangenen beiden Abschnitten wurde versucht, die Begriffe Systemtheorie und Kybernetik in ihrer heutigen Bedeutung zu erläutern und durch einige Beispiele anschaulich zu machen. Die Betrachtung zeigt, daß Systemtheorie und Kybernetik ihre eigenen Aufgabenstellungen haben. In der Kybernetik wird das Nachrichtensignal in den Vordergrund gestellt, und es wird unter diesem Gesichtspunkt die theoretische Analyse von Naturvorgängen und Synthese neuer technischer Einrichtungen angestrebt. In der Systemtheorie liegt das Schwergewicht auf der mathematischen Seite und ihrer Entwicklung, und es werden auch Vorgänge einbezogen, in denen Nachrichtensignale keine Rolle spielen, z. B. mechanische Bewegungsvorgänge oder Energieflüsse. Keiner der beiden Begriffe läßt sich also gegenwärtig voll durch den anderen ersetzen. Andererseits überlappen sich die beiden Begriffe sowohl nach ihrem Inhalt als auch in ihrer Bedeutung sehr stark. Systemtheorie wie Kybernetik sind Grundlagen technischer Entwicklungen, und sie können als Hilfsmittel dienen für die Untersuchung, die Aufklärung und das Verständnis der vielfältigen Vorgänge des Lebens und des Zusammenlebens der Menschen. Vielleicht wäre es wegen dieser starken Überlappung zweckmäßig, die beiden Begriffe zu vereinigen und dafür ein besonderes Wort zu erfinden. Vielleicht würde aber auch die Bezeichnung Systemtheorie die Gesamtaufgabe ausreichend kennzeichnen. Wie sich dies auch entwickeln mag, wichtig ist die erfreuliche Tatsache, daß die Erkenntnis der Notwendigkeit und des Nutzens einer über die Fachgrenzen hinweggehenden Zusammenarbeit rasch zunimmt und damit zu neuen und interessanten Fragestellungen und Resultaten führt.

Systemanalyse — Versuch einer Abgrenzung, Methoden und Beispiele

von Karl Steinbuch *

Die „Systemanalyse" gewinnt eine immer stärkere Bedeutung mit der fortschreiten-den Verbreitung der maschinellen Datenverarbeitung und der komplexer werdenden Struktur der Datenverarbeitungssysteme und ihrer Anwendung. Über die Tätigkei-ten, die als Systemanalyse zu verstehen sind, gibt es zur Zeit keine allgemein aner-kannte Übereinkunft. Ebenso ist auch die Frage nach der Qualifikation und Ausbil-dung der „Systemingenieure" noch nicht eindeutig beantwortet. Die Ursachen die-ser unbefriedigenden Situation liegen im wesentlichen in der in kürzester Zeit erfolg-ten Entwicklung der Datenverarbeitung, in der Vielfalt der als Systemanalyse be-zeichneten Tätigkeiten und in der Berührung und Überschneidung mit anderen Ar-beitsgebieten.

1. Einleitung

Die erfolgreiche Benutzung komplexer Techniken, vor allem der Computer und der elektronischen Melde- und Kommandosysteme, setzt eine sorgfältige Untersuchung dieser Techniken und deren Integration in das betriebliche Geschehen voraus. Diese Tätigkeit wird neuerdings oft als „Systemanalyse" bezeichnet. Vorläufer dieser Tä-tigkeit kann man weit in die Geschichte zurück verfolgen.

Schon *Archimedes* sollte dem Tyrannen von Syrakus raten, wie die Waffen am besten einzusetzen seien, um die römische Belagerungsflotte erfolgreich abzuweh-ren [5].

Schon vor der Französischen Revolution wurde systematisch untersucht, wie Erd-arbeiten mit dem geringsten Aufwand durchgeführt werden können [5].

Während des zweiten Weltkrieges wurden die wirkungsvollsten Methoden des Waf-feneinsatzes (vor allem im Luft- und Seekrieg) systematisch untersucht.

Die Entwicklung des Landesfernwahlnetzes und der internationalen Verbindungs-netze begann mit einer gründlichen Systemanalyse [16, 17].

Der Entwicklung des amerikanischen Flugabwehrsystems (SAGE und NORAD) gingen umfangreiche theoretische Untersuchungen über dessen optimale Organisa-tion voraus.

* In: IBM-Nachrichten, 17. Jg. (1967), S. 446—456.
Der Verfasser dankt den Herren Kollegen Professor Dr. *H. Blohm* (TH Karlsruhe) und Pro-fessor Dr. *K. Ganzhorn* (IBM) für ihre wertvolle Kritik bei der Abfassung dieses Manuskripts.

Bei der Entwicklung des „Informatiksystems Quelle" arbeitete eine starke Gruppe von Organisationsspezialisten parallel zur technischen Entwicklungsgruppe [15].

Die gegenwärtige Aktualität der Systemanalyse rührt daher, daß in unserer Zeit von den vielen Kontrollfunktionen, welche bisher dem Menschen vorbehalten waren, immer mehr durch technische Hilfsmittel ersetzt werden. Dies wird ermöglicht durch die geradezu explosive Entwicklung der Informationstechnik, also einerseits der Technik, Informationen über beliebige Entfernungen zu transportieren, und andererseits der Technik, Informationen in komplexer Weise miteinander zu verknüpfen, so wie dies die Computer leisten.

Der „Systemanalytiker" ist schon heute — und wird es wohl noch mehr in Zukunft — ein gesuchter Beruf. Seine Ausbildung muß an Hochschulen und Universitäten seinen angemessenen Ort finden.

Offensichtlich gibt es für die Systemanalyse z. Z. keine allerseits anerkannte Erklärung. Das Berufsbild des „Systemanalytikers" oder „Systemingenieurs" wird sich wohl im Wechselspiel zwischen dem praktischen Bedürfnis und den Möglichkeiten der Ausbildung abklären.

Die hiesigen Überlegungen können also nichts anderes sein als ein Versuch, den momentanen Zustand zu skizzieren und erheben keinen Anspruch auf Endgültigkeit. Da versucht wird, den Gesamtbereich dieses so weitgespannten Gebietes zu überschauen, ist es wohl unvermeidlich, daß die Betrachtung etwas abstrakt, ja oberflächlich ist und der aktive Systemanalytiker Konkretisierungen vermißt.

Ein wesentliches Kennzeichen der Systemanalyse ist zweifellos, daß sie versucht, sehr unterschiedliche Probleme mit denselben Methoden zu lösen. Etwas pointiert könnte man den Systemanalytiker bezeichnen als den „Spezialisten für Unspezialisiertheit" oder den „Spezialisten für Gemeinsamkeiten". *H. Blohm* prägte den Begriff „Verbindungsspezialist".

Gelegentlich wird (so z. B. von *L. C. Lockley* in [23]) Systemanalyse mit Operations Research gleichgesetzt. Dieser Gleichsetzung kann nicht gefolgt werden: Wenngleich Zielsetzung und Methoden von Operations Research und Systemanalyse sich z. T. überdecken, liegt das Schwergewicht der Operations Research bei der mathematisch-formalen Untersuchung, während das Schwergewicht der Systemanalyse (so wie sie hier betrachtet wird) vorwiegend in der Ermöglichung technischer Lösungen gesehen wird.

Operations Research endet mit der Einsicht in die quantitativen Zusammenhänge, Systemanalyse endet mit der Anweisung zum technischen Handeln.

Der Begriff „System" ist recht vieldeutig. Wir sprechen beispielsweise von „philosophischen Systemen", von „Gleichungssystemen", vom „periodischen System der Elemente", von „*Linné*s System" in der Biologie, von „Nachrichtenübertragungssystemen", von „Nachrichtenverarbeitungssystemen", von „Energieverbundsystemen", von „Heizungssystemen", von „Lagersystemen", und eine Pipeline ist in unserer Sprache ebenso ein „System" wie ein militärisches „Nachschubsystem" oder „Waffensystem". Mit *Abbildung 1* sei versucht, in diese zunächst verwirrende Vieldeutigkeit des Systembegriffes eine gewisse Ordnung zu bringen (s. S. 53).

Die Mannigfaltigkeit dieser Systembegriffe sei wie folgt zusammengefaßt: *Ein System ist eine Menge von Elementen (Begriffe, Tatbestände usw.), welche in gegenseitiger Einwirkung stehen und gedanklich abgegrenzt werden.*

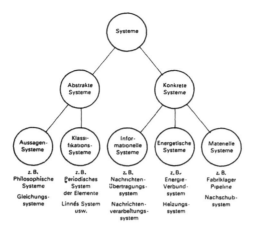

Abbildung 1: Systemtypen

Im hiesigen Zusammenhang interessieren nur konkrete Systeme, also materielle, energetische und informationelle Systeme, z. B. ein Pipeline-System, ein Fabriklager, ein Energie-Verbundnetz, ein Reservierungssystem usw. Wir schließen also die abstrakten Systeme, z. B. philosophische Systeme, von unserer Betrachtung aus. Abstrakte Systeme sind nur insofern zu betrachten, als sie Denkmodelle konkreter Systeme sind.

Informationelle Systeme leisten vielfach eine Abbildungsfunktion für andere Systeme. Diese Abbildungsfunktion wird besonders deutlich bei den sogenannten „Analogsystemen", wo die Tatsache ausgenützt wird, daß verschiedene Systeme denselben mathematischen Beziehungen gehorchen. Diese Abbildungsfunktion informationeller Systeme zeigt sich besonders deutlich bei den „Simulatoren", wo materielle oder energetische Systeme durch informationelle Systeme nachgebildet werden. Erinnert sei beispielsweise an Flugsimulatoren, wo der Flugschüler das Steuern eines Flugzeuges am Boden erlernen kann, ohne daß das Objektsystem „fliegendes Flugzeug" benutzt wird, oder an Simulatoren für Atomkraftwerke, an denen der Betrieb realer Atromkraftwerke studiert werden kann, ohne daß durch Fehlgriffe Schaden angerichtet wird. Mehr noch als zur Abbildung dienen informationelle Systeme zur Kontrolle der Objektsysteme. Dies wird besonders deutlich im Bereich der „Prozeßsteuerung".

Wenn oben vereinbart wurde, daß die Systemanalyse (in unserem Sinne) sich ausschließlich mit konkreten Systemen beschäftigt, dann können wir den hier verwendeten Systembegriff auch so abgrenzen: Wir beschäftigen uns in der Systemanalyse mit konkreten Tatbeständen, welche in gegenseitiger Einwirkung stehen und welche gedanklich von der Umwelt abgegrenzt werden. Diese Abgrenzung ist ausschließlich durch die Unzulänglichkeiten unseres Denkens begründet: Unbegrenzte Systeme sind unvorstellbar, unfaßbar. Wenn wir diese Systemanalyse in der realen Wirklichkeit benutzen wollen, dann müssen wir die Einflüsse der vorher gedanklich ausgeschlossenen Umwelt meist nachträglich als Korrekturen wieder einführen.

Ein gemeinsames Kennzeichen der betrachteten konkreten Systeme ist, daß sie „organisiert" sind, d. h., daß es sich nicht um ein beziehungsloses Nebeneinander konkreter Tatbestände handelt. In der Biologie versteht man unter „Organisation" die den Lebensanforderungen entsprechende Gestaltung und Anordnung der Teile (Organe) eines Lebewesens. Folgende Erklärung vom Standpunkt des Betriebswirtes gibt *H. Blohm:*

Die Organisation ist der Rahmen des betrieblichen Geschehens, die methodische Zuordnung von Menschen und Sachdingen, um den zielorientierten Handlungsvollzug im Betrieb zu sichern. Unter Organisation wird sowohl eine Tätigkeit — besser wäre es, hier von „Organisieren" zu sprechen — als auch das Ergebnis dieser Tätigkeit, die vollendete Zuordnung, verstanden.

Was eine Organisation von einem unorganisierten Beisammensein derselben Menschen und Sachdinge unterscheidet, ist die Tatsache, daß ihre funktionellen Beziehungen nicht zufällig sind (wie z. B. die Bewegung der Moleküle innerhalb eines Gasvolumens), sondern der Erfüllung eines vorgegebenen Zweckes dienen (so wie beispielsweise die Bewegungen der Ameisen in einem Ameisenstock) [15]. Wenn wir somit zwischen unorganisierten Systemen und organisierten Systemen unterscheiden, so unterscheiden wir gleichzeitig zwischen Systemen, bei welchen es keinen oder einen Sinn hat, nach Wirkungsgrad, Effizienz oder Wirtschaftlichkeit zu fragen.

Wenn wir uns — gemäß *Abbildung 1* — auf die konkreten Systeme als Objekte der Systemanalyse geeinigt haben, so können wir uns nunmehr weiter einschränken und feststellen, daß wir uns in der Systemanalyse mit organisierten, konkreten Systemen beschäftigen. Systemanalyse ist dann berechtigt, wenn durch sie die Effizienz konkreter, organisierter Objektsysteme verbessert werden kann. Systemanalyse ist nicht Selbstzweck.

Unter „Analyse" verstehen wir die Zergliederung eines Ganzen in seine Teile, z. B. die Zergliederung eines zusammengesetzten Begriffes in seine Merkmale. Wenn wir diese Erklärung des Wortes „Analyse" allzu eng in den zusammengesetzten Begriff „Systemanalyse" einbringen, so entsteht der Irrtum, es handele sich hier ausschließlich um die abstrakte gedankliche Zergliederung von Systemen. Dies trifft sicher nicht zu: Das eigentliche Ziel der Systemanalyse ist tatsächlich die Synthese organisierter Systeme höchster Effizienz. Diese logische Unklarheit ist zu ertragen, weil es wohl überhaupt keinen Bereich intellektueller Tätigkeit gibt, in welchem die Analyse Selbstzweck und nicht die Vorstufe der Synthese ist. Kurzum, wir betrachten die Systemanalyse als Voraussetzung der Systemsynthese.

Wenn hier der Begriff „Information" bzw. „informationelles System" ohne weitere Erklärung gegeben wird, so sei doch darauf hingewiesen, daß sich dahinter beträchtliche philosophische Komplikationen verbergen. Dies zeigt sich u. a. daran, daß es überhaupt kein „informationelles System" schlechthin gibt, sondern bei genauer Betrachtung alle diese angeblich informationellen Systeme auf materiellen oder energetischen Vorgängen beruhen. Zum Beispiel setzt unsere Sprache die Bewegung der Luft voraus, die Schrift Schwärzungen auf dem Papier, die Informationsspeicherung im Computer setzt Ummagnetisierungen voraus, und unser Denken setzt physiologische Vorgänge im Nervensystem voraus usw. Kurzum, bei genauer Betrachtung entpuppt sich jedes angeblich „informationelle" System gleichzeitig als ein „materielles" und „energetisches" System. Jedoch gilt hier eine überraschende Reziprozität: Auch „materielle" und „energetische" Systeme können als informationelle System betrachtet werden: Beispielsweise ist der Mangel an Brot und Wasser eine Information, die wir subjektiv sehr deutlich fühlen. Wir sehen, daß die Kennzeichnungen „materielle", „energetische" oder „informationelle" Systeme nichts anderes sind als eine nützliche Klassifikation zur Ermöglichung eines ökonomischen Sprachgebrauchs und daß es nutzlos ist, über die „Dinge an sich" zu philosophieren.

Die informationellen Systeme sind beim gegenwärtigen Stand der Technik meist elektrische Systeme. Die Elektrizität vereinigt Eigenschaften, welche sie für informationelle Zwecke in eigenartiger Weise befähigt: Sie ist schnell und billig fortzuleiten und kann leicht in andere physikalische Erscheinungen umgewandelt werden. Lediglich zur Speicherung ist die Elektrizität ungeeignet, zur Informationsspeicherung werden meist magnetische Vorgänge benutzt. Neuerdings werden jedoch auch nicht-elektrische Vorgänge für die Zwecke der Informationstechnik benutzt: z. B. hydraulische, pneumatische, optische usw. Ganz neue Möglichkeiten der Informationstechnik könnten sich in Zukunft aus der Verwendung des kohärenten LASER-Lichtes ergeben.

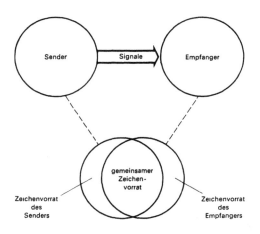

Abbildung 2: Prinzip der Informationsübertragung

Es ist nützlich, sich über eine notwendige Voraussetzung jedes Informationsaustausches an Hand von *Abbildung 2* Klarheit zu verschaffen: Will ein Sender an einen Empfänger Informationen übertragen, dann muß er ihn instand setzen, eine richtige Auswahl aus einem Repertoire möglicher Informationen zu treffen. Hierzu übermittelt der Sender an den Empfänger irgendwelche Signale, z. B. akustische Signale oder optische Signale usw. Nur dann, wenn zwischen Sender und Empfänger eine Übereinkunft darüber besteht, welches Signal zu welcher Information gehört, besitzen Sender und Empfänger also einen gemeinsamen Zeichenvorrat, dann können Infor-

mationen ausgetauscht werden. Praktisch heißt dies, daß Sender und Empfänger
dieselbe Codierung, Modulation, Sprache, Schrift usw. verwenden müssen, sonst
ist der Informationsaustausch unmöglich [21].

Typisch für die konkreten, organisierten Systeme der Systemanalyse ist die Einwirkung informationeller Systeme auf konkrete, meist nicht-informationelle Systeme, seltener die Einwirkung in umgekehrter Richtung, beispielsweise dann, wenn
Informationsübertragungssysteme oder Computer durch Waffenwirkung zerstört
werden.

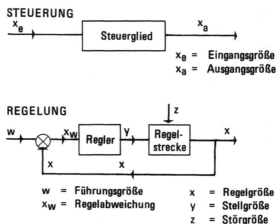

Abbildung 3: Steuerung und Regelung

Bei der Einwirkung sind zwei Grundformen zu unterscheiden (*Abbildung 3*):
Steuerung und Regelung. Bei der Steuerung geht eine lineare Wirkungskette von einer informationellen Ursache zur Wirkung im Objektsystem. Im Gegensatz hierzu
wird bei der Regelung die Wirkung im Objektsystem, die Regelgröße, an den Regler zurückgemeldet und mit der Führungsgröße verglichen, so daß sich eine Kreis-
struktur ergibt. (Es ist zu beachten, daß diese Unterscheidung nur im deutschen
Sprachgebrauch eindeutig ist, während z. B. der anglo-amerikanische Gebrauch des
Wortes „control" entweder „steuern" oder „regeln" bedeuten kann. Auch bei Übersetzungen aus dem Russischen werden diese beiden Begriffe oft als „steuern" bezeichnet.)

Bei der Zusammenarbeit zwischen informationellem und Objektsystem sind die
drei folgenden Begriffe wichtig:

„off-line"

Bei dieser Betriebsart arbeitet das informationelle System zeitlich relativ unabhängig
vom Objektsystem, zwischen beide sind Informationsspeicher eingeschaltet. Diese Betriebsart findet sich beispielsweise bei Computern, in welche die Informationen aus
gesammelten Lochkarten eingegeben werden, oder auch bei Lochstreifenvermittlun-
gen in der Fernschreibtechnik.

„on-line"
Hier werden die Informationen sofort und unmittelbar nach ihrer „Entstehung"
dem informationellen System eingegeben und schritthaltend verarbeitet.

„REALZEIT-Betrieb"
Hier müssen die verarbeiteten Informationen dem Objektsystem zu vorbestimmten
Zeitpunkten oder spätestens nach vorbestimmten Zeitspannen wieder zugeführt
werden. Diese Zeiten sind entweder vom System vorbestimmt oder selbst informa-
tionsabhängig.

Diese Begriffe sind noch nicht endgültig definiert. Beispielsweise wird im „IFIP-
ICC-Vocabulary" sinngemäß erklärt: „Wenn die Kontrolle ohne Mitwirkung eines
Menschen geschieht, spricht man von ‚on-line' und ‚Direkter Kontrolle', wenn dagegen menschliche Mitwirkung notwendig ist, spricht man von ‚off-line' bzw. ‚In-
direkter Kontrolle'." [28] Es erscheint m. E. wenig sinnvoll, die Mitwirkung eines
Menschen als Kriterium heranzuziehen, wesentlich dürfte die zeitliche Entkoppe-
lung durch Informationsspeicher sein. Es ist wohl auch darauf hinzuweisen, daß
zwischen „off-line" und „on-line" ein Übergang konstruierbar ist.

Die gegenwärtig zu beobachtende Tendenz geht zweifellos vorwiegend in Richtung Realzeit-Betrieb: wird hier doch das Zusammenwirken der informationellen
Systeme und der Objektsysteme ökonomischer und zuverlässiger. Insbesondere
werden viele lästige Probleme der Informationsein- und -ausgabe elegant gelöst
bzw. umgangen. Offensichtlich ist diese so vorteilhafte Form der Integration informationeller Systeme überwiegend eine Frage der Funktionsgeschwindigkeit.

Bei der Entwicklung einfacher technischer Produkte wird oft von einem eindeutigen Auftrag ausgegangen, der oft in Form eines „Pflichtenheftes" vorliegt (*Abbildung 4*).

Diese einfache „lineare" Arbeitsstrategie ist bei hochkomplexen Systemen
meist nicht möglich. Bei ihnen wird eine „rekursive" Arbeitsstrategie angebracht
sein. Ausgegangen wird von einem (mehr oder weniger klar formulierten) Auftrag.
Nach Sammlung von Informationen über das Objektsystem und über die verfügbare
Technik erfolgt ein erster Systementwurf. Dieser wird rekursiv geprüft, vor allem
darauf, ob und wie weit die Effizienz verbessert wurde. Meist wird danach ein zweiter, dritter usw. Systementwurf folgen und deren Effizienz geprüft, bis schließlich
nach mehreren Entwürfen der vertretbare Aufwand für Systemanalyse erreicht wurde. Auch die Entwicklung der Sprachen, Programme und Denkmodelle erfolgt rekursiv: Was manche unflexiblen Geister stört.

Bei der Systemanalyse zeigen sich häufig zwei Tatsachen:

Das Objektsystem geht häufig nicht unverändert aus der kritischen Systemanalyse
hervor.
Das Objektsystem kann häufig auch ohne Verwendung neuer technischer Hilfsmittel
in einen Zustand höherer Effizienz gebracht werden.

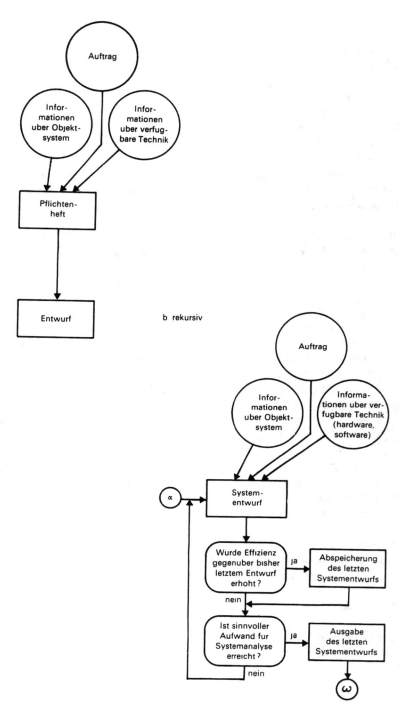

Abbildung 4: Arbeitsstrategien

2. Anwendungsbeispiele

Die Systemanalyse beschäftigt sich mit der Untersuchung komplexer Systeme, insbesondere der Einfügung der Informationstechnik in Organisationen. Die Bedeutung der Systemanalyse ergibt sich aus der zunehmenden Komplexität menschlicher Organisationsformen, sei es nun betrieblicher, volkswirtschaftlicher, militärischer oder sonstiger Organisationen. Es ist nicht möglich, alle denkbaren Anwendungsbeispiele aufzuzählen, es ist nur möglich, einige typische Beispiele herauszugreifen:

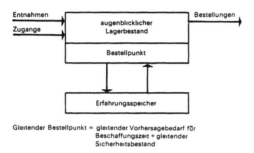

Abbildung 5: Adaptive Lagerbestandskontrolle (nach A. Schulz)

Bei der *Lagerbestandskontrolle* (*Abbildung 5*) ist das Objektsystem ein Lager materieller Güter. Wird der Zu- und Abgang dieser materiellen Güter dem informationellen System gemeldet, so kann dieses über den momentanen Lagerbestand jederzeit informieren. Eine vervollkommnete Technik der Lagerbestandskontrolle informiert nicht nur über den momentanen Bestand, sondern beispielsweise auch über die optimalen Zeitpunkte für Nachbestellungen. *A. Schulz* zeigte [22], wie durch Lernvorgänge im informationellen System der Bestellzeitpunkt optimiert werden kann.

Mit der Lagerbestandskontrolle eng verwandt sind die *Reservierungssysteme*, beispielsweise für Flugzeuge, Eisenbahnen oder Schiffe. Schwieriger als im Falle der Lagerbestandskontrolle sind hier die Probleme der Informationsübertragung zu lösen: Man möchte überall auf der Erde in Sekundenschnelle Klarheit über den Belegungszustand irgendeines der Verkehrsmittel erhalten.

Bei der *Dokumentation* möchte man mit Hilfe informationeller Systeme rasch das „richtige" Dokument bekommen (*Abbildung 6*). Objektsystem ist hier eine Menge von Büchern, Zeitschriften, Monographien, Manuskripten, Sonderdrucken, Patentschriften usw., die unter dem Oberbegriff „Dokumente" subsumiert werden sollen. Das informationelle System hat hier zwei verschiedene Aufgaben zu lösen: Einerseits die Erfassung der Dokumente, das heißt deren Klassifikation, und andererseits die Selektion der Dokumente auf Grund eines gegebenen Suchauftrages. Während die zweite Aufgabe, also die Selektion klassifizierter Dokumente, heutzutage leicht zu lösen ist, gelang bisher noch keine voll befriedigende Lösung der ersten Aufgabe, also der Klassifikation der Dokumente mit ausschließlich technischen Hilfsmitteln.

Bei der *Werkzeugmaschinensteuerung* sollen komplexe Bedienungsoperationen nicht durch menschliche Bedienungspersonen, sondern durch informationelle tech-

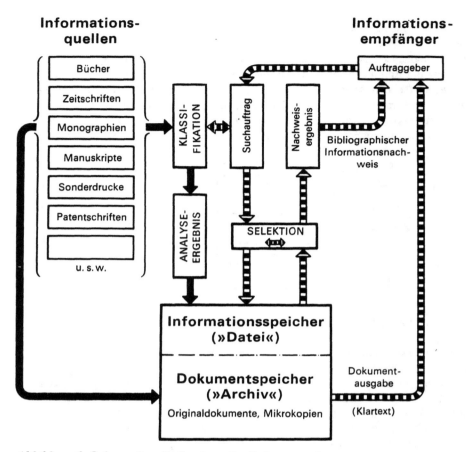

Informations-quellen

Bücher

Zeitschriften

Monographien

Manuskripte

Sonderdrucke

Patentschriften

u. s. w.

KLASSI-FIKATION

ANALYSE-ERGEBNIS

Suchauftrag

Nachweis-ergebnis

Informations-empfänger

Auftraggeber

Bibliographischer Informationsnach-weis

SELEKTION

Informationsspeicher (»Datei«)

Dokumentspeicher (»Archiv«)

Originaldokumente, Mikrokopien

Dokument-ausgabe

(Klartext)

Abbildung 6: Informationelle Struktur des Dokumentationsprozesses

nische Systeme ausgeführt werden. Einen Eindruck dieser Technik möge *Abbildung 7* vermitteln: Der Bearbeitung des Objektes, z. B. Bohren, Fräsen usw., geht dessen Positionierung auf Grund der eingegebenen Informationen voraus. Die tatsächliche Position des Werkstückes wird durch „Istwert-Geber" beobachtet. In der Baugruppe „Soll-Istwert-Vergleich" wird überprüft, ob die tatsächliche Position mit der gewünschten übereinstimmt.

Bei der *automatischen Prozeßsteuerung* (*Abbildung 8*) werden Prozesse der industriellen Verfahrenstechnik durch informationelle Systeme kontrolliert. Solche Prozesse sind z. B. der Transport von Öl durch ein Pipeline-System, die Erzeugung elektrischer Energie aus Kohle oder Wasserkraft und deren sinnvoller Transfer in ein öffentliches Verbundnetz oder z. B. die Kontrolle eines komplexen chemischen Verfahrens. Typische Anlagen der automatischen Prozeßsteuerung sind sehr komplexe Gebilde, in denen sich Meßtechnik, Regelungstechnik und Computertechnik ergänzen.

Bei den *Lehrautomaten* wirkt das informationelle System auf den menschlichen

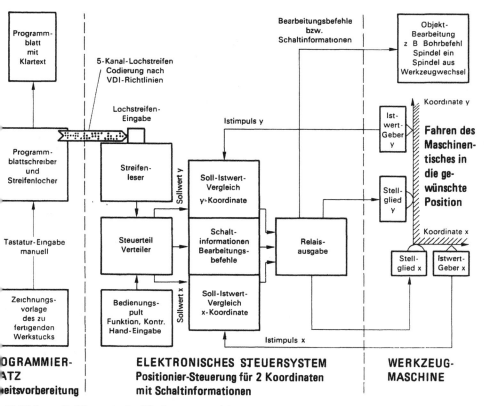

Abbildung 7: Numerische Werkzeugmaschinensteuerung

Schüler als Objektsystem. Die Verwendung der Lehrautomaten setzt die Programmierung der Instruktion voraus. Hierzu wird der Unterrichtsstoff in kleine Lehr-
schritte aufgeteilt. Nach Präsentation eines Lehrschritts wird durch automatische

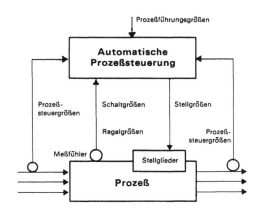

Abbildung 8: Schema zur automatischen Prozeßsteuerung

61

Fragen festgestellt, ob dieser Lehrschritt erfolgreich aufgenommen wurde. Falls ja, wird im Programm fortgeschritten, falls nein, werden Wiederholungen oder zusätzliche Belehrungen angeboten. Im Prinzip kann programmierter Unterricht auch ohne Lehrautomaten betrieben werden, es hat sich jedoch gezeigt, daß deren Verwendung eine Reihe empirisch nachweisbarer Vorteile bietet.

Bei *Unternehmensspielen* werden Computer dazu benutzt, die Folgen bestimmter betrieblicher Entscheidungen am „Unternehmensmodell" zu untersuchen. Die Teilnehmer des Unternehmensspiels sollen vor allem folgende Fähigkeiten erlernen:

Erkennen eines Problems, Beschaffung zusätzlicher Informationen, Herausarbeiten alternativer Entscheidungsmöglichkeiten, Entscheidung zugunsten der optimalen Alternative, Durchsetzen dieser Entscheidung gegenüber Widerständen, Überprüfung der Entscheidung am Erfolg oder Mißerfolg usw.

Ganz ähnliche Computerspiele werden auch bei der Ausbildung militärischer Führer betrieben.

Die Anzahl denkbarer Beispiele für die Anwendung der Systemanalyse ist unübersehbar, deshalb sei gestattet, einige weitere Beispiele nur kurz zu nennen:

Abrechnungssysteme für Banken oder Warenhäuser,
Weltweite Fernsprechverbindungssysteme,
Automatisierung des Postdienstes,
Teilnehmersysteme für Computer ("Multiple Access Computer"),
Benutzung des öffentlichen Fernsprechnetzes für die automatische Belehrung.

Auf die Frage: Welche Probleme können heutzutage mit informationellen Systemen gelöst werden? kann man die Antwort geben: Es gibt überhaupt keine Aufgabe, die mit heutigen informationellen Systemen nicht gelöst werden könnte — sofern die Aufgabenstellung nicht in sich bereits einen Verstoß gegen logische, mathematische oder physikalische Gesetze voraussetzt. Man muß dieser Antwort jedoch korrekterweise hinzufügen: Es gibt sehr viele Probleme, die prinzipiell gelöst werden könnten, deren technische Lösung jedoch unvertretbare Kosten verursacht. Beispielsweise ist es in typischen Fällen nicht ökonomisch, einen Menschen durch ein technisches System zu ersetzen, das mehr als etwa hunderttausend DM kostet, wenn die zu leistende Funktion nicht unzumutbar ist.

3. Methoden der Systemanalyse

Die genannten Anwendungsbeispiele zeigen, daß eine erfolgreiche Systemanalyse die virtuose Beherrschung sehr vieler unterschiedlicher Methoden voraussetzt, z. B. müssen

bei der Lagerbestandskontrolle und den Unternehmensspielen betriebswirtschaftliche Gesetzlichkeiten beachtet werden,
bei der Dokumentation linguistische,
bei der Maschinensteuerung konstruktive,

bei der Prozeßsteuerung physikalische und chemische,

bei den Lehrautomaten pädagogische,

bei den Abrechnungssystemen kaufmännische,

bei der Fernsprech-Weitverkehrstechnik nachrichtentechnische und politische,

bei der Zusammenarbeit zwischen Menschen und technischen Systemen müssen
 psychologische Tatbestände beachtet werden,

usw.

Es zeigt sich also, daß die Anwendung der Systemanalyse in den verschiedenen Bereichen die Bereitstellung einer Menge von Detailwissen voraussetzt. Da es schlechterdings unmöglich ist, daß ein einziges menschliches Gehirn eine solche Breite erwerben kann, muß der Systemanalytiker die Bereitschaft besitzen, sich immer wieder in neue Gebiete einzuarbeiten. Systemanalyse setzt die permanente Lernbereitschaft voraus. Diese Tatsache begründet, weshalb oben gesagt wurde, der Systemanalytiker sei der „Spezialist für Unspezialisiertheit".

Es gibt jedoch einige Methoden, welche das Denkgebäude der Systemanalyse besonders geprägt haben. Hierfür seien genannt:

Die Informationstheorie samt Codierungstheorie, die symbolische Logik und Automatentheorie und die Optimierungstheorie.

Zu erwähnen sind ferner die Spieltheorie, die Topologie, die Graphentheorie, insbesondere in der Netzplantechnik, und die Theorie der Warteschlangen. Es ist zu vermuten, daß in zunehmendem Umfange auch experimentalpsychologische Erfahrungen in die Methoden der Systemanalyse eingebaut werden.

Das Grundproblem der Informationstheorie sei durch *Abbildung 9* veranschaulicht. Wenn ein Repertoire von Nachrichten in möglichst ökonomischer Weise codiert werden soll, dann muß beachtet werden, mit welcher Häufigkeit die verschiedenen Zeichen vorkommen. Das Wesen der ökonomischen Codierung liegt darin, daß den häufigen Nachrichten ein kurzes Codewort zugeordnet wird, den seltenen Nachrichten jedoch ein längeres Codewort. Diese Gesetzlichkeiten haben allgemeine Bedeutung, beispielsweise können sie auf Sprache und Schrift angewandt werden.

Zur Berechnung der Informationskapazität eines Nachrichtenkanals dient die *Shannon*sche Formel (*Abbildung 10*). Mit ihrer Hilfe kann berechnet werden, welche Informationsmenge (bei Ausnutzung bester Codierung) je Zeiteinheit übertragen werden kann.

Wenngleich zugegeben werden muß, daß die klassische Informationstheorie für die praktische Arbeit des Systemanalytikers nur eine geringe Bedeutung hat, bildet sie doch den gedanklichen Hintergrund für die quantitative Betrachtung informationeller Vorgänge.

Größere Bedeutung als die klassische Informationstheorie hat die Theorie der Codierung. Ihre Fragestellung ist: Wie können Informationen optimal codiert werden? Und zwar „optimal" entweder im Sinne einfacher Apparaturen oder kleiner Codierungsfehler oder leichter Berechenbarkeit oder großer Resistenz gegenüber Störungen usw. Je nachdem, worauf es im vorliegenden Falle ankommt, ergeben sich als „optimal" ganz verschiedene Arten der Codierung. Diese Zusammenhänge

N Nachrichten (z. B. A, B, C, D) gleicher relativer Häufigkeit ($p_A = p_B = p_C = p_D = p$)

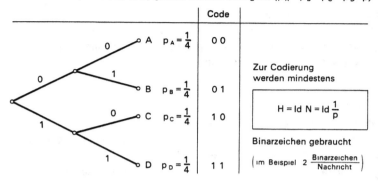

N Nachrichten (z. B. A, B, C, D) unterschiedlicher relativer Häufigkeit (p_i)

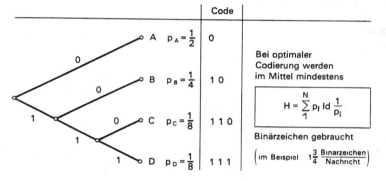

Abbildung 9: Grundproblem der Informationstheorie

sind heutzutage so weit geklärt, wie sie für die praktische Arbeit wichtig sind. Daß sich dahinter jedoch noch sehr schwierige mathematische, vor allem gruppentheoretische Probleme verbergen, sei nicht verschwiegen. Wichtig ist vor allem die Feststellung, daß es möglich ist, Nachrichten so zu codieren, daß sie auch bei partiellen Störungen mit großer Wahrscheinlichkeit richtig decodiert werden können oder zumindest die Tatsache der Störung auf der Empfangsseite festgestellt werden kann. Diese „prüfbaren" und „korrigierbaren" Codes sind für die Informationsübertragung ebenso bedeutungsvoll wie für die Informationsspeicherung.

Die symbolische Logik und die Automatentheorie erfüllen innerhalb der Systemanalyse einerseits die Aufgabe, eine Kurzschrift für die Funktion informationsverarbeitender Systeme darzustellen, und andererseits sind sie ein Hilfsmittel der Minimisierung, also der Umwandlung beliebiger Systeme in Systeme gleicher Funktion, aber minimalen Aufwandes. Die symbolische Logik tritt innerhalb der Systemanalyse vorwiegend in Form der „Schaltalgebra" oder „*Boole*schen Algebra" in Erscheinung. Hier werden logische Verknüpfungen wie Konjunktion, Disjunktion, Äquivalenz,

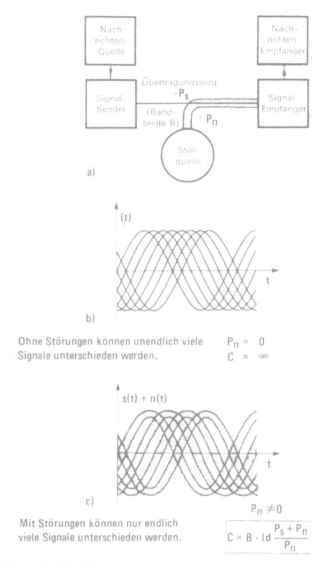

Ohne Störungen können unendlich viele
Signale unterschieden werden.

$$P_n = 0$$
$$C = \infty$$

Mit Störungen können nur endlich
viele Signale unterschieden werden.

$$P_n \neq 0$$
$$C = B \cdot ld \, \frac{P_s + P_n}{P_n}$$

Abbildung 10: Zur Shannonschen Formel für die Kanalkapazität

Antivalenz, Implikation, Negation usw. dazu benützt, das Verhalten technischer Schaltungen, beispielsweise aus Halbleiterdioden, Transistoren oder Relais, in einfacher Weise zu beschreiben und Netzwerke auf Vereinfachungsmöglichkeiten zu untersuchen.

Die Automatentheorie betrachtet komplexere technische Systeme. Wenngleich die Methoden der Automatentheorie bisher keinen allzugroßen praktischen Nutzen haben, sei ein typisches Denkmodell der Automatentheorie doch mit *Abbildung 11* veranschaulicht.

Ein abstrakter Automat (*Mealy*-Automat) ist ein Quintupel (X, Y, Z, δ, λ), wobei

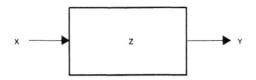

Abstrakter Automat

X: Menge der Eingabesignale
   z. B. n–Tupel $x = (x_1 \ldots x_n)$

Y: Menge der Ausgabesignale

Z: Menge der Zustände

δ: Überführungsfunktion, $\delta\,(z^\nu, x^\nu) = z^{\nu+1}$
   $Z \times X \overset{\delta}{\to} Z$

λ: Ausgabefunktionen, $\lambda\,(z^\nu, x^\nu) = y^\nu$
   $Z \times X \overset{\lambda}{\to} Y$

Abbildung 11: Zur Automatentheorie

X : die Menge der Eingabesignale und
Y : die Menge der Ausgabesignale ist.

Die Elemente von X und Y können z. B. Tupel reeller Zahlen $x = (x_1, \ldots, x_n)$ bzw. $y = (y_1, \ldots, y_m)$ sein, doch auch etwa Züge in einem Spiel und vieles andere mehr.

Z: ist die Menge der (inneren) Zustände, die Überführungsfunktion. Man denkt sich die Zeit quantisiert, so daß das Geschehen sich zu diskreten Zeitpunkten $t^1, t^2, \ldots, t$ abspielt. Liegt zum Zeitpunkt t^ν der Zustand z^ν und das Eingabesignal x^ν vor, so wird durch δ dem Paare (z^ν, x^ν) der zum nächsten Zeitpunkt vorliegende Zustand oder Nachfolgezustand zugeordnet: $\delta\,(z^\nu, x^\nu) = z^{\nu+1}$. Man bezeichnet die Menge aller Paare (z, x), wo z in Z und x in X ist, mit $Z \times X$. Somit ist δ eine Abbildung von $Z \times X$ in Z.

λ: die Ausgabefunktion. Durch λ wird dem zum Zeitpunkt t^ν vorliegenden Paare „Zustand, Eingabe" die Ausgabe zum Zeitpunkt t^ν zugeordnet: $\lambda\,(z^\nu, x^\nu) = y^\nu$. Das heißt λ ist eine Abbildung von $Z \times X$ in Y.

Der Zusammenhang zwischen abstrakten Automaten und Systemen besteht darin: Die fünf in einem abstrakten Automaten zusammengefaßten Begriffe liefern eine vollständige mathematische Beschreibung der „Funktionsweise" eines Systems, d. h. der Beziehungen zwischen Ein- und Ausgabe. Nur dieser Bindung unterliegen sie, ansonsten besteht völlige Freiheit in ihrer Wahl. Insbesondere sind die „Zustände" einfache passende Fiktionen.

Das bestimmt einen Hauptfragebereich der Automatentheorie: Wann beschreiben zwei abstrakte Automaten dasselbe Eingabe-Ausgabe-Verhalten? Gibt es unter allen solchen „äquivalenten" einen irgendwie „günstigsten", und wie findet man den?

Andere typische Problemstellungen der Automatentheorie beziehen sich auf das Finden von „Wegen" bzw. „kürzesten Wegen" zwischen zwei Zuständen oder auf das „Entdecken von außen", welcher Zustand gerade vorliegt.

Die obige Konzeption eines abstrakten Automaten ist noch verallgemeinert worden:

66

(1) Läßt man zu, daß jedem Paare „Zustand, Eingabe" eine Menge von Nachfolge-
zuständen oder Ausgabesignalen — statt eines einzelnen Elements — durch
δ bzw. λ zugeordnet ist, so hat man einen indeterministischen Automaten.
(2) Sind δ oder λ nicht auf der ganzen Menge Z x X, sondern nur auf einer Teilmen-
ge von ihr erklärt, so ist der Automat unvollständig.

Es wurde oben gesagt, das eigentliche Ziel der Systemanalyse sei die Synthese optimaler Organisationen. Deshalb hat innerhalb der Systemanalyse die Optimierungstheorie eine besondere Bedeutung. Um Mißverständnisse auszuschließen: Der Opti-
malitätsmaßstab, das Wertesystem, ist normalerweise nicht Gegenstand der Systemanalyse, es wird meist von außen vorgegeben sein. Beispielsweise ist es meist das
Ziel unternehmerischen Handelns, den Gewinn zu maximieren: sei es nun den kurz-
fristigen oder den langfristigen Gewinn. Besteht Klarheit darüber, welches System-
kennzeichen maximiert werden soll und besteht weiterhin Kenntnis über den Zusammenhang zwischen den Zustandsgrößen des Systems und der erzielbaren Wertfunk-
tion, dann kann prinzipiell durch geeignete theoretische Hilfsmittel der optimale
Zustand des Systems ermittelt werden. Praktisch stehen dem jedoch große Schwierigkeiten gegenüber. Beispielsweise herrscht in den wenigsten Betrieben Klarheit
über die Art der zu maximierenden Funktion, es besteht auch zwischen den Exper-
ten keinerlei Einigkeit über brauchbare Betriebs- und Marktmodelle, und schließlich
bedingt die Optimierung typischer Probleme einen solchen Rechenaufwand, daß
auch die Leistungsfähigkeit großer Computer überfordert ist.
   Die Problematik der Optimierung sei wie folgt veranschaulicht: Jedes endliche
System kann durch eine endliche Anzahl von Koordinaten beschrieben werden. In
einem abbildenden orthogonalen System entspricht jedem Punkt ein bestimmter
Zustand des betrachteten Systems. Veränderungen im abgebildeten System können
als Bahnen in diesem Koordinatensystem verstanden werden. Den verschiedenen
Punkten des abbildenden Koordinatensystems entsprechen unterschiedliche „Werte". Wenngleich typische Probleme der Systemanalyse nur durch sehr viele Koordinaten beschrieben werden können, so sei der Anschaulichkeit halber doch angenommen, wir könnten unser System durch nur zwei Koordinaten beschreiben. Dann kön-

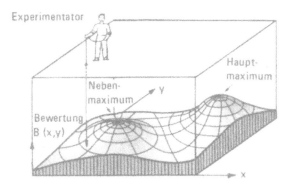

Abbildung 12: Zur Optimierung

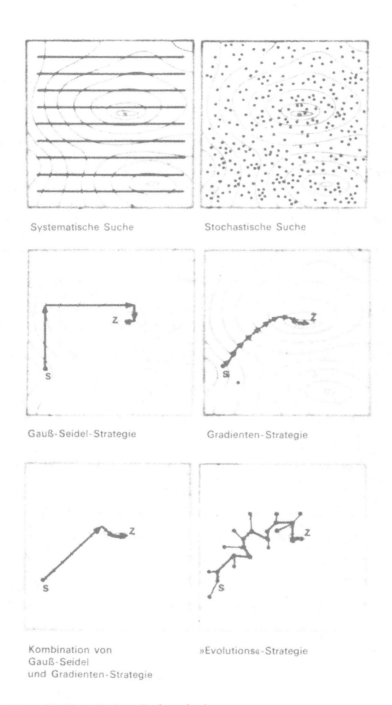

Systematische Suche

Stochastische Suche

Gauß-Seidel-Strategie

Gradienten-Strategie

Kombination von
Gauß-Seidel
und Gradienten-Strategie

»Evolutions«-Strategie

Abbildung 13: Verschiedene Suchmethoden

nen wir ein dreidimensionales Relief herstellen, dessen Koordinaten in der Waagerechten die Kennzeichen eines bestimmten Zustandes des Systems sind und die Höhe über Grund den Wert des Systems darstellt. Die Optimierungstheorie beschäftigt sich mit der Frage, wie der „Experimentator" in möglichst kurzer Zeit den höchsten Punkt, also den optimalen Zustand des Systems, findet.

Hierzu wurden verschiedene Suchmethoden entwickelt. Deren wichtigste seien mit *Abbildung 13* (s. Seite 68) kurz vorgestellt.

Wenn die Gesetzmäßigkeiten des untersuchten Systems bekannt sind, kann das Optimum manchmal mit den Methoden der „linearen Programmierung" ermittelt werden [29]. Besonders erwähnenswert sind auch die Methoden der „dynamischen Programmierung", die hauptsächlich auf *R. Bellman* zurückgehen [30].

Neben diesen — erwähnten oder nicht erwähnten — theoretischen Hilfsmitteln muß der Systemanalytiker eine gründliche Kenntnis der verfügbaren technischen Hilfsmittel besitzen, vor allem der informationellen technischen Hilfsmittel, also der Nachrichtenübertragungstechnik und der Nachrichtenverarbeitungstechnik. Da die Menge des benötigten konkreten Wissens die Kapazität eines Gehirns überschreitet, muß er Zugang zu einer Dokumentation haben, mit deren Hilfe er sich rasch die wichtigsten Tatbestände und Zahlenwerte beschaffen kann. Er muß nicht alles wissen, aber er muß wissen, wo er „alles" finden kann. Diesem Zwecke dienen auch einige Bücher, wobei hier besonders auf das „Taschenbuch der Informatik" [1] und das in englischer Sprache erschienene "System Engineering Handbook" [30] hingewiesen wird.

Der Systemanalytiker muß vor allem Erfahrung in der Programmierung digitaler Computer haben, einerseits deshalb, weil diese meist das Herz moderner Systeme bilden und andererseits deshalb, weil die Sprech- und Darstellungsweise der Programmierung den Problemen der Systemanalyse adäquat sind. Die eigentliche Programmierarbeit (z. B. in „Maschinensprache") wird wohl meist Gehilfen übertragen werden können, dagegen ist die Beherrschung geeigneter Programmiersprachen unvermeidbar. *Abbildung 14* gibt eine Übersicht über die wichtigsten Programmiersprachen.

Systemunabhängige Programmiersprachen

ALGOL	(**ALGO**rithmic Language)	} für mathematisch-
FORTRAN	(**FOR**mula **TRAN**slation)	wissenschaftliche Probleme
COBOL	(**CO**mmon **B**usiness **O**riented Language)	für kommerzielle Aufgaben
PL/I	(**P**rogramming **L**anguage/**I**)	von IBM entwickelt (enthält Elemente aus COBOL und FORTRAN)

Systemorientierte Programmiersprachen

AUTOCODE		(IBM)
COMPASS	(**COMP**rehensive **ASS**embly language)	(CDC)
PROSA	**PRO**grammiersystem mit **S**ymbolischen **A**dressen)	(Siemens)

Abbildung 14: Verschiedene Programmiersprachen

Außer der Sprech- und Darstellungsweise der Computertechnik haben die Büro-Organisation und die allgemeine Nachrichtentechnik die Systemanalyse befruchtet.

Im Zusammenhang mit diesen technischen Gegebenheiten werden oft die Begriffe „hardware" und „software" verwendet. Diese Begriffe werden etwa in folgendem Sinne gebraucht [28]:

hardware: Hiermit bezeichnet man die Gesamtheit der Geräte im Gegensatz zu Verwendungsanweisungen oder Programmen.

software: Programme, Prozeduren und Verwendungsanweisungen, welche den Betrieb informationeller Systeme ermöglichen.

4. Ausbildung und Organisation

K. Ganzhorn schrieb kürzlich: „Die Fortschrittsgeschwindigkeit der Automatisierung stabilisiert sich bisher entschieden daran, wie schnell es gelingt, Menschen zu schulen, welche dann in der Lage sind, Automatisierung ein- und durchzuführen."

Die Notwendigkeit, Menschen in diesem Sinne auszubilden, wird heute beinahe überall anerkannt. Beispielsweise erschien kürzlich ein Buch [3] mit dem kennzeichnenden Titel „Neue Berufsbilder in der Elektronischen Datenverarbeitung, Bericht der Kommission ‚System-Analysatoren-Programmierer', herausgegeben von einer beauftragten niederländischen Studiengruppe".

Hinsichtlich der Ausbildung zukünftiger Systemanalytiker scheinen drei Feststellungen angebracht:

Erstens ist es sehr schwer, einen Menschen zum Systemanalytiker zu machen, der hierzu nicht geeignet ist. Dieser Beruf erfordert Fähigkeiten, die vorwiegend charakterlich bedingt sind, wie z. B. nüchternes, rationales Denken, Ideenreichtum und Standvermögen bei Rückschlägen.

Zweitens kann man niemandem in der normalen Studienzeit von vier bis sechs Jahren die methodischen Hilfsmittel vermitteln, welche Voraussetzung erfolgreicher Systemanalyse sind; zum Systemanalytiker wird man durch Erfahrung im Fegefeuer der Praxis.

Drittens gibt es trotz dieser Bedenken vermutlich doch einen Studiengang, welcher Studenten optimal auf den späteren Beruf eines Systemanalytikers vorbereitet.

Solange man die gegenwärtigen Studienpläne als unveränderbar ansieht, wäre wohl am günstigsten ein Studium der Mathematik mit möglichst vielen technischen und wirtschaftlichen Wahlfächern. Andere Möglichkeiten sind: Studium der Nachrichtentechnik mit möglichst viel mathematischen und wirtschaftlichen Wahlfächern oder Studium Wirtschaftsingenieur mit möglichst viel mathematischen und technischen Wahlfächern. Bei den wünschenswerten mathematischen Wahlfächern sei besonders auf Logik, Programmierung, Mengenlehre, Topologie und Wahrscheinlichkeitstheorie hingewiesen. Unterstellt man die Möglichkeit, neue Studiengänge aufzubauen, so dürften folgende Überlegungen bedenkenswert sein:

Die ersten Semester sollten eine sehr sorgfältige mathematische Ausbildung einschließlich Logik, praktischer Mathematik, Programmierung, Mengenlehre, Topologie und Wahrscheinlichkeitstheorie erhalten. Um die ersten Semester recht wirkungsvoll zu gestalten, sollten auch die Methoden der programmierten Instruktion ausgenutzt werden. In den späteren Semestern sollte das Studium seinen rezeptiven Charakter ändern: Der Student sollte unter Aufsicht erfahrener Lehrer sich darin üben, einfache Systeme verschiedenster Art zu durchleuchten. Hierbei sollte er recht weitgehend selbständig arbeiten: Von der Informationssammlung über die betrachteten Objektsysteme bis hin zur Kritik des als optimal gefundenen Systementwurfes sollte er die Schwierigkeiten selbst überwinden oder wenigstens durch Mitarbeit in einem kleinen Team unmittelbar daran beteiligt sein. Teamarbeit ist deshalb besonders nützlich, weil sie ja die typische Form der Systemanalyse in der Praxis ist und auch die Fähigkeit, innerhalb eines Teams schöpferisch zu arbeiten, eine erlernbare Fähigkeit ist.

Wichtigstes Werkzeug ist in den höheren Semestern der Computer: Die Systementwürfe müssen immer wieder — schon in Teilstücken, aber auch im ganzen — durch Simulation im Computer überprüft werden. Dieser Arbeitsstil ist kaum anders zu verwirklichen als durch eine Computer-Eingabe am Schreibtisch.

Zweifellos werden wir früher oder später solche Wege der Ausbildung beschreiten müssen, wenn wir in diesem, für unsere Gesellschaft so wichtigen Gebiet nicht den Anschluß verlieren wollen.

Literaturhinweise

[1] *Steinbuch, K.* und *Weber, W.* (Hrsg.): Taschenbuch der Informatik, Berlin-Heidelberg-New York 1974.
[2] *Eckmann, D. P.* (Hrsg.): Systems: Research and Design, New York-London 1961.
[3] *Stichting Studiecentrum voor Administratieve Automatisiering* (Hrsg.): Neue Berufsbilder in der elektronischen Datenverarbeitung, München-Wien 1966.
[4] *Ljapunow, A. A.* und *Jablonski, S. W.:* Theoretische Probleme der Kybernetik, in: Probleme der Kybernetik. Band 6, Berlin 1966.
[5] *Faure, R.; Boss, J. P.* und *Le Garff, A.:* Grundkurs der Unternehmensforschung, München-Wien 1962.
[6] *Woitschach, M.:* Maschinen und Informationen — heute und morgen, in: IBM-Nachrichten, 16. Jg. (1966), S. 150—162 und S. 222—245.
[7] *Halina, J. W.:* Systemplanung, in: Elektrisches Nachrichtenwesen, Bd. 40 (1965), S. 463—475.
[8] *Krauch, H.:* Wege und Ziele der Systemforschung, Arbeitsgemeinschaft für Rationalisierung des Landes Nordrhein-Westfalen, Heft 66.
[9] *Cherry, C.:* Kommunikationsforschung — eine neue Wissenschaft, Hamburg 1963.
[10] *Martin, J.:* Programming Real-Time Computer-Systems, Englewood Cliffs (N. J.) 1965.
[11] *Fey, P.:* Informationstheorie, Berlin 1963.
[12] *Stahl, K.:* Industrielle Steuerungstechnik in schaltalgebraischer Behandlung, München—Wien 1965.
[13] *Beer, S.:* Kybernetik und Management, 2. Aufl., Hamburg 1962.
[14] *Lang, E.:* Staat und Kybernetik, Salzburg und München 1966.
[15] *Steinbuch, K.:* Automat und Mensch, 3. Aufl., Berlin-Heidelberg-New York 1965.
[16] *Thurmayr, Th.:* Das Landesfernwahlnetz, in: Der Fernmeldeingenieur, 7. Jg., (H. 6), (1953).
[17] *Führer, R.:* Betriebsverfahren im Selbstwählferndienst, in: Der Fernmeldeingenieur, 6. Jg., (1952).

[18] *Küpfmüller, K.:* Die Systemtheorie der elektrischen Nachrichtentechnik, Stuttgart 1949.
[19] *Matussek, P.:* Der Faktor Persönlichkeit in der Wissenschaftsplanung, Studiengruppe für Systemforschung, Heidelberg 1962.
[20] *Krauch, H.:* Forschungs- und Entwicklungsstrategien. Studiengruppe für Systemforschung, Heidelberg 1966.
[21] *Steinbuch, K.:* Die informierte Gesellschaft, Stuttgart 1966.
[22] *Schulz, A.:* Über Analogien zwischen technischen Steuer- und Regelvorgängen und der betrieblichen Datenverarbeitung (unveröffentlichtes Manuskript). A. d. H.: Vgl. dazu den in diesem Buch auf S. 196—224 abgedruckten Beitrag von Simon, H. A.: Regelungstheorie.
[23] *Lockley, Lawrence C.:* Operations Research, in: Fortschrittliche Betriebsführung Bd. 6, Betriebsführung 1980. Ausblick und kritischer Rückblick, hrsg. vom *Kurt-Hegner-Institut für Arbeitswissenschaft des Verbandes für Arbeitsstudien,* REFA — Darmstadt, Berlin-Köln-Frankfurt/M., o. J., S. 121—154.
[24] Fortschrittliche Betriebsführung, Bd. 11, Betriebsführung heute, hrsg. vom *Kurt-Hegner-Institut für Arbeitswissenschaft des Verbandes für Arbeitsstudien,* REFA — Darmstadt, Berlin-Köln-Frankfurt/M., o. J.
[25] *Blohm, H.:* Wechselbeziehungen zwischen Information und Organisation, in: Nachrichten für Dokumentation, Bd. 13 (1962), S. 150—155.
[26] *Speiser, A.:* Digitale Rechenanlagen, 2. Aufl., Berlin-Heidelberg-New York 1965.
[27] *Federal Electric Corporation* (Hrsg.): PERT, München 1965.
[28] IFIP, Joint Technical Committee on Terminology: IFIP-ICC Vocabulary of Information Processing, Amsterdam 1966.
[29] *Vokuhl, P.:* Die Anwendung der linearen Programmierung in Industriebetrieben, Berlin 1965.
[30] *Machol, R. E.* (Hrsg.): System Engineering Handbook, New York-San Francisco-Toronto-London 1965.
[31] *Beer, S.:* Decision and Control, London-New York-Sydney 1966.
[32] *Chorafas, D. N.:* Control Systems Functions and Programming Approaches, A Volume in Science and Engineering, *R. Bellman* (Hrsg.), The Rand Corporation, Santa Monica (Californien) 1967.

Industrial Dynamics — nach der ersten Dekade

*von Jay W. Forrester**

übersetzt und bearbeitet von *Reinhold Hömberg*
unter Mitarbeit von *Gerhard Bolenz*

Industrial Dynamics ist die Anwendung von Regelkreis-Modellen auf soziale Systeme. Das Konzept des Industrial Dynamics entwickelt sich zu einer Strukturtheorie für Systeme. Es ist außerdem eine neue Methode zur Gestaltung von Unternehmenspolitiken. Das Verhalten nichtlinearer, vermaschter Systeme höherer Ordnung mit negativer und positiver Rückkopplung hat bisher in den Wirtschaftswissenschaften viel Kopfzerbrechen bereitet. Die Zeit ist jetzt gekommen, in der die präziser definierten Konzepte und Prinzipien des Industrial Dynamics einen Schwerpunkt in der betriebswirtschaftlichen Ausbildung einnehmen können, da mit ihrer Hilfe mehrere wirtschaftliche Funktionsbereiche verknüpft und das heute vorwiegend statische Systemverständnis durch ein dynamisches abgelöst werden kann. Die Kluft zwischen der heutigen betriebswirtschaftlichen Ausbildung und dem angesichts wachsender Komplexität von Gesellschaftssystemen erforderlichen Managementwissen muß auf diese Weise mehr und mehr geschlossen werden.

1. Geschichtliche Entwicklung des Industrial Dynamics

Eine Dekade ist seit der ersten Arbeit über Konzepte zur Gestaltung von Systemen vergangen, für das sich die Bezeichnung "Industrial Dynamics"[1] durchgesetzt hat. 1952 wurde die *Alfred P. Sloan School of Management* am *Massachusetts Institute of Technology (MIT)* mit der großzügigen Unterstützung von Mr. *Sloan* gegründet. Dieser glaubte, daß eine Managementschule sich in der "technischen Umwelt" des MIT in neue, wichtige Richtungen im Vergleich zu den herkömmlichen Managementschulen mit einem anderen akademischen Hintergrund entwickeln würde. Als der Verfasser mit seiner Kenntnis auf dem Gebiet der Regelungstechnik und der Computerwissenschaft und mit seiner praktischen Managementerfahrung an das MIT kam, geschah das in der Absicht, mögliche Verbindungen zwischen Technik und Managementausbildung zu suchen und zu entwickeln. Solche Verbindungen wurden auf den Gebieten des Operations Research und der Computeranwendungen für Managementinformationen erwartet.

Das Jahr 1956/57 war der Sichtung der amerikanischen Forschungsergebnisse

---

* *Forrester, Jay W.:* Industrial Dynamics – After the first decade, in: Management Science, Vol. 14 (1968), S. 398–415.
1 Dieser Artikel setzt Grundkenntnisse des in Literaturquelle [3] beschriebenen Konzeptes voraus.

im Bereich des Operations Research gewidmet. Operations Research will mathematische und naturwissenschaftliche Methoden für betriebswirtschaftliche Probleme ererschließen. Diese Sichtung zeigte, daß Operations Research sich kaum mit breiteren Top-Management-Problemen beschäftigte. Der größte Teil der Fragestellungen konzentrierte sich auf Einzelentscheidungen, die nur als Prozesse ohne Rückkopplung strukturiert waren. Dabei wurden die Eingangsgrößen eines Entscheidungsprozesses als unabhängig von den früheren Ergebnissen dieses Prozesses angenommen. Entscheidungen werden aber getroffen, um die Umwelt zu beeinflussen. Man will dadurch veränderte Eingangsgrößen für nachfolgende Entscheidungen erhalten. Die Annahme fehlender Rückkopplung vereinfacht zwar die Analyse, sie verfälscht aber möglicherweise viele Ergebnisse, da im realen Entscheidungsprozeß Rückkopplung vorliegen kann.

Die mathematische Ausrichtung der Betriebswirtschaftslehre, ihre Betonung analytischer Lösungen und ihre Optimierungsziele waren nur recht einfachen Situationen gewachsen. Komplexere Managementbeziehungen wurden nicht analysiert; die meisten nichtlinearen Zusammenhänge mußten vernachlässigt werden. Damals schienen aber die auf dem Gebiet des Management Science[2] arbeitenden Autoren ihren Aufgaben durch die Untersuchung von ihrer Meinung nach wesentlichen Problemen nachzukommen. Alle maßgeblichen Autoren innerhalb und außerhalb des Management Science glaubten jedenfalls, die angegangenen Probleme seien gerade die Hauptprobleme, die die Unterschiede zwischen erfolgreichen, stagnierenden oder versagenden Unternehmen erklären können.

Aufgabe eines Managers ist es, verschiedene Funktionsbereiche seines Unternehmens aufeinander abzustimmen, ein Klima zu schaffen, in dem Unternehmen und Markt sich gegenseitig motivieren und die meßbaren Größen mit den nichtmeßbaren psychologischen Größen und der Machtstruktur in Einklang zu bringen. All dies analysierte Management Science nicht adäquat, da ihre Vertreter die Aufmerksamkeit weiterhin auf einzelne Unternehmensfunktionen richteten und sich deshalb mit ihren Untersuchungen auf eng begrenzte Bereiche der Entscheidungsfindung beschränken mußten. Die Methoden scheinen nicht auf wesentlich umfassendere Bereiche anwendbar zu sein. Die maßgeblichen Managementprobleme dürften nicht Entscheidungen in isolierten Situationen betreffen. Sie liegen vielmehr in der Formulierung von Entscheidungsregeln bei sequentiellen Entscheidungen und in der Struktur des ganzen Managementsystems, das Informationsquellen, Entscheidungsregeln und mögliche Aktionen aufeinander abstimmen muß.

Das erste Forschungsjahr ergab, daß die Regelungskonzepte viel allgemeiner, wichtiger und in größerem Umfang auf soziale Systeme anwendbar waren, als gemeinhin angenommen worden war. Regelkreis-Modelle sind von Ingenieuren bei der Gestaltung technischer Geräte sehr erfolgreich angewandt worden. Kybernetik als ein anderer Name für Regelungstheorie wurde in der Biologie ein gebräuchliches Wort. Die elementare Idee der Rückkopplung als die eines zirkulären Ursache-Wirkungs-Zusam-

---

2 Unter Management Science wird die Anwendung quantitativer Methoden und Techniken zur Analyse und Lösung von Führungsproblemen in Wirtschaft und Verwaltung verstanden. (A. d. Ü.)

menhanges könnte durch Jahrhunderte wirtschaftswissenschaftlicher Literatur verfolgt werden. Die Implikationen, die Bedeutung und die Prinzipien von Regelungsprozessen wurden aber erst in Anfängen verstanden. Auch ohne eine erschöpfende Analyse dieses Gebietes wurde allmählich klar, daß die Anwendungsmöglichkeiten dieses Ansatzes noch lange nicht genutzt waren. Regelungsmodelle erwiesen sich vor allem für die Analyse sozialer Systeme als sehr allgemeingültig und schienen der Schlüssel zur Strukturierung und Klärung derjenigen Beziehungen zu sein, die bisher verwirrend und widersprüchlich geblieben waren.

Unterstützt durch einen Zuschuß der Ford Foundation konnte im Rahmen eines Forschungsprogrammes mit der Übertragung der elementaren Konzepte der bereits in den Ingenieurwissenschaften entwickelten Regelkreismodelle auf Prozesse in sozialen Systemen begonnen werden. In Übereinstimmung mit dem richtungweisenden Entschluß, sich möglichst nicht nur auf einfache Systeme zu beschränken, war die Art der analytischen Behandlung von nur untergeordneter Bedeutung. Zum erstenmal konnte man von mathematischen Methoden als primär interessierendem Untersuchungsgegenstand Abstand nehmen, da Computer bereits so weit entwickelt waren, daß sie bequem und mit vertretbaren Kosten Systemsimulationen ermöglichten. Die Simulation als ein Verfahren zur Bestimmung des zeitlichen Verhaltens von Systemen erlaubte es, die Forschungen auf die fundamentalen Struktureigenschaften in Systemen und nicht auf mathematische Methoden zu konzentrieren. Diese Untersuchung führte zu einer einfachen und einheitlichen Strukturierung von Modellen, mit deren Hilfe Interaktionen in einer großen Zahl von Systemen wiedergegeben werden können. Der Versuch, eine einheitliche Struktur in Systemen zu schaffen, dient nicht nur als Bezugsrahmen für Beobachtungen und Erfahrungen. Eine solche Struktur ist auch eine sehr gute Basis für die Simulation realer Systeme. Die Struktur in Systemen wird in Abschnitt 5 näher diskutiert.

Vergangenheit und unmittelbare Zukunft von Industrial Dynamics können in drei Perioden gegliedert werden:

Periode 1 (1956–1961), Konzepte der Strukturierung und Untersuchung des stabilen Zustandes

Die Systeme wurden als Regelkreise interpretiert und die entsprechenden Elemente identifiziert.[3] Erste Regelkreis-Modelle sind entwickelt worden. Die Modelle wurden bezüglich der Stabilität untersucht, d. h. man interessierte sich für Abweichungen von der Ruhelage, aber nicht für Wachstums- und Schrumpfungsprozesse. In dieser Periode bildete "enterprise engineering", d. h. Techniken der Unternehmensführung, den Blickwinkel von Industrial Dynamics. Diese erste Periode endete mit der Veröffentlichung von *Industrial Dynamics* [3].

Periode 2 (1962–1966), Untersuchung des Wachstums und Allgemeine Systemtheorie

Dies war eine Zeit der Konsolidierung und Klärung der Konzepte zur Gestaltung von sozialwissenschaftlichen Systemen. Lehrprogramme zur Ausbildung in den Grundlagen der Systemtheorie wurden experimentell getestet. In diesem Zeitraum wurde ein besseres Verständnis für die

3 Die Phase der Identifikation von Regelungsmodellen umfaßt die Abstraktion der quantifizierbaren Elemente der aufgrund der Problemstellung interessierenden realen Tatbestände. Die von Forrester benutzten Elemente zur Formulierung von Regelungsmodellen werden in Abschnitt 5 näher erläutert. (A. d. Ü.)

Grundlagen und Methoden geschaffen, mit denen die Konzepte dynamischer Systeme dem Studenten des Management Science zugänglich gemacht werden können. Während dieser Zeit wurden Rückkopplungs-Modelle für Sachverhalte entwickelt, in denen Nichtlinearitäten vorherrschen. Damals ist positive Rückkopplung[4] bei Wachstumsprozessen von Produkten, Unternehmen und Volkswirtschaften untersucht worden. In dieser Periode wurden die Blickwinkel von Industrial Dynamics erweitert. Industrial Dynamics umfaßte jetzt nicht nur Unternehmenspolitiken, sondern entwickelte sich auch zu einer allgemeinen Systemtheorie und diente als einheitliches Denkmuster bei der Untersuchung von Strukturen und Verhalten in so verschiedenen Bereichen wie dem Ingenieurwesen, der Medizin, der Betriebswirtschaftslehre, der Psychologie und der Volkswirtschaftslehre. Die heute verfügbare Literatur dieser Zeit informiert nur unvollkommen über die damaligen Arbeiten des Industrial Dynamics auf dem Gebiet von Wachstumsdynamik, Dynamik von Lebenszyklen [4, 12, 13, 14], Ausbildung [5, 6, 9] und Systemtheorie [5, 7].

Periode 3 (1967–1975), Grundlagen und Ausweitung der Anwendungsgebiete

Die kommende Periode muß die Literatur und die Ausbildungsmaterialien liefern, die notwendig sind, um Theorie und Anwendungsmöglichkeiten derartiger Systeme einem größeren Kreis von Interessenten zugänglich zu machen. Zur Zeit sind die vorhandenen Systemkonzepte verstreut und unvollständig. Die Literatur zur Regelungstheorie präsentiert sich für viele in einer noch weitgehend schwer verständlichen mathematischen Darstellung. Dem Gebiet fehlt es außerdem an Darstellungen hinsichtlich der Besonderheiten sozialer Systeme. Die Mathematik der Regelungstheorie ist in eine verständlichere Form zu bringen. Prinzipien des dynamischen Verhaltens von Systemen müssen erklärt und den Studenten in praktischen Übungen veranschaulicht werden. Beiträge, die die Anwendung der Systemtheorie auf für sie neue Gebiete ausweitet, sind notwendig, um ihre Allgemeingültigkeit zu zeigen und um die ,,Kunst'' der Systemidentifikation und -interpretation zu fördern.[5]

2. Der gegenwärtige Stand des Industrial Dynamics

Industrial Dynamics als die Wissenschaft vom Rückkopplungsverhalten in sozio-ökonomischen Systemen befindet sich noch in einem sehr frühen Entwicklungsstadium. Viele Studenten sind in das Gebiet eingeführt worden. Bisher besteht aber fast keine Möglichkeit, Kenntnisse für eine entsprechende berufliche Tätigkeit zu erwerben, es sei denn, man leistet eine Lehrzeit in einem auf diesem Gebiet tätigen Forschungsteam ab.

4 Vgl. hierzu Abschnitt 3.2., S. 80 f. (A. d. Ü.).
5 Das in dieser Periode von *Forrester* skizzierte künftige Forschungsprogramm auf dem Gebiet der betriebswirtschaftlichen Regelungstheorie wurde in den letzten Jahren durch Untersuchungen der Unternehmensbereiche Produktion, Lagerhaltung, Marketing und Organisation weiter ausgestaltet. Für die zahlreichen Veröffentlichungen sollen hier nur einige deutsche Veröffentlichungen stellvertretend aufgeführt werden: *Baetge, Jörg:* Betriebswirtschaftliche Systemtheorie, Opladen 1974; *Fuchs, Herbert:* Systemtheorie und Organisation. Die Theorie offener Systeme als Grundlage zur Erforschung und Gestaltung betrieblicher Systeme, Wiesbaden o. J. [1973]; *Milling, Peter:* Der technische Fortschritt beim Produktionsprozeß. Ein dynamisches Modell für innovative Industrieunternehmen, Wiesbaden o. J. [1974]; *Schiemenz, Bernd:* Regelungstheorie und Entscheidungsprozesse. Ein Beitrag zur Betriebskybernetik, Wiesbaden o. J. [1972]; *Stöppler, Siegmar:* Dynamische Produktionstheorie auf systemtheoretischer Grundlage, Opladen 1974. (A. d. Ü.)

Industrial Dynamics wird sehr unterschiedlich beurteilt. Einige Beobachter sehen es lediglich als Simulationstechnik an und sind der Ansicht, Industrial Dynamics und der DYNAMO Compiler seien Synonyma. Der DYNAMO Compiler ist ein Computerprogramm zur Simulation von Industrial Dynamics-Modellen; es gibt aber auch andere Möglichkeiten zur Simulation dieser Modelle. Simulation ist außerdem nicht der wesentliche Bestandteil von Industrial Dynamics. Diese Technik wird nur angewandt, weil die Struktur dieser Modelle bisher nicht adäquat mit analytischen Lösungsverfahren abgebildet werden kann. Die zentralen Aktivitäten des Industrial Dynamics liegen insbesondere in der Auswertung und der Erweiterung der Regelkreiskonzepte auf vermaschte, nichtlineare Systeme, zu denen auch soziale Prozesse gehören. Industrial Dynamics ist — obwohl noch sehr unvollständig — eine Theorie, die sich mit der Dynamik von rückgekoppelten Systemen beschäftigt. Sie ist eine identifizierte Menge von Prinzipien über Interaktionen in Systemen und eine spezielle Betrachtungsweise von Struktureigenarten in zielgerichteten Systemen.

Am MIT ist der Anfangskurs in Industrial Dynamics ein beliebtes Management-Wahlfach. Etwa 120 Undergraduate- und Graduate-Studenten wählen es jedes Jahr. Ein beträchtlicher Anteil kommt von anderen Fachbereichen. Industrial Dynamics wird zusätzlich den etwa 100 Teilnehmern in den *Sloan-Fellow-*[6] und *Senior-Executive-Development*-Programmen[7] angeboten. Jedes nur einsemestrige Studium aber ist unvollständig und etwas oberflächlich. Es vermittelt, wie wichtig die Struktur für Untersuchungen des Systemverhaltens ist. Es eröffnet dem Studenten ein besseres Verständnis von Managementsystemen, bereitet ihn aber nicht auf ein selbständiges Weiterforschen vor. Ein Student, der nur an einem einsemestrigen Übungskurs teilgenommen hat, hat Erfolg und Mißerfolg in einer ganz ähnlichen Weise wie das Buch *Industrial Dynamics* [3]. Man kann vermutlich sagen, daß dieses Buch ohne spezielle Vorkenntnisse gelesen werden kann. Es kann jedoch zu Mißverständnissen verleiten. Viele können das Buch lesen, ohne die zugrundeliegenden Kenntnisse und Erfahrungen für die Konzipierung von Regelkreis-Modellen zu besitzen. In dem Buch wird nicht versucht, die Grundlagen der Regelungstheorie zu vermitteln. Ein Leser ohne Vorkenntnisse auf dem Gebiet der Regelungstheorie kann es studieren, ohne zu bemerken, daß ihm die notwendigen konzeptionellen und theoretischen Kenntnisse fehlen, um die im Buch diskutierte Arbeit eigenständig auszuführen. Ein solcher Leser wendet sich, nachdem er das Buch gelesen und offenbar verstanden hat, seiner Umwelt zu, findet sich aber ohne fremde Unterstützung außerstande, die Methoden des Industrial Dynamics erfolgreich auf Systeme anzuwenden. Diese Schwierigkeit spiegelt wider, wie verbesserungsbedürftig die gegenwärtige Literatur und die heutigen Ausbildungsmaterialien noch sind.

Da sich die Literatur zu Industrial Dynamics vorwiegend mit Anwendungen auf Produktions- und Distributionsprozesse befaßt, sehen viele nur Anwendungsmöglichkeiten auf diesen Gebieten. Sie erkennen nicht die Allgemeingültigkeit dieser Methoden und die Anwendungsmöglichkeiten auf Gebieten wie Marketing, Finanzierung

---

6 Ein 12-Monatskurs für leitende Angestellte im Alter von 32 bis 38 Jahren, der zum "Master of Science in Management" führt. (A. d. Ü.)
7 Ein 9-Wochen-Programm für leitende Angestellte zur beruflichen Weiterbildung. (A. d. Ü.)

oder Wettbewerbsverhalten. Entsprechende Literatur muß unbedingt geschaffen werden. Zeit und Arbeit sollten hier Erfolge bringen.

Die sehr weitgestreute, aber oberflächliche Beschäftigung mit Industrial Dynamics hat zu einer stärkeren Nachfrage nach fähigen Spezialisten geführt, als verfügbar sind, um die Hoffnungen und Versprechungen erfüllen zu können. Dreißig oder mehr Universitäten lehren in gewissem Umfang Industrial Dynamics; an den meisten Universitäten ist es jedoch Bestandteil eines anderen Kurses, gewöhnlich eines Kurses zur Produktionstheorie, in dem insbesondere Simulationsmethoden und Planungsverfahren von Produktionsprozessen gelehrt werden. In vielen industriellen Organisationen bestehen Industrial Dynamics-Aktivitäten. Man befindet sich aber meist noch in der frühen Phase des Experimentierens. Auch international besteht Interesse an Industrial Dynamics. Die Japaner beschäftigen sich damit, haben Teile der amerikanischen Literatur übersetzt und eine Reihe eigener Artikel geschrieben. Eine deutsche Übersetzung von *Industrial Dynamics* [3] ist in Arbeit.[8] Das Interesse in Skandinavien, Großbritannien und Frankreich scheint beträchtlich zu sein.

Ständig kommen Anfragen von Unternehmen, die bereit sind, Industrial Dynamics-Systemgruppen einzurichten, sobald erfahrene Mitarbeiter verfügbar sind. Dies zeigt, daß Managementschulen und sozialwissenschaftliche Fachbereiche Studenten nicht mit der nötigen Intensität in System Dynamics ausbilden, um die neu zu schaffenden Positionen in den Unternehmen mit Erfolg zu besetzen. Nur wer Regelungstheorie in einem Kurs für Ingenieure studiert hat und dann die erworbenen Kenntnisse bei der Untersuchung von sozialen Systemen heranzieht und unter Berücksichtigung der speziellen Gegebenheiten anwendet, hat gute Erfolgsaussichten. Das Angebot an Studenten mit einer derartigen Ausbildung ist bisher ohne bedeutenden Einfluß auf die Stellenangebote. Die gegenwärtige Ungleichheit zwischen dem Interesse an Industrial Dynamics auf der einen Seite und dem Angebot auf der anderen zeigt klar die Forderung nach mehr guter Literatur und neuen und intensiveren Ausbildungsprogrammen.

3. Der Stand der Regelungstheorie heute

Da Industrial Dynamics sich mit der Anwendung der Regelungstheorie auf soziale Systeme beschäftigt, empfiehlt es sich, einen Blick auf den augenblicklichen Stand der Regelungstheorie zu werfen. Die Struktur eines Regelkreises ist durch die Rückkopplung der Ergebnisse des Prozesses gekennzeichnet. Diese Ergebnisse sind wiederum Eingangsgrößen für den folgenden Entscheidungsprozeß und bewirken eine Anweisung bezüglich des Systemzustandes. Dies ist ein sich kontinuierlich wiederholender Prozeß. Jede Entscheidung — gleichgültig, ob sie von einer einzelnen Person, einer Unternehmung oder von nationalen oder internationalen Gremien getroffen wird oder ob es sich um einen Evolutionsprozeß in der Natur handelt — wird in einer ganz ähnlichen Weise gefällt.

Ein solch allgemeingültiges Konzept ist mancher Kritik ausgesetzt: Die mangelnde Einteilung eines Entscheidungsfeldes in spezifische Kategorien müsse — so wird be-

8 Die Übersetzung ist bibliographisch (noch) nicht nachweisbar. (A. d. Ü.)

hauptet — wegen dieser Allgemeingültigkeit inhaltsleer und unnütz sein. Unseres Erachtens ist aber weder die Physik bedeutungslos, weil alle ihre Erkenntnisobjekte auf dem Atom basieren, noch ist die Biologie wegen der grundlegenden Bedeutung der Zelle uninteressant. Das Wort „Entscheidung" wird hier im Sinne von „Kontrolle eines Vorganges"[9] gebraucht. Ein derartiger Vorgang kann zum Beispiel Schlaf als Antwort auf den physischen Zustand einer Person sein, Maßnahmen, die ein Produkt aufgrund des mangelnden Interesses am Markt verbessern sollen, eine Zinsänderung als Reaktion auf zusätzliches Geldangebot, eine Preisänderung als Reaktion auf eine weltweite Warenknappheit oder aber der Anteil der Kaninchen, der von Präriewölfen gefressen wird. Wie in diesen und allen anderen Entscheidungssituationen beeinflussen die Maßnahmen einer Entscheidung den Systemzustand, der auf die Entscheidung gerade selbst wirkt.

Das Rückkopplungskonzept ist in Fachbüchern und auch in der allgemeinen Literatur zu finden. Allerdings gibt es nur im ingenieurwissenschaftlichen Bereich bewährte Theorien, die sich direkt mit Regelungsprozessen beschäftigen. Der größte Teil dieser Theorien ist auf dem Gebiet der Elektrotechnik entwickelt worden. Wahrscheinlich könnte man damit ein vierzig Fuß langes Bücherregal füllen. Was würde eine solche Bibliothek enthalten? Um diese umfangreiche Literatur aufzugliedern, können wir vier Eigenschaften von Regelungssystemen untersuchen: die Ordnung eines Systems, die Rückkopplungsrichtung, den Grad der Nichtlinearität und die Vermaschung des Systems.

3.1. Die Ordnung von Systemen

Die Ordnung eines Systems kann auf mehrfache Weise definiert werden. In physikalischen Systemen wird oft der Grad der Ordnung gemäß der Zahl der Energiespeicher festgelegt. In einem System, das sich durch eine Differentialgleichung ausdrücken läßt, wird die Ordnung gemäß der höchsten Ableitung dieser Gleichung definiert. Die Ordnung eines durch eine Folge von Integrationen dargestellten Systems ist gleich der Zahl der Integrationen. Die Ordnung eines Systems von Differentialgleichungen erster Ordnung (deren Lösung zu Integrationen führen) entspricht der Zahl der Differentialgleichungen. In der Terminologie des Industrial Dynamics wird die Ordnung des Systems nach der Zahl der „Zustände", die als Differenzengleichungen erster Ordnung definiert sind, bestimmt. Mit anderen Worten: Die Ordnung des Systems ist gleich der Zahl der Systemgrößen, die zur Ermittlung von Zuständen dienen. In einem Managementsystem erhöht sich die Systemordnung mit jedem weiteren Konto, mit jeder Produktionsstufe, mit jeder Gruppe von Angestellten, mit jeder Informationsvariablen, die die *durchschnittliche* Systemaktivität mißt und mit jeder Größe, die zur Erfassung einer Meinung einer Person oder ihres psychischen Zustandes im Modell notwendig ist.

9 Unter „Kontrolle eines Vorganges" werden hier nicht nur Prüfungs- oder Revisionshandlungen verstanden, sondern die einheitliche Betrachtungsweise von Planungs- und Überwachungshandlungen in Entscheidungsprozessen. In Regelungsmodellen mit negativer Rückkopplung resultieren Entscheidungen (Festlegung der Stellgrößen) aufgrund des expliziten oder impliziten Soll-Ist-Vergleichs der jeweiligen Regelgröße. (A. d. Ü.)

Eine Prüfung der Literatur zur Regelungstheorie würde zeigen, daß sich der größte Teil mit Systemen erster und zweiter Ordnung beschäftigt. Ein geringer Prozentsatz der Literatur dringt in das Gebiet von Systemen dritter, vierter und höherer Ordnung vor. Selbst relativ einfache Managementprobleme verlangen zur adäquaten Darstellung in der Regel aber wenigstens die fünfte bis zwanzigste Ordnung. Alle Bemühungen, ein umfassendes industrielles System realistisch darzustellen, mag man gut und gern bis zur hundertsten Ordnung fortsetzen. In der derzeit verfügbaren Literatur ist das Verhältnis zwischen Modellen erster und zweiter Ordnung und den Modellen, die die tatsächlichen Verhaltensarten in industriellen und wirtschaftlichen Systemen angemessen darstellen, zehn zu eins oder sogar noch größer.

3.2. Die Richtung der Rückkopplungsschleife

Eine Rückkopplungsschleife bezeichnen wir gemäß ihrer Wirkung als positiv oder negativ; diese Definition ist aus der algebraischen Wirkungsrichtung der Schleife abgeleitet.

Eine Schleife mit positiver Rückkopplung hat eine verstärkende Wirkung in Schleifenrichtung, d. h. eine Aktion vergrößert hier den Systemzustand in der zuvor gemessenen Dimension und erzeugt eine noch stärkere Aktion. Eine positive Rückkopplung findet zum Beispiel in der Aufbauphase eine Atomexplosion statt. Sie kann in der Betriebswirtschaft beim Verkauf von Produkten beobachtet werden, wenn beispielsweise Verkäufer ihre Verkaufsanstrengungen intensivieren, damit neue Verkäufer eingestellt werden können. Positive Rückkopplung findet auch in einer systemtheoretischen Beschreibung des Vermehrungsprozesses von Kaninchen statt. Die positive Rückkopplungsschleife erzeugt exponentielles Wachstum von einem Bezugspunkt oder neutralen Punkt aus, wobei dies oft die Ausgangslage „Null" ist. Positive Rückkopplung finden wir in Wachstumsprozessen von Produkten, Unternehmen oder Ländern.

Im Gegensatz dazu bezeichnen wir ein System als System mit negativer Rückkopplung, wenn ein bestimmter Sollwert angestrebt wird. Wird dieser Bezugspunkt verlassen, so ruft das eine Aktion hervor, die das System zum gewünschten Gleichgewicht, d. h. zum Sollwert hin tendieren läßt. Eine negative Rückkopplungsschleife kann ihre Ruhelage in einem monotonen, exponentiellen, nicht-schwingenden Übergang erreichen. Die Ruhelage kann auch durch Schwingungen mit abnehmender Amplitude angestrebt werden. Bei Instabilitäten werden Schwingungen mit ständig zunehmender Amplitude erzeugt, die die Ruhelage kreuzen, sie aber nie einnehmen.

Vermutlich neunundneunzig Prozent der Literatur zur Regelungstheorie beschäftigt sich mit negativer Rückkopplung. Die negative Rückkopplungsschleife ist schwieriger und raffinierter als die positive. Alle Wachstumsprozesse sind aber Anzeichen positiven Rückkopplungsverhaltens. In der ingenieurwissenschaftlichen Literatur fehlt positive Rückkopplung beinahe ganz, da dort fast ausschließlich Systeme mit stabilem Verhalten untersucht werden. Das gleiche gilt in der Regel auch für mathematische Wirtschaftsmodelle. Positive Rückkopplung in linearen Systemen ist üblicherweise von der mathematischen Analyse ausgeschlossen, weil sie zu unendlichen

Größen und Entartungen führt. Dagegen ist dem positiven Rückkopplungsverhalten in sozialen und biologischen Systemen wegen der Nichtlinearitäten viel praktische Aufmerksamkeit zu schenken. Modelle mit positiven Rückkopplungsprozessen sind dann möglich, wenn in realen Systemen Nichtlinearitäten die Wachstumsphase begrenzen oder bei der Simulation von kurzen Betrachtungszeiträumen ausgegangen wird, in denen der Wachstumspfad noch innerhalb einer realistischen Bandbreite verläuft.

3.3. Der Nichtlinearitätsgrad von Systemen

Ohne eine strenge Definition versuchen zu wollen, können wir ein System als nichtlinear bezeichnen, wenn es Multiplikations- oder Divisionsstellen enthält oder die Systemgleichung Koeffizienten umfaßt, die eine Funktion bestimmter Modellvariablen ist. Die Verkaufsrate auf einem Markt kann z. B. ausgedrückt werden als Produkt aus der Anzahl der Verkäufer multipliziert mit einer Größe für den Verkaufserfolg. Diese Größe des Verkaufserfolges kann von dem Preis, der Qualität und der Lieferzeit des Produktes abhängen. Wenn diese drei Größen selbst Variablen sind, dann ist die Verkaufsrate eine nichtlineare Funktion der Anzahl der Verkäufer und des Verkaufserfolges. Ähnlich bestimmen Nichtlinearitäten das Verhalten in unserem ganzen sozialen System.

Allgemein können wir vom Nichtlinearitätsgrad eines Systems sprechen. Der Nichtlinearitätsgrad ist bestimmt durch die Zahl der nichtlinearen Entscheidungsregeln im System. Er gibt an, in welcher Weise das Verhalten durch Nichtlinearitäten geprägt ist. Den Nichtlinearitätsgrad — obwohl kein wohldefiniertes Konzept — kann man sich als eine Skala vorstellen, deren Ursprung lineare Systeme repräsentiert. Fast alle mathematischen Analysen liegen nahe am Ursprung dieser Skala. Die meisten Prozesse der Realität sind aber weiter rechts zu suchen. Wahrscheinlich nicht mehr als zwei Prozent der Literatur zur Regelungstheorie beschäftigt sich mit nichtlinearem Verhalten, und selbst diese Literatur ist auf sehr spezielle Fälle von Nichtlinearitäten begrenzt.

Die Bedeutung von Nichtlinearitäten wird von *Kovach* [10] gut herausgestellt:

„Wir haben die Schallmauer durchbrochen, wir sind bereits weit auf dem Wege, die Thermalgrenze zu erobern, und wir sind an die Grenze zum nichtlinearen Bereich gelangt. Diese letzte Grenze scheint von allen dreien am unüberwindlichsten zu sein. Seltsam, daß diese nichtlinearen Phänomene, die in der Natur so zahlreich vorhanden sind, so schwer zu untersuchen sind. Es ist beinahe so, als wenn der Mensch die vollständige Kenntnis des Universums so lange zurückstellen müßte, bis er eine übermenschliche Anstrengung zur Lösung des Nichtlinearitätsproblems gemacht hat. . . . In gewisser Weise haben wir uns bisher in dem Glauben verfangen, alles sei ideal, homogen, gleichbleibend, perfekt und friktionslos, gewichtslos, von unendlicher Stabilität . . . . Wir haben, sozusagen, in das Tuch der Nichtlinearität, das uns bedeckt, gerade erst einige Reißverschlüsse eingenäht. Das Öffnen dieser Reißverschlüsse hat es uns erlaubt, unsere Hand hindurchzustrecken, um das weite Unbekannte zu ergründen . . . . Es erscheint ganz plausibel, daß die gegenwärtige quantitative Denkgewohnheit in der Mathematik durch eine qualitative ersetzt wird. Es gibt in der Naturwissenschaft einige und in der Mathematik viele Anzeichen dafür, daß die Analyse der Strukturen die Zukunft der Mathematik sein wird. Einfach gesagt, nicht Elemente, sondern Beziehungen zwischen Elementen sind von Bedeutung."

3.4. Vermaschte Regelkreise

Die Literatur beschäftigt sich meist mit Regelkreisen, die nur eine Rückkopplungsschleife enthalten. Nur ein kleiner Bruchteil der Literatur befaßt sich mit Systemen aus zwei oder mehr vermaschten Rückkopplungsschleifen. Um Managementsysteme adäquat darstellen zu können, muß man aber zwei bis zwanzig Haupt-Rückkopplungsschleifen miteinander verbinden, wobei jede von ihnen viele untergeordnete Schleifen enthalten kann. Ein einfaches Modell, das die Absatzentwicklung eines neuen Produktes beschreibt, kann beispielsweise drei nichtlineare Rückkopplungsschleifen umfassen. Die einzelnen Schleifen sind: (1) Eine Rückkopplungsschleife mit positiver Rückkopplung, die in Abhängigkeit von der Vertreterzahl die Entwicklung der Aufträge beschreibt. Die Zahl der einzustellenden Vertreter ergibt sich durch die Einnahmen. (2) Eine Schleife mit negativer Rückkopplung für den Auftragsbestand. Dieses Subsystem ermittelt aufgrund des Auftragsbestandes die Lieferzeit, die sich wiederum auf den Auftragseingang auswirkt. (3) Ein Regelkreis mit negativer Rückkopplung für die Investitionstätigkeit, wobei Investitionsentscheidungen aufgrund des Auftragsbestandes getroffen werden, um den Auftragsrückstand zu reduzieren.

4. Modelle mit komplexen Strukturen

Wenn man sich mit Systemen größerer Komplexität beschäftigt und dabei die Komplexität anhand der oben genannten Dimensionen mißt — Ordnung, Rückkopplungsrichtung, Nichtlinearität und Vermaschung von mehreren Rückkopplungsschleifen —, erkennt man, daß sich das Systemverhalten hauptsächlich qualitativ ändert. Komplexere System-Modelle erlauben gegenüber einfacheren System-Modellen eine umfassendere Berücksichtigung des tatsächlichen Systemverhaltens. Es ist z. B. bekannt, wie sich das Einschwingverhalten bei Regelkreisen mit negativer Rückkopplungsrichtung und zunehmender Ordnung ändern kann. Ein Regelkreis mit negativer Rückkopplungsrichtung erster Ordnung kann sich seiner Ruhelage ausschließlich asymptotisch nähern.[10] Ein Regelkreis zweiter Ordnung erlaubt ein vollständig anderes Einschwingverhalten mit gedämpften oder wachsenden (instabilen) Schwingungen. Ein System dritter Ordnung ist das einfachste System mit Schwingungen um einen exponentiellen Wachstumspfad. Umfassendere Regelungs-Modelle erlauben, wichtige Verhaltensarten realer Systeme darzustellen, die ohne den Regelungsansatz einer Analyse nicht zugänglich wären.

10 Der hier beschriebene Zusammenhang wird in der Regelungstheorie als Übertragungsverhalten eines Regelkreises oder Regelkreisgliedes bezeichnet. Die das Übertragungsverhalten beschreibende Übergangsfunktion gibt an, wie der Output eines Regelkreises oder Regelkreisgliedes von einem Gleichgewichtszustand in einen anderen übergeht, wenn der Input sprunghaft um einen bestimmten Betrag geändert wird. Die typischen Verläufe von Übergangsfunktionen sind die aperiodische Annäherung der Regelgröße an den neuen Gleichgewichtszustand und das Überschwingen der Regelgröße mit wachsenden, abnehmenden oder gleichbleibenden Amplituden um den neuen Gleichgewichtszustand. Vgl. dazu den Beitrag in diesem Buch von *Baetge, Jörg:* Möglichkeiten des Tests dynamischer Eigenschaften betrieblicher **Planungs-** und Überwachungsmodelle, S. 116–131, und *Oppelt, Winfried:* Kleines Handbuch technischer Regelungsvorgänge, 5. Aufl., Weinheim 1972, S. 29–31. (A. d. Ü.)

Durch Nichtlinearitäten können unerwartete Systemreaktionen hervorgerufen werden. Ein nichtlineares System ist möglicherweise bei kleineren Störungen instabil, bei größeren Störungen können sich dagegen anhaltende Schwingungen ergeben, bei denen man das System als relativ stabil bezeichnen darf. Nichtlineare Elemente vermögen die Rückkopplungsrichtung zu ändern; sie können also eine Umkehr der in einem System jeweils vorherrschenden Rückkopplungsrichtungen bewirken. Die positive Rückkopplung bei der anfänglichen Absatzsteigerung eines neuen Produktes z. B. kann unterdrückt werden und durch negative Rückkopplung in der sich anschließenden Stagnationsphase dominiert werden.

Die Vermaschung von Regelkreisen vermag dazu zu führen, daß ein bei einfacheren Systemen grundsätzlich nicht beobachtbares Systemverhalten auf einmal auftritt. In einem nichtlinearen, vermaschten System kann z. B. dessen Verhalten überraschenderweise unempfindlich gegen Wertänderungen der meisten übrigen Systemparameter sein. In einigen Modellen können neunzig Prozent der Parameter einzeln bis zum Fünffachen geändert werden, ohne daß sich das Systemverhalten ändert. Dies läßt sich teilweise mit der relativen Abschwächung der Wirkung eines einzelnen Parameters im Zusammenhang mit der Vielzahl der übrigen Parameter erklären. Noch wichtiger ist aber, daß aus der Eigenart eines nichtlinearen vermaschten Systems eine eigenständige Nivellierung der Wirkung von Änderungen der Entscheidungsregeln folgt. Beispielsweise führt der Versuch einer wesentlichen Änderung einer speziellen Entscheidungsregel dazu, daß das System nach der vollständigen Verarbeitung aller Entscheidungsregeln die sich durch Entscheidungsänderungen ergebenden neuen Werte verfälscht und zwar so, daß ungefähr wieder die alten Ergebnisse erzielt werden. Ein Manager begegnet diesem Phänomen in der Realität recht häufig: Eine wichtige neue Führungsentscheidung, die ein Problem in seinem Unternehmen lösen soll, scheint beinahe kein Ergebnis hervorzubringen. Innerhalb eines komplexen Modells entdeckt man hier nämlich planmäßige Prozesse, die erklären, wie das System Versuche abwehrt, sein Verhalten zu ändern. Ausnahmen gibt es aber. Einige der nützlichsten Einsichten durch Industrial Dynamics liegen darin, daß die Entscheidungsregeln gezeigt werden, die genug Hebelwirkung besitzen, um bei entsprechender Änderung das Systemverhalten in der gewünschten Weise zu beeinflussen.

5. Industrial Dynamics als Strukturtheorie von Systemen

Bei der Analyse von Systemen kann die Unterscheidung zwischen der Struktur und dem dynamischen Verhalten von Systemen hilfreich sein. Diese beiden Aspekte aber sind eng verwoben, denn die Struktur bedingt das Verhalten des Systems. Das Interesse an beiden Aspekten folgt jedenfalls aufeinander. Es muß eine Struktur existieren, bevor man von einem System mit einem bestimmten Verhalten sprechen kann. Das Fehlen einer einheitlichen Struktur für das Erkenntnisobjekt von Management Science ist der Grund für ausgeprägte bisherige Schwächen in Managementausbildung und -praxis. *Bruner* diskutiert in seinem scharfsinnigen Buch über Ausbildungsprozesse [1] in den ersten Kapiteln mit großer Klarheit, wie wichtig die Kenntnis der Struktur eines Systems für eine Verbesserung des Lernens von Systemen ist.

Industrial Dynamics ist die Lehre von der Struktur in betrieblichen Systemen
und entwickelt sich allmählich zu einem Gefüge von Prinzipien, das Struktur und
Verhalten in Beziehung setzt. Die dem Industrial Dynamics zugrundeliegende Struktur findet ihr Gegenstück auf anderen Forschungsgebieten.[11] Trotzdem hat der Begriff Struktur vermutlich in Industrial Dynamics seine schärfste Definition und
strengste Anwendung erfahren.

Struktur umfaßt vier bedeutende Hierarchiestufen:

1.	Das geschlossene System
1.1.	Der Regelkreis als grundlegendes Strukturelement von Systemen
1.1.1.	Systemzustände (Integrationen, Akkumulationen oder Status eines Systems)
1.1.2.	Raten (Entscheidungsregeln, Aktivitätsvariablen oder Flußvariablen)
1.1.2.1.	Ziel bzw. Soll-Zustand
1.1.2.2.	Ist-Zustände
1.1.2.3.	Abweichungen zwischen Soll-Zustand und Ist-Zuständen
1.1.2.4.	Gewünschte Aktion

Industrial Dynamics beschäftigt sich auf der *ersten* Hierarchiestufe mit geschlossenen
Systemen. Das heißt, daß die interessierenden Verhaltensarten innerhalb von festgelegten Systemgrenzen erzeugt worden sind. Das bedeutet nicht; daß diese festgelegten Systemgrenzen nicht von außen nach innen und umgekehrt durchdringbar seien.
Bei einem geschlossenen System sind allerdings die die Grenze durchdringenden
Größen nicht wesentlich für die Analyse von Ursachen und Wirkungen des speziellen
Systemverhaltens.

Die *zweite* Hierarchie-Ebene widmet sich den systeminternen Regelkreisen. Innerhalb der Grenze setzt sich das System nämlich aus Regelkreisen zusammen. Jede Entscheidung findet innerhalb eines Regelkreises oder mehrerer derartiger Regelkreise
statt. Die Regelkreise erzeugen aufgrund ihrer Interaktionen das Systemverhalten.
Die Konzipierung eines Modells für ein reales System beginnt mit der Formulierung
eines Regelkreises und nicht mit den einzelnen Elementen des Regelkreises.

Die *dritte* Hierarchiestufe umfaßt die beiden Grundelemente eines Regelkreises,
die − in der Terminologie des Industrial Dynamics − „Zustände" und „Raten" heißen. Zustände sind durch Integrationen von Zu- und Abflüssen ermittelte Variablen,
die in jedem Moment den Status des Systems definieren. Raten sind Flußvariablen,
die die Zustände miteinander verbinden und durch Integrationen über die Zeit wiederum Zustände ergeben. Dieses Konzept der Zustände und Raten erscheint in unterschiedlicher Terminologie auch auf anderen Gebieten. Zustände und Raten bilden eine notwendige und hinreichende Substruktur innerhalb des Regelkreises.

Auf der *vierten* Hierarchiestufe werden die Zustandsvariablen durch Integrationen
über die Zeit ermittelt. Sie haben keine signifikante Subsubstruktur, abgesehen von
den sie erzeugenden Raten. Die Raten dagegen haben eine erkennbare Subsubstruktur. Sie sind die Entscheidungsregeln des Systems. Für jede einzelne Rate gibt es in
jedem Entscheidungszeitpunkt explizit oder implizit einen Soll-Zustand des Systems,

11 Vgl. dazu die Beispiele auf S. 88 f. (A. d. Ü.).

einen Ist-Zustand, Abweichungen zwischen Soll- und Ist-Zustand und die gewünschte Aktion als Folge der Abweichung.

5.1. Das geschlossene System

Der Regelkreis ist ein geschlossener Wirkungsablauf, in dem eine Entscheidung mit einer bestimmten Verzögerung und Störung den Systemzustand beeinflußt. Nach weiterer Verzögerung und Störung wird dieser als Ist-Zustand des Systems wahrgenommen. Die Aufmerksamkeit des Modellkonstrukteurs richtet sich auf die Arbeitsweise des Regelkreises. Von außen können Kräfte auf den Regelkreis einwirken. Unser Interesse liegt aber in der Analyse des Einschwingverhaltens, das als die Fähigkeit des Systems, Störungen zu verstärken, zu dämpfen oder Wachstum zu erzeugen, definiert wird. Die Abgrenzung des Systems umschließt alle für den speziellen Systemcharakter notwendigen Elemente. Dies impliziert dynamische Unabhängigkeit in dem Sinne, daß jede Variable, die von außen auf das System wirkt, nicht selbst eine Funktion der Aktivität innerhalb des Systems ist.[12] Alles außerhalb des Systems gilt als im wesentlichen zufällig oder unabhängig von den Größen des Systems. Bei einer speziellen Untersuchung gibt es also keine wichtigen geschlossenen Schleifen, die vom System nach außen und wieder zurück wirken.

Wo die Grenze des Systems zu ziehen ist, hängt eng mit dem untersuchten spezifischen Systemverhalten zusammen. Wenn nur eine spezielle Verhaltensart interessiert, muß das System notwendigerweise genau diejenigen Elemente enthalten, die dieses Verhalten erzeugen. Wird die Aufmerksamkeit auf irgendeine andere Verhaltensart gerichtet, so kann dies zu einer wesentlich veränderten Abbildung des Systems führen. In einem betrieblichen Modell sollte die Grenze jene Aspekte des Unternehmens, des Marktes, der Wettbewerber und der Umwelt befassen, die gerade ausreichen, um das interessierende Verhalten erzeugen zu können. Alles, was hierzu nicht wesentlich ist, sollte außerhalb der betrachteten Systemgrenze bleiben. Dieser Punkt sollte vielleicht an Hand der Erfahrung, die wir mit den Teilnehmern an unserem Industrial Dynamics-Sommerprogramm mehrfach gemacht haben, illustriert werden. Die Teilnehmer werden so ausgebildet, daß sie alle mit den Problemen der Systemdefinition, der Modellbildung und der Untersuchung des dynamischen Verhaltens mit Hilfe der Computersimulation konfrontiert werden. Als Beispiel werden oft die Preis- und Angebotsschwankungen eines Warenmarktes genommen. Das Problem stellt sich zuerst relativ einfach und zeigt, wie Angebots- und Nachfragereaktionen auf den Preis ein wiederkehrendes Ungleichgewicht zwischen Angebot und Nachfrage hervorrufen. Da auf vielen Warenmärkten Preisstabilisierungsprogramme der Regierung einen deutlich sichtbaren Einfluß haben, sind die Teilnehmer des Sommersemesters oft versucht, eine solche Regierungsaktivität in dieses einfache Modell einzubauen. Ein solcher Schritt aber sollte von folgender Frage begleitet sein: „Ist die Regierungsaktivität die *wesentliche* Ursache, die die Preis- und Angebotsschwankung *hervorruft*, ist sie der Hauptanlaß der Untersuchung?'' Natürlich ist

---

12 Es handelt sich also um eine sogenannte exogene Variable. Es liegt – zumindest im Modell – keine Intedependenz zwischen Modell und Umwelt vor. (A. d. Ü.)

sie es nicht. Warenpreise waren instabil, lange bevor es Regierungsprogramme zur Preisstabilisierung gab. Solche Programme mögen erfolgreich oder andererseits schädlich sein, zur Demonstration der klassischen und fundamentalen Prozesse von Preis- und Angebotsschwankungen sind sie jedoch nicht notwendig.

Das Konzept des geschlossenen Systems scheint elementar zu sein, es ist aber offensichtlich schwer zu fassen. Es behauptet nämlich, exogene Variablen seien nicht der Schlüssel, die Struktur eines Systems zu untersuchen. Systeme werden zwar mit Testgrößenverläufen konfrontiert; diese haben aber nur die Aufgabe, die Eigenarten des Systems offenzulegen.[13]

5.2. Der Regelkreis

Der Regelkreis wird als grundlegendes Strukturelement eines Systems betrachtet. Er bildet den Rahmen, innerhalb dessen jede Entscheidung gefällt wird.[14] Jede Entscheidung reagiert auf den bestehenden Ist-Zustand des Systems und beeinflußt ihn wiederum. Diese Aussage gilt gleichermaßen für die physikalischen Größen, die den Ladefluß in einem Kondensator kontrollieren, wie für die bedachten Entscheidungen eines Individuums oder eines Managers und für den Evolutionsprozeß in der Natur, nach dem sich die einzelnen Gattungen an ihre Umwelt anpassen. Ein erfahrener Industrial Dynamics-Analytiker arbeitet nach einem Iterationsprozeß, der die vier auf S. 84 gebrachten Strukturhierarchiestufen durchläuft. Seine Aktivitäten konzentrieren sich so lange auf die höheren Ebenen, bis diese zufriedenstellend modelliert sind. Erst dann richtet er größere Aufmerksamkeit auf die untergeordneten Ebenen. Anders ausgedrückt, die Festlegung der Systemgrenze kommt zuerst. Die zweite Stu-

13 Bei dem Testen eines Regelungsmodells geht man von der Überlegung aus, daß die Verläufe der auf das System wirkenden (exogenen) Einflußgrößen unbekannt sind. Der Modellkonstrukteur versucht das Modell mit bestimmten Testfunktionen, z. B. mit einer Sprung-, Anstiegs- oder Schwingungsfunktion, zu konfrontieren, um Informationen über die Reaktionen des Modells zu erhalten. Diese Informationen ermöglichen es, Toleranzgrenzen über in der Realität auftretende Störgrößenverläufe anzugeben, innerhalb deren der Servoautomatismus mit der gleichen Güte wie beim Testen arbeitet. Vgl. dazu den Beitrag in diesem Buch von *Baetge, Jörg:* Möglichkeiten des Tests, S. 116—131. (A. d. Ü.).

14 Diese Aussage *Forresters,* der Regelkreis sei das grundlegende Strukturelement, bedarf aufgrund der im deutschen Sprachraum verbreiteten regelungstheoretischen Terminologie der DIN 19226, Regelungstechnik und Steuerungstechnik — Begriffe und Benennungen, Mai 1968,Dk [62-5:011.4], einer Erläuterung. Danach werden zur Gestaltung von Systemen die Prinzipien der Regelung und Steuerung verwendet, wobei das Prinzip der Regelung die Rückkopplung einer Größe als Basis für künftige Entscheidungen benutzt, während das Prinzip der Steuerung ohne Rückkopplung arbeitet. Das Prinzip der Steuerung ist dadurch gekennzeichnet, das nicht erwünschte Störungen eliminiert bzw. durch bestimmte Maßnahmen mit entgegengesetzter Wirkung kompensiert werden. (Vgl. hierzu den Beitrag in diesem Buch von *Lindemann, Peter:* Steuerung und Regelung in Wirtschaftsunternehmen, S. 105—114, hier S. 105 ff.) Beide Prinzipien können in einem Regelkreis mit Störgrößenaufschaltung kombiniert und damit die Vorteile der beiden Prinzipien ausgenutzt werden. (Vgl. dazu *Baetge, Jörg:* Betriebswirtschaftliche Systemtheorie, S. 31—32 und S. 130—135). In der Terminologie des Industrial Dynamics existiert diese Unterscheidung nicht. Es können aber durchaus Systemzustände definiert werden, die die Aufgabe von Steuergliedern übernehmen. (A. d. Ü.)

fe der Analyse umfaßt die Identifikation des Regelkreises. Die Analyse dieser Stufe sollte beendet sein, bevor die Struktur der Zustands- und Flußvariablen detaillierter untersucht werden. Dem Modellkonstrukteur ohne solide Kenntnisse der dynamischen Eigenschaften von Rückkopplungsprozessen stellen sich hier die größten Schwierigkeiten. Er ist nicht in der Lage, beobachtete Merkmale und beobachtetes Verhalten in einem einleuchtenden Regelkreis-Modell darzustellen. Er erkennt auch nicht die aus den tatsächlichen Lebenssituationen resultierenden Hinweise, die zeigen, welche verschiedenen positiven und negativen Rückkopplungen und Interaktionen wichtig sind.

5.3. Zustände und Raten in Systemen

Industrial Dynamics beschäftigt sich mit zwei Klassen fundamentaler Systemvariablen, die zur Bestimmung der Struktur notwendig und hinreichend sind. Die Zustandsgleichungen beschreiben zu jedem Zeitpunkt den Zustand des Systems. Die Zustandsvariablen spiegeln die zeitliche Entwicklung des Systems wider und liefern die Informationen, auf denen die Raten basieren. Raten sind Aktivitätsvariablen, deren Einheiten jeweils auf die Zeit bezogen werden. Sie ändern die Zustandsvariablen. Zustandsgleichungen sind Integrationen, die die Wirkungen der Raten akkumulieren. Ratengleichungen sind algebraische Ausdrücke ohne Zeitbezug. (Die Hilfsgleichungen sind algebraischer Bestandteil der Ratengleichungen. Mit diesen beiden Systemvariablen kann z. B. eine Glättungsgleichung erster Ordnung jeweils in eine einfache Zustands- und zwei Ratengleichungen zerlegt werden.)[15]

15 *Forrester* verwendet für die einzelnen Systemgrößen des Industrial Dynamics folgende Symbole, deren Original-Bezeichnungen jeweils in Klammer angegeben wird. (Vgl. hierzu *Forrester, Jay W.:* Industrial Dynamcis, S. 81–85):

  1. Zustände (Levels):

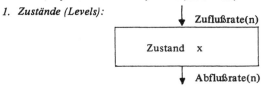

  Die Bezeichnung des Zustandes richtet sich nach der jeweiligen Variablen, die durch diesen Zustand beschrieben wird. Die Unterscheidung zwischen Zufluß- bzw. Abflußrate wird durch die Pfeilrichtung festgelegt.

  2. Raten (Flows)
  Die verschiedenen Raten werden durch unterschiedlich gezeichnete Pfeile dargestellt. Die Dimension einer Rate ist: Einheit / Zeiteinheit. *Forrester* unterscheidet sechs Typen von Flüssen, und zwar solche, die Informationen, Materialgrößen, Aufträge, Geldgrößen, Personalgrößen und Kapitalausstattung beinhalten.

  3. Ratengleichungen (Decision Functions bzw. Rate Equations):

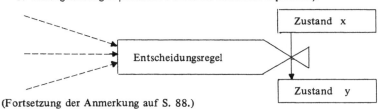

(Fortsetzung der Anmerkung auf S. 88.)   87

Raten- und Zustandskonzepte lassen sich in der Literatur auf vielen Gebieten finden. In den Wirtschaftswissenschaften bezeichnen Zustände in der Regel Bestände und Raten Aktivitäten bzw. Bewegungen. In technischen Regelkreissystemen wächst die Bedeutung des „Zustandsvariablen-Konzeptes". Einige Publikationen auf dem Gebiet des Ingenieurwesens vermitteln die gleichen Ideen wie das Zustandskonzept des Industrial Dynamics. „Das Zustandsvariablen-Konzept erleichtert es, planmäßig und einheitlich über Probleme linearer und auch nichtlinearer Systeme nachzudenken . . . der aktuelle Zustand eines Systems hängt davon ab, wie das System zeitlich frühere Informationen verarbeitet und speichert . . . ein aktueller Systemzustand trennt jeweils die Zukunft von der Vergangenheit, er enthält gerade die relevanten Informationen über die Systemvergangenheit, um die Reaktion des Systems auf jede Eingangsgröße bestimmen zu können . . . die spezielle Art, in der ein System seinen gegenwärtigen Zustand erreicht hat, beeinflußt selbst aber nicht die künftigen Ausgangsgrößen. Allein der gegenwärtige Systemzustand und die gegenwärtigen und künftigen Systemeingangsgrößen bedingen die gegenwärtigen und künftigen Ausgangsgrößen . . . die Ausgangsgrößen der Integratoren in einem Simulationsmodell dienen als Komponenten des Zustandsvektors . . . , obwohl sie im Simulationsmodell einen natürlichen Zustandsvektor formen, ist es nicht immer möglich, diese Variablen in einem System exakt zu messen." [2, Kapitel 5]

Im Wirtschaftsleben arbeitet auch der Jahresabschluß mit Zustands- und Flußvariablen, denn er trennt die Variablen in Bestands- und Bewegungsgrößen in Bilanz bzw. Gewinn- und Verlustrechnung. Eine Bilanz gibt die aktuelle Finanzlage des Systems an, die durch Akkumulation oder Integration der Bewegungsgröße in der Vergangenheit entstanden sind. Die Größen der Gewinn- und Verlustrechnung (man darf aber nicht übersehen, daß diese Variablen keine zeitpunktbezogenen Werte, sondern Periodengrößen darstellen) sind Flußgrößen, die die Zustandsgrößen in der Bilanz ändern.

Das gleiche Konzept von Zustands- und Ratenvariablen läßt sich mit anderer Terminologie in der Psychologie finden. Dazu wollen wir aus dem Vorwort von *Cartwright* zu einer Aufsatzsammlung von *Lewin* zitieren. „Das fundamentalste Konstrukt

(Fortsetzung der Anmerkung von S. 87.)
Die in Form einer Ratengleichung formulierte Entscheidungsregel wird im Flußdiagramm als ein Ventil dargestellt. Diese Entscheidungsregel hat die Aufgabe, die Flußgröße (durchgezogener Pfeil) zwischen zwei Zuständen zu steuern. Das Wirksamwerden und die jeweiligen Stellgrößen der Entscheidungsregel wird durch Informationen (gestrichelte Pfeile) ausgelöst.

4. Hilfsvariablen (Auxiliary Variables):

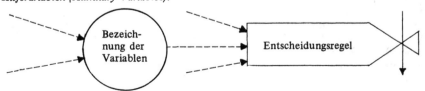

Hilfsgleichungen sind solche Gleichungen, die Ratengleichungen wegen ihrer Bedeutungsvielfalt in separate Gleichungen trennen, um den jeweils spezifischen Bedeutungszusammenhang besser hervorzuheben. Sie liegen in den Informationskanälen zwischen Zuständen und Entscheidungsregeln und haben die Aufgabe, die Raten zu überwachen. (A. d. Ü.)

für *Lewin* ist natürlich das des ‚Feldes'. Jede Verhaltensform (einschließlich Handeln, Denken, Wünschen, Bemühen, Bewerten, Erfolg haben usw.) läßt sich als Zustandsänderung eines Feldes in einem gewissen Zeitraum denken ... betreibt man Individualpsychologie, so ist der ‚Lebensbereich' des Individuums das Feld, mit dem sich der Wissenschaftler beschäftigen muß ... es ist seine Aufgabe, adäquate Konstrukte und Techniken zur Beobachtung und Messung zu entwickeln, die die Eigenarten jedes beliebigen Lebensbereiches zu jeder Zeit charakterisieren können. Es ist weiter seine Aufgabe, die Gesetze festzustellen, die diese Eigenarten verändern ... *Lewins* Behauptung, daß nur die Eigenarten eines Feldes zu einer bestimmten Zeit das Verhalten zu dieser Zeit determinieren, hat zu mehr wissenschaftlicher Diskussion geführt als jede andere seiner Hypothesen. Diese Hypothese besagt, daß ein Lebensbereich sich im Zeitablauf entwickelt, daß er von Ereignissen geändert wird und ein Ergebnis der Vergangenheit ist. Die Hypothese besagt aber auch, daß *nur das jeweils aktuelle System Einfluß ausüben kann.*" [11, Vorwort] *Lewins* Überlegungen bezüglich des Feldes oder Lebensbereiches scheinen den Zustandsvariablen genau zu entsprechen, wie sie hier benutzt werden. Das „Verhalten" und die „Gesetze, die diese Eigenarten verändern" entsprechen den Ratenvariablen.

5.4. Subsubstruktur der Raten

Die Ratengleichungen sind Entscheidungsregeln[16] im System. Mit Hilfe dieser Regeln legt der Zustand des Systems die Aktion fest. Eine Entscheidungsregel setzt sich aus vier Komponenten zusammen. Die *erste* Komponente ist das Ziel, nach dem das betreffende System oder Subsystem strebt (Soll-Zustand). In dem hier gebrauchten weiten Sinne besitzen physikalische Prozesse Ziele, die mit denen von Individuen bei ihrer Entscheidungsfindung vergleichbar sind[17]. *Zweite* Komponente sind die Ist-Zustände. D. h., es sind gewisse Informations-Eingangsgrößen festzulegen, die für den Entscheidungsprozeß maßgeblich sind. Es sind dies die erfaßbaren Zustände des Systems. Ein erfaßbarer Zustand ist von einem wahren Zustand zu unterscheiden. Nur *verfügbare* und *meßbare* Informationen gehen in eine Entscheidung ein. Ein wahrer Zustand eines Systems kann verzögert, entstellt, verzerrt, entwertet und falsch sein, bevor er die Entscheidungsinstanz als erfaßbaren Zustand erreicht. Beide, wahre und erfaßbare Zustände, sind Zustände eines Systems. *Dritte* Komponente sind die Abweichungen zwischen den beiden ersten Komponenten. Die Entscheidungsregeln beschreiben einen Prozeß zur Bestimmung der jeweiligen Abweichung zwischen Soll-Zustand und beobachteten Ist-Zustand. Die *vierte* Komponente ist die gewünschte Aktion. Die Abweichungen lösen nämlich eine Aktion aus. Diese Struktur der Entscheidungsregeln wurde sehr detailliert an anderer Stelle diskutiert [3, S. 93—111].

16 Vgl. hierzu die Anmerkung 15. (A. d. Ü.).
17 Schwimmer und Regulierventil eines Wasserbehälters einer Toilette haben den Soll-Wert, den Inhalt des Behälters auf einem bestimmten Niveau zu halten. Die gleiche Konzeption läßt sich auf einen Wassereimer mit einem Loch übertragen. Das abfließende Wasser (Aktion) hängt von der Differenz (Abweichung) zwischen dem tatsächlichen Wasserspiegel (Ist-Zustand) und der Höhe des Lochs im Behälter (dem Soll-Zustand) ab.

5.5. Anmerkungen zur Struktur

Einige Kritiker haben die Struktur des Industrial Dynamics als stilisiert, naiv oder übersimplizifiziert bezeichnet. Einige scheinen zu meinen, daß die vorgeschlagenen Systemkonzepte eher dem DYNAMO-Compiler angepaßt wurden als *umgekehrt*. Wir glauben, daß die Struktur des Industrial Dynamics anerkannt werden wird als einfach und elegant, allgemeingültig und aus grundlegenden Eigenschaften bestehend, die einer sehr breiten Spannweite von Systemen gemeinsam ist, angefangen von physikalischen Geräten über Phänomene der Medizin und Psychologie bis zu sozialen und ökologischen Systemen.

Ist man einmal von der Allgemeingültigkeit dieser Systemstruktur überzeugt, dann ist die Struktur eine gewaltige Hilfe, um bei einem konkreten Problem Erkenntnisse zu ordnen. Das Ordnen von Erkenntnissen orientiert sich an einem bestimmten Zweck. Solche Zwecke können beispielsweise eine Erklärung oder vielleicht eine Änderung von spezifischen Verhaltensarten sein. Ohne Zweck und Ziel gibt es keine Grundlage, um ein System definieren zu können. Ist aber das Ziel einmal klar, dann kann man die Konzeption des geschlossenen Systems auf das konkrete Problem anwenden. Der Versuch, die Grenze des Systems zu bestimmen, erfordert die Festlegung der Elemente und der Beziehungen zwischen den Elementen. Diese Grenze ist zweifellos schon bestimmt, bevor die nächste Strukturebene, die Gestaltung des Regelkreises, in Angriff genommen wird. Die Rückkopplungsschleifen und die übrigen Informationsflüsse zwischen den Systemelementen sollen definitionsgemäß Wirkungsrichtungen des realen Systems verkörpern, das in einem Modell abzubilden ist. Rückkopplungsschleifen und Informationsflüsse stellen die Ausschnitte der Realität dar, die für den speziellen Studienzweck als wesentlich erkannt werden müssen.

Nachdem die Grenze des Systems und die Regelkreise beschrieben sind, beginnt man, die Systemvariablen in Zustände und Flußgrößen einzuteilen. Alle Variablen, die den Systemstatus definieren, sind Zustände. Sie sind als Integrationen (Differenzengleichungen erster Ordnung) darzustellen. Alle Variablen, die Aktivitäten festlegen, sind algebraische Größen und gehören zur Klasse der Ratengleichungen. Zustände bedingen Raten, und Raten erzeugen Zustände. Jede Verbindung von Elementen innerhalb eines Systems wird notwendigerweise abwechselnd Zuständen und Raten begegnen. Die Subsubstruktur einer Rate oder einer Entscheidungsregel betrifft die durch sie zu verkörpernde Aktivität.

Besitzt man einmal die entsprechende Übung, so kann eine solche formale, zuverlässige und allgemeine Struktur, die zur Erfassung der wesentlichen Beziehungen (die meist widersprüchlich, inadäquat und irrelevant in der Realität erscheinen) notwendige Zeit halbieren.

Man braucht vermutlich nicht herauszustreichen, daß eine Strukturierung entsprechend dem Industrial Dynamics beinahe keine Verwandtschaft mit einer üblichen Darstellung der Organisationsstruktur eines Unternehmens hat. Die Struktur eines dynamischen Systems ist gekennzeichnet durch Informationsflüsse und Entscheidungsregeln, die spezifische Aktionen kontrollieren. An einer speziellen Entscheidung kann eine Anzahl von Personen oder Hierarchiestufen einer Organisation beteiligt sein. Umgekehrt ist jede einzelne Person vermutlich Bestandteil mehrerer verschiedener Entscheidungen und kontrolliert ganz unterschiedliche Informationsflüsse.

Zustände in einem Modell, das mit Hilfe des Industrial Dynamics formuliert wurde, sind Differenzengleichungen erster Ordnung. Da die Zeitabstände hinreichend klein gemacht werden können, ist diese Methode eine sehr gute Approximation für ein System von Integrationen. Man kann sich über die Darstellung eines konkreten Systems durch ein Differenzengleichungssystem bzw. ein System von Integrationen an Stelle von Differentialgleichungen kritisch äußern. Technische Systeme werden fast gänzlich mit Hilfe von Differentialgleichungen definiert. Das erscheint aber als künstlich und führt dazu, die Vermutungen über Ursache und Wirkung in die falsche Richtung zu lenken. Wenn man zum Beispiel einen Wasserbehälter mit einem Schlauch füllt, so betrachtet man das Wasser im Behälter beim Integrations-Konzept als Integral des Wasserstromes aus dem Schlauch. Dagegen lautet die Behauptung beim Differentiations-Konzept, die Flußrate des Schlauches sei die Ableitung des Wasserspiegels im Behälter. Diese Formulierung mit Hilfe einer Differentialgleichung legt u. U. die Schlußfolgerung nahe, daß das Wasser aus dem Schlauch fließt, *weil* der Wasserspiegel sich ändert. Die Formulierung von Modellen mit Hilfe von Differentialgleichungssystemen birgt die Gefahr, daß bei mangelnder Kenntnis des Systems Ursache und Wirkung verwechselt wird.

Man kann in der Fragestellung, ob ein System mit Differentialgleichungen beschrieben werden soll, einen Schritt weitergehen und der Tatsache Aufmerksamkeit widmen, daß nirgends in der Natur der Prozeß der Differentiation stattfindet. Kein Instrument mißt Ableitungen. Geräte, die nominelle Flußraten messen, messen tatsächlich Durchschnittsraten über eine bestimmte Zeitspanne, und sie arbeiten nach dem Prinzip der Integration. Wenn in der Technik eine physikalische Lösung mit einem Differentialgleichungsproblem ermittelt wird, wie bei einem "Differential Analyzer"[18], so wird die Gleichung zunächst mehrmals integriert, um die Ableitungen zu eliminieren. "Differential Analyzer" ist hierfür ein falscher Ausdruck, eine solche Maschine besteht nämlich aus Integratoren.

Bei der Ausbildung in System Dynamics fanden wir es viel leichter und für die Studenten anschaulicher, wenn wir unsere Probleme ausschließlich mit Integrationsprozessen darstellen und nicht mit Differentiationen. Die Differentiation ist eine mathematische Operation, die nicht der Darstellung von realen Systemen entspricht.

6. Die künftige Aufgabe des Industrial Dynamics

Der Leser hat natürlich recht, wenn er bemerkt, daß die verfügbare Literatur und die verfügbaren Ausbildungsmaterialien ihm sehr wenig helfen, die in den vorhergehenden Abschnitten angedeuteten Systeme zu verstehen. Die Literatur des Industrial Dynamics verspricht Vorteile, die aus einem besseren Verständnis von Systemen erwachsen sollen. Sie vermittelt aber die erforderliche Mathematik dieses Gebietes

18 Der "Differential Analyzer" (= Integrieranlage) wurde in den dreißiger Jahren von *Vannevar Bush* am MIT entwickelt und dient zur Simulation von dynamischen Modellen. *Bush, Vannevar:* A differential Analyzer Period. A new Machine for solving differential Equations, in: Journal of the Franklin Institute, Vol. 212 (1931), S. 447–488. Diese Fußnote wurde aus *Forrester, Jay W.:* Grundzüge einer Systemtheorie (Principles of Systems), übersetzt von Erich Zahn, Wiesbaden o. J. [1972], S. 139, entnommen. (A. d. Ü.)

nicht adäquat. Sie deckt weder Prinzipien auf, nach denen sich die Vorgehensweise bei der Systemgestaltung richten sollte, noch stellt sie in genügend großer Zahl Beispiele dar, die Hilfestellung bei der Systemgestaltung geben können.

Wenn Systemstruktur und dynamisches Verhalten einen Faden durch die Managementausbildung spannen sollen, der ihre Funktionsgebiete in ein zusammenhängendes Ganzes vereint, dann müssen verschiedene Lücken noch gefüllt werden. Die Mathematik zu System Dynamics muß in angemessener Weise aufgearbeitet und dargestellt werden. Es sollten Beispiele über Strukturen gegeben werden, die die wichtigsten Verhaltenstypen in sozialen und wirtschaftlichen Systemen hervorrufen. Außerdem sollten Artikel geschrieben werden, die die zahlreichen Anwendungsmöglichkeiten der Systemkonzepte in verschiedenen Unternehmensbereichen und für Unternehmenspolitiken zeigen.

6.1. Die mathematischen Grundlagen der Regelungstheorie

Es gibt heute zahlreiche Bücher zur Mathematik der Regelungstheorie. Die meisten dieser Bücher konzentrieren sich aber darauf, analytische Lösungsmethoden abzuleiten. Aus diesem Grund werden jeweils die neuesten mathematischen Methoden angewendet. Dennoch sind die damit handhabbaren Systeme zu einfach, um für das Management von großem Interesse zu sein. Während die Literatur sich auf mathematische Spezialfälle konzentriert, werden die einfachen Konzepte dynamischen Verhaltens nicht richtig gewürdigt. Ihr primäres Ziel ist es, das intuitive Gefühl des einzelnen über die Funktionsweise von Regelkreis-Modellen zu verbessern. Am MIT beginnen wir damit, die vorhandene Mathematik auszuwerten, um die Konzepte des Systemansatzes zu vereinfachen und übersichtlicher darzustellen und das vorhandene Material zu einer Grundlage aufzuarbeiten, auf der eine Beurteilung der Systeme und Simulationsstudien aufbauen können.

6.2. Prinzipien des Rückkopplungsverhaltens

Abgesehen von einer mathematischen Behandlung scheint ein Bedarf für eine begrifflich ordnende Systemdarstellung zu bestehen, mit deren Hilfe die Prinzipien verbal herausgestellt und an Hand von Beispielen illustriert werden. Eine solche verbale Darstellung müßte vor allem an einfachen Problemen und Übungen orientiert sein, die geeignet sind, Studenten Systemkonzepte und -techniken als Bestandteil der Untersuchungsmethoden für ökonomische Probleme näher zu bringen. Der Verfasser schreibt gerade an einem solchen Buch mit einem begleitenden Übungsteil.[19]

6.3. Anwendungsbeispiele zu Industrial Dynamics

Wer das Konzept des Industrial Dynamics auf aktuelle Unternehmensprobleme anwendet, der schöpft sozusagen mühsam aus seiner geistigen Bibliothek früher studier-

---

19 *Forrester, Jay W.*: Principles of Systems, Cambridge (Mass.) 1968. Deutsche Ausgabe: Grundzüge einer Systemtheorie (Principles of Systems). Übersetzt von Erich Zahn, Wiesbaden o. J. [1972]. (A. d. Ü.)

ter Systeme. Entsprechende Beispielsammlungen sollten – wenn möglich – in methodischer Darstellungsform zusammengetragen werden. Eine derartige Sammlung über Strukturen würde die Beziehungen offenlegen, die wiederholt in der Industrie angetroffen werden können. [Die Literaturstellen 8, 12 und 13 schlagen diese Methode konkret vor.] Dieses Vorgehen sollte sich jeweils auf die Minimalstruktur konzentrieren, die notwendig ist, um eine spezielle Verhaltensart hervorzurufen. Mit einer derart identifizierten Struktur würden zugleich die Daten angegeben werden, die in einer bestimmten Situation das spezielle Subsystem als relevant nachweisen. Das Vorliegen bestimmter historischer Daten ist oft bei der Ermittlung der Subsysteme entscheidend, die für ganz bestimmte Unternehmensprobleme verantwortlich sein sollen.

6.4. Beiträge zu verschiedenen Unternehmensbereichen

Eine Artikelserie ist notwendig, um zu zeigen, wie Probleme in verschiedenen Managementfunktionen als Systeme strukturiert werden können. Schwierigkeiten in einem Funktionsbereich eines Unternehmens können von einem System verursacht sein, das verschiedene Funktionsbereiche durchschneidet. Derartige Beiträge könnten zwischen unterschiedlichen Gebieten, die bisher zu stark nach einzelnen Funktionen getrennt sind, Verbindungen knüpfen.

6.5. Managementausbildung

Die Managementausbildung mußte bisher ohne eine spezielle theoretische Grundlage auskommen, wie sie die Physik für die technischen Berufe darstellt. Obwohl viele akademische Managementprogramme Volkswirtschaftslehre als ein der Managementlehre zugrundeliegendes Fach behandeln, möchten wir lieber beide Lehren als Systeme mit gleicher Konzeption und als Systeme mit ähnlichem dynamischen Verhalten betrachten. Sie differieren im Maßstab, nicht notwendigerweise aber im Wesen oder in der entsprechenden Komplexität. Der physikalische Geltungsbereich oder der physikalische Anwendungsbereich eines Systems haben aber wenig mit der Modellkomplexität zu tun, die zur adäquaten Systemdarstellung notwendig ist. Je größer das System, desto größer kann der Aggregationsgrad sein. Ein Modell einer Volkswirtschaft muß nicht alle zugehörigen Unternehmen umfassen. Ein Modell eines Unternehmens repräsentiert nicht jede einzelne Person. Ebenso muß sich ein Modell über menschliches Verhalten nicht bis auf die einzelne Zelle erstrecken. Ein Modell der Zellentwicklung wäre auf einer viel höheren Ebene als die der individuellen Atome und der meisten Moleküle zu aggregieren. Wahrscheinlich würde jedes Modell für diese beiden Systeme von etwa gleicher Komplexität sein.
  Die den nichtlinearen vermaschten Systemen zugrundeliegenden Strukturierungsmethoden sollten zur Grundlage und zum Kern einer einheitlichen Managementausbildung werden. Diese Methode zur Strukturierung von Beziehungen sollte auch jedem anderen Gebiet dienen, der Volkswirtschaftslehre, wie der Psychologie. Verbindungen zwischen den Gebieten würden ermöglicht, wenn diese Gebiete nach einer gemeinsamen Grundstruktur ausgerichtet würden.

Da die Managementausbildung mehr und mehr Gewicht auf Systeme legt, wird sich das mathematische Instrumentarium auf diesem Gebiet ändern. Die Zukunft wird sich weniger auf Statistik und Matrizenrechnung als auf die kontinuierlichen Variablen von Kausalsystemen konzentrieren.[20] Es gibt zwar eine gemeinsame Basis für die Statistik und die Mathematik kontinuierlicher Systeme, beide Zweige der Mathematik scheinen aber bei Studenten sehr verschiedene Vorstellungen hervorzurufen (oder die Studenten folgen deshalb einer der beiden Richtungen, weil sie schon vorher verschiedene Vorstellungen entwickelt haben). Der Zweig der Mathematik, der sich mit Zufallsprozessen beschäftigt, sieht die Welt offenbar als launenhaft und unkontrollierbar. Der Zweig, der sich mit Differentialgleichungen (oder mit der vorzuziehenden Integraldarstellung) beschäftigt, betont die Ursache-Wirkungsbeziehungen. Er unterstützt die Auffassung, eine Umwelt könne beeinflußt und kontrolliert werden. Die Statistik konzentriert sich auf Abweichungen der Prozesse von ihrem Mittelwert, läßt dabei aber die Wege außer acht, wie sich die Mittelwerte ändern können. Die Methoden, die die Entwicklung von kontinuierlichen Variablen untersuchen, bemühen sich zunächst um die Kausalstruktur, die den Mittelwert kontrolliert. Wenn diese Struktur bekannt ist, fügt sie Zufallseinflüsse hinzu, um den Einfluß der Unsicherheit auf das System zu erforschen.

Industrial Dynamics hat mit der Fallstudien-Methode mehr gemeinsam als mit den meisten anderen Management-Methoden, geht aber weiter als die Diskussion eines einzelnen Falles. Der Aufbau des Modells irgendeines Prozesses zwingt zu disziplinierteren Überlegungen als eine Diskussion, genau wie eine geschriebene Darstellung üblicherweise zu sorgfältigeren Überlegungen als eine Unterhaltung führt. Somit führt eine Modellbildung zu einer bedachteren und präziseren Systembeschreibung. Nachdem ein Modell formuliert wurde, zeigt die Modellsimulation, ob die Annahmen, auf die man sich geeinigt hat, zum erwarteten Verhalten führen können oder nicht. Das Simulationsergebnis ist oft anders als erwartet. Der Grad der Übereinstimmung des Verhaltens zwischen dem Modell und dem tatsächlichen System ist ein Maß für die Modellgüte. Eine derartige Prüfung wird bei einer Falldiskussion eines Managementproblems nie erreicht.

Industrial Dynamics sollte die Führungslehre im Rahmen der Managementausbildung bereichern helfen. Heute dient ein Großteil der Managementausbildung den Interessen des Beraters im Stab, nicht aber denen des Linienmanagers. Die den Manager interessierenden Gesichtspunkte wurden in der Regel in einem einzelnen Führungskurs, meist am Ende der Managementausbildung, als Schlußstein behandelt. Systemdenken und die Fähigkeit, mit dynamischen Beziehungen umzugehen, bedürfen aber einer viel längeren Zeit als das Erlernen der einzelnen Fakten in den Funktionsbereichen eines Unternehmens. Als Antwort auf die Systemherausforderung

20 Diese Entwicklung wurde durch eine Reihe von ausgezeichneten Publikationen vorangetrieben, die mit verbesserten heuristischen und analytischen Verfahren diese Probleme untersuchen. Aus der Fülle von Untersuchungen sollen nur einige Beiträge angegeben werden: *Bryson, A. E.* und *Ho, Y. C.:* Applied Optimal Control, Blaisdell 1969; *Naylor, Thomas H.:* Computer Simulation Experiments with Models of Economic Systems, New York-London-Toronto-Sydney 1971; *Tintner, Gerhard* und *Sengupta, Jati K.:* Stochastic Economics. Stochastic Processes, Control and Programming, New York-London 1972. (A. d. Ü.)

erwarten wir, daß für das ganze Managementcurriculum ein Studienschwerpunkt entwickelt wird. Dieser Schwerpunkt soll folgende Themenbereiche umfassen: die mathematischen Grundlagen der Systemtheorie, die dynamischen Eigenschaften von Systemen, die Übertragung und Umwandlung von Kenntnissen in eine exakte Systemstruktur, den Entwurf von Entscheidungsregeln mit Hilfe der Simulation, die Koordination von modellierten Systemen und Fallstudien und einen Kurs zur Ausarbeitung von komplexen Entscheidungspolitiken, in dem das Entscheidungsverhalten eines Managements analysiert wird und über Grundlagen der Formulierung deskriptiver und intuitiver Entscheidungsregeln hinausgegangen wird.

Erforschung von System Dynamics mit Hilfe mehr oder weniger umfassender Modelle öffnet die Tür zu einem neuen Verständnis von Regelungsvorgängen in sozialen Systemen. Die Zukunft wird ohne Zweifel zeigen, daß wir heute nur einen Bruchteil von dem wissen, was wir über Prinzipien, Theorie und Verhalten von Rückkopplungsstrukturen lernen müssen.

Literaturhinweise

[1] *Bruner, Jerome S.:* The Process of Education, Cambridge, Mass. 1960.
[2] *De Russo, Paul M.; Roy, Rob J.; Close, Charles M.:* State Variables for Engineers, New York-London-Sydney 1965.
[3] *Forrester, Jay W.:* Industrial Dynamics, Cambridge, Mass. 1961.
[4] —; Modeling the Dynamic Processes for Corporate Growth, in: Proceedings of the IBM Scientific Computing Symposium, December 7–9, 1964, S. 23–42.
[5] —; The Structure Underlying Management Processes, in: Proceedings of the 24th Annual Meeting of the Academy of Management, December 28–30, 1964, S. 58–68.
[6] —; A New Avenue to Management, in: Technology Review, Vol. 66 (1964), Nr. 3.
[7] —; Common Foundations Underlying Engineering and Management, in: IEEE Spectrum, 1964, S. 66–77.
[8] —; Modeling of Market and Company Interactions, in: Proceedings of the American Marketing Association, August 31–September 3, 1965.
[9] *Jarmain, W. Edwin* (Hrsg.): Problems in Industrial Dynamics, Cambridge, Mass. 1963.
[10] *Kovach, Ladis D.:* Life Can Be So Nonlinear, in: American Scientist, Vol. 48 (1960), S. 218–225.
[11] *Cartwright, Dorwin* (Hrsg.): Field Theory in the Social Science, Selected theoretical papers by Kurt Lewin, New York 1951.
[12] *Nord, Ole C.:* Growth of a Product: Effects of Capacity-Acquisition Policies, Cambridge, Mass. 1963.
[13] *Packer, David W.:* Resource Acquisition in Corporate Growth, Cambridge, Mass. 1964.
[14] *Roberts, Edward B.:* The Dynamics of Research and Development, New York 1964.

Als Bibliographie zu Industrial Dynamics vgl.:
[15] *Roberts, Edward B.:* New Directions in Industrial Dynamics, in: Industrial Management Review, Vol. 6 (1964), Nr. 1.

Die Gestaltung betriebswirtschaftlicher Systeme (System Design)

von Heribert Meffert *

Eine wichtige These lautet, daß der Systemansatz nicht nur zur Erkenntnisgewinnung und Ableitung von Hypothesen geeignet sei, sondern auch unmittelbar zur Lösung der Gestaltung betriebswirtschaftlicher Systeme beitrage. Damit sind die Ansätze des „Systems Engineering" bzw. des „System Design" angesprochen, deren Aussagen sich auf die sog. Metaentscheidungen beziehen.

1. Metaentscheidungen als Problem der Systemgestaltung

Metaentscheidungen sind Entscheidungen über Entscheidungen (Objektentscheidungen), d. h. über den Ablauf von Objektentscheidungsprozessen[1]. Jeder Entscheidungsprozeß in den einzelnen Subsystemen der Unternehmung kann in unterschiedlicher Weise ablaufen und somit eine Reihe von Freiheitsgraden aufweisen. Die Entscheidung über die spezifische „Schließung" dieser Freiheitsgrade fällt im Rahmen des Metaentscheidungsprozesses.

Folgt man dieser Interpretation und setzt die Tätigkeit des Organisierens mit dem Treffen solcher Metaentscheidungen gleich, dann läßt sich die Problematik der Organisationsgestaltung auch in der Sprache der Kybernetik präzisieren. Die Tätigkeit des Organisierens ist als Regelungssystem höherer Ordnung zu verstehen. Der Objektentscheidungsprozeß ist Gegenstand des Organisierens; er entspricht der Regelstrecke. Soll die Stabilität der Regelstrecke gewährleistet sein, muß die Regelung ihrerseits von einer Instanz überwacht werden, die außerhalb dieser Regelstrecke steht. Diese Funktion übernimmt der System Designer. Er ist Element eines „Regelkreises höherer Ordnung"[2]. Abbildung 1 trägt diesem Sachverhalt Rechnung. Die Regelstrecke eines Regelkreises höherer Ordnung (Organisationsgestaltung) ist der Regelkreis niederer Ordnung (Objektentscheidungsprozeß).

* Auszug aus: *Meffert, Heribert:* Systemtheorie aus betriebswirtschaftlicher Sicht, in: Systemanalyse in den Wirtschafts- und Sozialwissenschaften, hrsg. von *Karl-Ernst Schenk,* Berlin 1971, S. 174–206, hier S. 198–205.
Meinen Mitarbeitern, Dr. *Jan Hansmann* und Dipl.-Kfm. *Uwe Tornier,* danke ich für die kritische Diskussion des Manuskripts und wertvolle Hinweise.
1 Vgl. *Kirsch, W.* und *Meffert, H.:* Organisationstheorien und Betriebswirtschaftslehre, Schriftenreihe der ZfB (hrsg. v. *Erich Gutenberg*), Bd. 1, Wiesbaden o. J. [1970], S. 40–44, insb. S. 41.
2 Vgl. *Blohm, H.:* Metainformationen zur Annäherung an optimale Organisationsstrukturen und Abläufe, in: ZfO, 39. Jg. (1970), S. 9–16, hier S. 12.

Aufgabe des System Design ist es, Verfahren für Metaentscheidungen zu entwickeln und Empfehlungen abzugeben, die eine optimale Gestaltung der betrieblichen Objektentscheidungsprozesse ermöglichen. Insbesondere ist die Systemstruktur so anzuordnen, daß sie einen möglichst hohen Erfüllungsgrad der Systemziele gewährleistet. Dies setzt nicht nur eine Kenntnis der Kriterien der Leistungswirksamkeit, der Organisa-

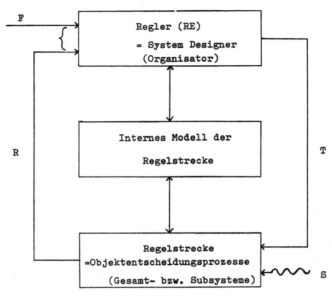

Legende:

F = Kriterien der Leistungswirksamkeit (Sollorganisation)
    abgeleitet aus Organisationszielen
T = Organisationsalternativen
    (z. B. reine Funktionalgliederung; Matrixorganisation)
S = unvorhergesehene neue Aufgaben
R = Erfüllung der Leistungswirksamkeitskriterien
    (Ergebnis der Organisationsprüfung)
F-R = Soll-Istvergleich

Abbildung 1: Organisationsgestaltung als Regelkreis

tionsalternativen und nomologischer Gesetzeshypothesen über die Wirkung dieser Alternativen voraus, sondern erfordert auch die Wahl einer adäquaten Strategie für den Entwurf eines Systems.

2. Strategien der Systemgestaltung

Die Wahl einer Strategie für den Entwurf eines Systems hängt von der Beschaffenheit des Problems (Art, Größe, Komplexität), dem Anspruchsniveau bezüglich der Lösung (optimal oder befriedigend) und jeweiligen Begrenzungsfaktoren (Kosten, Zeit und

Wissensstand) ab. In der systemtheoretischen Literatur werden eine Reihe von Strategien der Systemgestaltung dargestellt. Ein relativ umfassender Katalog findet sich bei *Boguslaw*[3]. Er unterscheidet vier typische Strategien, nämlich das formalistische Vorgehen (formalist approach), das heuristische Vorgehen (heuristic approach), Verfahren der System-Konstruktion aus Einheiten (operating unit approach) und ad-hoc-Verfahren (ad-hoc-approach).

Das *formalistische Vorgehen* entspricht der Konzeption geschlossener Entscheidungsmodelle. Folgende Lösungsschritte sind zu unterscheiden: Formulierung des Problems, Konstruktion eines problemadäquaten Modells, Ermittlung der Modelllösung, Testen dieser Lösung, Übertragen des Modells in die Realität, Einbau von Kontrollen zur Aufrechterhaltung der Funktionsfähigkeit des Systems.

Dieser Ansatz eignet sich für klar abgrenzbare organisatorische Entscheidungssituationen wie etwa der Zuordnung von Personen zu bestimmten Aufgaben (Personalanweisungsproblem). Es ist also eine Menge von voraussagbaren Systemzuständen mit voraussehbaren Situationen zu verknüpfen. Für die Modellösung existiert ein Lösungs-Algorithmus, der im Rahmen seiner modellbedingten Beschränkungen optimale Ergebnisse ermöglicht. Die Gefahr dieser einstufig-linearen Strategie liegt in der Nichtbeachtung wichtiger Variablen bei der Modellkonstruktion. Nur in den seltensten Fällen weisen geschlossene Entscheidungsmodelle ein hinreichendes Maß an Isomorphie mit den realen Problemen der Organisationsgestaltung auf.

Heuristische Strategien finden Anwendung bei Problemen, die nicht von vornherein überschaubar sind und für die kein Lösungs-Algorithmus existiert. Das organisatorische Gestaltungsproblem wird so weit wie möglich formuliert und bei der Suche nach einer Lösung ständig überprüft. Dabei werden heuristische Prinzipien als Handlungsleitlinien verwendet, die zu einer Reduzierung des Suchaufwandes führen. Diese Prinzipien stellen Erfahrungssätze dar, die sich bei ähnlichen Problemen bewährt haben. Durch sie kann jedoch keine optimale Lösung garantiert werden. Vielmehr handelt es sich hier um einen Lernprozeß, der iterativ zu einer möglichen Lösung führt.

Diese Iteration kann mit Hilfe einer Zweck-Mittel-Analyse durchgeführt werden, indem das Problem in Subprobleme (-ziele) zerlegt wird, die einer Lösung leichter zugänglich sind und deren Lösungen schließlich zur Lösung des Hauptproblems zurückführen. So gesehen handelt es sich um einen mehrstufig-rekursiven Such- und Lernprozeß.

Eine zweite heuristische Vorgehensweise ist die heuristische Planung, bei der das Problem vereinfacht und durch Abstraktion ein Modell gesucht wird. Die Lösung dieses Modells wird dann als Plan für die Lösung des ursprünglichen Problems benutzt. In diesem Sinne werden häufig Analogieschlüsse als organisatorische Problemlösungsverfahren verwendet. Früher oder in anderen Betrieben erfolgreich durchgeführte Lösungsprozesse werden auf bestehende Entscheidungsprobleme übertragen.

---

3 Vgl. *Boguslaw, R.:* The New Utopians. A Study of System Design and Social Change, Englewood Cliffs (N. J.) 1965, S. 9–23, ferner die Ansätze der Problemlösungstheorie bei *Kirsch, W.:* Entscheidungsprozesse. Band II: Informationsverarbeitungstheorie des Entscheidungsverhaltens. Wiesbaden o. J. [1971], S. 103–210 und die Ausführungen von *Zettl* über Strategien beim Entwurf von Informationssystemen: *Zettl, H.:* Der Prozeß der Entwicklung und Einführung betriebswirtschaftlicher Informationssysteme, Diss. München 1969, S. 97–186.

Beim heuristischen Vorgehen der Systemgestaltung besteht die Gefahr, daß sich über die Subzielbildung der Lernprozeß isolierend auf Teilziele erstreckt. Daraus können sich negative Wirkungen auf die Lösung des Gesamtproblems ergeben.

Die *Verfahren der System-Konstruktion aus Einheiten* gehen in folgenden Schritten vor: Problemformulierung, Aufzeichnung der Systemfunktionen, detaillierter System-Entwurf anhand von Blockdiagrammen unter Festlegung der System-Einheiten (= Komponenten), Detaillierung der Baustein-Einheiten, Test der Einheiten und des Gesamtsystems, evtl. Austausch unpassender Elemente.

Dieses Vorgehen setzt die Festlegung von Leistungsmerkmalen des Systems voraus. Im Anschluß daran werden Einheiten gesucht, welche die Erfüllung der Merkmale ermöglichen und ein System bilden können. Bei dieser Strategie der Systemgestaltung werden also vorhandene funktionale Einheiten zu einem System zusammengebaut, über dessen Funktionsweise zwar konkrete Vorstellungen (Erwartungen) vorhanden sind, dessen Lösung jedoch von den gegebenen menschlichen und technischen Funktionseinheiten und ihrem Zusammenwirken bestimmt wird. Dabei kann es zur Anpassung der Leistungsmerkmale an die vorhandenen Möglichkeiten kommen, wenn letztere einen Begrenzungsfaktor darstellen.

Die *Ad-hoc-Verfahren* besitzen das niedrigste konzeptionelle Niveau. Ausgehend von der Analyse des Gegenwartszustandes eines Systems wird im Zeitablauf eine ständige Verbesserung einzelner System-Komponenten angestrebt. Es liegt also bereits ein bestehendes System vor. Die Hoffnung des System Designers liegt darin, daß durch laufende partielle Verbesserungen des Systems nach einer bestimmten Zeit ein vollständig neues, seinen Vorstellungen entsprechendes System entsteht.

Der Zweck dieses Vorgehens ist:

a) Zwischenlösungen zu schaffen, bis bessere technische Lösungen für ein vollständig neues System vorliegen,
b) eine Verbesserung der Einstellung der Organisationsteilnehmer bezüglich der Anpassung zu erreichen,
c) jeweils menschliche und sachliche Ressourcen so zu nutzen, wie sie augenblicklich zur Verfügung stehen.

Im letzten Falle liegt also keinerlei konzeptionelle Vorstellung über das künftige System vor. Dieses in der Praxis häufig auftretende Verfahren hat lediglich den Vorteil, daß es sich unmittelbar an den vorliegenden Bedürfnissen der Benutzer des Systems orientiert und nicht den bloßen Wünschen des Designers entspricht. Der Nachteil des Verfahrens liegt in seiner Konzeptionslosigkeit. Da nur gegenwärtige Möglichkeiten Berücksichtigung finden, wird der Weg für entscheidende Innovationen evtl. verbaut.

Der kurze Überblick über die einzelnen Systemstrategien zeigt, daß ein definitives Urteil über die Leistungsfähigkeit des System Design beim gegenwärtigen Entwicklungsstand verfrüht erscheint. Ein Großteil der Literatur erschöpft sich in allgemeinen Denkansätzen, in Beschreibungen komplexer Problemlösungsprozesse. Nur relativ wenige Autoren befassen sich mit der Entwicklung generalisierbarer Gestaltungsstrategien. *Grochla* bemerkt hierzu: „Der gegenwärtige Schwerpunkt der Systemtheorie liegt . . . in der Feststellung generell gültiger Gesetzmäßigkeiten über das Verhalten materiell unterschiedlicher Systeme. Ihre Aussagefähigkeit für verfahrenstechnisch orientierte Gestaltungskonzepte ist deshalb zwangsläufig begrenzt. Aufgabe künftiger Forschung wird es daher sein müssen, die systemtheoretischen Erkenntnisse in die Gestaltungskonzepte einzubeziehen und den Versuch zu unternehmen, generalisierte Gestaltungsstrategien zu entwickeln."[4]

Einen interessanten Ansatz zur Verbindung systemtheoretischer und kybernetischer Erkenntnisse mit den Problemen der Organisationsgestaltung hat in jüngster Zeit *Young* in Form eines adaptiven lernfähigen Systems konzipiert[5].

3. Modell eines adaptiven lernfähigen Systems

Young geht von der Forderung nach homöostatischer Ultrastabilität aus und postuliert das Modell einer Organisationsstruktur, die bei praktisch gleichbleibender Funktion durch eine entsprechende Änderung der Systemeinstellungen auf die veränderte Umweltbedingung einzugehen vermag und ihre innere Struktur variieren kann. Das System ist somit zur Wahrung eines stabilen Gleichgewichts gegenüber einem ganzen Störfeld fähig.

Ein erster Unterschied zu den einfachen Regelkreismodellen ergibt sich aus der Tatsache, daß Änderungen in der Umwelt rechtzeitig vom System antizipiert werden müssen. Nur unter dieser Voraussetzung ist eine entsprechende Anpassungsfähigkeit gewährleistet. Demzufolge wird das Regelkreissystem in mehrere Elemente zerlegt. Es sind dies der Input-Erfasser und der Istwert-Erfasser sowie eine spezifische Kontrolleinheit. Der Input-Erfasser (Sensor) hat — in Form der Marktforschung oder des Rechnungswesens — Änderungen in den externen und internen Variablen anzuzeigen. Der Istwert-Erfasser (Identifikator) zeigt den Zustand des Systems bzw. seiner Prozesse in jedem Zeitpunkt. Er gibt also beispielsweise Aufschluß über die Produktionskapazitäten, die Auftrags- und Lagerbestände. Diese Informationen werden der Entscheidungseinheit zugeleitet, die mit Hilfe einer gegebenen Menge programmierter Regeln ihre Dispositionen trifft.

Das Programm für solche Entscheidungsprozesse kann z. B. lauten: Wenn der Lagerbestand größer ist als die Meldemenge, tue nichts! Ist der Lagerbestand gleich oder kleiner als die Meldemenge, dann lautet die Regel: Gib die Bestellung über eine bestimmte Stückzahl auf!

Die Kontrolleinheit (Regler) ist schließlich jenes Element, welches den Input verändert, *bevor* dieser in das System bzw. den Prozeß eingeht, z. B. dergestalt, daß ein nicht vorhergesehener Großauftrag in kleinere Aufträge zerlegt wird.

Die eigentliche Lernfähigkeit des Systems wird durch den Einbau eines System Designers erreicht. Lernfähigkeit bedeutet, daß das System sich selbst reorganisieren kann und aus Fehlern der Vergangenheit lernt, um die Leistungswirksamkeit zu er-

4 *Grochla, E.:* Systemtheorie und Organisationstheorie, in: ZfB, 40. Jg. (1970), S. 1–16, hier S. 16.
5 Vgl. *Young, S.:* Organization as a Total System, in: Systems, Organizations, Analysis, Management: A Book of Readings, hrsg. v. *D. J. Cleland* und *W. R. King,* New York u. a. 1969, S. 51–62.

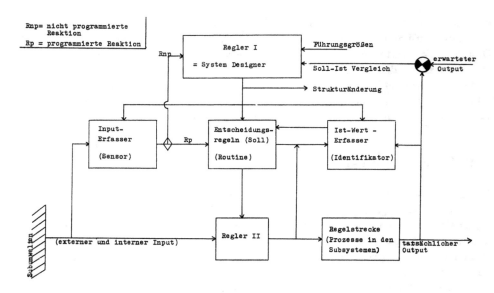

Abbildung 2: Lernfähiges adaptives System (nach S. Young)

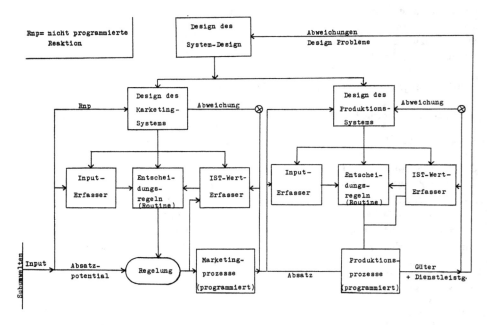

Abbildung 3: Unternehmung als adaptives System (nach S. Young)

höhen. Der System Designer empfängt ex-ante-Informationen vom Input-Erfasser bzw. ex-post-Informationen über die Leistungen des Systems.

Entsprechen etwa die Leistungen des Systems nicht dem erwarteten Output, muß der System Designer die adaptiven Mechanismen verbessern. Das kann z. B. in der Form geschehen, daß die Regeln für programmierte Entscheidungen verbessert, die Arbeitsweisen des Input-Erfassers intensiviert oder die Kontrollmechanismen und der Informationsfluß verändert werden. Bei großen Störungen werden Strukturänderungen, z. B. bei starkem Wachstum der Übergang von der funktionalen Aufbauorganisation zur Spartenorganisation und zur Divisionalisierung, im System notwendig.

Das in Abbildung 2 dargelegte Modell eines lernfähigen adaptiven Systems ist relativ global aufgebaut und durch eine weitere Zerlegung des Gesamtsystems in Subsysteme zu verfeinern. Für jedes Subsystem sind die adaptiven Elemente (Input-Erfasser, Routineregeln, Istwert-Erfasser, Kontrolleinheit) festzulegen. Abbildung 3 zeigt ein solches Modell für zwei Subsysteme, das Marketing und die Produktion. Jedes der Subsysteme besitzt einen eigenen Designer. Die Designer sind wiederum durch einen Regelkreis höherer Ordnung miteinander verbunden. Die spezifische Funktion des übergeordneten Designers besteht in der Koordination der Design-Probleme.

Steuerung und Regelung im Wirtschaftsunternehmen

von Peter Lindemann*

1. Steuern und Regeln

Im allgemeinen Sprachgebrauch wird zwischen Steuern und Regeln oft nicht klar unterschieden. Es besteht sogar die Neigung, sich dem englischen Sprachgebrauch anzuschließen, der Steuerung und Regelung unter dem Begriff "Control" zusammenfaßt. Im deutschen wissenschaftlichen Sprachgebrauch verwendet man seit jeher zwei Begriffe „Steuerung" und „Regelung", die sich inhaltlich eindeutig abgrenzen lassen.

Unter *Steuerung* versteht man (informationstheoretisch) die Anweisung an ein System und (pragmatisch) die Einwirkung auf ein System, sich in einer bestimmten Art zu verhalten.

Nach DIN[1] wird wie folgt definiert:

„Das Steuern — die Steuerung — ist der Vorgang in einem System, bei dem eine oder mehrere Größen als Eingangsgrößen andere Größen als Ausgangsgrößen aufgrund der dem System eigentümlichen Gesetzmäßigkeiten beeinflussen. Kennzeichen für das Steuern ist der offene Wirkungsablauf über das einzelne Übertragungsglied oder die Steuerkette."

Zur *Regelung* gehören

a) die Feststellung, ob die Steueranweisungen zum beabsichtigten Mutationserfolg im System geführt haben bzw. welche Abweichungen festgestellt wurden,

b) die Rückmeldung des festgestellten Ergebnisses an die Steuerungsstelle,

c) die Anweisung an die Steuerungsstelle für weitere Steuerungsmaßnahmen.

Nach DIN[2] wird „Regeln" definiert:

„Das Regeln — die Regelung — ist ein Vorgang, bei dem eine zu regelnde Größe (Regelgröße) fortlaufend erfaßt, mit einer anderen Größe, der Führungsgröße, verglichen und abhängig vom Ergebnis dieses Vergleichs im Sinne einer Angleichung an die Führungsgröße beeinflußt wird. Der sich dabei ergebende Wirkungsablauf findet in einem geschlossenen Kreis, dem Regelkreis, statt."

Die Prinzipien von Steuerung und Regelung lassen sich an einem einfachen Beispiel leicht erklären. Wir setzen uns die Aufgabe, den Wasserstand in einem Behälter, der Zufluß und Abfluß hat, immer in der gleichen Höhe zu halten. Zunächst wird

---

* Teile dieses Beitrages wurden entnommen aus: *Lindemann, Peter:* Unternehmensführung und Wirtschaftskybernetik, Neuwied und Berlin 1970 und aus: *derselbe:* Artikel: Regelungstechnik, in: HWO, Stuttgart 1969, hrsg. von *Erwin Grochla,* Sp. 1441–1449.

1 *Deutscher Normenausschuß:* Regelungstechnik und Steuertechnik, Begriffe und Benennungen, DIN 19226, Mai 1968 DK [62-5:011.4], S. 3.

2 *Ebenda,* S. 3.

angenommen, daß der Abfluß kontinuierlich und stets gleichmäßig und daß die abfließende Menge genau bekannt ist. In diesem Falle kann das System durch reine Steuerung beherrscht werden (siehe Abbildung 1).

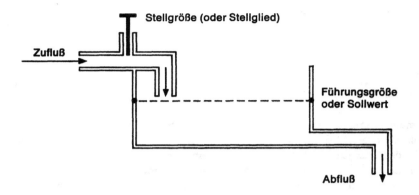

Abbildung 1: Prinzip der Steuerung

Wird das Stellglied so eingestellt (= Steueranweisung), daß die abfließende Wassermenge genau durch die zufließende ersetzt wird, bleibt das System im Gleichgewicht oder „stabil". Es ist ersichtlich, daß reine Steuerung nur bei voller Information über das zu beherrschende System möglich ist. In unserem Beispiel würde z. B. die Verengung des Abflusses durch Kalkansatz das System hinsichtlich seiner Führungsgröße aus dem Gleichgewicht bringen.

Nehmen wir jetzt an, daß auf unser System Störgrößen einwirken, von denen sowohl Zeitpunkte als auch Ausmaß der Störungen vorher nicht bekannt sind. In diesem Falle ist das System nur durch Regelung beherrschbar (siehe Abbildung 2).

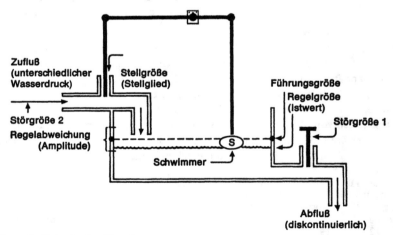

Abbildung 2: Prinzip der Regelung

Dieses Beispiel zeigt die Verwirklichung eines geschlossenen Regelkreises. Die Auswirkung der Steuerungsmaßnahme (= Einstellung des Stellgliedes) auf die Führungsgröße wird beobachtet, zurückgemeldet (Rückkopplung, Feedback) und zu neuen Steueranweisungen ausgewertet. Unabhängig davon, ob dieses Nachsteuern automatisch geschieht oder erst durch einen menschlichen Entscheidungsprozeß ausgelöst wird, handelt es sich um einen Regelungsprozeß. In unserem Beispiel besteht ein über den Regelmechanismus automatisch ausgelöster Steuerungsmechanismus. Erfolgt z. B. bei der Störgröße 1 eine Wasserentnahme, so sinkt der Wasserspiegel im Behälter (Regelgröße). Der Schwimmer (S) sinkt und bewirkt über das Gelenkgestänge eine Öffnung des Zuflußventils (Stellglied). Dadurch fließt eine größere Wassermenge zu. Diese hebt den Wasserspiegel und damit den Schwimmer. Nun wird über das Gelenkgestänge das Zuflußventil geschlossen und damit der Wasserzufluß gestoppt. Es ist definitorisch wichtig zu beachten, daß die Veränderungen des Stellgliedes Steuerungsmaßnahmen sind.

Es ist vorstellbar, daß wir aus unserem System den Automatismus herausnehmen (Schwimmer mit direkter Wirkung über das Gelenkgestänge auf das Stellglied) und einen Menschen mit der Wahrnehmung der Steuerungs- und Regelungsfunktion beauftragen. Er bedient das Stellglied, beobachtet die Regelgröße, vergleicht sie mit der Führungsgröße und verändert nach dem Ergebnis seiner Beobachtung das Stellglied im Sinne des Systemzieles. Auch dann haben wir einen geschlossenen Regelkreis. Die Reglerfunktion liegt aber außerhalb des Systems, ist also nicht systemimmanent, sondern wirkt von außen.

In unserem Beispiel haben wir die Grundform der Homöostase oder der Selbstregelung. Unser System ist somit ein Homöostat. „In einem Homöostaten wird die kritische Variable durch einen selbstregelnden Mechanismus auf einer gewünschten Stufe gehalten.''[3]

In biologischen Systemen ist die Homöostase das tragende Prinzip der Systembeherrschung. Auch für die „Beherrschung'' der Unternehmung besteht das Ziel, sie in möglichst großem Umfange als Homöostaten zu gestalten.

Das Ziel von Steuerung und Regelung ist es, ein System in einem stabilen Zustand zu halten. Dabei verstehen wir unter *Stabilität* eine Verhaltensweise von Systemen gegenüber der Umwelt, die dadurch gekennzeichnet ist, daß dem System ein bestimmtes Ziel bekannt ist, das es unter allen Umständen zu erreichen oder nicht zu verlassen sucht.

Grundsätzlich können zwei Arten von Stabilität unterschieden werden:
Monostabilität: Dem System ist nur ein Ziel bekannt (z. B. die Ruhelage eines herunterhängenden Gewichtes oder eines Pendels).
Multistabilität: Dem System sind mehrere mögliche Ziele bekannt (z. B. unterschiedliche Pulsfrequenzen des Herzens bei verschiedenen Aktivitätsniveaus des Körpers).

Systeme, die sich aus mehreren Subsystemen zusammensetzen, besitzen die Eigenschaft der „Ultrastabilität'', sofern sowohl die Subsysteme ihre eigenen Führungsgrößen (starre oder bewegliche) haben als auch das Gesamtsystem eine Führungsgröße besitzt, für die es aber keinen zusätzlichen Steuerungs- und Regelmechanismus gibt. Die Ultrastabilität wird durch Anpassung der Subsysteme erreicht.

3 *Beer, Stafford:* Kybernetik und Management, 2. Aufl., Hamburg 1962, S. 38.

2. „Bewertung" von Steuerung und Regelung

Der Vorteil der reinen Steuerung besteht darin, daß die Steuergröße (= Ist) in Höhe der Führungsgröße exakt stabil gehalten werden kann, d. h. ohne Abweichungen zwischen Soll und Ist (= Regelabweichung). Ihr Nachteil ist darin zu sehen, daß sie volle Information über das zu steuernde System benötigt. Unvollständige oder falsche Informationen führen sehr leicht zum Zusammenbruch des Systems. Vorher nicht bekannte oder in ihrer Wirkung falsch berechnete Störgrößen können durch Steuerung nicht beherrscht werden. Daher ergibt sich auch die Forderung, daß ein Steuerungsmechanismus die gesamte Varietät des zu steuernden Systems enthalten muß.

Demgegenüber liegt der Vorteil der Regelung darin, daß sie auch bei unvollständiger Information funktioniert. Mit dem Regelkreis lassen sich in einem gewissen Umfange auch Störgrößen beherrschen, die vorher gar nicht bekannt waren, bzw. von denen Zeitpunkt und Dauer des Auftretens und die quantitative Einwirkung nicht vorhersagbar waren. Dies bewirkt, daß Regelaggregate eine wesentlich höhere Varietät beherrschen können als sie selbst haben.

Als Nachteil der Regelung könnte man anführen, daß eine absolute Stabilität des Systems hinsichtlich seiner Führungsgröße (Sollwert) nicht erreicht werden kann. Da der Regelmechanismus erst dann wirksam wird, wenn Abweichungen von der Sollgröße registriert werden, ist eine mehr oder weniger große Regelabweichung logische Konsequenz der Regelung.

In welcher Größenordnung eine Regelabweichung zugelassen werden muß, hängt von zwei wesentlichen Faktoren ab:

1. von der *Art der Störungen* (stochastische oder nicht-stochastische) und
2. vom *Zeitverhalten* des Systems.

Bei sowohl in ihrer Art als auch in ihrem Ausmaß determinierten *Störungen* kann die Regelabweichung beliebig klein gehalten werden. Ein Lenkungssystem, auf das nur solche Störungen treffen, muß letztlich gar nicht als Regelkreis arbeiten, sondern könnte das Ziel auch mit Hilfe einer Steuerkette erreichen. Stochastische Störungen aber zwingen je nach der Wahrscheinlichkeitsverteilung der Störgröße(n) zur Regelung des Prozesses, sofern der zulässige Abweichungsbereich bestimmte Dimensionen nicht überschreiten soll.

Durch das *Zeitverhalten* des Systems entsteht praktisch immer eine Totzeit (lag), d. h. eine Zeitspanne, die vergeht, bevor eine gemessene Abweichung an das Stellglied gelangt und die Regelstrecke (das zu steuernde System) durch neue Steuerungsmaßnahmen beeinflußt werden kann.

„Wenn ein Regelkreisaggregat eine Totzeit (lag) hat, macht sich das dergestalt bemerkbar, daß sich der Regelkreis nach Auftreten einer Störung für die Dauer dieser Totzeit so verhält, als sei er aufgeschnitten. Mit anderen Worten: Während dieser Zeitspanne ist quasi kein Regelkreis (sondern eine Steuerkette, A. d. Verf.) vorhanden, die einer Abweichung (Störung) entgegengerichtete Rückkopplung ist nicht wirksam, und das kann bei großen Totzeiten bedeuten, daß Instabilität auftritt."[4]

4 *Haidekker, Alexander:* Beeinflussung der Nachfrage durch kybernetische Modelle. Reihe: Wirtschaftsprüfung, Kybernetik, Datenverarbeitung, Bd. 5, Neuwied und Berlin 1970, S. 38.

Um dieser Gefahr bei größeren Totzeiten zu entgehen, muß das gesamte System entsprechend konzipiert werden.

3. Regelung als technisches Phänomen

Wir sprechen von Regelungstechnik, dabei sollte uns klar sein, daß „Regelung" an sich nicht ursächlich technisch zu verstehen ist. Gerade in biologischen Systemen ist das Prinzip der Regelung, vor allem das der Homöostase, am stärksten und vollkommensten ausgebildet. Biologische Systeme leben im Kampf mit der Umwelt und sind durch das Systemziel „Überleben" zur ständigen Anpassung gezwungen. Dabei äußert sich die Umwelt des Systems weitgehend probabilistisch. „Ob überhaupt" und „Wann" und „Mit welcher Bedeutung" Umweltfaktoren auftreten, ist weitgehend unvorhersagbar. Das „Überleben" biologischer Systeme über lange Zeiträume ist von der Qualität der Regelsysteme abhängig. Der Ausleseprozeß schaltet Systeme mit mangelhaft funktionierenden Regelmechanismen aus.

Wenn wir uns in der Betriebswirtschaftslehre mit dem Unternehmen in seiner wirtschaftlichen Umwelt im Hinblick auf Fragen der Regelung befassen, müssen wir von vornehmlich zwei Prämissen ausgehen:

1. Unser Objekt ist ein „von uns" geschaffenes künstliches System.
2. Das zum Überleben notwendige Regelungssystem muß „von uns" durch Organisation geschaffen werden.

Somit ist klar, daß ökonomische Regelmechanismen konstruiert werden müssen. Dabei ist zu bestimmen, welche Führungsgrößen zu beobachten sind und wie auf Abweichungen der Regelgrößen von den Führungsgrößen reagiert werden soll. Das Bestreben wird dahin gehen, die Beobachtungsfunktion und die aus den Beobachtungsdaten resultierenden Anpassungsentscheidungen so weit wie möglich Maschinen zu übertragen. Damit zeigt sich, daß betriebswirtschaftliche Regelungs- und Steuerungssysteme z. T. im wahrsten Sinne des Wortes technisch realisiert werden sollten.

4. Das „Unternehmen in seiner wirtschaftlichen Umwelt"

Das Unternehmen ist ein äußerst komplexes probabilistisches, künstlich geschaffenes System. Mit dem Unternehmen werden von den Schöpfern die verschiedensten Ziele verfolgt. Allen Zielen ist gemeinsam, daß das Unternehmen in seiner wirtschaftlichen Umwelt überlebt. Wie jedes System, dessen Ziel das Überleben ist, hat das Wirtschaftsunternehmen die Fähigkeit, systemspezielle Leistungen zu erstellen. Die Leistungserstellung hat den Sinn, mit der Umwelt in einen ständig funktionierenden Leistungsaustausch zu treten. Wir dürfen davon ausgehen, daß die Umwelt (andere Systeme) oder das Umsystem nur solche Leistungen akzeptiert, die einem Bedürfnis im Umsystem entsprechen, und daß es nur unter dieser Voraussetzung bereit ist, eigene Leistungen dafür herzugeben. Die Leistungen des Umsystems müssen so geartet sein, daß sie dem

Insystem eine eigene Leistung ermöglichen. Wenn diese Bedingungen erfüllt sind, kann auf lange Sicht ein Überleben des Unternehmens erreicht werden. Da im Leistungsaustausch zwischen Um- und Insystem aufgrund von Nachfrageänderungen erfahrungsgemäß Schwankungen auftreten, die Störungen des Insystems darstellen, treten Gefahren für dessen Überleben auf. Eine Möglichkeit, solchen externen Schwankungen zu begegnen, ist die Leistungsspeicherung.

Abbildung 3 stellt das Grundmodell des Wirtschaftsunternehmens in seiner Umwelt dar. Aus der Umwelt werden Leistungen aufgenommen. Diese werden zunächst einmal gespeichert. Es müssen also so viele Leistungen so rechtzeitig aufgenommen werden, daß in der Speicherzone eine Leistungsreserve entsteht. Für die eigene Leistungserstellung werden die benötigten Umweltleistungen aus der Leistungsreserve entnommen. Die selbsterstellten Leistungen werden zunächst wiederum gespeichert, um sie entsprechend dem zeitlich schwankenden Bedarf an die Umwelt abgeben zu können.

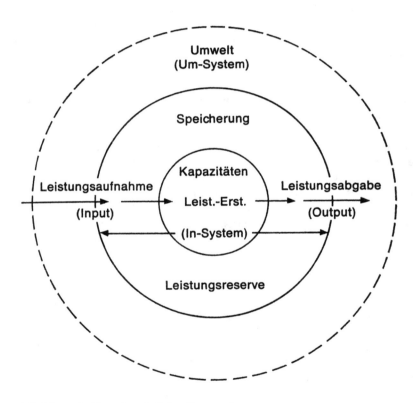

Abbildung 3: Grundmodell des Unternehmens

Die Umwelt kann global als Markt bezeichnet werden, auf dem sich das System Unternehmen die notwendigen Leistungen beschafft und auf dem es seine eigenen

Leistungen absetzt. Wir teilen aus Erklärungsgründen diesen Gesamtmarkt in folgende Teilmärkte auf:

Absatzmarkt (Kundenbeziehungen),
Beschaffungsmarkt (Lieferantenbeziehungen),
Personalmarkt (Arbeitskräfte),
Kapitalmarkt (Geld).

Dementsprechend ergibt sich das Modell in Abbildung 4.

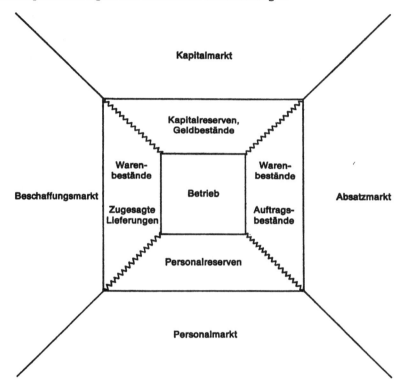

Abbildung 4: Das Unternehmen in seiner wirtschaftlichen Umwelt

Als Kern des Unternehmens sehen wir die vorhandenen Produktionsmittel. Diese sind, gerade wegen der hohen Kapitalbindung, sehr empfindlich gegen Auslastungsschwankungen. Deshalb sind sie nach allen Seiten hin gegen Störungen aus der Umwelt abgepuffert.
Solche Pufferzonen sind:

a) Zum Absatzmarkt: Lager- bzw. Auftragsbestände.
b) Zum Beschaffungsmarkt: Lagerbestände bzw. verbindliche Lieferzusagen.

111

c) Zum Kapitalmarkt: Geldbestände, genehmigte Kredite, genehmigtes Eigenkapital usw.

d) Zum Personalmarkt: Personalreserven sowohl quantitativer als auch qualitativer Art.

Aus der Umwelt treffen auf unser System Störungen, die, soweit die Pufferzonen ausreichen, in Bezug auf den Kern ausgesteuert werden.

Über die im Kern von Abbildung 4 enthaltenen (technischen) Produktionsmittel besitzen wir i. d. R. fast vollständige Informationen. Dieses Subsystem arbeitet weitgehend deterministisch, d. h. es kann durch Anweisungen zu einem fast völlig vorhersagbaren Handeln gezwungen werden. Die Anweisungen können durchgesetzt werden. Deshalb ist das Planen in diesem Bereich relativ leicht. Sofern die Pufferzonen ausreichen, um die Störungen vollständig auszusteuern, die auf den Kern wirken könnten, ist damit die Voraussetzung zur Steuerung dieses Subsystems gegeben.

Ganz anders liegt die Problematik in den Pufferzonen von Abbildung 4. Das Geschehen ist hier längst nicht im gleichen Maße durchsichtig und übersehbar, und die Grenzen seiner Beschreibbarkeit liegen bei den Wirkfaktoren der Umwelt, die als Störungen auf das System treffen. Die Unsicherheit in den Pufferzonen hat drei Gründe:

a) Wir kennen nicht alle wirkenden Faktoren.

b) Wir wissen nicht, ob und wann welche Faktoren zur Wirkung kommen.

c) Wir können keine exakten quantitativen Aussagen über das Ausmaß der Störungen und ihrer Wirkungen machen.

Ein Planungskalkül, den wir für diese äußeren Bereiche aufbauen, ist notgedrungen unvollständig, denn er enthält neben beherrschbaren internen Faktoren (Zeitpunkt und Menge der Zulieferung aus der Fabrikation, Zeitpunkt und Menge der Entnahmen vom Lager in die Produktion usw.) eine Reihe von Schätzungen über externe Faktoren, deren Auftreten in Zeit und Menge nur mit gewissen Wahrscheinlichkeiten angegeben werden kann.

Aus diesem Grunde ist zur Lenkung der äußeren Bereiche der Abbildung 4 das Prinzip der Steuerung nicht ausreichend, sondern es muß das Prinzip der Regelung herangezogen werden. Bei der Regelung wird das jeweilige Ergebnis überwacht. Aus der Diagnose des Überwachungsvorganges können dann erst Konsequenzen für das Handeln in diesen Bereichen gezogen werden.

5. Das Beherrschungsproblem im Unternehmen

Die Beherrschung des Systems Unternehmen ist viel schwieriger als die eines technischen Systems. Die wichtigsten Gründe dafür sind:

— Es fehlt die Gesamtschau, da das System Unternehmen zu komplex ist und der Mensch nur in relativ kleinen logischen Netzwerken zu denken in der Lage ist.

- Die Information über das System ist zu wenig differenziert. Als Beispiel kann eine Gewinnberechnung für Produkte gelten, die ohne Differenzierung nach Auftragsgrößen, Kundengruppen, Entfernungen, Preisstaffeln, Rabattsätzen, Packungsgrößen usw. keine genügende Basis für optimale Entscheidungen darstellt.
- Die Regelungsmechanismen sind zu grob.
- Es besteht ein erheblicher Mangel an Informationen (quantitativ) und in noch höherem Maße an verarbeiteter Information (qualitativ). Man braucht nur an die unzureichenden Personalinformationen zu denken, obwohl gerade hier wegen Einstellungsplanung, Stellenbesetzung, Beförderungen, Schulungsplanung u. a. ein quantitativ und qualitativ hoher Informationsstand erforderlich wäre.
- Die vorhandenen Informationen sind in den meisten Fällen nicht genügend auf ihren Wahrheitsgehalt überprüft. Viele Aussagen sind völlig unzureichend, weil ungenaue Zuordnungs- und Verteilungskriterien bei der Kontierung gelten.
- Ein Großteil der Informationen kommt für die zeitgerechte Steuerung und Regelung zu spät, vor allem die Informationen zur Planungskontrolle mit dem Ziel der laufenden Plananpassung werden meist erst nach längeren Zeiträumen gewonnen.
- Die Voraussetzungen für eine erfolgreiche Steuerung der ökonomischen Systeme sind in der Realität kaum zu erfüllen, da nur in begrenztem Umfange die Ursache-Wirkungszusammenhänge bekannt sind.

6. Die zur „Beherrschung" des Unternehmens erforderlichen Maßnahmen

Ganz allgemein besteht unsere Aufgabe darin, den Organisationsgrad unserer Systeme hinsichtlich

- Aufgabe (Führungsgrößensystem),
- Information (Meßwertgebersystem) und
- Handlung (Stellgrößensystem)

zu verbessern.

Zur Verbesserung der *Aufgabenverteilung* ist zunächst eine eindeutige und operationale Zielbeschreibung erforderlich. Das ist in den meisten Unternehmen bis heute noch nicht geschehen. Aus der Zielbeschreibung lassen sich die relevanten Führungsgrößen für alle hierarchischen Ebenen ableiten. Damit haben wir eine vollständige Aufgabenbeschreibung.

Zur Lösung des *Informationsproblems* sind im wesentlichen zwei Dinge zu tun:

1. Entsprechend der Aufgabenbeschreibung ist für alle Stellglieder der Informationsbedarf festzustellen und zu beschreiben.
2. Anschließend ist mit Hilfe der Meßwertgeber (Messen und Analysieren der Abweichungen zwischen Führungs- und Regelgrößen) die Informationsgewinnung und die Informationsdistribution zu organisieren und sicherzustellen.

Die Meßwertgeber haben festzustellen und mitzuteilen, ob

— die Aufgaben richtig erfüllt werden,
— die Aufgabenverteilung, gemessen am Zielsystem, noch richtig ist,
— die Aufgabendefinition noch optimal ist und
— das Zielsystem, gemessen an den Umweltbedingungen, noch gut ist.

Die Verbesserung der *Handlungen* (Stellgliedmaßnahmen auf allen hierarchischen Stufen) kann nur gelingen, soweit das Aufgabensystem und das Informationssystem entsprechend funktionieren.

Aufgaben-, Informations- und Stellgrößensystem ließen sich wohl am besten integrieren, wenn der gesamte ökonomische Prozeß automatisiert werden könnte. Es müßte also unser Ziel sein, für einen möglichst großen Teil des Gesamtsystems automatisch wirkende Steuerungs- und Regelungssysteme (Modelle als Servomechanismen) zu bauen. Wir wissen, daß dies einen sehr hohen — nur für wenige Subsysteme erhältlichen — Beschreibungs- und Vorhersagegrad des zu automatisierenden Systems voraussetzt. Insofern können nur Teile des Systems über Steuerungs- und Regelungssysteme beherrschbar gemacht werden. Dieser Anteil kann aber durch konsequente Forschung und Erprobung von Modellsystemen erheblich vergrößert werden. Absolute Grenzen, wie weit unsere Systeme als Homöostaten gebaut werden können, sind nicht definierbar. Auf jeden Fall aber sind wir von diesen Grenzen noch sehr weit entfernt.

Zweiter Teil:

Methodische Grundlagen einer operationalen Kontrolltheorie

Möglichkeiten des Tests der dynamischen Eigenschaften betriebswirtschaftlicher Planungs-Überwachungs-Modelle

*von Jörg Baetge**

1. Aufgaben kybernetischer Modelle

Bei der Beantwortung der Frage, welche Möglichkeiten für die kybernetische Analyse der Betriebswirtschaft und die Verwertung ihrer Ergebnisse bestehen, liegt es nahe zu prüfen, welchen Objekten die Kybernetik sich bisher gewidmet hat. Sie hat sich bisher folgenden Objekten zugewendet:

1. maschinellen Systemen und
2. nichttechnischen Systemen.

Zu (1): Es wurde versucht, maschinelle Systeme zu konstruieren, (a) die dem Menschen Sinnes- und Nervenleistungen abnehmen sollen, (b) die der Nachrichtenübertragung und -verarbeitung dienen und (c) technische Prozesse lenken (= regeln, steuern und anpassen).

Zu (2): Hier ging es bisher vor allem um die Erklärung nichttechnischer Systeme. Prognosemodelle für solche Systeme sind bisher nur vereinzelt zu finden.

Bei diesen Aufgabenstellungen benutz(t)en die Modellkonstrukteure vor allem folgende vier Methoden:

1. Verbale Darstellung der Modelle bzw. der realen Systeme.
2. Grafische bzw. schematische Darstellung der Modelle oder der realen Systeme mit Hilfe von Blockschaltbildern.
3. Mathematisch analytische Formulierung und Berechnung der Modelle mit Hilfe von Operatorenrechnung, *Laplace*-Transformation und z-Transformation.
4. Erstellung technischer oder mathematischer (analoger oder digitaler) Funktionsmodelle (Simulatoren) mit Hilfe von analogen oder digitalen Rechnern.

Die ersten beiden Methoden können zum Verständnis der Lenkung aller Systeme und damit auch ökonomischer Systeme beitragen, doch zeitigen sie mit diesen beiden Darstellungsformen und mit den unter Umständen neuen termini technici, die teilweise

---

* Auszug aus: *Baetge, Jörg:* Betriebswirtschaftliche Systemtheorie. Regelungstheoretische Planungs-Überwachungs-Modelle für Produktion, Lagerung und Absatz, Opladen 1974, S. 68–70, 94–100 und 171–182.

schwer verständlich sind, oft keine konkreten neuen Erkenntnisse. Das Schrifttum, das die ökonomischen Systeme mit Hilfe der beiden ersten Methoden kybernetisch behandelt, hat wenig neue Ergebnisse gebracht, so daß gegen die Verwendung solcher kybernetischer Modelle polemisiert wird.

Allerdings zeigt eine Untersuchung von *Meffert*[1], daß eine solch negative Beurteilung nicht gerechtfertigt ist. *Meffert* formuliert als Zwischenergebnis seiner verbalen systemtheoretischen Untersuchungen: „Die Systemtheorie liefert Begriffe zur Konstruktion eines einheitlichen und umfassenden Grundmodells der Betriebswirtschaft. Freilich führt die Verwendung des systemtheoretischen Instrumentariums zunächst zu einer ‚Übersetzung'; zahlreiche bekannte Sachverhalte erscheinen in einer neuen Sprache. Es entspricht jedoch der Entwicklung der Forschung, daß sich mit der Einführung der neuen Sprache zusätzliche Erkenntnisse gewinnen lassen."[2]

Wenn wir uns bei der Analyse ökonomischer Systeme zusätzlich der dritten und vierten Methode — nämlich der mathematischen Formulierung und der Simulation von Systemen — bedienen, läßt sich, wie wir meinen, zeigen, daß Ergebnisse zu gewinnen sind, die ohne die kybernetische Betrachtungsweise bisher nicht möglich waren. Es lassen sich dann nämlich die von der allgemeinen Regelungstheorie entwickelten Methoden zur Analyse und Optimierung vorhandener oder zu konstruierender dynamischer Systeme entsprechend anwenden. Diese Ergebnisse sind erzielbar, da sich viele ökonomische Systeme ebenso wie viele technische Systeme eindeutig durch lineare (zeitinvariante) Differential- oder Differenzengleichungen abbilden lassen.

Dem Theoretiker ist damit ein Instrument in die Hand gegeben, welches auch in der Betriebswirtschaftslehre die Entwicklung von operationalen dynamischen Modellen ermöglicht. Mit Hilfe der analytischen Formulierung kybernetischer Modelle und der digitalen Berechnung und Simulation kann sich der Wirtschaftswissenschaftler vor allem folgende Aufgaben stellen:

1. Strukturierung der Systeme
   (Normierung für ökonomische Modelle) durch Erforschung der:
   a) Teilsysteme [Bauteile von (Mehrfachregelungs-)Systemen],
   b) Vermaschungsmöglichkeiten von Teilsystemen zu beliebig komplexen Systemen,
   c) Informations-, Stoff- und Energieflüsse,
   d) Zweck-(Ziel-)Komplexe für steuernde, regelnde und anpassende Systeme.
2. Beurteilung der Systeme hinsichtlich:
   a) Gleichgewicht (Genauigkeit der Arbeitsweise des Systems),
   b) Einschwingverhalten,
   — Stabilität im Zeitverlauf,
   — Geschwindigkeit der Eliminierung von Störungen (inklusive Totzeitverhalten),

---

1 Vgl. *Meffert, Heribert:* Systemtheorie aus betriebswirtschaftlicher Sicht, in: Systemanalyse in den Wirtschafts- und Sozialwissenschaften, hrsg. von *Karl-Ernst Schenk*, Berlin o. J. [1971], S. 174–206, hier S. 176.
2 Vgl. *ebenda*, S. 187.

- Regelfläche,
- Zuverlässigkeit (Sicherheit) des Systems.
3. Konstruktion von Modellen (Systemen) mit gewünschten Systemeigenschaften, entsprechend 2 a) und b).
4. Ermittlung von Daten für zielgerechte Regulierung von Systemen.
5. Ermittlung optimaler Lenkungselemente.

Diese Aufgaben sind mit Hilfe eines Teils der Kybernetik, nämlich der Regelungstheorie, für *technische* Probleme bereits weitgehend gelöst worden. In der *Betriebswirtschaftslehre* sind diese Aufgabenstellungen aber bisher fast unbekannt. Lösungsversuche mit quantitativen kybernetischen Methoden sind bisher erst vereinzelt zu finden[3].

Der ökonomische Regelungstheoretiker kann eine konkrete Lenkungsaufgabe, nachdem er die ökonomischen Zusammenhänge des von ihm untersuchten Systems analysiert hat, in folgenden Schritten lösen:

1. Konzipierung eines ökonomischen Regulierungssystems für das gestellte Problem.
   a) Formulierung der Prämissen des Modells.
   b) Ermittlung der zu regulierenden Variablen und der damit verknüpften Größen.
   c) Ermittlung der konkreten Inhalte der einzelnen Subsysteme des betreffenden ökonomischen Problems.
   d) Konstruktion des Modells.
      (a) Blockschaltbild,
      (β) Mathematisches Modell,
      (γ) Simulationsmodell.
2. „Optimierung” des Entscheidungsverhaltens, d. h. des Reglers mit Hilfe von Testfunktionen für die betreffenden exogenen Variablen.
3. Vorgabe des „optimalen” Reglers als Entscheidungsmodell bzw. -kalkül für konkrete Regelungsaufgaben in der Praxis.

Im folgenden sollen insbesondere die simulativen Verfahren zur „Optimierung” des Entscheidungsverhaltens des Reglers gezeigt werden.

2. *Möglichkeiten des Tests der dynamischen Eigenschaften von Systemen*

Die Güte eines regelungstheoretischen Modells und insbesondere des Reglers kann an Hand des zeitlichen Verlaufs der interessierenden Output-Variablen (= zeitliches Verhalten des Modells) infolge einer Änderung des Verlaufs des Input, d. h. einer oder

3 Hier sei nur auf die wegweisenden Arbeiten hingewiesen: *Simon, Herbert A.:* On the Application of Servomechanism Theory in the Study of Production Control, in: Econometrica, Vol.20 (1952), S. 247–268; *Geyer, H.; Oppelt, W.:* Volkswirtschaftliche Regelungsvorgänge im Vergleich zu Regelungsvorgängen in der Technik, München 1957; *Adam, A[dolf]:* Messen und Regeln in der Betriebswirtschaft. Einführung in die informationswissenschaftlichen Grundzüge der industriellen Unternehmensforschung, Würzburg 1959; *Forrester, J.W.:* Industrial Dynamics, Cambridge (Mass.) 1961.

mehrerer Störgrößen, beurteilt werden. Der zeitliche Verlauf einer Variablen in dynamischen Modellen wird beschrieben durch eine Funktion, die angibt, welchen Wert diese interessierende Variable in jedem Zeitpunkt annimmt. Der Funktionstyp wird durch die Bedingungen des Modells determiniert. Zur Analyse des „zeitlichen Verhaltens" eines Systems ist es erforderlich, die beiden folgenden Aspekte zu untersuchen:

1. das hypothetische Gleichgewicht des Systems und
2. das Einschwingverhalten.

Unter *Gleichgewicht* verstehen wir eine zunächst hypothetische „Ruhelage", die sich langfristig nach einer Änderung des Verlaufs der Störgröße gemäß dem Wunsch des Systemanalytikers ergeben soll. Da selbst bei Stabilität des Systems nicht gewährleistet ist, daß genau das gewünschte Gleichgewicht eintritt, müssen wir neben dem gewünschten Gleichgewicht auch das tatsächliche Gleichgewicht ermitteln und aus der Differenz der beiden den möglichen Regelfehler (= Langzeitfehler) des Systems errechnen. Die Differenz ist ein systematischer[4] Regelfehler. Das gewünschte Gleichgewicht ist, solange wir nicht wissen, ob das System stabil ist, hypothetischer Natur, denn bei Instabilität erreicht das System keinen gleichgewichtigen Zustand, sondern es „explodiert". Das bedeutet, daß die Variablen sich dem Wert plus und/oder minus Unendlich nähern. Bei Stabilität des Systems ergibt sich als tatsächliches Gleichgewicht, wenn kein Regelfehler vorliegt, die gewünschte Ruhelage[5] oder das tatsächliche Gleichgewicht (beide Begriffe werden hier synonym verwendet) als „eingeschwungenen Zustand".

Das *Einschwingverhalten* ist das tatsächliche zeitliche Verhalten des Systems nach dem Auftreten einer Störung. Zweckmäßigerweise unterscheidet man bei der Analyse des Einschwingverhaltens zwischen Kurzzeit- und Langzeitverhalten. Das Kurzzeitverhalten beschreibt den zeitlichen Ablauf der Systemvariablen unmittelbar nach der Störung. Das Langzeitverhalten ist bestimmt durch die Werte, die die Systemvariablen für die Zeit $t \to \infty$ annehmen, vorausgesetzt, daß keine weiteren Störungen auftreten. Bei der Untersuchung des Einschwingverhaltens wird unterstellt, daß sich das System vor der Störung in einem gleichgewichtigen Zustand befunden hat. Die Regelungstheorie betrachtet das Einschwingverhalten unter folgenden Aspekten:

a) Stabilität,
b) Totzeit,
c) Regelgüte,
d) Zuverlässigkeit.

Ein System kann nur *Stabilität* gegenüber bestimmten Typen oder Intensitäten von

---

4 Zum Begriff des systematischen Fehlers und den Methoden der Fehlerrechnung vgl. *Baetge, Jörg:* Möglichkeiten der Objektivierung des Jahreserfolges, Düsseldorf 1970, S. 74, 87–98, 156–166 und das dort angegebene Schrifttum.
5 Die Ermittlung der tatsächlichen Ruhelage ohne Stabilitätsprüfung erlaubt noch keine Schlußfolgerungen, da sich das System als instabil erweisen kann.

Störungen besitzen. Die Stabilitätsprüfung muß sich deshalb auf die typischen Störungsarten und -ausmaße des zu analysierenden Systems beschränken.

Bei der Frage nach der *Stabilität* eines Systems wird zwischen absoluter und relativer Stabilität unterschieden[6]. *Absolut stabil* wird ein System genannt, wenn Abweichungen von der tatsächlichen Ruhelage für $t \to \infty$ verschwinden, d. h. wenn das System gleichgewichtiges Verhalten erreicht (Betrachtung des Langzeitverhaltens). *Relativ stabil* ist ein System, welches von einem bestimmten Zeitpunkt bis $t \to \infty$ nur noch Abweichungen vom Gleichgewicht innerhalb einer bestimmten vorgegebenen Bandbreite aufweist. Diese Bandbreite wird als Stabilitätsbereich bezeichnet. Für die Verwendbarkeit ökonomischer Systeme ist Stabilität eine conditio sine qua non. Nur stabile Systeme können ökonomische Aufgaben auf Dauer übernehmen. Deshalb darf eine Wahl unter Systemen nach einem (zusätzlichen) Optimalitätskriterium nur unter stabilen Systemen vorgenommen werden. Aus diesem Grunde sind die Systeme mit den Stabilitätsmethoden zu prüfen und nur die zulässigen (= stabilen) Systeme sind einer weiteren Analyse bzw. Optimierung zu unterziehen.

Ein Systemelement benötigt *Totzeit*[7], sofern zwischen der Änderung des Eingangssignals (Störgröße) und der dadurch hervorgerufenen Änderung des Ausgangssignals (Regelgröße) eine Wartezeit vergeht. Besondere Formen der Totzeit finden sich bei solchen Systemen oder Systemelementen, bei denen sich der Output zwar wenig, aber unmittelbar auf eine Änderung des Input ändert, jedoch erst ganz allmählich und mit einer nicht unbedeutenden Verzögerung den Wert annimmt, der durch die Input-Änderung begründet ist. Es handelt sich bei solchen Elementen um Verzögerungsglieder höherer Ordnung. Die Totzeituntersuchung ist für ökonomische Systeme äußerst bedeutsam. Ein System mit Totzeit läßt sich nämlich nur bei Kenntnis dieser Zeit optimal regeln[8]. Totzeiten wirken sich auf die Regelgüte des Systems aus.

Die Beurteilung der *Regelgüte* des Einschwingverhaltens ist schwierig, da es eine Vielzahl von Gütekriterien gibt; „ . . . ein allgemeingültiges Gütekriterium hat sich noch nicht durchgesetzt. Eine große Gruppe von Kriterien geht von der *Regelfläche* aus *(Integralkriterien).*"[9] Unter der Regelfläche ist die Fläche zwischen der Einschwingfunktion und der tatsächlichen Ruhelage als gedachte Funktion des Gleichgewichtsverhaltens zu verstehen[10]. Wir wollen, wenn nichts anderes gesagt ist, die Regelgüte eines ökonomischen Systems an Hand seiner Regelfläche beurteilen, weil sich den Regelflächen recht gut Kosten und/oder Leistungen zuordnen lassen. Auf

---

6 Vgl. *Leonhard, Werner:* Einführung in die Regelungstechnik, Frankfurt/M. o. J. [1969], S. 80.

7 Der Begriff „Totzeit" stammt aus der Regelungstheorie. Für ökonomische Belange wäre ein Begriff wie „Verzögerungszeit", „Wartezeit" oder "time lag" geeigneter. Um die Übereinstimmung mit der Regelungstheorie zu wahren, wird hier weiterhin mit dem Begriff Totzeit gearbeitet.

8 Jedem ist dieser Tatbestand und damit die Bedeutung der Totzeit von der Temperaturregelung beim Duschen bekannt.

9 *Klaus, Georg* (Hrsg.): Wörterbuch der Kybernetik, Berlin 1968, Stichwort: Gütekriterien für Regelungen, S. 245.

10 Die Berechnung der Regelfläche zwischen Einschwingfunktion und gewünschtem Gleichgewicht führt unter Berücksichtigung eines möglichen Langzeit-Regelfehlers für $t \to \infty$ zu einer Fläche von ∞. Aus diesem Grunde ermittelt man die Regelfläche immer zwischen Einschwingfunktion und tatsächlicher Ruhelage.

diese Weise können leicht ökonomische Zielvorschriften bei der Analyse ökonomischer Systeme berücksichtigt werden. Bei anderen Kriterien für die Regelgüte ist eine ökonomische Interpretation viel schwieriger oder sogar teilweise unmöglich.

Die tatsächliche Ruhelage wird in der Regel erst im Unendlichen erreicht. Für ökonomische Systeme muß der Anwender regelungstheoretischer Modelle aber wissen, wie die Regelgüte kurzfristig zu beurteilen ist. Das Kurzzeitverhalten, für das wir als Kriterium die Regelfläche innerhalb eines noch zu bestimmenden Zeitraumes[11] heranziehen wollen, ist für den Ökonomen so bedeutsam, weil die tatsächlichen Störgrößen anders verlaufen als die zur Optimierung verwendeten (Störgrößen-)Testfunktionen. Die Regelgrößen können nämlich in der Praxis zumeist nicht ohne neue Störungen ausschwingen. Deshalb ist in der wirtschaftlichen Wirklichkeit jenes System am besten geeignet, welches zwischen zwei Störungen die kleinste (bewertete) Regelfläche aufweist. Eine solche Regelfläche wollen wir als Gütekriterium für das Kurzzeitverhalten eines Systems verwenden[12].

Ist es für die Fragestellung darüber hinaus wichtig, durch welche Form der Abweichung der Einschwingfunktion vom gedachten Gleichgewicht die Regelfläche zustande kommt, so muß die Gestalt der Einschwingfunktion betrachtet werden. Das ist beispielsweise dann der Fall, wenn positive Abweichungen der Istwerte vom Sollwert eine andere Bedeutung als negative haben oder wenn für kurze Zeit auftretende, aber starke Abweichungen anders zu beurteilen sind als lange Zeit wirkende, aber dafür geringe Abweichungen.

Die *Zuverlässigkeit* der Regelung schließlich gibt an, mit welcher Wahrscheinlichkeit (= relativer Häufigkeit) das System im Zeitverlauf arbeits- bzw. funktionsfähig ist.

Selbst ein stabiles System kommt niemals zum Gleichgewicht, sofern es laufend Störungen unterliegt. Es beginnt stets von neuem ein Einschwingvorgang, der den davorliegenden überlagert. Somit zeigt ein solches System kein „reines Einschwingverhalten"[13]. Das „gesamte Einschwingverhalten" ist nämlich aggregiert aus verschiedenen „reinen Einschwingvorgängen". Die Analyse des aggregierten Einschwingverhaltens könnte mit Hilfe der Spektral-Analyse[14] erfolgen. Die Gesamtfunktion des jeweiligen Output wird dabei in Sinus- und Cosinus-Funktionen zerlegt. Wir gehen nicht auf dieses Verfahren ein, da es aufwendig und auch nicht ganz zuverlässig ist.

Die Regelungstheorie hat dagegen Testmethoden entwickelt, die es erlauben, „reines Einschwingverhalten" mit zugehörigem Langzeitverhalten zu zeigen und zu analysieren. Zwar sind die tatsächlichen Verläufe der Einflußfaktoren unbekannt und wer-

---

11 Bei der Simulation sind wir vereinfachend von einem Zeitraum von fünfzig Perioden ausgegangen. Vgl. *Baetge, Jörg:* Betriebswirtschaftliche Systemtheorie, S. 114–222.
12 Die Festlegung des Zeitraumes für das Kurzzeitverhalten ist ein Problem, das nicht allgemein gelöst werden kann, sondern von den Gegebenheiten des jeweiligen praktischen Falls abhängt.
13 Unter „reinem Einschwingverhalten" wird hier das fiktive (simulierte) Verhalten eines Systems auf eine qua Modellvariation hervorgerufene bestimmte typische Änderung der Eingangsgröße mit Hilfe von Testfunktionen verstanden, sofern sich das System zuvor in Ruhelage befunden hat und nach der Störung ad infinitum ausschwingen kann.
14 Vgl. dazu *Granger, C. W. J.* (in Zusammenarbeit mit *M. Hatanaka*): Analysis of Economic Time Series, Princeton Studies in Mathematical Economics, Princeton (New Jersey) 1964, und *Granger, C. W. J.* and *Hatanaka, M.:* Spectral Analysis of Economic Time Series, Princeton (New Jersey) 1964.

den meist andere Formen als die verwendeten Testfunktionen haben, aber die von der Regelungstheorie entwickelte Testtheorie erlaubt es, die Reaktionsfähigkeit eines Systems zu prüfen, obwohl der wirkliche Verlauf der Störgrößen nicht bekannt ist. Mit den im folgenden zu behandelnden Testfunktionen werden die elementaren und damit sozusagen unangenehmsten Fälle von Änderungen im Störgrößenverlauf erfaßt[15]. Zeigt ein System bei diesen Tests ein günstiges Einschwingverhalten, dann ist es auch bei den meisten in der Realität zu findenden Störgrößenverläufen geeignet, wie wir am Beispiel einiger Simulationsläufe sehen werden. Bei den Tests können allerdings nur eine beschränkte Zahl von Arten und begrenzte Dimensionen von Störgrößen verwendet werden. Selbst ein positives Ergebnis eines Störgrößentests darf daher nur folgendermaßen interpretiert werden: Das getestete System wird beim praktischen Einsatz trotz beliebiger Störgrößenverläufe die beim Test ermittelte Güte aufweisen, sofern die Störungen bestimmte Toleranzgrenzen nicht überschreiten. Der Analytiker sollte diese Toleranzgrenzen seines Systems immer — sozusagen als Garantiebereich für die Qualität des Systems — angeben.

Einige Regelungstheoretiker arbeiten, um ein System zu testen, ausschließlich mit der *Impulsfunktion,* die auch als *Dirac*sche *Stoßfunktion* bezeichnet wird. Die Impulsfunktion hat folgendes Aussehen:

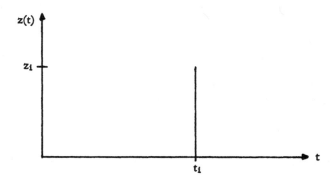

Abbildung 1: Test-Impuls

Die Störgröße $z(t)$ nimmt zu einem bestimmten Zeitpunkt (t_i) einen diskreten positiven Wert (z_i) an und ist die übrige Zeit gleich Null. Jeder beliebige Störgrößenverlauf läßt sich durch eine entsprechende Aneinanderreihung von beliebig vielen Test-Impulsen zusammensetzen. Damit erweist sich der Test eines Systems mit Hilfe der Impulsfunktion als völlig zureichend. Ein anderer Test ist eigentlich überflüssig. Auch das für den Ökonomen unseres Erachtens sehr wichtige Kriterium für das Kurzzeitverhalten läßt sich mit zwei Test-Impulsen ermitteln, indem die Regelfläche für den

15 Vgl. u. a. *Landgraf, Chr.; Schneider, G.:* Elemente der Regelungstechnik, Berlin-Heidelberg-New York 1970, S. 13; *Schröder, Kurt* (Hrsg.) unter Mitarbeit von *Gisela Reissig* und *Rolf Reissig:* Mathematik für die Praxis. Ein Handbuch, Bd. III, Frankfurt/M.-Zürich 1964, S. 487, und *Schink, Heinz* (Hrsg.): Fibel der Verfahrens-Regelungstechnik, München-Wien 1971, S. 126.

Zeitraum zwischen den beiden Test-Impulsen ermittelt wird. Für die Berechnung einer aussagekräftigen Regelfläche ist es allerdings schwierig, die in der Realität auftretende typische Zeitdifferenz zwischen dem Auftreten zweier Impulse zu ermitteln. Soweit möglich sollten statistische Erhebungen über das tatsächliche Auftreten diskreter Störungen vorgenommen werden. Die mittlere Dauer der störungsfreien Zeit könnte als zeitliche Differenz zwischen zwei Testimpulsen herangezogen werden.

Eine Reihe von Regelungstheoretikern arbeitet nicht mit der *Dirac*schen Stoßfunktion, sondern mit den folgenden drei Testfunktionen. Jede beliebige Input-Funktion (= Störgrößenfunktion) läßt sich durch eine entsprechende Kombination der folgenden drei Testfunktionen approximieren[16]:

1. Einheitssprungfunktion,
2. Anstiegsfunktion,
3. Schwingungsfunktion.

Wir wollen die drei Testfunktionen am Beispiel von Nachfragemengenverläufen erläutern:

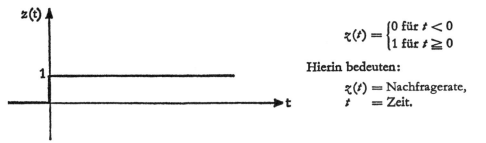

$$z(t) = \begin{cases} 0 \text{ für } t < 0 \\ 1 \text{ für } t \geqq 0 \end{cases}$$

Hierin bedeuten:

$z(t)$ = Nachfragerate,
t = Zeit.

Abbildung 2: Test-Sprung-Funktion

Zu 1. Bis zum Zeitpunkt t = 0 liegen keine Nachfragen vor; vom Zeitpunkt t ≧ 0 steigen sie auf eine Mengeneinheit pro Zeiteinheit an und bleiben bei dieser Höhe konstant. Sprünge können bei Nachfrageverläufen durch Modeänderungen, technischen Fortschritt oder ähnliches verursacht werden.

Zu 2. Hier liegt bis zum Zeitpunkt t = 0 keine Nachfrage vor, erst vom Zeitpunkt t = 0 steigt die Nachfrage, und zwar proportional zum Zeitablauf. Ein solcher Nachfragemengenverlauf ergibt sie bei (linearen) Trendentwicklungen.

Zu 3. Von Zeitpunkt t = 0 schwankt die Nachfragerate sinusförmig. Einen solchen Nachfragemengenverlauf kann man sich bei Unternehmungen mit saisonal schwankendem Absatz vorstellen. Daß die Nachfrageraten bei dieser Testfunktion teils ne-

---

16 Vgl. *Schiemenz, Bernd:* Die Leistungsfähigkeit einfacher betrieblicher Entscheidungsprozesse mit Rückkopplung, in: ZfB, 41. Jg. (1971), S. 107–122, hier S. 114; *Landgraf, Chr.; Schneider, G.:* Elemente der Regelungstechnik, S. 21 und 201; *Göldner, Klaus:* Mathematische Grundlagen für Regelungstechniker, Frankfurt/M.-Zürich o. J. [2. Aufl., 1969], S. 72–116.

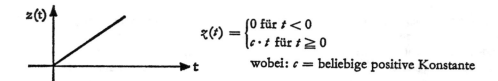

$$z(t) = \begin{cases} 0 \text{ für } t < 0 \\ c \cdot t \text{ für } t \geqq 0 \end{cases}$$

wobei: c = beliebige positive Konstante

Abbildung 3: Test-Anstiegs-Funktion

gativ sind, ist unerheblich. Es kommt hier nur auf die Schwingung der Nachfrage an. Will man keine negativen Nachfrageraten zulassen, dann kann eine entsprechende lineare Transformation vorgenommen werden, so daß die Schwingung nur im positiven Bereich der z-Achse stattfindet.

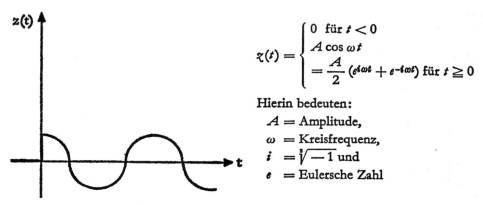

$$z(t) = \begin{cases} 0 \text{ für } t < 0 \\ A \cos \omega t \\ = \dfrac{A}{2}(e^{i\omega t} + e^{-i\omega t}) \text{ für } t \geqq 0 \end{cases}$$

Hierin bedeuten:
A = Amplitude,
ω = Kreisfrequenz,
$i = \sqrt[2]{-1}$ und
e = Eulersche Zahl

Abbildung 4: Test-Schwingungs-Funktion[17]

Wenn man ein Regulierungssystem mit Hilfe dieser drei Funktionen testet, hat man damit insofern alle denkbaren Störgrößenverläufe geprüft, als sich die drei Testfunktionen zu jeder beliebigen Störgrößenfunktion (= zeitlichem Nachfrageverlauf) zusammensetzen lassen. Mit den Testfunktionen können wir das zeitliche Verhalten von Systemen auch dann untersuchen, wenn die künftigen Störgrößenverläufe unbekannt sind. Denn aus dem Einschwingverhalten und dem Gleichgewicht eines Systems für die drei Testfunktionen läßt sich die Güte der Regelung des Systems allgemein und damit für jede beliebige Störgrößenfunktion beurteilen[18], sofern die oben erwähnten Toleranzgrenzen durch die Störungen nicht überschritten werden.

17 Zur Terminologie bei trigonometrischen Funktionen vgl. *Allen, R. G. D.*: Mathematical Economics, 2. Aufl., London-New York 1964, S. 119. Zur Entwicklung der *Euler*schen Formeln aus der *Taylor*schen Formel vgl. *Ostrowsky, A*[lexander]: Vorlesungen über Differential- und Integralrechnung, 1. Bd.: Funktionen einer Variablen, 2. Aufl., Basel und Stuttgart 1965, S. 318–320.
18 Die Möglichkeiten der Zusammensetzung jeder beliebigen Störgrößenfunktion mit Hilfe der drei Testfunktionen ergibt sich aus der *Fourier*-Analyse. Vgl. *Klaus, Georg* (Hrsg.): Wörterbuch, Stichwort: Fourieranalyse, S. 207: „Fourier-Analysen dienen u. a. der Untersuchung des Schwingungsverhaltens von dynamischen Systemen unter dem Einfluß von Störungen."

Die dynamischen Eigenschaften betriebswirtschaftlicher Systeme können noch besser als mit den drei Testfunktionen geprüft werden, wenn einigermaßen zutreffende Prognosen über die Verläufe der das System beeinflussenden Störgrößen gegeben werden können.

Da in der theoretischen Analyse keine konkreten Prognosen für Störgrößenverläufe vorliegen, können die drei Test-(Nachfragemengen-)verläufe jeweils dazu herangezogen werden, die dynamischen Eigenschaften und damit die Güte der behandelten Regelungssysteme festzustellen und insbesondere zu ermitteln, welcher Regler sich für eine konkrete Regelungsaufgabe unter den simulierten Alternativen am besten eignet.

In der Regelungstechnik haben sich vor allem Regler bewährt, die sich aus folgenden konkreten Operatoren — meist additiv — zusammensetzen: (1) Proportionator, (2) Integrator und (3) Differentiator. Operatoren stellen jeweils konkrete Rechenvorschriften dar, die angeben, welche Transformationen mit den Inputs, bei Reglern sind es die Regelabweichungen, vorzunehmen sind, damit sich die Outputs, bei Reglern die Stellgrößen, ergeben.

Beispielsweise wählt der Regelungstheoretiker für den Simulationstest eines gegebenen Systems für den Regler Kombinationen aus Proportionatoren, Integratoren und Differentiatoren. Die Simulation soll zeigen, welche der getesteten Regler-Alternativen dem vorgegebenen Optimierungskriterium (z.B. kleinste bewertete Regelfläche) am besten genügt. Das folgende Beispiel zeigt drei typische Ergebnisse von drei verschiedenen Regler-Alternativen auf einen Störgrößen-Sprung-Test:

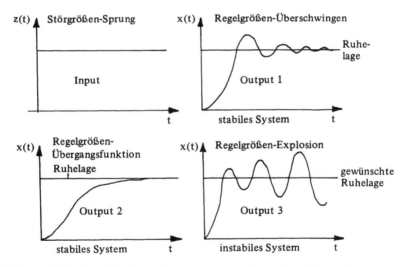

Abbildung 5: Zwei stabile Output-Antworten und eine instabile auf einen Input-Sprung

Da der Modell-Konstrukteur möglichst stabile Systeme konzipieren möchte, wird er unter den den Output 1 oder 2 erzeugenden Entscheidungsoperatoren wählen. Welchen der beiden er letztlich wählt, hängt ab von den bei beiden erzeugten Regelflächen und von der im konkreten Fall erforderlichen Bewertung der positiven und negativen Abweichungen von der Ruhelage.

Im folgenden Abschnitt soll noch kurz gezeigt werden, wie man bei der Auswahl konkreter Regler-Alternativen systematisch, wenn auch nach einem heuristischen Verfahren, vorgehen kann.

3. Heuristische Methode zur Bestimmung „optimaler" Regler für dynamische betriebswirtschaftliche Systeme

Hier werden unter heuristischen Verfahren solche Entscheidungstechniken verstanden, deren Ergebnisse sich einer endgültigen Beurteilung im Sinne einer Zielvorschrift entziehen[19].

Die Verwendung heuristischer Verfahren erweist sich beim regelungstheoretischen Ansatz als notwendig, weil die analytischen Methoden zum Auffinden der optimalen Lösung in vielen Fällen, und zwar vor allem bei komplexen realitätsnahen Systemen versagen[20]. Die Vorgehensweise von *Schneeweiß* z. B., der mit Hilfe der *Wiener-Newton*-Theorie (bei der Systemelemente zu einer Kaskadenschaltung aggregiert werden) analytisch nach dem optimalen System-Modell sucht, führt bei den von ihm untersuchten Fragestellungen zu langzeit-optimalen Ergebnissen. Diese Vorgehensweise ist indes nicht befriedigend, da die Langzeit-Optimalität, wie gezeigt wurde, nicht ausreicht, um ein ökonomisches System zu beurteilen. Außerdem sichert diese Vorgehensweise *keineswegs in allen Fällen* das Auffinden von langzeitoptimalen System-Modellen. Hinzukommt, daß der mathematische Aufwand dieser Vorgehensweise nicht unerheblich ist.

Sucht man das Optimum unter Berücksichtigung der Regelflächen für eine bestimmte kurze Zeit (= Kurzzeitverhalten) und liegt die Lösung des Problems auf einer multidimensionalen Lösungsfläche, dann kann das Optimum nicht immer mit Sicherheit gefunden werden. Anders ausgedrückt: Eine Optimierung von mehr als drei Variablen zugleich ist i. d. R., wenn nicht besonders einfache Bedingungen (in Form von Restriktionen) vorliegen, bis heute nicht möglich[21]. Bei der Suche nach einem konkreten optimalen Entscheidungsoperator für den Black Box-Operator des Reglers handelt es sich i. d. R. — zumindest bei einigermaßen realitätsnahen Regelungsmodellen — um den Versuch, erheblich mehr als drei Variable zugleich zu optimieren. Es ist jene Kombination von Elementaroperatoren zu finden, die einen optimalen Ent-

---

19 Anders z. B.: *Frese, Erich:* Heuristische Entscheidungsstrategien der Unternehmungsführung, in: ZfbF, 23. Jg. (1971), S. 283–307, hier S. 286.
20 Vgl. *Schneeweiß, Ch[ristoph]:* Regelungstechnische stochastische Optimierungsverfahren in Unternehmensforschung und Wirtschaftstheorie, Berlin-Heidelberg-New York 1971, S. 194.
21 Vgl. *Wilde, D. J.:* Optimum Seek Methods, Englewood Cliffs (New Jersey) 1964, S. 61; *Hooke, R.; Jeeves, T. A.:* Comments on Books' Discussion of Random Methods, in: Operations Research, Vol. 6 (1958), S. 881–882, und *Waldmann, Jürgen:* Optimale Unternehmensfinanzierung. Ein Ansatz zur integrierten Unternehmensplanung bei unvollkommener Information, Wiesbaden o. J. [1972], S. 232–233.

scheidungsoperator ergibt. Die Zahl der Kombinationsmöglichkeiten für lineare elementare Operatoren zu einem Entscheidungsoperator geht nach unendlich, da bereits die Zahl der Elementaroperatoren recht groß ist und die Kombinationsmöglichkeiten groß sind. Für jeden verwendeten Elementaroperator muß der optimale Koeffizient gefunden werden. Allerdings läßt sich die Struktur der Optimierungsaufgabe etwas vereinfachen, da sich alle konkreten linearen Operatoren durch Umformungen in die folgenden Elementaroperatoren: den Proportionator (P), den Differentiator (D) und den Antezelerator (vgl. *Baetge, Jörg:* Betriebswirtschaftliche Systemtheorie, Abschnitt 44) überführen lassen. Eine weitere Vereinfachung der Struktur des Gesamtoperators ergibt sich, indem man alle Elementaroperatoren auf die Rechenvorschrift der Differentiation zurückführt.

Der Antezelerator kann auf den Integrator (I) zurückgeführt werden. Der Integrator seinerseits und der Proportionator sind Formen des Differentiators. Der Proportionator kann nämlich als ein Differentiator der Ordnung Null interpretiert werden und der Integrator ist als ein Differentiator der Ordnung minus Eins zu interpretieren. Bekanntlich handelt es sich bei der Integration um die Umkehrung der Differentiation.

Bei der Suche nach dem optimalen Entscheidungsoperator mit Hilfe der Simulation ist jene Kombination von Differentiatoren der verschiedenen Ordnungen mit den zugehörigen Koeffizienten zu ermitteln, die bei der praktischen Regelung des ökonomischen Prozesses mit hoher Wahrscheinlichkeit die Zielvorschrift am besten erfüllt. Da der Differentiator in jeder beliebigen Ordnung, d. h. in jeder beliebigen Potenz, von minus Unendlich bis plus Unendlich auftreten kann, gibt es allerdings auch nach der Vereinfachung der Struktur des resultierenden Entscheidungsoperators eine unendlich große Zahl von Kombinationsmöglichkeiten für die Steuerung und Regelung komplexer realitätsnaher Systeme. Das Ergebnis dieser Überlegungen ist, daß die theoretische Suche nach dem absoluten Optimum für realitätsnahe komplexe Planungs-Überwachungs-Modelle ergebnislos bleiben muß[22]. Wir haben deshalb mit Hilfe der Computer-Simulation ein heuristisches Verfahren zur „Optimum"-Suche entwickelt. Dieses Verfahren erlaubt zwar nicht das Auffinden des absoluten Optimums, aber es gewährleistet, daß unter den simulierten Entscheidungsoperatoren der günstigste gefunden wird. Die Optimalität eines Entscheidungsoperators wird mit Hilfe der Simulation durch Beantwortung der folgenden Fragen beurteilt:

1. Ist das System stabil?
2. Besitzt das System einen Regelfehler (= Langzeitfehler) und wie groß ist dieser ggf.?
3. Wie wirkt sich das Vorhandensein von Totzeitgliedern aus?
4. Wie schnell gelangt das System nach einer Störung zum tatsächlichen Gleichgewicht?

22 *Schneeweiß, Ch[ristoph]:* Regelungstechnische stochastische Optimierungsverfahren in Unternehmensforschung und Wirtschaftstheorie, S. 192—218 und 223, entwirft ein ganz allgemeines regelungstechnisches Modell, welches für die analytische Ermittlung von *Langzeit-Optima* geeignet ist. Er zeigt aber, daß diese *analytische* langzeit-optimale Lösung nur bei ganz speziellen Annahmen möglich ist und eine *numerische* Lösung nur bei sehr einschränkenden Annahmen gefunden werden kann.

5. Hat das System unter den simulierten Alternativen im Simulationszeitraum bei den drei Testfunktionen das beste Ergebnis mit der geringsten (u. U. bewerteten) Regelfläche gebracht?

Sofern man sich mit einem P-, einem PI-, einem PD- oder einem PID-Regler begnügt, kann außerdem durch die Berücksichtigung der „optimalen Einstellregeln" (vgl. *Baetge, Jörg:* Betriebswirtschaftliche Systemtheorie, Abschnitt 501) gesichert werden, daß das durch Simulation gefundene Optimum in der Nähe des Optimums für Regler solcher Typen liegt. Da es Faustformeln für die optimale Einstellung von Reglern höherer Differentiationsordnung u. W. aber noch nicht gibt, ist die *absolute Optimalität* auch mit den Einstellregeln keineswegs gewährleistet.

Wir können mit dem „optimalen" Simulationsergebnis aber vor allem deshalb zufrieden sein, weil dieses Ergebnis den unter den simulierten Reglern besten zeigt. Dieses „Optimum" ist u. E. genauso akzeptabel wie die bei Investitionskalkülen ermittelte *optimale Alternative.* Sie ist nicht die absolut optimale Alternative, sondern nur die optimale unter den analysierten, denn in den Kalkül (die Simulation) gehen eine bestimmte Anzahl, niemals aber alle Investitionsalternativen (Elementaroperatoren) ein. Die Beschränkung des Kalküls auf eine bestimmte Zahl von Alternativen beruht auf dem unüberwindbaren *Informationsdilemma.* Dieses Dilemma entsteht dadurch, daß die Suche nach weiteren Alternativen Kosten verursacht. Eine weitere Suche lohnt sich aber nur, wenn die zusätzlichen Suchkosten von zusätzlichen Erträgen der Alternative mindestens kompensiert werden. Da die zusätzlichen Erträge und Kosten unbekannt sind, ist die Entscheidung, die Suche nach Alternativen fortzusetzen oder zu beenden, durch die subjektiven Erwartungen über die Informationskosten und -erträge bestimmt. Eine absolute Optimierung unter Ungewißheit würde die Kenntnis der zusätzlichen Informationskosten und der zusätzlichen Erträge aller noch unbekannten Alternativen voraussetzen, was nicht gegeben ist. Daher gibt man sich, nachdem man die günstigste unter den bekannten Alternativen ermittelt hat, mit diesem Ergebnis zufrieden. Das Informationsdilemma gilt auch für die Simulation. Es wäre nur zu überwinden, sofern es möglich wäre, aus einigen wenigen Simulationsergebnissen einen funktionalen Zusammenhang zwischen zusätzlicher Verbesserung des Kurzzeitverhaltens und zusätzlichen Simulationskosten bei schrittweiser Erhöhung der positiven oder negativen Ordnung der Differentiatoren im Regler abzuleiten. Lägen funktionale Verläufe für die zusätzlichen Erträge und die zusätzlichen Kosten in Abhängigkeit von der Ordnung der Differentiatoren vor — was wahrscheinlich ist — und wären diese Verläufe bekannt, dann könnte die Simulation nach dem marginalanalytischen Ansatz dort abgebrochen werden, wo zusätzliche Erträge und zusätzliche Kosten einander gleich sind.

Selbst wenn es aber einen solchen funktionalen Zusammenhang gäbe, dürfte die Ermittlung der Grenzertragskurve nahezu unmöglich sein, da alle künftigen Einsätze des Regelungssystems und die dabei entstehenden Kostenersparnisse mit einbezogen werden müßten. Dieser Lösungsweg verspricht also auch keinerlei Erfolg bei der Überwindung des Informationsdilemmas. Das absolute Optimum kann nicht mit Sicherheit gefunden werden.

Trotz dieses Mangels können die Simulationsergebnisse so ausgewertet werden, daß sich angeben läßt, wie weit das jeweilige Kurzzeitverhalten der simulierten Systeme vom gewünschten gleichgewichtigen Verhalten abweicht. Durch die Bewertung der Abweichungen vom gewünschten Gleichgewicht mit den dadurch entstehenden zusätzlichen Kosten lassen sich auch die gesamten Zusatzkosten eines jeden simulierten Systems ermitteln, die auf Grund der Ungewißheit entstehen. Ohne ungewisse Erwartungen wären die zusätzlichen Kosten nämlich Null.

Graphisch kann die Vorgehensweise zur Ermittlung der optimalen Koeffizienten am Beispiel eines Reglers mit zwei Elementaroperatoren dargestellt werden, wenn man von der folgenden Lösungsfläche, die die Gesamtkosten in Abhängigkeit der Koeffizienten der mit den Testfunktionen konfrontierten Elementaroperatoren darstellt, ausgeht.

In unserer Darstellung sind vier Schnitte in die Lösungs-Fläche gelegt worden, um zu ermitteln, wo das Minimum der Gesamtkosten in dem Bereich des Koeffizienten a von 0,1 bis 0,6 und des Koeffizienten b von 0,2 bis 0,8 liegt. Zu diesem Zweck wird der Koeffizient b mit 4 verschiedenen Werten (= 0,2; 0,4; 0,6; 08) angesetzt. Bei jeder dieser Setzungen von b wird der Koeffizient a mit den Werten von 0,1 bis 0,6 durchgespielt. Für die 4 Werte von b ergeben sich in Abhängigkeit von a vier verschiedene Kostenkurven, die in den Schnittflächen I, II, III und IV abgebildet sind.

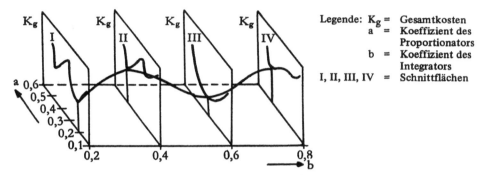

Abbildung 6: Schnittflächen-Methode[23], dargestellt am Beispiel eines Reglers mit zwei Elementaroperatoren, z. B. einem PI-Regler

Es stellt sich heraus, daß das im Bereich der Abbildung „optimale" a erst bei der dritten Festsetzung des Koeffizienten b mit B = 0,6 gefunden wird. Unsere Darstellung zeigt sehr deutlich, daß wir ein anderes Ergebnis erhalten hätten, wenn wir a nur bei einem konstanten Wert für b, beispielsweise b = 0,2, variiert hätten und dann a entsprechend dem Minimum der Kurve, hier mit 0,2, konstant gesetzt und b zwischen

23 Vgl. *Gutenbergs* Vorgehen in einem ähnlichen Fall (*Gutenberg, Erich:* Grundlagen der Betriebswirtschaftslehre, 1. Bd.: Die Produktion, 16. Aufl., Berlin-Heidelberg-New York 1969, S. 389). Zu den verschiedenen im Schrifttum entwickelten Methoden der Suche nach dem Optimum in einer multidimensionalen Lösungsfläche vgl. *Steinbuch, Karl:* Systemanalyse – Versuch einer Abgrenzung, Methoden und Beispiele, in: IBM-Nachrichten, 17. Jg. (1967), S. 446–456, hier S. 453–455 und die dort angegebene Literatur. Dieser Beitrag findet sich in diesem Buch auf S. 51–72.

0,2 und 0,8 variiert hätten. Auf diese Weise hätten wir das Miminum in der dritten Schnittfläche nicht gefunden, sondern einen anderen Wert.

Kritiker werden fragen, warum wir diese von vornherein suboptimale Schnittflächen-Methode zur Ermittlung der „optimalen" Variante des Reglers verwenden, obwohl sie keine simultane Optimumbestimmung erlaubt, und warum nicht die Gradienten-Methode[24], die eine simultane Optimumbestimmung gewährleistet, herangezogen wird. Diese Frage ist berechtigt, da die Gradienten-Methode zudem viel schneller und eleganter arbeitet als die Schnittebenen-Methode. Allerdings setzt sie Konvexität der gesamten Lösungsfläche voraus. Damit ist sie für unser Problem nicht einsatzfähig, weil konkave Bereiche auftreten können. Das bedeutet, daß mehrere Täler in der Lösungsfläche entstehen können. Bei einem solchen Verstoß gegen die Konvexitätsbedingung kann die Gradienten-Methode nicht gewährleisten, daß das Minimum Minimorum gefunden wird, denn die Gradienten-Methode bricht ab, sobald sie irgendein Minimum, z. B. eines hochgelegenen Nebentales, gefunden hat.

Ein anderer Einwand gegen die Schnittflächenmethode wäre, die dynamische Programmierung zum Auffinden der optimalen Lösung anzuwenden. Unser Vorgehen bei der Schnittflächenmethode ähnelt zwar dem der dynamischen Programmierung (DP), doch ist die Voraussetzung für die Anwendung der DP nicht gegeben, da sich der Entscheidungsprozeß bei der DP in eine beliebige Folge von Teilentscheidungen aufspalten lassen muß, die eine (bestimmte) Reihenfolge bilden.

„Mathematisch gesehen beruht das Prinzip des Lösungsverfahrens (des dynamischen Programmierens: d. Verf.) darauf, den Extremwert einer Funktion von mehreren Variablen (Zielfunktion), der oft nur unter großen Schwierigkeiten zu ermitteln ist, auf einfacherem Weg zu bestimmen, indem man die Extremwerte mehrerer Funktionen mit einer Variablen berechnet. Es wird so die einmalige Optimierung der Zielfunktion für den Gesamtprozeß durch die mehrfache stufenweise Berechnung von Extremwerten ersetzt."[25]

Voraussetzung ist aber, wie gesagt, daß es sich um einen Entscheidungsprozeß handelt, und daß dieser in Teilprozesse aufgegliedert werden kann und daß zwischen den hintereinander gelagerten Teilentscheidungen eine Abhängigkeitsbeziehung besteht. Diese Voraussetzungen sind bei der Suche nach dem „optimalen" Entscheidungsoperator mit Hilfe der Test-Theorie nicht gegeben, da hier alternative Entscheidungsoperatoren für den jeweiligen Gesamtprozeß geprüft werden und nicht einzelne Prozeßabschnitte optimiert werden sollen. Die Anwendung suboptimaler Verfahren wie der Schnittflächenmethode ist daher für die Suche nach einem konstanten „optimalen" Entscheidungsoperator unbedingt erforderlich.

Abschließend ist die Güte des vorgelegten heuristischen Simulationsverfahrens zu beurteilen. Die dargestellte Simulationsmethode ist nicht geeignet, das absolute Optimum zu finden, weil:

---

24 Zum Begriff und der Vorgehensweise mit der Gradienten-Methode vgl. *Wilde, D. J.:* Optimum Seek Methods, und *derselbe* und *Beightler, C. S.:* Foundations of Optimization, Englewood Cliffs (New Jersey) 1967.
25 *Buchner, Robert,* unter Mitwirkung von *Mai, Klaus* und *Reuter, Hans H.:* Die Ermittlung kostenminimaler Produktionsentscheidungen mit Hilfe der dynamischen Programmierung (I), in: Kostenrechnungs-Praxis, 1971, S. 51–63, hier S. 51.

1. nicht alle Möglichkeiten der Regelung durchgespielt werden können. Sonst müßten Differentiatoren jeder beliebigen Ordnung (von $-\infty$ bis $+\infty$) im Regler durchgespielt werden;
2. die Interpolationsmethode zur Ermittlung der Lösungsfläche i. d. R. mit Fehlern behaftet ist. Man kann diese Fehler allerdings durch Verkleinerung der Schrittweite oder sensiblere Interpolationsmethoden beliebig klein machen;
3. die gewählten Test-Funktionen in der Realität auch einmal nur in reiner Form vorkommen können und es Varianten von Reglern geben kann, die mit einer bestimmten Störgrößenfunktion besser fertig werden als die Variante, die mit allen drei Testfunktionen zusammen am besten fertig wird. Zur Behebung dieses Mangels wäre ein Subsystem in unser System einzufügen, das die tatsächlichen Störgrößenverläufe mißt und daraus den künftigen Störgrößenverlauf voraussagt. Für den prognostizierten Störgrößenverlauf wäre dann die jeweils optimale Variante des Reglers in das Modell einzusetzen und zu belassen, bis eine Änderung des Störgrößenverlaufs prognostiziert wird;
4. die Koeffizientenvariation bei der Schnittflächen-Methode nur stufenweise und nicht simultan vorgenommen werden kann. Es handelt sich also um ein suboptimales Vorgehen wie bei der Stufenplanung. Zur Überprüfung des Ergebnisses könnte man allerdings jeden Koeffizienten noch einmal testen, ob er von der Wahl der anderen erheblich beeinflußt wird. Das Auffinden der optimalen Kombination ist allerdings auch damit nicht gewährleistet.

Unsere Überlegungen zeigen, daß die Suche nach dem „Optimum" mit Hilfe der Schnittebenen-Methode nur eine heuristische Methode darstellt. Mit ihr sind zwar befriedigende Lösungen zu finden, nicht aber absolute Optima. Wenn die vorgelegte Simulationsmethode auch nur als heuristisches Verfahren bezeichnet werden kann, so bietet sie doch erhebliche Möglichkeiten zur Entwicklung von Modellen für die Planung und Überwachung betrieb(swirtschaft)licher Prozesse. Die Vorteilhaftigkeit der Methode liegt darin, daß jedes gefundene „optimale" Regelungssystem auf seine Eignung geprüft worden ist. Beispielsweise läßt sich feststellen, ob es stabiles Verhalten besitzt, ob es Regelfehler macht, welche Totzeiten anfallen und welches Kurzzeitverhalten es zeigt. Damit kann sichergestellt werden, daß dieses System-Modell tatsächlich eine geeignete Lösung darstellt.

Die Analyse regelungstheoretischer Modelle zeigt, daß diese Modelle den Planungsmodellen, die ausschließlich mit Prognosen arbeiten, und die − zumindest im Modell − keine laufende Überwachung der Planung vorsehen, überlegen sind. Das gilt auch bei ausschließlicher Anwendung der heuristischen regelungstheoretischen Simulationsmethode, da die laufende Korrektur der Auswirkungen von Planungsfehlern bereits im Modell getestet wird und unter den simulierten Reglern der beste ausgewählt werden kann.

Kurze Einführung in einige mathematische Verfahren der Regelungstheorie

von Bernd Schiemenz*

Zum Verständnis der später zu behandelnden Beispiele ist die Kenntnis einiger von der Regelungstheorie herangezogener Verfahren erforderlich. Ihre mathematischen Grundlagen sind sehr anspruchsvoll und können hier nicht detailliert dargelegt werden. Zur Vertiefung muß auf die Spezialliteratur verwiesen werden. Wir wollen uns — wie das auch im Bereich der Ingenieurwissenschaften häufig geschieht — darauf beschränken, die wesentlichen Regeln dieser Verfahren anzugeben und an Hand einfacher Beispiele ihre Anwendung zu zeigen, und zwar nur insoweit, als sie hier benötigt wird. Sie spielt, das sei nebenbei erwähnt, nicht nur im Zusammenhang mit Steuerungs- und Regelungssystemen, sondern auch in der Unternehmensforschung eine Rolle[1].

1. Die Laplace-Transformation

Mittels der in diesem Beitrag zu behandelnden Transformationen[2] (*Laplace-*, z- und modifizierte z-Transformation) lassen sich Funktionalgleichungen wie Differential-, Differenzen- und Integralgleichungen sowie Systeme von mittels dieser Funktionalgleichungen („Operationen") verbundenen Variablen aus dem „Originalraum" in einen „Bildraum"[3] abbilden. In diesem Bildraum werden sie zu algebraischen Glei-

---

* Auszug aus: *Schiemenz, Bernd:* Regelungstheorie und Entscheidungsprozesse. Ein Beitrag zur Betriebskybernetik, Wiesbaden o. J. [1972], S. 113—129.

1 Aus einer Zahl von diese Aussagen stützenden Veröffentlichungen sollen hier nur zwei stellvertretend herausgegriffen werden. So schreiben *Beightler, C. S.; Mitten, L. G.; Nemhauser, G. L.:* "... z-transforms are tools of considerable utility to the operations researcher." Vgl. *Beightler, C. S.; Mitten, L. G.; Nemhauser, G. L.:* A short Table of z-Transforms and Generating Functions, in: Operations Research, Vol. 9 (1961), S. 574—578, hier S. 574. *Ferschl* gibt einen kurzen „ ... Überblick über einige Hauptprobleme des Dynamic Programming — einer speziellen Lösungsmethode zur Auffindung optimaler Lösungen bei mehrstufigen Extremwertaufgaben ...". Vgl. *Ferschl, F.:* Grundzüge des Dynamic Programming, in: Unternehmensforschung, Bd. 3 (1959), S. 70—80, (im folgenden zitiert als „Grundzüge ..."), hier S. 70.

2 Zur Vertiefung sei verwiesen auf *Doetsch, G.:* Anleitung zum praktischen Gebrauch der *Laplace-*Transformation und der z-Transformation, 3. neubearb. Aufl., München-Wien 1967 (im folgenden zitiert als „Anleitung ..."); *De Russo, P. M.; Roy, R. J.; Close, C. M.:* State Variables for Engineers, New York-London-Sydney 1965 (im folgenden zitiert als "State Variables ..."), Kapitel 3: Transform Techniques; *Spiegel, M. R.:* Theory and Problems of *Laplace-*Transforms, New York 1965; *Jury, E. I.:* Theory and Application of the z-Transform Method, New York-London-Sydney 1964 (im folgenden zitiert als „z-Transform ..."); *Vich, R.:* z-Transformation — Theorie und Anwendung, Berlin 1964.

3 Vgl. *Doetsch, G.:* Anleitung ..., S. 30.

chungen, die sich wesentlich leichter lösen lassen als die Funktionalgleichungen des Originalraumes. Durch Rücktransformation der Lösung aus dem Bildraum in den Originalraum erhält man dann die gewünschte Lösung der Funktionalgleichung (vgl. Abb. 1).

Originalraum	Funktionalgleichung	Lösung
	↓	↑
	Transformation	Rücktransformation
	↓	↑
Bildraum	algebraische Gleichung ⟶	Lösung

Abbildung 1: Schema zur Vorgehensweise bei der Anwendung von Transformations-
verfahren[4]

Wir nehmen als Beispiel die Produktionsleistung. Ihre Höhe ergibt sich aus Zahl und Einstellungszeitpunkt der Arbeiter. Dabei folgt die Leistung eines einzelnen, zum Zeitpunkt t = 0 eingestellten Arbeiters häufig einer Lernkurve der Form

$$(1) \qquad a(t) = d \cdot (1 - e^{-b \cdot t})$$

$a(t)$ = Leistung eines Mitarbeiters in Mengeneinheiten je Zeiteinheit
d = Höchstleistung des Mitarbeiters
t = Zeitvariable
b = Spezifische Größe des individuellen Lernprozesses
e = 2,718 ..., Basis der natürlichen Logarithmen.

Sie läßt sich auffassen als Gewichtsfunktion

$$(2) \qquad g(t) = d \cdot (1 - e^{-b \cdot t})$$

wobei die Einstellung des einen Arbeiters den Impuls darstellt[5]. Der Verlauf von $g(t)$ ist in dem Block der Abb. 2 wiedergegeben.

Anstelle des einen Arbeiters zum Zeitpunkt t = 0 mögen nun gleichmäßig über die Zeit verteilt

$$(3) \qquad e(t) = m \qquad \text{Arbeiter/Zeiteinheit}$$

neu eingestellt werden. Gesucht sei die Leistung $a(t)$ in Abhängigkeit von der Zeit.

Zur Ermittlung stehen verschiedene Verfahren zur Verfügung. So kann man die Beziehung zwischen $e(t)$ und $a(t)$ als Differentialgleichung formulieren und diese für $e(t) = m$ nach den üblichen Verfahren oder durch Anwendung der *Laplace*-Transformation lösen. Wir wollen hier ein drittes Verfahren heranziehen, das in Regelungs-

---

4 In Anlehnung an *Doetsch, G.:* Anleitung . . . , S. 45.
5 Vgl. zu Lernkurve und Gewichtsfunktion *Schiemenz, B.:* Regelungstheorie und Entscheidungsprozesse. Ein Beitrag zur Betriebskybernetik, Wiesbaden o. J. [1972], (im folgenden zitiert als „Regelungstheorie . . . ”), S. 60 und 65.

systemen zu besonders übersichtlichen Lösungswegen führt, nämlich die Anwendung der *Laplace*-Transformation auf die Signale und die Gewichtsfunktion des Systems.

Die *Laplace*-Transformierte F(s) einer Funktion f(t) wird gebildet[6] nach

$$(4) \qquad F(s) = \int_{0}^{\infty} e^{-s \cdot t} \cdot f(t) \, dt \; .$$

Der durch (4) charakterisierte Zusammenhang kann auch symbolisiert werden durch

$$(5) \qquad F(s) = \mathcal{L} \{f(t)\} \; .$$

Die häufig recht schwierige Lösung des *Laplace*-Integrals aus (4) kann man meist umgehen, indem man aus Tabellenwerken — evtl. nach entsprechender Umformung — für f(t) das zugehörige F(s) entnimmt. Wir erhalten[7] für

$$(6) \qquad e(t) = m$$

$$(7) \qquad E(s) = \frac{m}{s}$$

und für

$$(8) \qquad g(t) = d \cdot (1 - e^{-b \cdot t})$$

$$(9) \qquad G(s) = \frac{d}{s \cdot (1 + \frac{1}{b} \cdot s)} \; .$$

A(s) läßt sich nun sehr leicht als Produkt von G(s) und E(s) ermitteln[8]

$$(10) \qquad A(s) = G(s) \cdot E(s)$$

$$(11) \qquad A(s) = \frac{d \cdot m}{s^2 \cdot (1 + \frac{1}{b} \cdot s)}$$

---

6 Vgl. *Doetsch, G.:* Anleitung . . . , S. 30–31.
7 Vgl. *Doetsch, G.:* Anleitung . . . , S. 228, Nr. 34 und Nr. 41, unter Berücksichtigung, daß $\mathcal{L} \{a \cdot f(t)\} = a \cdot F(s)$, wie aus Gleichung (4) ersichtlich.
8 Vgl. *Doetsch, G.:* Anleitung . . . , S. 55–56. Diesem Produkt entspricht im Zeitbereich die „Faltung"

$$a(t) = \int_{0}^{t} e(\tau) \cdot g(t - \tau) \, d\tau \; ;$$

vgl. *ebenda*, S. 39–40. Man muß in unserem Beispiel zur Ermittlung der Produktionsleistung jedes Zeitpunktes t die Zahl der zu jedem früheren Zeitpunkt $\tau, 0 \leqslant \tau < t$ eingestellten Arbeitskräfte ($e(\tau) \cdot d\tau$) mit ihrer augenblicklichen Leistung $g(t-\tau)$ multiplizieren und die Produkte bis zum Zeitpunkt t aufsummieren.

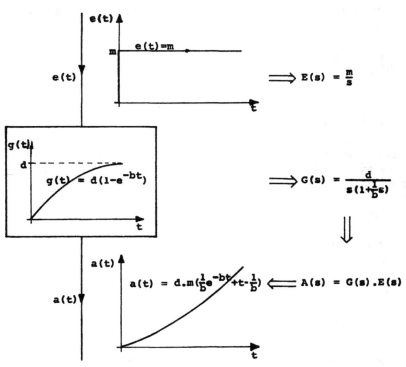

Abbildung 2: Skizze zur Berechnung des Ausgangssignals eines Gliedes mittels der Laplace-Transformation

Durch Rücktransformation gemäß der Beziehung[9]

$$(12) \qquad f(t) = \frac{1}{2\pi j} \int\limits_{x-j\infty}^{x+j\infty} e^{t \cdot s} \cdot F(s)\, ds \qquad\qquad t > 0$$

oder symbolisch

$$(13) \qquad f(t) = \mathcal{L}^{-1}\left\{F(s)\right\}$$

erhält man aus der „Bildfunktion" wieder die „Originalfunktion".

Auch hier kann man meist auf Tabellenwerke zurückgreifen, denen man zu der „Bildfunktion" die korrespondierende „Originalfunktion" entnimmt. Wir erhalten[10] für A(s) das zugehörige

$$(14) \qquad a(t) = d \cdot m \cdot (\tfrac{1}{b} \cdot e^{-b \cdot t} + t - \tfrac{1}{b})$$

9 Vgl. *Doetsch, G.,* Anleitung . . . , S. 31.
10 Vgl. *ebenda,* S. 229, Nr. 56.

a(t) ist in Abb. 2 skizziert und in Abb. 5 etwas genauer dargestellt (siehe durchgezogene Linie)[11].

Besonders nützlich wird dieses Verfahren, wenn a(t) und e(t) über mehrere oder ein ganzes Netz von Gewichtsfunktionen zusammenhängen, wie das bei Regelungssystemen meist der Fall ist. Durch Anwendung einfacher Zusammenfassungsregeln — die wichtigsten sind in Abb. 3 dargestellt — kann man die Bildfunktionen dieser Gewichtsfunktionen zu einem einzigen Ausdruck zusammenfassen und weiter — entsprechend Abb. 2 — die Ausgangsfunktion a(t) erhalten.

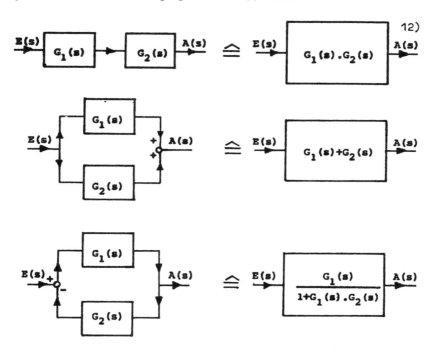

Abbildung 3: *Regeln für die Zusammenfassung von Gewichtsfunktionen im Bildbereich*[13]

---

11 Abb. 5 ist stets der Wert b = 1 [Monat^{-1}] zugrunde gelegt.

12 Mittels dieser Beziehung lassen sich beispielsweise die Zeitverzögerung zwischen Faktoreinsatz und Absatz einerseits, Absatz und Zahlungseingang andererseits zusammenfassen und der Zusammenhang zwischen Faktoreinsatz und Zahlungseingang errechnen. Vgl. hierzu *Schiemenz, B.*, Regelungstheorie . . . , S. 71. Dabei ist zu berücksichtigen, daß dort nicht die Gewichtsfunktionen, sondern die Sprungantworten (bzw. Übergangsfunktionen) angegeben sind.

13 Vgl. *Doetsch, G.:* Anleitung . . . , S. 55—57 und *Tou, J. T.:* Digital and Sampled-Data Control Systems, New York-Toronto-London 1959 (im folgenden zitiert als "Sampled-Data Control . . . "), S. 18—19.

2. Die z-Transformation

Liegen in einem Regelungssystem neben Kontinuierliche-Zeit-Signalen auch Diskrete-Zeit-Signale vor, so empfiehlt sich die Verwendung einer anderen Transformationsart, der sogenannten z-Transformation[14]. Sie bildet die Werte $f(k \cdot T)$, $k = 0, 1, 2, \ldots, \infty$ einer Zeitreihe nach der Beziehung

$$(15) \qquad F(z) = \sum_{k=0}^{\infty} f(k \cdot T) \cdot z^{-k}$$

formal geschrieben als

$$F(z) = \mathfrak{Z} \{f(k \cdot T)\}$$

ab[15]. Die Werte $f(k \cdot T)$ können dabei originär gegeben sein (z. B. Zahl der zu Beginn einer jeden Periode T neu eingestellten Arbeitskräfte) oder durch Abtastung einer Zeitfunktion $f(t)$ (z. B. augenblickliche Produktion zu Beginn einer jeden Periode) entstanden sein[16]. In letzterem Fall bleiben die Werte zwischen den Abtastzeitpunkten unberücksichtigt.

Mittels der z-Transformation können wir z. B. ausrechnen, wie sich die Leistung entwickelt, wenn die m Arbeiter pro Periode, deren Einstellung in Abschnitt 1 als gleichmäßig über die Periode verteilt angenommen wurde, zu Beginn einer jeden Periode neu eingestellt werden, also gemäß der Zeitreihe

$$(16) \qquad e(k \cdot T) = m , \qquad k = 0, 1, 2, \ldots, \infty .$$

Es gilt[17], analog zur Vorgehensweise im Bildbereich der *Laplace*-Transformierten:

$$(17) \qquad A(z) = E(z) \cdot G(z) \quad [18] .$$

---

14 Vgl. z. B. *De Russo, P. M.; Roy, R. J.; Close, C. M.*: State Variables . . ., S. 158; *Freeman, Herbert*: Discrete-Time Systems. An Introduction to the Theory, New York-London-Sydney 1965 (im folgenden zitiert als ''Discrete-Time Systems . . . ''), S. 36; *Tou, J. T.*: Sampled-Data Control . . ., S. 145. Tou schreibt (ebenda): '' . . . the z-transform techniques have become the most used method for the analysis and synthesis of sampled-data and digital control systems.''

15 Vgl. *Jury, E. I.*: z-Transform . . ., S. 2–3; *Doetsch, G.*: Anleitung . . ., S. 172; *De Russo, P. M.; Roy, R. J.; Close, C. M.*: State Variables . . ., S. 158–159; *Tou, J. T.*: Sampled-Data Control . . ., S. 145–146. $F(z)$ ist also definiert als *Laurent*-Reihe $f(0 \cdot T) \cdot z^{-1} + f(1 \cdot T) \cdot z^{-1} + f(2 \cdot T) \cdot z^{-2} + \ldots$; z könnte als ''ordnende Variable'' dieser Reihe angesehen werden.

16 Vgl. *De Russo, P. M.; Roy, R. J.; Close, C. M.*: State Variables . . ., S. 159.

17 Vgl. *Jury, E. I.*: z-Transform . . ., S. 28–29; *De Russo, P. M.; Roy, R. J.; Close, C. M.*: State Variables . . ., S. 176–177.

18 Im Zeitbereich entspricht diesem Produkt die Faltungssumme

$$a(k \cdot T) = \sum_{i=0}^{k-1} g \left[(k-i) \cdot T\right] \cdot e(i \cdot T) .$$

Vgl. *Freemann, H.*: Discrete-Time Systems . . ., S. 14–15 und S. 39–41; *Doetsch, G.*: Anleitung . . ., S. 177. Man muß in unserem Beispiel, um die Leistung $a(k \cdot T)$ zu erhalten,

Darin ist A(z) die z-Tranformierte der Werte a(k · T), k = 0, 1, 2, ..., ∞ [19].
Durch Anwendung einer Tabelle erhalten wir[20]:

für

(18) $e(k \cdot T) = m$

(19) $E(z) = m \cdot \dfrac{z}{z-1}$

und

(20) $g(t) = d \cdot (1-e^{-b \cdot t})$

bzw., da nur die Werte für g(k · T) benötigt werden,

(21) $g(k \cdot T) = d \cdot (1-e^{-b \cdot k \cdot T})$

(22) $G(z) = d \cdot \left[\dfrac{z}{z-1} - \dfrac{z}{z-e^{-bt}}\right]$

Gemäß (17) erhalten wir aus (19) und (22)

(23) $A(z) = m \cdot d \cdot z \cdot \left[\dfrac{z}{(z-1)^2} - \dfrac{z}{(z-1) \cdot (z-e^{-b \cdot t})}\right].$

Nach dem ersten Verschiebungssatz gilt[21]

(24) $\Im\{f[(\kappa-n) \cdot T]\} = z^{-n} \cdot F(z)$.

Die Anwendung dieses Satzes auf (23) liefert

(25) $\Im\{a[(\kappa-1) \cdot T]\} = m \cdot d \cdot \left[\dfrac{z}{(z-1)^2} - \dfrac{z}{(z-1) \cdot (z-e^{-b \cdot T})}\right].$

Zur Rücktransformation in den Originalbereich, formal schreibbar als

(26) $f(k \cdot T) = \Im^{-1}\{F(z)\}$

die Zahl der zu jedem früheren Zeitpunkt i · T, $0 \leqslant i \leqslant (k-1)$ eingestellten Arbeitskräfte e(i·T) mit ihrer augenblicklichen, auf der Dauer ihrer Tätigkeit (k–i)·T beruhenden Leistung g[(k–i)·T] multiplizieren und diese Produkte aufsummieren. Läßt sich zu der Gewichtsfunktion g(t) bzw. der „Gewichtssequenz" (weighting sequence, vgl. *Freeman, H.:* Discrete-Time Systems . . . , S. 14) g(k·T) keine z-Transformierte G(z) bilden, so kann man diese Beziehung direkt zur Berechnung des Ausgangssignals heranziehen, indem man e(k·T) und a(k·T) als Vektoren und g(k·T) als „Überführungsmatrix" (transmission matrix) anordnet. Vgl. *Freeman, H.:* Discrete-Time Systems . . . , S. 17–19; *Kuo, Benjamin C.:* Analysis and Synthesis of Sampled-Data Control Systems, Englewood Cliffs, N. J., 1963, S. 125–126. Dieser Ansatz liegt z. B. der Arbeit von *Langen* zugrunde, vgl. *Langen, H.:* Der Betriebsprozeß in dynamischer Darstellung, in: Zeitschrift für Betriebswirtschaft, 38. Jg. (1968), S. 867–880.

19 Ist eine Kenntnis der Werte für a(t) auch zwischen den Zeitpunkten k·T erwünscht, muß die modifizierte z-Transformation herangezogen werden, vgl. Abschnitt 3.
20 Vgl. *Jury, E. I.:* Application . . . , S. 278, Nr. 1 und 2.
21 Vgl. *Doetsch, G.:* Anleitung . . . , S. 176.

existieren eine Reihe von Verfahren[22]. Durch Verwendung einer Tabelle, was häufig möglich ist, erhalten wir

(27) $\quad \mathfrak{Z}^{-1} \left\{ \dfrac{z}{(z-1)^2} \right\} = \kappa \quad$ [23]

und

(28) $\quad \mathfrak{Z}^{-1} \left\{ \dfrac{z}{(z-1) \cdot (z - e^{-b \cdot T})} \right\} = \dfrac{1^{\kappa} - e^{-b \cdot \kappa \cdot T}}{1 - e^{-b \cdot T}} \quad$ [24]

damit

(29) $\quad a\left[(\kappa - 1) \cdot T\right] = m \cdot d \cdot \left[\kappa - \dfrac{1 - e^{-b \cdot \kappa \cdot T}}{1 - e^{-b \cdot T}}\right]$

und durch Substitution

$$\kappa = k + 1$$

(30) $\quad a(k \cdot T) = m \cdot d \cdot \left[k + 1 - \dfrac{1 - e^{-b \cdot (k+1) \cdot T}}{1 - e^{-b \cdot T}}\right].$

In Abb. 5 sind einige Punkte $a_i(k \cdot T_i)$ für unterschiedliche Einstellungszeiträume T_i, jedoch im Durchschnitt konstante Zahl von Neueinstellungen (m_i/T_i) dargestellt.

Die Zusammenfassung von Gliedern ist in dem durch die z-Transformierten festgelegten Bildbereich ähnlich leicht möglich wie in dem durch die *Laplace*-Transformierten festgelegten. Man muß jedoch vor allem eines berücksichtigen: Die z-Transformierte erfaßt nur die Werte zu den Zeitpunkten k · T. Liegt deshalb zwischen zwei durch ihre Gewichtsfunktion gegebenen Gliedern kein Abtaster, so muß man zuerst die Gewichtsfunktionen der beiden Glieder zu einer zusammenfassen[25]. Das ist möglich durch Multiplikation der korrespondierenden *Laplace*-Transformierten und Rücktransformation. In Tabellen, die sowohl die *Laplace*- als auch die z-Transformierte enthalten, kann man direkt zu der *Laplace*-Transformierten $G_1(s) \cdot G_2(s)$ der beiden in Reihe liegenden Gewichtsfunktionen die entsprechende z-Transformierte entnehmen. Dieser Vorgang ließe sich in der bisherigen Symbolsprache darstellen als

$$\mathfrak{Z} \left\{ \mathcal{L}^{-1} \left\{ \mathcal{L}\left[g_1(t)\right] \cdot \mathcal{L}\left[g_2(t)\right] \right\} \right\} \quad .$$

---

22 Vgl. *Doetsch, G.*: Anleitung . . . , S. 175–176; *Jury, E. I.*: z-Transform . . . , S. 9–15; *De Russo, P. M.; Roy, R. J.; Close, C. M.*: State Variables . . . , S. 169–171; *Freeman, H.*: Discrete-Time Systems . . . , S. 47–54.
23 Vgl. *Jury, E. I.*: z-Transform . . . , S. 278, Nr. 3.
24 Vgl. *Jury, E. I.*: z-Transform . . . , S. 283, Nr. 55.
25 Entsprechendes gilt, wenn ein Eingangssignal als Kontinuierliche-Zeit-Funktion vorliegt, hinsichtlich dieser Funktion und den von ihr durchlaufenen Gliedern.

Für ihn kann kurz geschrieben werden.

$$G_1 \cdot G_2(z) \quad ^{26} \qquad \text{oder} \qquad Z\left\{G_1(s) \cdot G_2(s)\right\} \qquad ^{27}$$

Beispielsweise ließen sich die aus der Einstellung neuer Arbeitskräfte $e(k \cdot T)$, deren Lernverhalten $g_1(t)$ und dem Zahlungsverhalten $g_2(t)$ der Kunden resultierenden Zah-·lungseingänge $a(t)$ (vgl. *B. Schiemenz*, Regelungstheorie . . . , S. 71, Abb. 24) für die Zeitpunkte $k \cdot T$ durch Rücktransformation von

$$(31) \qquad A(z) = E(z) \cdot G_1 G_2(z)$$

ermitteln.

$$(32) \qquad A_1(z) = E(z) \cdot G_1(z) \cdot G_3(z)$$

würde bedeuten, daß nur die Leistung zu den Zeitpunkten $k \cdot T$ (ihre z-Transformier-te ist $E(z) \cdot G_1(z)$) zur Ermittlung des Ausgangssignals herangezogen wird. Das könnte z. B. der Fall sein, wenn Entscheidungen über die Zahl der neu einzustellenden Arbei-ter gefällt werden sollen. $g_3(t)$ würde dann das „Entscheidungsverhalten" und $a_1(k \cdot T)$ die Zahl der neu einzustellenden Arbeiter bedeuten.

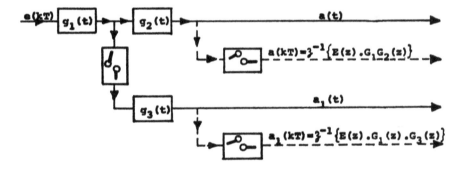

Abbildung 4: Skizze zur Zusammenfassung von Gliedern mittels ihrer z-Transformierten[28]

26 So z. B. *De Russo, P. M.; Roy, R. J.; Close, C. M.:* State Variables . . . , S. 178.
27 So *Ackermann, J.:* Einführung in die Theorie der linearen Abtastsysteme, Vortragsmanuskript zum Lehrgang „Einführung in die Regelungstheorie" der *Carl-Cranz*-Gesellschaft, Oberpfaffen-hofen 1966 (im folgenden zitiert als „Lineare Abtastsysteme . . . "), S. 13.
28 Eine große Zahl von Beispielen für die Zusammenfassung bringen *Tou, J. T.:* Sampled-Data Control . . . , S. 244−246 und *Jury, E. I.:* Sampled-Data Control Systems, New York 1958 (im folgenden zitiert als „Sampled-Data . . . "), S. 112−114. Die gestrichelten Signalfluß-Linien sollen verdeutlichen, daß mittels des Rechenverfahrens den in Wirklichkeit Konti-nuierliche-Zeit-Signale darstellenden Ausgangssignalen, z. B. $a(t)$, nur zu den Zeitpunkten $k \cdot T$ „Proben" entnommen werden.

3. Die modifizierte z-Transformation

Mittels der z-Transformation können nur die Signalwerte zu den „Abtastzeitpunkten" $k \cdot T$, $k = 0, 1, 2, \ldots, \infty$, erfaßt werden. Das ist dann nicht ausreichend, wenn man an den Werten auch zwischen diesen Zeitpunkten interessiert ist, beispielsweise wenn man an dem gesamten Zeitverlauf a(t) der Zahlungseingänge interessiert ist, oder wenn die Abtastvorgänge zeitlich verschoben sind, man beispielsweise die Zahlungseingänge zu Beginn eines jeden Monats, jedoch die Produktion in der Mitte eines jeden Monats benötigt.

Solche und ähnliche Fragen lassen sich mittels der modifizierten z-Transformation

$$(33) \qquad F(z, \lambda) = \sum_{k=0}^{\infty} f(k \cdot T + \lambda \cdot T) \cdot z^{-k} \qquad\qquad 0 \leqslant \lambda \leqslant 1$$

formal schreibbar als

$$(34) \qquad F(z, \lambda) = \mathfrak{Z}[f(t + \lambda T)] = \mathfrak{Z}_\lambda [f(t)]$$

lösen[29].

Durch Einführung des Parameters λ umfaßt sie nicht mehr nur die Werte

$$f(k \cdot T), \qquad\qquad\qquad\qquad k = 0, 1, 2, \ldots, \infty,$$

sondern, da für λ im Bereich $0 \leqslant \lambda \leqslant 1$ jeder beliebige Wert gewählt werden kann, auch alle dazwischenliegenden Werte

$$f(kT + \lambda T), \qquad\qquad\qquad k = 0, 1, 2, \ldots, \infty; 0 \leqslant \lambda \leqslant 1.$$

Beispielsweise kann die in Abschnitt 2 nur für die Zeitpunkte $k \cdot T$ ermittelte Produktionsleistung auch für die dazwischenliegenden Zeitpunkte errechnet werden nach der Beziehung

$$(35) \qquad A(z, \lambda) = E(z) \cdot G(z, \lambda) \qquad [30].$$

Aus einer Tabelle[31] entnehmen wir für

$$(36) \qquad g(k \cdot T + \lambda \cdot T) = d \cdot (1 - e^{-b(k \cdot T + \lambda \cdot T)})$$

$$(37) \qquad G(z, \lambda) = d \cdot z \cdot \frac{z \cdot (1 - e^{-b \cdot \lambda \cdot T}) + (e^{-b \cdot \lambda \cdot T} - e^{-b \cdot T})}{(z-1) \cdot (z - e^{-b \cdot T})}.$$

29 Vgl. *De Russo, P. M.; Roy, R. J.; Close, C. M.:* State Variables . . . , S. 182–185. Aus den Beziehungen wird deutlich, daß man die modifizierte z-Transformierte einmal finden kann, indem man f(t+λT) bildet und darauf die normale z-Transformation anwendet, zum anderen, daß man zu f(t) aus einer Tabelle die modifizierte z-Transformierte sucht. Entsprechendes gilt für die inverse Transformation. Vgl. ebenda, S. 183.
30 Vgl. *De Russo, P. M.; Roy, R. J., Close, C. M.:* State Variables . . . , S. 184.
31 Vgl. *Freeman, H.:* Discrete-Time Systems . . . , S. 220, Nr. B 51. Hier wird also auf die modifizierte Gewichtsfunktion die z-Transformation angewendet.

Unter Verwendung von (19) ergibt sich somit nach einer kleineren Umformung

$$(38) \qquad A(z,\lambda) = z \cdot m \cdot d \cdot (1-e^{-b\cdot\lambda\cdot T}) \cdot \frac{z \cdot (z + \dfrac{e^{-b\cdot\lambda\cdot T} - e^{-b\cdot T}}{1 - e^{-b\cdot\lambda\cdot T}})}{(z-1)^2 \cdot (z-e^{-b\cdot T})}$$

Die Anwendung des 1. Verschiebungssatzes führt zu

$$(39) \qquad \mathfrak{Z} \{a [(\kappa-1+\lambda) \cdot T]\} = m \cdot d \cdot (1-e^{-b\cdot\lambda\cdot T}) \cdot \frac{z \cdot (z + \dfrac{e^{-b\cdot\lambda\cdot T} - e^{-b\cdot T}}{1 - e^{-b\cdot\lambda\cdot T}})}{(z-1)^2 \cdot (z-e^{-b\cdot T})} \cdot$$

Diese Transformierte ist vom Typ

$$C \cdot \frac{z \cdot (z + a_0)}{(z - \gamma) \cdot (z - 1)^2}$$

für die die korrespondierende Diskrete-Zeit-Funktion einer Tabelle[32] entnommen werden kann. Unter Berücksichtigung der konkreten Ausdrücke für c, a_0 und γ erhalten wir nach einigen kleineren Umformungen

$$(40) \qquad a [(\kappa-1+\lambda) \cdot T] = m \cdot d \cdot [\kappa - \frac{1 - e^{-b\cdot\kappa\cdot T}}{1 - e^{-b\cdot T}} \cdot e^{-b\cdot\lambda\cdot T}]$$

und durch Substitution von $\kappa = k + 1$

$$(41) \qquad a [(k + \lambda) \cdot T] = m \cdot d \cdot [k + 1 - \frac{1 - e^{-b \cdot (k+1) \cdot T}}{1 - e^{-b\cdot T}} \cdot e^{-b\cdot\lambda\cdot T}] \,.$$

Für $\lambda = 0$ erhält man, wie zu erwarten, die Zeitreihe $a(k \cdot T)$ (vgl. (30)). Unter Verwendung der in Abbildung 5 benutzten Werte für T_i und m_i ist es mittels der Beziehung (41) möglich, nun auch den zwischen diesen Abtastzeitpunkten liegenden Verlauf der Produktionsleistung zu ermitteln (vgl. z. B. die gestrichelte Linie).

Auf die Regeln für die Zusammenfassung der mittels der modifizierten z-Transformation gewonnenen Bildfunktionen braucht nicht mehr eingegangen zu werden, da sie denen der z-Transformation entsprechen.

Auch hier müssen zwei in Reihe liegende Gewichtsfunktionen $g_1(t)$ und $g_2(t)$ ohne zwischengeschalteten Abtaster erst zusammengefaßt werden. Geht man von dem Produkt $G_1(s) \cdot G_2(s)$ ihrer *Laplace*-Transformierten durch Gebrauch von Tabellen mit korrespondierenden *Laplace*- und modifizierten z-Transformierten direkt zu deren modifizierter z-Transformierten über, so wollen wir dies symbolisieren[33] durch

$$Z_\lambda \{G_1(s) \cdot G_2(s)\} \qquad \text{oder}$$

$$G_1 \cdot G_2(z, \lambda).$$

---

32 Vgl. *Jury, E. I.:* z-Transform . . . , S. 284, Nr. 62.
33 Nach *Ackermann, J.:* Lineare Abtastsysteme . . . , vgl. z. B. S. 24 und 31–32.

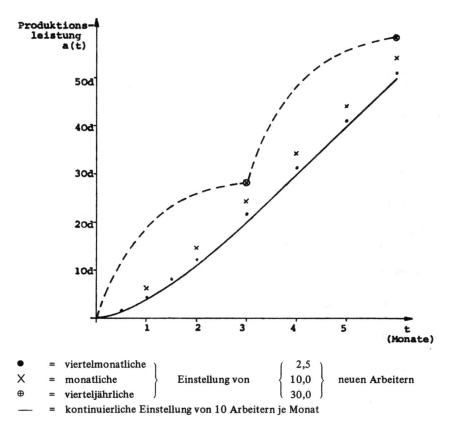

●	= viertelmonatliche	⎫		⎧ 2,5 ⎫	
X	= monatliche	⎬ Einstellung von	⎨ 10,0 ⎬ neuen Arbeitern	
⊕	= vierteljährliche	⎭		⎩ 30,0 ⎭	
—	= kontinuierliche Einstellung von 10 Arbeitern je Monat				

Abbildung 5: Produktionsleistung für verschiedene Abstände zwischen den Neueinstellungen bei Konstanz der durchschnittlichen Zahl der Neueinstellungen und Vorliegen einer Lernkurve

4. Grundzüge des Dynamischen Programmierens (dynamic programming)

Die vor allem von dem Mathematiker *Richard Bellman* entwickelte Theorie des Dynamischen Programmierens kann angesehen werden als eine mathematische Theorie mehrstufiger Entscheidungsprozesse[34], wobei „mehrstufig" sich sowohl auf eine zeitliche als auch auf eine logische Abfolge beziehen kann. Sie hat ihren Niederschlag in einer Fülle von Veröffentlichungen[35] auf so unterschiedlichen Gebieten wie Wirt-

34 Vgl. *Bellman, R.; Karush, R.:* Dynamic Programming: A Bibliography of Theory and Application, Santa Monica (Calif.) 1964 (im folgenden zitiert als "Bibliography . . ."), S. III.
35 Eine Zusammenstellung bis einschließlich 1963 geben *Bellman, R.; Karush, R.:* Bibliography . . . Neuere deutschsprachige Veröffentlichungen sind z. B. *Künzi, H. P.; Müller, O.; Nievergelt, E.:* Einführungskursus in die dynamische Programmierung, in: *Beckmann, M.; Künzi, H. P.* (Hrsg.), Lecture Notes in Operations Research and Mathematical Economics, Bd. 6,

144

schaftswissenschaften, Ingenieurwesen, Systemanalyse und biomedizinischer Forschung[36] gefunden. Im Konzept der „modernen" Regelungstheorie wird sie als das wohl vielversprechendste Verfahren angesehen[37]. Da auch in der speziell betriebswirtschaftlichen Literatur bereits eine Fülle von Veröffentlichungen über Dynamisches Programmieren vorliegt[38] — ein Tatbestand, der die Aussage (vgl. *B. Schiemenz,* Regelungstheorie . . ., insbes. S. 111 f.) stützt, daß technische Steuerungs- und Regelungsvorgänge und betriebliche Entscheidungsprozesse funktional gleichartig sind' —, können wir uns hier darauf beschränken, seine Grundzüge darzulegen.

Hierzu wollen wir uns weiterhin einschränken auf Entscheidungsprozesse, in denen sich die Mehrstufigkeit bezieht auf den zeitlichen Ablauf des Prozesses[39], denn nur insofern ist das Dynamische Programmieren auch für die Regelungstheorie, die es immer mit im Zeitablauf zu lenkenden Prozessen zu tun hat, relevant. Schließlich wollen wir nur Diskrete-Zeit-Signal-Systeme betrachten[40].

Ein System sei durch die Zustandsgleichung[41]

$$(42) \qquad \bar{s}(k+1) = \bar{f}\,[\bar{s}(k); \bar{e}(k); k], \qquad\qquad k = 1, 2, \ldots, N$$

beschrieben.

Ein Teil $\bar{y}(k)$ des Vektors $\bar{e}(k)$ der Eingangssignale stehe (als „Stellgröße") zur Beeinflussung des Zustandes $\bar{s}(k + 1)$ des Systems zur Verfügung. Zur Vereinfachung sei

Berlin-Heidelberg-New York 1968 (im folgenden zitiert als „Einführungskursus . . . ");
Wentzel, J. S.: Elemente der dynamischen Programmierung (übers. aus dem Russischen), München-Wien 1966.

36 *Bellman, R.; Karush, R.:* Bibliography . . . , S. III; vgl. dort (S. 111—112) auch die noch detailliertere Aufgliederung.

37 Vgl. *Tou, J. T.:* Modern Control . . . , S. 260. Zur Anwendung auf Regelungssysteme siehe z. B. *Bellman, R.:* Dynamische Programmierung und selbstanpassende Regelungsprozesse (deutsche Übersetzung von "Adaptive Control Processes"), München-Wien 1967 (im folgenden zitiert als „Selbstanpassende Regelungsprozesse . . . "); *Bellman, R.; Kalaba, R.:* Dynamic Programming and Modern Control Theory, New York und London 1965 (im folgenden zitiert als "Control Theory . . . ").

38 Z. B. *Elsner, K.:* Mehrstufige Produktionstheorie und dynamisches Programmieren, Meisenheim am Glan 1964; *Howard, R. A.:* Dynamic Programming, in: Management Science, Vol. 12 (1966), S. 317—348; *Wedekind, H.:* Das Dynamische Programmieren als eine Methode zur Auswertung von Verkaufsstatistiken in der Konsumgüterindustrie, in: ZfB, 36 Jg. (1966), S. 19—28 (im folgenden zitiert als „Das Dynamische Programmieren . . . "). Eine große Zahl weiterer Veröffentlichungen findet man in der Operations Research Literatur, so z. B. *Ferschl, F.:* Grundzüge . . . ; *Zschocke,* D.: Die Behandlung von Entscheidungsproblemen mit Hilfe des Dynamischen Programmierens, in: Unternehmensforschung, Bd. 8 (1964), S. 101—127 (im folgenden zitiert als „Behandlung . . . "); *Henn, R.; Künzi, H. P.:* Einführung in die Unternehmensforschung II, Berlin-Heidelberg-New York 1968, mit weiteren Literaturhinweisen.

39 Ein Beispiel, in dem sich die Mehrstufigkeit nicht auf den zeitlichen Ablauf des Prozesses bezieht, ist die im Hinblick auf die Maximierung des Gesamtumsatzes optimale Auswahl der Werbemittel für die einzelnen Produkte eines Betriebes der Konsumgüterindustrie unter Einhaltung eines vorgegebenen Gesamtbetrages für die Werbung. Vgl. hierzu *Wedekind, H.:* Das Dynamische Programmieren . . .

40 Auch die Lenkung eines Kontinuierliche-Zeit-Signal-Systems läßt sich als Problem des Dynamischen Programmierens formulieren. Zur Lösung wird jedoch meist eine Diskretisierung erforderlich. Die folgenden Ausführungen erfolgen in Anlehnung an *Tou, J. T.:* Modern Control . . . , S. 266—277 und *Zschocke, D.:* Behandlung . . . , S. 105—109.

41 Zur Vereinfachung werden Zeitpunkte und Zeiträume durch eine fortlaufende Nummer (k) charakterisiert.

angenommen, daß $\bar{y}(k)$ nur die eine Variable $y(k)$ umfaßt. Gleichung (42) läßt sich damit schreiben als

$$(43) \qquad \bar{s}(k+1) = \bar{f}[\bar{s}(k);\ \bar{e}_1(k);\ y(k);\ k]$$

$$\text{mit} \quad \begin{bmatrix} y(k) \\ \bar{e}_1(k) \end{bmatrix} = \bar{e}(k)\ .$$

In jeder Periode falle ein „Erlös"

$$(44) \qquad R(k) = r\,[\bar{s}(k);\ \bar{e}_1(k);\ y(k);\ k]$$

an, der abhängig sei von dem Zustand $\bar{s}(k)$ zu Beginn der Periode[42], den Eingangssignalen $\bar{e}_1(k)$, $y(k)$ während dieser Periode und der Periode.

Der Prozeß laufe bis zum Ende der N-ten Periode. Seinem Zustand am Ende der N-ten bzw. zu Beginn der (N+1)-ten Periode sei ein fiktiver Erlös $F_0[\bar{s}(N+1)]$, der aus externer Bewertung resultiert, zugeordnet. Der Gesamterlös[43] R_N ist dann

$$(45) \qquad R_N = \sum_{k=1}^{N} R(k) + F_0\,[\bar{s}(N+1)]$$

$$= \sum_{k=1}^{N} r\,[\bar{s}(k);\ \bar{e}_1(k);\ y(k);\ k] + F_0\,[\bar{s}(N+1)].$$

Es gilt, unter Einhaltung bestehender Restriktionen die Werte $y(k)$ der Stellgröße so festzulegen, daß R_N für den Anfangszustand $\bar{s}(1)$ den maximalen Wert F_N annimmt.

$$(46) \qquad F_N\,[\bar{s}(1)] = \underset{\{y\}}{\text{Max}} \left\{ \sum_{k=1}^{N} r\,[\bar{s}(k);\ \bar{e}_1(k);\ y(k);\ k] + F_0\,[\bar{s}(N+1)] \right\}.$$

Die Problemstellung entspricht dem „modernen" Konzept der Regelungstheorie[44]. Sie ist offensichtlich nicht trivial. Nimmt man an, daß in jeder Periode m Alternativen hinsichtlich der Wahl des Wertes für $y(k)$ vorliegen, so gibt es im Falle von N Perioden nach den Gesetzen der Kombinatorik m^N verschiedene Reihenfolgen für $y(1)$, $y(2)$, ..., $y(N)$[45], unter denen die optimale ausgewählt werden muß.

Die sukzessive Wahl des für jede einzelne Periode optimalen Wertes für $y(k)$ würde nicht zu einer Maximierung des Gesamterlöses aller N Perioden führen, da er das System in einen im Hinblick auf den Erlös des Restprozesses ungünstigen Zustand bringen würde.

42 Durch Einbeziehung weiterer Zustandsvariablen in den Vektor $\bar{s}(k)$ kann diese Bedingung theoretisch immer erfüllt werden. Dies folgt aus der Definition des „Zustandes" (vgl. *Schiemenz, B.*: Regelungstheorie ..., S. 78) und der Interpretierbarkeit des „Erlöses" R(k) als Ausgangssignal des Systems. „Erlös" soll die zielrelevante Ausbeute kennzeichnen. Durch leichte Umformung läßt sich die Problemstellung auch in die der Minimierung eines „Einsatzes" (z. B. Kosten) umdeuten.
43 Infolge des „fiktiven Erlöses" ist dieser nicht mehr rein zeitraumbezogen.
44 Vgl. *Schiemenz, B.*: Regelungstheorie ..., S. 104–105.
45 Eine solche Reihenfolge wird in diesem Zusammenhang als „Politik" bezeichnet. Die im Hinblick auf den Gesamterlös aller N Perioden optimale Reihenfolge heißt „optimale Politik".

Der Ansatz des Dynamischen Programmierens liegt nun darin, das konkrete Problem in ein noch umfassenderes Problem einzubetten, dessen Lösung dennoch einfacher ist, und dieses rückwärtsschreitend von der N-ten zur ersten Periode zu lösen. Grundlage ist das Optimalitätsprinzip. "An optimal policy has the property that whatever the initial state and initial decision are, the remaining decisions must constitute an optimal policy with regard to the state resulting from the first decision."[46]

Das Problem wird gelöst, indem man zunächst für die N-te Periode für jeden der möglichen Anfangszustände $\bar{s}_i(N)$ den unter allen möglichen Alternativen $y_i^j(N)$ erlösmaximalen Wert $y_i^{opt}(N)$ der Stellgröße ermittelt. Sind $y(k)$ und $\bar{s}(k)$ analoge Variable, ist dazu in der Regel eine Quantisierung erforderlich[47].

Um $y_i^{opt}(N)$ für den betrachteten Zustand $\bar{s}_i(N)$ ermitteln zu können, ist für jeden der möglichen Werte $y_i^j(N)$ die Berechnung zweier Erlöse erforderlich:

1. Des Erlöses der N-ten Periode. Er ergibt sich aus Gleichung (44) durch Einsetzen von $y_i^j(N)$.

(47) $\qquad R_i^j(N) = r\left[\bar{s}_i(N);\ \bar{e}_1(N);\ y_i^j(N);\ N\right].$

2. Des fiktiven Erlöses, der demjenigen Zustand zu Beginn der (N + 1)-ten Periode zugeordnet ist, in den das System durch $y_i^j(N)$ überführt wird. Dieser Zustand ist gemäß (43)

(48) $\qquad \bar{s}(N+1) = \bar{f}\left[\bar{s}_i(N);\ \bar{e}_1(N);\ y_i^j(N);\ N\right].$

Der ihm zugeordnete Erlös ist

(49) $\qquad F_0\left[\bar{s}(N+1)\right] = F_0\left\{\bar{f}\left[\bar{s}_i(N);\ \bar{e}_1(N);\ y_i^j(N);\ N\right]\right\}.$

Ist $F_0[\bar{s}(N + 1)]$ nicht verfügbar, muß dieser Wert durch Interpolation oder Extrapolation aus verfügbaren Werten ermittelt werden[48]. Derjenige Wert $y_i^j(N)$ ist für den Zustand $\bar{s}_i(N)$ optimal, für den die Summe dieser beiden Erlöse maximal ist.

Man ermittelt so für den nur über die letzte Periode laufenden Restprozeß für alle Anfangszustände den maximalen Erlös und den zugehörigen Wert der Stellgröße und löst damit das Problem

(50) $\qquad F_1\left[\bar{s}(N)\right] = \underset{y(N)}{\mathrm{Max}}\left\{r\left[\bar{s}(N);\ \bar{e}_1(N);\ y(N);\ N\right] + \right.$

$\qquad\qquad\qquad\qquad\left. + F_0\left\{\bar{f}\left[\bar{s}(N);\ \bar{e}_1(N);\ y(N);\ N\right]\right\}\right\}.$

Der ermittelte maximale Erlös und der optimale Wert der Stellgröße werden für jeden Zustand gespeichert.

Die für die N-te Periode durchgeführten Rechenschritte werden nun für die vorletzte, die (N − 1)-te Periode wiederholt. An die Stelle der vorgegebenen Werte $F_0[\bar{s}(N+1)]$ treten jedoch die bereits errechneten Werte $F_1[\bar{s}(N)]$, die maximalen Erlöse während

46 *Bellman, R.:* Dynamic Programming, Princeton 1957, S. 83.
47 Vgl. z. B. *Bellman, R.; Kalaba, R.:* Control Theory . . . , S. 59.
48 Vgl. *Bellman, R.; Kalaba, R.:* Control Theory . . . , S. 59.

der letzten Periode und aus deren Endzustand. Man ermittelt also wieder für alle möglichen Zustände zu Beginn der vorletzten Periode den von allen möglichen Alternativen besten Wert $y_i^{opt}(N-1)$ der Stellgröße. Seine Anwendung führt zu einer Maximierung des Erlöses des über zwei Perioden laufenden Restprozesses, vorausgesetzt, daß in der letzten Periode der für den Zustand l, in den das System durch $y_i^{opt}(N-1)$ gerät, als optimal errechnete Wert $y_i^{opt}(N)$ angewendet wird. Wieder speichert man die errechneten maximalen Erlöse und optimalen Werte der Stellgröße. Die Werte $F_1[\bar{s}(N)]$ werden nicht mehr benötigt und können gelöscht werden[49].

Der Rechenvorgang wird darauf für die drittletzte, die viertletzte usw. Periode wiederholt. Für die k-te Periode sucht man den maximalen Erlös für den über $N-k+1$ Perioden laufenden Restprozeß und den zugehörigen optimalen Wert der Stellgröße gemäß

$$(51) \qquad F_{N-k+1}[\bar{s}(k)] = \underset{y(k)}{Max} \left\{ r[\bar{s}(k); \; \bar{e}_1(k); \; y(k); \; k] + \right.$$

$$\left. + F_{N-k}\left\{ \bar{f}[\bar{s}(k); \; \bar{e}_1(k); \; y(k); \; k] \right\} \right\}.$$

Schließlich ermittelt man für die erste Periode den optimalen Wert $y_i^{opt}(1)$, wobei man sich hier darauf beschränken kann, nur den gegenwärtigen Zustand des Systems zu berücksichtigen. $y_i^{opt}(1)$ ist, um das nochmals hervorzuheben, insofern optimal, als es das System aus dem Zustand i zu Beginn der ersten Periode in denjenigen Zustand überführt, für den die Anwendung der optimalen Stellgrößen in den verbleibenden $N-1$ Perioden zu einem für alle N Perioden maximalen Gesamterlös führt.

Da für alle folgenden Perioden und für alle möglichen Zustände die jeweils optimalen Werte der Stellgröße gespeichert sind, was auch auf Band geschehen kann, kann nun vorwärtsschreitend die „optimale Politik" ermittelt werden, indem gemäß Gleichung (43) der Zustand ermittelt wird, in den das System gelangt, der dafür gespeicherte optimale Wert der Stellgröße entnommen wird usw.

Praktisch ist die so ermittelte Politik jedoch nur dann optimal, wenn (abgesehen von der Isomorphie des Modells zur Wirklichkeit) die nicht kontrollierten Eingangssignale, bei denen es sich immer um Zukunftswerte handelt, richtig prognostiziert sind und keine weiteren Störungen auf das System einwirken. In diesem Falle würde der vorausberechnete Zustand genau eintreffen, Steuerung des Systems wäre ausreichend, der einmalige Entscheidungsprozeß würde genügen. In der Praxis wird durch Vorhersagefehler und auf das System einwirkende weitere Störgrößen der erreichte von dem vorausberechneten Zustand abweichen. Dann genügt die Steuerung nicht, es wird Regelung erforderlich.

Hier müssen nun verschiedene Fälle unterschieden werden. Die wichtigste Unterscheidung bezieht sich auf die Frage, ob der zu lenkende Prozeß tatsächlich nur über N Perioden laufen soll oder ob die dem Dynamischen Programmieren zugrundegelegten N Perioden nur der „Planungshorizont"[50] sind, der Prozeß jedoch unbefristet weiterlaufen soll.

49 Vgl. *Bellman, R.; Kalaba, R.:* Control Theory . . . , S. 60.
50 Vgl. *Künzi, H. P.; Müller, O.; Nievergelt, E.:* Einführungskursus . . . , S. 37.

Soll der zu lenkende Prozeß nur über N Perioden laufen[51], so handelt es sich um das regelungstheoretische Problem der Endwertregelung[52]. Bleiben hier die Prognosewerte für die Eingangssignale der verbleibenden Perioden gleich, so kann für den aktuellen Zustand, obwohl dieser von dem vorausberechneten abweicht, auf Grund der für jeden Zustand gespeicherten jeweils optimalen Werte der Stellgröße die für die verbleibenden Perioden optimale Politik vorwärtsschreitend neu errechnet werden. Ändern sich die Prognosewerte, so ist eine Neuberechnung mittels des Rekursionsverfahrens des Dynamischen Programmierens erforderlich, nun jedoch nur für die noch verbleibenden Perioden. Im zweiten Falle ist, wenn der „Planungshorizont" mit N Perioden konstant bleibt, für jede Periode eine Wiederholung des Verfahrens des Dynamischen Programmierens mit den neuen Prognosewerten erforderlich. Es wird dann auch nur der zuletzt berechnete optimale Wert der Stellgröße benötigt, der jedoch in dem vorne erwähnten Sinne in bezug auf den gesamten „Planungshorizont" optimal ist.

---

51 Dieses Problem würde beispielsweise vorliegen, wenn ein Betrieb zu einem bestimmten Zeitpunkt völlig stillgelegt werden soll. Ein regelungstechnisches Beispiel ist die Landung eines Raumschiffes zu einem bestimmten Zeitpunkt an einem vorgegebenen Ort.
52 Vgl. z. B. *Bellman, R.:* Selbstanpassende Regelprozesse . . . , S. 39; *Tou, J. T.:* Modern Control . . . , S. 227–228 und S. 312–317.

Mathematische Probleme der optimalen Prozeßsteuerung

von Joachim A. Nitsche*

Wir wollen uns hier mit den Fragen auseinandersetzen, die den Mathematiker im Zusammenhang mit Problemen der Prozeßsteuerung beschäftigen. Naturgemäß muß dabei zunächst das gegebene System in eine Form gebracht werden, die eine mathematische Behandlung ermöglicht. Das verlangt die Aufstellung eines Modells, welches das Verhalten des Systems zu beschreiben gestattet. Mit Modell ist dabei

1. die Vorgabe einer gewissen Variablen- oder Funktionenmenge als Darstellung der Zustände des Systems und
2. eine Gesamtheit von Gleichungen bzw. sonstigen funktionalen Zusammenhängen als Abbild der Wirkungsweise des Systems gemeint. Ferner kann noch
3. eine Gruppe von Nebenbedingungen (meist in Form von Ungleichungen), die den zulässigen Bereich für ein einwandfreies Arbeiten des Systems beschreiben, hinzukommen.

Die Prozeßsteuerung soll so erfolgen, daß eine gewisse Zielgröße optimiert wird. Bei der Abbildung des Systems auf das Modell entspricht dem die Optimierung eines Funktionals der Systemgrößen. Wiewohl sich die Aufgabe dessen, was üblicherweise mit „mathematische Theorie optimaler Kontrollprozesse" bezeichnet wird, nur auf diesen letzten Gesichtspunkt bezieht, beinhaltet bereits die Modellbildung mathematische, vorwiegend statistische Probleme.

1. Aufstellung eines Modells

Als erstes ist hier die Wahl der Variablen bzw. der Funktionen zu nennen, die in das Modell eingehen sollen. Handelt es sich um einen dynamischen Prozeß, bei dem sich also das System während des Ablaufs verändert, so führt dies praktisch immer auf das Einführen von Funktionen.

Aber selbst im statischen Fall kann die Hinzunahme von Funktionen — wie z. B. Abhängigkeit vom Ort — zur Beschreibung des Systems notwendig sein. Je vielfältiger die Zahl der eingehenden Variablen ist, um so besser wird sich das System durch das Modell approximieren lassen. Umgekehrt werden dann aber die späteren Berechnungen und entsprechend auch der später erforderliche Aufwand entsprechend umfangreicher, so daß ein Kompromiß zu schließen ist. Über die Auswahl geeigneter

* In: IBM-Nachrichten, 14. Jg. (1964), S. 2450–2453.

Variablen bzw. das mögliche Weglassen überzähliger wird weiter unten noch zu sprechen sein.

Die Beschreibung der Wirkungsweise des Systems durch geeignete Relationen, die im dynamischen Fall in Gestalt von Differentialgleichungen zu erwarten sind, beinhaltet neue Schwierigkeiten. Hier sind zwei Extremfälle besonders hervorzuheben:

1. Es handelt sich um einen solchen Vorgang, bei dem aufgrund von Energiebilanzen usw. der Prozeßablauf exakt durch theoretisch ableitbare Formeln angebbar ist.
2. Das System ist derart komplex, daß die aufzustellenden Relationen aufgrund „vernünftiger" Ansätze anstelle theoretischer Ableitungen gefunden werden müssen.

Die Probleme der Praxis liegen im allgemeinen zwischen diesen beiden Extremfällen. Um die vorliegende Darstellung nicht zu sprengen, wollen wir vom zweiten Fall ausgehen. Konkret betrachtet denken wir uns die in das Modell eingehenden Größen — wir wollen hier der Einfachheit halber nur Funktionen einer Variablen, der Zeit, ins Auge fassen — durch Menge

$$\{x_i(t), \quad i = 1, \ldots, I\}$$

beschrieben. Dabei sollen alle zu betrachtenden Größen aufgeführt sein, d. h. also alle Eingangs- oder Eingabegrößen und Ausgangsgrößen wie auch mögliche Störeinflüsse. Bei der Suche nach „vernünftigen" Beziehungen zur Beschreibung des Systems ist ein System linearer Gleichungen naheliegend. Demgemäß machen wir den Ansatz[1].

$$(1) \qquad \sum_1^I a_{\mu i} x_i(t) + \sum_1^I b_{\mu i} \dot{x}_i(t) + c_\mu = 0 \qquad (\mu = 1, \ldots, M).$$

Dabei sind die als zeitunabhängig angesetzten Größen $a_{\mu i}$, $b_{\mu i}$ und c_μ als Modellparameter anzusehen, deren numerische Werte noch zu bestimmen sind. Das geschieht dadurch, daß sämtliche Modellgrößen (= Funktionen x_i) zu gewissen Zeiten t_k ($k = 1, \ldots, K$) gemessen werden. Man wird nun in (1) näherungsweise setzen

$$(2) \qquad \dot{x}(t_k) = \frac{x(t_{k+1}) - x(t_{k-1})}{t_{k+1} - t_{k-1}}.$$

Stellen die Gleichungen (1) die richtige Beschreibung des Systems dar, so müßten die Abweichungen

$$(3) \qquad \epsilon_k = \sum a_{\mu i} x_i + \sum b_{\mu i} \dot{x}_i + c_\mu \big|_{t_k}$$

---

1    $\dot{x}$ bedeutet die Ableitung nach der Zeit. Gegebenenfalls müßten auch zweite oder höhere Ableitungen berücksichtigt werden.

exakt gleich Null sein. Durch den Ansatz

(4a) $\epsilon_k = 0$ bei $K = M(2I + 1)$

bzw. die Minimalforderung

(4b) $\sum_1^K \epsilon_k^2 \to$ Min.!   bei $K > M(2I + 1)$

lassen sich die Parameter a, b, c durch Auflösen eines linearen Gleichungssystems berechnen.

Dieses Berechnungsverfahren wird man nun nicht nur einmal durchführen, sondern verschiedene Male, wobei insbesondere auch verschiedene Abfragezeitpunkte t_k zu berücksichtigen sind. Es werden sich verschiedene Werte für die Modellparameter ergeben. Durch statistische Methoden kann überprüft werden, ob die sich dabei ergebenden Abweichungen als wesentlich anzusehen sind. In diesem Falle ergibt sich, daß die Gleichungen (1) nicht zur Wiedergabe des Systems geeignet sind. Es ist dann zu überlegen, ob der bisherige Ansatz durch Hinzunahme von

a) nichtlinearen Termen
b) höheren Ableitungen oder aber
c) neuen Variablen bzw. Funktionen

zu erweitern ist. Für das modifizierte Modell sind die beschriebenen ,,Vergleiche mit der Wirklichkeit" neu durchzuführen.

Der Test hinsichtlich der Güte des Modells ist aber auch noch in einer anderen Richtung anzuwenden. Durch Weglassen einer oder mehrerer der ursprünglichen Variablen entsteht ein reduziertes Modell, das entsprechend hinsichtlich seiner Güte überprüfbar ist. Auf diese Weise kann festgestellt werden, inwieweit die angesetzten Größen für das Modell wesentlich sind.

So läßt sich die oben bereits angeschnittene Frage nach den in dem Modell zu verwendenden Variablen mit Hilfe statistischer Schätzverfahren behandeln.

Zwei Gesichtspunkte, die bei der praktischen Durchführung wohl von besonderer Bedeutung sind, seien hier noch hervorgehoben:

1. Die hier beschriebene Datenerfassung zur Überprüfung des Modells erfordert keine Unterbrechung des normalen Ablaufs des Systems. Es ist nur nötig, an geeigneten Meßstellen eine Registrierung des Prozeßgeschehens vorzunehmen. Damit wird die Entwicklung eines Modells ohne Behinderung der laufenden Arbeiten möglich.
2. Aufgrund der statistischen Analyse ergibt sich, welche der zunächst eingerichteten Meßstellen für die Systemdarstellung überflüssig sind, wodurch für die weitere Entwicklung gegebenenfalls eine Vereinfachung bzw. Kosteneinsparung möglich ist. Gleichzeitig wird sich ein geeigneter Abfragezyklus ergeben, wodurch die für die Erfassung des Prozeßablaufs erforderliche Frequenz der Registrierung festgelegt wird.

2. Formulierung der Aufgabe einer optimalen Prozeßsteuerung

Wir stellen uns jetzt vor, das Modell sei bereits gewonnen. Die eingehenden Modellvariablen, die wir uns hier wieder als Funktionen $x_i(t)$ der Zeit vorstellen wollen, sind nun in drei Gruppen zu unterteilen.

Gruppe 1: Frei wähl- bzw. steuerbare Eingangsgrößen.

Gruppe 2: der äußeren Beeinflussung entzogene, für den Prozeßablauf aber wesentliche Größen, welche sich zwar a posteriori messen, nicht aber a priori wählen lassen. Diese sollen im folgenden als Störgrößen bezeichnet werden.

Gruppe 3: Größen, die zur Beschreibung des jeweiligen Zustandes notwendig, jedoch funktional durch die unter 1 und 2 genannten bestimmt sind. Sie seien Zustandsgrößen genannt.

Entsprechend dieser Aufteilung lassen sich die I Funktionen x_i in die drei Gruppen

1. $u_a \, (a = 1, \ldots, A)$
2. $z_\rho \, (\rho = 1, \ldots, P)$
3. $y_\lambda \, (\lambda = 1, \ldots, \Lambda)$

mit $A + P + \Lambda = I$ aufgliedern. Die Modellgleichungen (1) nehmen nach passender Sortierung und geeigneten Eliminationen alsdann die Gestalt[2]

$$(5) \qquad \dot{y}_\lambda = f_\lambda(y, u, z) \qquad \lambda = 1, \ldots, \Lambda$$

an, wobei rechts y, u, z für die jeweiligen Funktionengruppen steht. Die Funktionen f_λ sind im Falle eines linearen Modells (1) insbesondere lineare Funktionen.

Parallel zu den Gleichungen (5) sind im allgemeinen, wie bereits zu Beginn hervorgehoben, eine Reihe von Nebenbedingungen zu berücksichtigen, die zum ordnungsgemäßen Ablauf des Prozesses notwendig erfüllt sein müssen. Bei diesen Nebenbedingungen, die mathematisch gesprochen den zulässigen Bereich einschränken, ist auch wieder zu unterscheiden zwischen

a) Beziehungen der Gestalt

$$(6a) \qquad g(u) \geqslant 0,$$

die also nur die Steuergrößen betreffen und

b) Beziehungen der Gestalt

$$(6b) \qquad h(u, y) \geqslant 0,$$

---

2   Die Wahl der Größen y kann gegebenenfalls bei Transformation der Gleichungen (1) auf die Gestalt (5) überprüft werden.

bei denen also eine Kombination aus Steuer- und Zustandsgrößen einer Bedingung unterworfen ist. Speziell ist hier die Vorgabe eines Anfangs- und/oder Endzustands des Systems zu nennen.

Nunmehr bleibt nur die Zielfunktion zu betrachten, welche in der Gestalt

(7) $\mathfrak{J}(y, u, z) \rightarrow$ Min.

angenommen werden kann. Die mathematisch zu behandelnde Aufgabe kann in der folgenden Weise formuliert werden:
   Gegeben seien die Störgrößen z bzw. im stochastischen Falle die statistische Verteilung von z. Gesucht ist die optimale Wahl der Kontrollgrößen u, so daß bei Einhalten der Bedingungen (5) und (6) das Funktional (7) minimiert wird.
   Dieses allgemeine Problem ist in zahlreichen Arbeiten bei den unterschiedlichsten Voraussetzungen über die Gestalt der Modellgleichungen, der Nebenbedingungen sowie der Zielfunktionen behandelt worden.
   Es würde den Rahmen dieses Beitrags sprengen, diese Ansätze und Lösungswege im einzelnen zu erläutern. Es seien nur die Namen *Bolza, A. Maier, Pontryagin* und *Bellman* erwähnt, die besonders bekannt gewordene Beiträge geliefert haben.
   Zum Abschluß der vorliegenden Betrachtungen sei noch eine für die Praxis interessante Modifizierung der Aufgabenstellung skizziert. Die prinzipielle Kenntnis der optimalen Steuerung, d. h. der besten Wahl von u, ist erst dann von Nutzen, wenn sie sich technisch realisieren läßt. Während des Ablaufs ist es möglich, die Größen y und auch z in jedem gewünschten Zeitpunkt zu messen. Eine realisierbare Kontrolle wird also insbesondere dann vorliegen, wenn die Wahl von u in Abhängigkeit des jeweiligen Zustandes (y, z) bekannt ist. Hier unterscheidet man

	Direkte Kontrolle	$u(t) = \varphi\,[y(t),\ z(t)]$
und		
	Indirekte Kontrolle	$\mathbf{u(t)} = \psi\,[y(t),\ z(t),\ u(t)].$

Bei Festlegen auf eine solche Art der Kontrolle handelt es sich alsdann um die optimale Wahl der Funktionen φ bzw. ψ. Hinsichtlich der Behandlung dieser Fragestellungen sei besonders auf Arbeiten von *Liapunow* und *Lefschetz* hingewiesen.

Literaturhinweise

[1] *Bellman, R.* (Ed.): Mathematical Optimization Techniques, Berkeley and Los Angeles 1963.
[2] –: Adaptive Control Process. A Guided Tour – A Rand Corporation Research Study, Princeton (N. J.) 1961.
[3] *Kipiniak, W.:* Dynamic Optimization and Control. A Variational Approach, New York-London 1961.
[4] *La Salle, Joseph P.* and *Lefschetz, Solomon* (Hrsg.): International Symposium on Nonlinear Differential Equations and Nonlinear Mechanics, New York-London 1963.

[5] *Leitmann, George* (Hrsg.): Optimization Techniques with Applications to Aeroplace Systems, Mathematics in Science and Engineering, Vol. 5, New York-London 1962.
[6] *Letov, A. M.:* Stability in Nonlinear Control Systems, Princeton (N. J.) 1961.
[7] *Pontryagin, L. S.; Boltjanskii, V. G.; Gamkrelidze, R. V.*, and *Mishchenko, E. F.:* The Mathematical Theory of Optimal Processes, New York-London 1962.
[8] *Westcott, J. H.* (Ed.): An Exposition of Adaptive Control. Oxford-London-New York-Paris 1962.

Kybernetik und Mathematik

*von Viktor Gluschkow**

Die Unterteilung der Mathematik in einen ,,reinen" und einen ,,angewandten" Zweig ist historisch bedingt. Die Bevorzugung analytischer Lösungen vor numerischen liegt nicht in der größeren Allgemeinheit der ersteren, sondern im Vorhandensein einer einheitlichen Sprache der Analysis. Mit den in jüngster Zeit entwickelten Programmiersprachen verschwindet diese Diskrepanz. Beide Teile verschmelzen nunmehr zu einer Einheit.

Die Entwicklung elektronischer Rechenmaschinen hat zu großen Fortschritten in der numerischen Analysis geführt, was sich nicht nur in einem enormen Wachstum der numerischen Methoden ausdrückt, sondern auch in einer prinzipiell neuen Einschätzung ihres relativen und absoluten Wertes. Wenn man vom relativen Wert spricht, so ist hier die Neubewertung mit der Spezifik der in den Maschinen benutzten Methoden verbunden — im Unterschied zu den vom Mathematiker benutzten.

Weitaus größere Bedeutung, das Schicksal der gesamten Mathematik berührend, besitzt jedoch die Neubewertung des absoluten Wertes solcher Methoden. Vor der maschinellen Mathematik hat ein entscheidender Unterschied zwischen den numerischen und den analytischen Lösungsmethoden von Aufgaben bestanden. Das ging so weit, daß jeder Mathematiker eine Aufgabe nur dann als endgültig gelöst betrachtete, wenn eine analytische Lösung gefunden war. Eine numerische Lösung betrachtete man in der ,,reinen" Mathematik, unabhängig davon, wie groß auch immer ihre praktische Bedeutung gewesen sein mag, als eine Art Ersatz, mit dem man sich abfinden mußte, wenn es nicht gelang, eine ,,vollwertige" analytische Lösung zu finden.

Die Entwicklung der maschinellen Mathematik zeigt nun aber überzeugend, daß der Unterschied zwischen numerischen und analytischen Methoden in Wirklichkeit keinen speziellen Charakter trägt, sondern daß man ihn als Übergang aufzufassen hat. Versuchen wir doch mal auf die Frage zu antworten, worin eigentlich der Vorteil analytischer Lösungen gegenüber numerischen liegt. Es versteht sich, daß er nicht in der Allgemeinheit, nicht in der Universalität liegt, wie noch manche Mathematiker annehmen, die Maschinen und maschinellen Methoden sehr fernstehen. Denn heute macht in der Regel niemand mehr Algorithmen (Programme) für die numerische Lösung einer einzigen Aufgabe. Die sogenannten Standard- oder Typenprogramme sind gewöhnlich für die Lösung einer ganzen Klasse von Aufgaben bestimmt, die oftmals recht groß ist. Es ist beispielsweise nicht besonders schwierig, ein Standardprogramm

* In: Ideen des exakten Wissens. Wissenschaft und Technik in der Sowjetunion, H. 6, 1969, S. 355—359.

157

zu machen, das für die numerische Lösung einer beliebigen algebraischen Gleichung benutzt werden kann. Dagegen werden analytische Lösungsmethoden von algebraischen Gleichungen nur für Gleichungen niedriger Ordnungen gegeben, wobei für jede Ordnung gesonderte Methoden existieren.

Hier geht es also keineswegs um die Allgemeinheit. Die wirkliche Anziehungskraft analytischer Lösungen besteht im folgenden: Erstens werden die analytischen oder Formel-Lösungen in einer für Mathematiker vertrauteren Sprache und wesentlich gedrungener als numerische Algorithmen, Programme, geschrieben. Zweitens erlaubt diese Schreibweise, da sie sehr gut erforscht ist, relativ einfach verschiedene qualitative Besonderheiten der Lösung an Hand der Formel, zum Beispiel ihr asymptotisches Verhalten, zu untersuchen. Drittens sind für die Formelsprache der Algebra und Analysis formale Umformungsmethoden entwickelt, die es gestatten, schnell von einer Darstellungsform der Lösung zu einer anderen überzugehen oder die Lösungen anderer Aufgaben zu finden, die der Ausgangsaufgabe ähnlich sind; beispielsweise indem man die Funktion, welche die Lösung darstellt, differenziert oder integriert.

Diese Vorteile analytischer Lösungen stehen außer Zweifel. Sie sind aber nicht augenblicklich entstanden, sondern im Verlaufe eines gewissen Prozesses der Anhäufung und Entwicklung des Wissens. Zu Beginn des 17. Jahrhunderts, als sich die formale Sprache der Algebra und Analysis noch nicht herausgebildet hatte, wurden die Lösungen mathematischer Aufgaben in Worten geschrieben. Zu jener Zeit hat ein Unterschied zwischen numerischen und analytischen Methoden nicht bestanden und konnte offensichtlich auch nicht bestehen. Als sich dann die symbolische Sprache der Algebra und Analysis herausgebildet hatte, diente sie zuerst im wesentlichen zur Vereinfachung der Schreibweise und zur Vereinheitlichung der Lösungsmethoden von Aufgaben, die auch ohne diese Sprache gelöst werden konnten und gelöst wurden. Viele Mathematiker empfanden noch nicht die unabdingbare Notwendigkeit, sich dieser geschaffenen Symbolik zu bedienen. Erst im 18. Jahrhundert, als sich die Algebra der formalen Umformungen entwickelte, wurde es möglich, Aufgaben in der neuen Sprache zu lösen, die mit der alten beschreibenden Lösungsart nicht lösbar waren. Die sich an Universitäten und Schulen verbreitende Formelsprache ging allmählich nicht nur den Mathematikern in Fleisch und Blut über, sondern auch all jenen, die die Mathematik benutzten. Wenn man früher in der beschreibenden Art nur die Lösung einer gegebenen konkreten Aufgabe gesehen hatte, so sah der Mathematiker des 18. Jahrhunderts in der kurzen symbolischen Schreibweise von beispielsweise $y = \sin^2 x$ auch schon andere mögliche Darstellungen der aufgeschriebenen Funktion;

z. B. $\qquad y = 1 - \cos^2 x \qquad$ oder $\qquad y = \dfrac{1 - \cos 2x}{2},$

ihre Ableitung oder das Integral, den Graphen der Funktion, die Lage ihrer Maxima und Minima usw.

Die Stärke der neuen Sprache war so beeindruckend, daß der Ausdruck einer Lösung verschiedener Aufgaben in explizierter analytischer Schreibweise zum Selbstzweck für die Mathematiker mehrerer Generationen wurde. Die Möglichkeit einer solchen Darstellung wurde fast als selbstverständlich angesehen. Allerdings schon im

19. Jahrhundert wurde die Allmacht der Formelsprache erschüttert. Es ist gezeigt worden, daß allgemeine algebraische Gleichungen von höherer als vierter Ordnung nicht durch Wurzeln gelöst werden können, daß Differentialgleichungen existieren, die durch Quadraturen nicht lösbar sind. Versuche, die Sprache der Algebra und Analysis in der Biologie, der Ökonomie und einer Reihe anderer Wissenschaften anzuwenden, haben gezeigt, daß im Unterschied beispielsweise zur Mechanik eine einigermaßen vollständige Vorstellung vom Gegenstand dieser Wissenschaften in der gewöhnlichen Formelsprache nicht erhalten werden kann. Deshalb wurde im 20. Jahrhundert eine unvergleichlich mächtigere Sprache, die Sprache der Algorithmen, geschaffen. Anfangs entstand diese Sprache im Rahmen der mathematischen Logik und war von Anwendungen als auch von der traditionellen Formelsprache sehr weit entfernt; diese ist letzten Endes eine Sprache, um eine spezielle Klasse von Algorithmen darzustellen.

Ein neuer Anstoß zur Entwicklung einer allgemeinen algorithmischen Sprache ist durch die auftauchenden elektronischen Rechenmaschinen und die Kybernetik gegeben worden. In solchen Varianten dieser Sprache wie ALGOL-60, FORTRAN u. a. ist die gewöhnliche Formelsprache − richtiger ein bestimmtes Fragment von ihr − als einer ihrer Bestandteile eingeschaltet worden. Im Unterschied zur einfachen Formelsprache beschreiben die modernen algorithmischen Sprachen mit gleicher Leichtigkeit nicht nur Aufgaben der Mechanik und der Physik, sondern auch Aufgaben der Evolutionsbiologie, der Genetik, der Ökonomie und der Linguistik.

Die Geschichte der Entwicklung allgemeiner algorithmischer Sprachen − unter dem Aspekt praktischer Anwendung − ist nicht älter als zehn Jahre. Es ist daher nicht verwunderlich, daß diese Sprachen bezüglich ihrer Vollkommenheit und des Grades ihres Erforschtseins zur Zeit keinem Vergleich mit den klassischen Formelsprachen standhalten können. Faktisch drückt sich das Neue, was beispielsweise ALGOL-60 von der einfachen Formelsprache unterscheidet, in einer leicht gekürzten standardisierten, aber doch noch in einer Wortform aus. Allgemein übliche Abkürzungen zur Bezeichnung von Prozeduren, die sich von den wohlbekannten Rechenprozeduren für die elementaren Funktionen unterscheiden, existieren zur Zeit noch nicht. Somit lösen die allgemeinen algorithmischen Sprachen selbst die Aufgabe einer sinnvollen Verkürzung der Schreibweise für die von ihnen dargestellten Prozeduren noch nicht vollständig, und es wird die Möglichkeit erschwert, relativ einfach qualitative Eigenschaften der Abhängigkeiten zu untersuchen, die durch algorithmische Prozeduren ausgedrückt werden; außerdem wird die Lösung der Aufgabe formaler Umformungen für diese Prozeduren behindert.

In Zukunft wird der Unterschied zwischen den allgemeinen Algorithmen und der speziellen Formelsprache im Prinzip völlig überwunden werden. Numerische Methoden werden sich dann nicht mehr prinzipiell von den analytischen unterscheiden, und die neue, allen Mathematikern vertraute Symbolsprache wird den Gegenstand nicht nur der Mechanik und Physik adäquat abbilden, sondern auch den einer anderen Wissenschaft.

Eine Etappe von prinzipieller Bedeutung bei der Lösung der aufgezeigten Probleme stellte der Beginn der Entwicklung einer Algebra algorithmischer Sprachen dar, d. h. Möglichkeiten, die es gestatten, die formalen Umformungen der Schreibweisen in diesen Sprachen zu verwirklichen. Im Vortrag, der auf dem Internationalen Mathematikerkongreß in Moskau 1966 gehalten wurde, ist es dem Autor dieser Zeilen gelungen, eine Theorie zu schaffen, die einen der ersten Schritte bei der Entwicklung einer Algebra allgemeiner algorithmischer Sprachen darstellt. Das Wesen der Theorie besteht im folgenden: Wie bekannt, unterscheiden sich die allgemeinen algorithmischen Sprachen in erster Linie von der einfachen Formelsprache dadurch, daß bei ihnen die Reihenfolge für die Ausführung von Operationen nicht konstant ist, sondern sich in Abhängigkeit von den Resultaten der vorher ausgeführten Operationen ändern kann. Eine allgemeine algorithmische Sprache wird durch eine Menge M, das Informationsfeld, elementare Umformungen auf dieser Menge und elementaren Bedingungen, die auf M bestimmt sind, gegeben. Ein Algorithmus, der diese oder jene komplizierte Umformung auf der Menge M definiert, wird durch eine endliche Zahl von Aktionen bestimmt, deren jede aus einer Überprüfung dieser oder jener Bedingung und der Ausführung einer der Elementaroperationen besteht, die von den Resultaten dieser Überprüfung abhängig ist.

Um eine Algebra der Algorithmen zu schaffen, werden Operationen mit Ausdrükken oder Umformungen bestimmt. Wenn φ und ψ Umformungen sind und α eine Bedingung, so wird die α-Disjunktion der Umformungen φ und ψ eine Umformung θ, die mit ψ auf dem Teil der Menge M zusammenfällt, für den die Bedingung α erfüllt ist, und mit ψ auf jenem Teil M, für den die Bedingung unwahr ist.

Die zweite Operation ist eine α-Iteration der Umformung. Wendet man sie auf die Umformung φ an, so gibt diese Operation eine Umformung τ, die in einer mehrfachen Anwendung der Umformung φ besteht, so lange, bis die Bedingung α erfüllt ist. Operationen der beiden aufgezeigten Typen ergeben, zusammen mit der elementaren Operation des Multiplizierens von Umformungen, eine Algebra der Umformungen A.

Als Bedingungen α für die Schaffung von Operationen der Algebra a werden elementare Bedingungen und Bedingungen gewählt, die aus ihnen mit gewöhnlichen Operationen der Logikalgebra und durch Multiplizieren mit Umformungen aus A gewonnen werden. Solch eine Multiplikation gibt eine Bedingung, die nur dann gilt, wenn die Ausgangsbedingung nach Anwendung der entsprechenden Umformung richtig sein wird.

Jeder Algorithmus kann in der Algebra A durch Elemente dieser Algebra gebildet werden. Dafür wählt man elementare Umformungen der Menge M. Wenn man irgendein System von Bestimmungsbeziehungen für die Algebra A schreibt, nicht unbedingt ein vollständiges, kann man formale Umformungen der genannten Schreibweisen auf die Art durchführen, wie Umformungen von Formeln in der gewöhnlichen Algebra ausgeführt werden. Im allgemeinen Falle werden die Beziehungen allerdings weitaus komplizierter und zahlreicher sein.

Die Entwicklung allgemeiner algorithmischer Sprachen und ihrer Algebren ist ein äußerst wichtiger, aber bei weitem nicht der einzige Weg, auf dem die Rechentechnik und die Kybernetik die Mathematik beeinflussen. Die von den Bedürfnissen der Kybernetik und Rechentechnik hervorgerufene Entwicklung einer „endlichen" oder kombinatorischen Mathematik verändert das Gesicht der Mathematik ganz entscheidend. Nehmen wir beispielsweise eine solche Aufgabe wie die diskrete Extrapolation.

Es geht dabei darum, wenn man einen endlichen Abschnitt einer Zahlen- oder Buchstabenfolge kennt, diese Folge auf die einfachste Art fortzusetzen oder nach einer endlichen Zahl richtiger Übersetzungen aus einer Sprache in die andere alle anderen richtigen Übersetzungen wiederherzustellen — unter Benutzung der gleichen grammatischen Regeln. Derartige Aufgaben wurden immer individuell gelöst. Jetzt hat sich die Möglichkeit abgezeichnet, für sie allgemeine Lösungsmethoden im Rahmen der abstrakten Automatentheorie zu finden.

Als von großem Einfluß auf die Zukunft der Mathematik erweist sich auch die Automatisierung von Beweisen für Theoreme mit Maschinen. Die ersten Versuche einer solchen Automatisierung beruhen auf methodologischen Voraussetzungen, die aus der mathematischen Logik stammen. Das Wesen dieser Methodologie besteht erstens darin, daß man die Theorie auf der Basis einer minimalen Zahl von Axiomen entwickelt, daß man zweitens versucht, dem Algorithmus für den Beweis eine ebenfalls möglichst einfache Form zu geben, selbst wenn dabei die Zahl der elementaren Schritte des Beweises wesentlich erhöht wird. Schließlich gibt man dem Algorithmus für die Herleitung einen möglichst universellen Charakter.

Eine ähnliche Strategie hat es erlaubt, bei der Automatisierung deduktiver Konstruktionen im Rahmen der mathematischen Logik selbst, d. h. der Berechnung von Aussagen und einzelnen Fragmenten einer engen Berechnung von Prädikaten, Erfolge zu erreichen. Allerdings in irgendwelchen komplizierten, inhaltsreichen Gebieten der Mathematik sind von ihr kaum wesentliche Resultate zu erwarten. Hier muß man eine Analogie zwischen der Automatisierung von Beweisen und den Maschinenlösungen von Aufgaben der numerischen Analysis schaffen, und sicher taucht bei keinem Mathematiker ein Zweifel darüber auf, daß das erste Problem weitaus komplizierter als das zweite ist. Trotzdem versucht auch niemand, dieses zweite Problem durch Erfindung irgendeiner einfachen universellen Methode zu lösen. Mehr noch, unabhängig von der Tatsache, daß wir über Standard- und Typenprogramme für viele tausend Aufgaben der numerischen Analysis verfügen, erfordern mehr oder weniger komplizierte praktische Aufgaben gewöhnlich neue Programme in der Maschinen- oder einer problemorientierten Sprache, wenn auch unter Benutzung der schon vorhandenen Standardprogramme. Mit anderen Worten, wir sind zur Zeit noch sehr weit von einer vollständigen Automatisierung der Lösung von Aufgaben aus der numerischen Analysis entfernt und lösen sie auf der Basis einer rationellen Aufgabenverteilung zwischen Mensch und Maschine.

Es ist klar, daß es mit der Automatisierung von Beweisen ebenso aussehen wird. In absehbarer Zukunft werden nicht universelle Beweisprozeduren die weiteste Anwendung finden, sondern spezielle Programmierungssysteme, die auf eine gemeinsame Arbeit des Menschen und der Maschine eingerichtet sind. Es erscheint zweckmäßig, zunächst eine spezielle Sprache für das Aufschreiben von Beweisen zu erarbeiten, die den Erfordernissen einer modernen Theorie der problemorientierten Sprachen entspricht. Als Grundlage für die Gestaltung einer solchen Sprache kann man den Begriff der abstrakten Konstruktion vorschlagen. Konstruktionen dienen zur Bildung von Objekten, die in Beweisen betrachtet werden. Eine Konstruktion bestimmt die Art des Aufbaus eines konkreten Objekts vom gegebenen Typ. In der Sprache einer Konstruktion ist in den Operatoren eine Zugehörigkeit dargestellt,

z. B.: G = Gruppe; A = Untergruppe der Gruppe G; e = Einselement der Gruppe G.

Der erste der geschriebenen Operatoren wird als nullstellige nicht eindeutige Konstruktion aufgefaßt. Nachdem dieser Operator gewirkt hat, wird dem Identifikator der Gruppe G die Bedeutung „Gruppe" zugeordnet. Die Eigenschaft eines Prädikats, „eine Gruppe zu sein", wird im beschreibenden, informativen Teil der Sprache als Theorem dargelegt. Der zweite der beschriebenen Operatoren gibt eine einstellige, nicht eindeutige, und der dritte eine einstellige, eindeutige Konstruktion.

Der informative Teil gibt die Eigenschaften von Konstruktionen und Objekten, die in der Sprache der Aussagenberechnungen durch Beziehungen zwischen den entsprechenden Prädikaten ausgedrückt werden, z. B. A = Untergruppe der Gruppe G $\rightarrow$ A = Gruppe. Eine zweite Art, wie die Eigenschaften der Konstruktionen gegeben werden, ist die Spezialtabelle für die Anwendbarkeit der Konstruktionen. Die Konstruktion „Untergruppe" kann beispielsweise auf Veränderliche vom Typ „Gruppe" angewendet werden, aber nicht auf Veränderliche vom Typ Element. Es versteht sich, daß es dabei nicht ausgeschlossen ist, daß ein und dieselbe Veränderliche unter verschiedenen Aspekten ihrer Betrachtungsweise mehrere Typen haben kann, wie beispielsweise Typ „Gruppe" und Typ „Menge".

Jedes Existenztheorem kann für die Bildung von Konstruktionen benutzt werden. Es ist allerdings zweckmäßig, derartige *beliebige* Konstruktionen von *Standardkonstruktionen* zu unterscheiden, die durch Definitionen eingeführt werden und dabei ihre besondere Spezialbezeichnung bekommen.

Beispielsweise gibt das Theorem: „In einer beliebigen Gruppe G existiert für jede ihrer Untergruppen A eine einzige maximale Untergruppe B, in die A als Normalteiler eingeht", eine zweistellige, eindeutige Konstruktion B = N (A, G). Durch eine spezielle Definition dieser Konstruktion in der Gruppentheorie wird ihr die Bezeichnung eines „Normalisators der Untergruppe A in der Gruppe G" zugeordnet, wonach sie zur Kategorie der Standardkonstruktionen gezählt wird.

Das System der Programmierung, von dem oben gesprochen wurde, enthält zwei Sprachen. Die eine Sprache ist die äußere, die dazu dient, die Theoreme mit ihren Beweisen und die Definitionen so aufzuschreiben, wie sie etwa in mathematischen Arbeiten dargestellt werden. Die zweite ist die innere, zur Darstellung dieser Informationen in der Maschine. Ein wichtiger Teil des Programmierungssystems sind die „Übersetzer" oder Compiler, die es gestatten, automatisch Informationen von der äußeren Sprache in die interne und umgekehrt zu übersetzen. Dieser Teil des Systems erlaubt es, ständig den Informationsteil, d. h. die Theoreme und Definitionen zu ergänzen und zu erneuern, und bei Notwendigkeit dieses oder jenes Fragment der angehäuften Informationen in anwendungsbereiter Form auszugeben.

Der zweite Teil des Systems für die Programmierung sind die Programme der logischen Ausgabe, die es gestatten, Eigenschaften von Konstruktionen zu überprüfen, komplizierte Konstruktionen, sogenannte Konstruktionsbäume, aus einfacheren aufzubauen, indem die Anwendungsbedingungen für Konstruktionen überprüft werden. Hierher gehören auch Operationsprogramme mit speziellen Konstruktionen, die äquivalente Umformungen von Formeln in diesen oder jenen Algebren vornehmen können, beispielsweise in der Algebra ganzzahliger Polynome. Weiterhin gehören zu diesem Teil des Systems auch Interpretationsmittel der verschiedensten Arten von Einschränkungen für die aufgebauten Konstruktionsbäume, die es dem Forscher gestatten, Beweise neuer Theoreme zu programmieren.

Das Hauptprogramm für den Beweis dient dabei nur zur Formalisierung des Begriffs der Offensichtlichkeit. Im Verlaufe eines gewissen, vorher fixierten Zeitraums versucht dieses Programm einen Beweis dieser oder jener Behauptung zu finden, indem alle die Bäume durchgesehen werden, die aus Standardkonstruktionen und Konstruktionen bestehen, die im Beweis aufgezeigt sind. Wird im Verlaufe dieser Zeit kein Beweis gefunden, dann heißt das, daß die betrachtete Behauptung nicht offensichtlich ist und zusätzlicher Angaben über die Anwendbarkeit der Konstruktionen bedarf.

Gäbe es nur ein solches Programm, könnten gleich mehrere prinzipielle Fragen für die Aufgabenmathematik gelöst werden. Erstens würde ein solches Programm den Begriff der Offensichtlichkeit formalisieren und somit einen Standard für die Ausführlichkeit von Beweisen schaffen. Zweitens würde es erlauben, neue Theoreme und Konstruktionen objektiv zu bewerten. Denn die Einführung neuer Resultate in den Informationsteil würde, selbst ohne Änderung des Hauptprogramms für die logische Offensichtlichkeit, die Möglichkeit geben, die Beweise der bekannten Theoreme zu kürzen. Eine Verringerung des Gedächtnisvolumens für das Aufbewahren schon bekannter Resultate bezüglich einer Informationseinheit (ein Buchstabe) in der Schreibweise des neuen Resultats könnte man als eine der möglichen, wenn auch nicht allumfassenden Einschätzungen für den Wert eines neuen Resultats auffassen.

Drittens könnte das Programm, wenn seine Informationsbasis laufend ergänzt würde, dem Forscher eine ständige und immer größer werdende Hilfe sein. Denn selbst die Feststellung, daß dieser oder jener Fakt bekannt ist — zusammen mit dem Hinweis auf die Quelle —, stellt für den Forscher keinen geringen Wert dar, und unser System würde weit mehr geben: Es würde alle offensichtlichen Schlüsse aus den schon bekannten Resultaten ziehen.

Das gegebene System würde schließlich nicht nur die Suche nach Beweisen neuer Theoreme durch ihre direkte Programmierung vereinfachen, sondern würde auch die Vervollkommnung von Algorithmen für die Feststellung der Offensichtlichkeit stimulieren. Diese Algorithmen werden wahrscheinlich einen Erkennungsteil besitzen, um festzustellen, ob die formulierten Sätze zu dieser oder jener Klasse gehören. Für jede dieser Klassen werden diese oder jene Verfahren speziell fixiert, die die Möglichkeiten beim Aufbau von Konstruktionsbäumen einschränken.

Dadurch, daß neue Fakten hinzukommen, vergrößert sich die Menge der offensichtlichen Aussagen. Auf den Stand der mathematischen Entwicklung wird in erster Linie nicht der Fortschritt der reinen Mathematik einwirken, sondern vielmehr der Fortschritt in der Programmierung und der Maschinentechnik. Reine und numerische Mathematik verschmelzen zu einer Einheit.

Simulation als Methode in der Betriebswirtschaft

von Horst Koller *

Das Modelldenken hat in der betriebswirtschaftlichen Theorie und Praxis eine lange Tradition[1]. Besonders lebhaft wurde im letzten Jahrzehnt die Verwendung mathematischer Modelle und Verfahren diskutiert. Dabei konzentrierte sich das Interesse überwiegend auf die Entwicklung und Anwendung von Rechenverfahren zur Ermittlung optimaler Lösungen von Modellen. – Vielfach lassen sich betriebswirtschaftliche Probleme zwar als mathematische Modelle formulieren, es sind aber keine Verfahren zu ihrer Optimierung verfügbar. In diesen Fällen kann die Simulationsmethode einen wertvollen Beitrag leisten.

1. Betriebswirtschaftliche Modelle und ihre Darstellungsformen

Ein *Modell* ist eine durch isolierende Abstraktion gewonnene, vereinfachte Abbildung der Wirklichkeit. Erst durch eine entsprechende Vereinfachung wird es uns möglich, komplexe Zusammenhänge von Tatbeständen zu überblicken und zu verstehen. Das Verständnis der Wirklichkeit ist auch die Voraussetzung dafür, ihr künftiges Verhalten vorauszusagen und sie damit beherrschen zu können. Deshalb haben Modelle nicht nur für die betriebswirtschaftliche Theorie eine große Bedeutung, sondern auch die Praxis bedient sich – wenn auch häufig unbewußt – in vielen Fällen dieses methodischen Hilfsmittels. Bei der Modellbildung wird jeweils von allen, für die Problemstellung unwesentlichen Einzelheiten abgesehen. Umgekehrt ist aber ein Modell zur Erklärung und Voraussage nur dann brauchbar, wenn es alle relevanten Aspekte in ihren richtigen Größenordnungen und Abhängigkeitsbeziehungen enthält.

Modelle lassen sich in sehr unterschiedlicher Weise darstellen. Ein *physisches Modell* ist eine vereinfachte, konkrete Abbildung eines Ausschnittes der Wirklichkeit, die sich in den für die Untersuchung relevanten Aspekten analog zur Wirklichkeit verhält. Solche Modelle werden hauptsächlich in den Naturwissenschaften und in der Technik verwendet, da das „indirekte" Experiment am Modell oft einfacher und

* In: ZfB, 36. Jg. (1966), S. 95–110.

1 *Kosiol, E.*: Modellanalyse als Grundlage unternehmerischer Entscheidungen, in: ZfhF, NF, 13. Jg. (1961), S. 318–334, hier S. 323–324. – Lediglich die explizite Behandlung des Modellbegriffes in der neueren betriebswirtschaftlichen Literatur erweckt den Eindruck, als ob es sich hier um eine völlig neue Betrachtungsweise handele. Uns geht es hier wie Monsieur Jourdin in Molière's Komödie Le bourgeois gentilhomme, der plötzlich mit Erstaunen feststellte, daß er mehr als vierzig Jahre seines Lebens Prosa sprach, ohne es zu wissen. Dieser nette Vergleich findet sich in: *Miller, D. W.* und *Starr, M. K.*: Executive Decisions and Operations Research, Englewood Cliffs 1960, S. 113.

wirtschaftlicher als das „direkte" Experiment in der Wirklichkeit ist. Der Windkanal ist eine typische Form dieser Modelle. Im Bereich der Wirtschaftswissenschaften stellt das von der *London School of Economics* verwendete hydraulische Modell volkswirtschaftlicher Kreislaufprozesse einen nur mehr historisch interessanten Versuch in dieser Richtung dar[2].

Die betriebswirtschaftliche Theorie und Praxis verwendet fast ausschließlich die Darstellungsform des symbolischen Modells. Ein *symbolisches Modell* wird in einer Sprache formuliert und ist wesentlich abstrakter als ein physisches Modell[3]. Bei *verbalen Modellen* bedient man sich zur Formulierung der Umgangs- oder Alltagssprache. Um die Ausdrucksweise kürzer und genauer zu gestalten, hat sich in vielen Bereichen eine eigene Fachsprache mit einer entsprechenden Terminologie entwickelt[4].

Während man bei verbalen Modellen noch die natürliche Sprache verwendet, aus der sich Ungenauigkeiten schwer ausschalten lassen, erreicht man mit der Verwendung von *künstlichen Sprachen* durch einen höheren Grad von Symbolisierung eine größere Präzision und Sicherheit bei der Darstellung von Zusammenhängen und der Ableitung von Aussagen. Diese Vorteile werden jedoch durch eine entsprechende Armut an Ausdrucksform und Flexibilität erkauft, wodurch der mögliche Anwendungsbereich derartiger Modelle gegenüber dem der verbalen Modelle kleiner wird:

Mathematische Modelle sind symbolische Modelle, die in der Sprache der Mathematik formuliert sind. Hier werden quantifizierbare Zusammenhänge in Form eines Systems von Gleichungen und Ungleichungen dargestellt. Zur Manipulation der Modellansätze und zur Ableitung von Schlußfolgerungen stehen streng formalisierte Operationsregeln zur Verfügung. Die Forderung nach Quantifizierbarkeit engt die Anwendungsmöglichkeiten solcher Modelle weiter ein. Dafür schafft das Vorhandensein von Operationsregeln oder Algorithmen einen sehr hohen Grad an Sicherheit und Genauigkeit, selbst bei sehr komplexen Modellzusammenhängen. Auch bei der Verwendung von mathematischen Modellen wird man zunächst von einer verbalen Beschreibung der Tatbestände ausgehen. Erst dann erfolgt normalerweise eine Übersetzung des verbalen Modells in ein mathematisches Modell, aus dem durch rein formale Operationen Aussagen abgeleitet werden. Die Aufgabe des Betriebswirts ist damit aber noch nicht abgeschlossen. Die Ergebnisse dieser Manipulationen müssen in jedem Falle auch wieder semantisch interpretiert und damit verbal beschrieben und diskutiert werden.

Die Einengung des Anwendungsbereiches mathematischer Modelle durch den Zwang zur Symbolisierung und Quantifizierung steckt die objektiven Grenzen für die Verwendung mathematischer Methoden in der Betriebswirtschaftslehre ab. Die Sprache dient aber auch der Mitteilung von Wissen und Erkenntnissen zwischen Individuen. Da die mathematische Sprache verständlicherweise nicht allen Vertretern der Theorie und Praxis unseres Faches gleich geläufig ist, sind der Anwendung der Mathematik in der Betriebswirtschaftslehre auch gewisse subjektiv bedingte Grenzen gesetzt. Dieser subjektiven Schwierigkeiten sollte man sich bei allen methodolo-

---

2 *Mattesich, R.:* Unternehmungsforschung, in: ZfhF, NF, 13. Jg. (1961), S. 421.
3 Vgl. hierzu *Bocheński, I. M.:* Die zeitgenössischen Denkmethoden, München o. J., S. 36.
4 *Kosiol, E.:* Modellanalyse als Grundlage unternehmerischer Entscheidungen, S. 320.

gischen Diskussionen um die Verwendung der Mathematik in unserem Fach immer bewußt bleiben. Weil die Mathematik für die Betriebswirtschaftslehre immer „nur" die Funktion einer formalen Hilfswissenschaft haben kann, wird auch der Kreis derjenigen Betriebswirte, die ihre Sprache beherrschen, begrenzt bleiben.

Auf ein oft vorkommendes Mißverständnis beim Umgang mit mathematischen Modellen sei noch kurz eingegangen. Die Tatsache, daß mathematische Modelle sehr präzise und eindeutig formuliert sind und die Ableitung von Aussagen und Folgerungen exakt ist, bedeutet noch nicht, daß sie auch immer zu besseren Ergebnissen führen als andere Verfahren. Formale Präzision hat nicht notwendigerweise eine entsprechende *Isomorphie*, d. h. eine Übereinstimmung von Modell und Wirklichkeit zur Folge[5]. Gerade die Verarmung an Ausdrucksformen und die Notwendigkeit der Quantifizierung bilden oft eine Quelle erheblicher Abweichungen bei der Abbildung der Wirklichkeit. In dem Maße, in dem man die Modellansätze über den vertretbaren Abstraktionsgrad hinaus vereinfacht — und oft aus technischen Gründen auch vereinfachen muß —, werden die Ergebnisse auch ungenauer im Verhältnis zur Wirklichkeit.

2. Analytische Verfahren und Simulation

Im vorangegangenen Abschnitt beschäftigten wir uns mit dem Problem der Abbildung der Wirklichkeit in einem mathematischen Modell. Nun ist die Frage zu klären, wie aus einem gegebenen Modellansatz Aussagen abgeleitet werden können.

Wesensmerkmale des Wirtschaftens sind Planen, Vergleichen und Wählen. Soweit hierbei quantifizierbare Tatbestände vorliegen — und nur dann können mathematische Modelle als Hilfsmittel eingesetzt werden —, ist das wirtschaftliche Zahlenwerk der eigentlich „anschauliche" Ausdruck der spezifisch wirtschaftlichen Situation[6]. Der Auswahl- oder Entscheidungsprozeß besteht nun darin, aus mehreren möglichen Alternativen diejenige herauszufinden, die einer bestehenden Zielvorstellung am besten entspricht. Dabei hat der Entscheidende davon auszugehen, daß bestimmte Gegebenheiten seiner Beeinflussung entzogen sind. Sie stellen für ihn Daten dar, deren Größen er entweder exakt kennt, oder über die er mehr oder minder genaue Annahmen macht. In einem mathematischen Modell stellen diese Daten Konstanten oder einer bestimmten Wahrscheinlichkeitsverteilung unterliegende Parameter dar. Im Rahmen dieses Datenkranzes muß er eine Entscheidung über die Größe der von ihm beeinflußbaren Faktoren treffen, und zwar nur im Bereich seines möglichen Handlungsspielraumes. Diese seine Aktionsparameter stellen im Modell die unabhängigen Variablen dar. Unabhängige Variablen und Konstanten bzw. Parameter und ihre

---

5 *Forrester, J. W.:* Industrial Dynamics, New York 1961, S. 57. *Forrester* weist nachdrücklich auf den Unterschied zwischen "precision" im Sinne von Genauigkeit, Exaktheit, Eindeutigkeit und "accuracy", d. h. Richtigkeit bzw. Übereinstimmung mit der Wirklichkeit, hin und betont, daß "precision" zwar eine notwendige, aber keine ausreichende Bedingung für die Brauchbarkeit eines Modells ist, sondern daß das Modell auch einen bestimmten Grad an "accuracy" haben muß. Die Bedeutung mathematischer Modelle liegt eindeutig auf ihrer "precision" und nicht auf ihrer "accuracy".

6 *Lehmann, M. R.:* Allgemeine Betriebswirtschaftslehre, 3. Aufl., Wiesbaden 1956, S. 10.

funktionale Verknüpfung bilden die Struktur des Modells. Für jede mögliche zahlenmäßige Kombination der Koeffizienten dieser beiden Größen liefert das Modell eine abhängige Variable als Ergebnis der Berechnung.

Das Optimum des Modells ist dann erreicht, wenn die unabhängigen Variablen so gewählt sind, daß die abhängige Variable der Zielvorstellung des Entscheidenden, seiner Zielfunktion am besten entspricht. Dieses Optimum kann je nach der Fragestellung ein Minimum (z. B. der Kosten), ein Maximum (z. B. des Gewinnes) oder eine fixierte Größe sein. Ist nun die Modellstruktur formuliert und die Zielfunktion definiert und steht für den eigentlichen Vorgang der Optimierung ein bestimmtes Rechenverfahren, ein Algorithmus zur Verfügung, so spricht man von einem *analytischen Verfahren*. Man ermittelt hier also durch rein formale Rechenoperationen aus einer Mehrzahl von möglichen Alternativen die optimale Lösung oder auch mehrere optimale Lösungen. Hierbei kann es sich sowohl um Verfahren der mathematischen Analysis als auch um numerische Iterationsverfahren handeln. Die Formel zur Ermittlung der optimalen Losgröße stellt ein einfaches Beispiel dieser Art dar. Sehr großes Interesse der Betriebswirte haben die in neuerer Zeit entwickelten Methoden der mathematischen Programmierung gefunden. Während die Verfahren der linearen Programmierung bereits weitgehend ausgereift sind, stellen die nichtlineare Programmierung, die dynamische Programmierung und die ganzzahlige Programmierung in vieler Hinsicht noch Neuland dar[7].

Wenn man im Zusammenhang mit mathematischen Modellen von Optimierung spricht, so versteht man darunter die Errechnung einer optimalen Lösung des Modells. Inwieweit diese Lösung auch einem Optimum der im Modell abgebildeten wirklichen Situation entspricht, hängt weitgehend von dem Grad der Übereinstimmung von Modell und Wirklichkeit ab. Von entscheidender Bedeutung sind in diesem Zusammenhang auch die Quantität und Qualität der verfügbaren Informationen. Aus der Literatur und Praxis kann man den Eindruck gewinnen, daß das Informationsproblem gegenüber den Fragen der formalen Technik oft zu stark vernachlässigt wird[8].

Während sich viele wirtschaftliche Entscheidungssituationen in den Grenzen formulieren lassen, die allen mathematischen Modellen im Bereich der Betriebswirtschaft gesetzt sind, stehen nicht für alle diese Modelle auch entsprechende analytische Verfahren zu ihrer Optimierung bereit. Nichtlineare Zusammenhänge, stochastische Elemente, die Forderung nach Ganzzahligkeit und dynamische Gesichtspunkte können oft nicht, manchmal nur in relativ einfachen Spezialfällen durch sehr komplizierte mathematische Verfahren berücksichtigt werden. Gerade bei den Führungsentscheidungen in der Unternehmung treten diese Voraussetzungen aber fast immer auf. Durch entsprechende Vereinfachungen des Modells lassen sich wohl einige rechentechnische Schwierigkeiten umgehen. Soll die Modellanalyse aber wirklich brauchbare Aussagen liefern, so ist in vielen Fällen sehr bald die Grenze der

7 *Kern, W.*: Gestaltungsmöglichkeit und Anwendungsbereich betriebswirtschaftlicher Planungsmodelle, in: ZfhF, NF, 14. Jg. (1962), S. 167–179.
8 *Sieber, E. H.*: Das Planspiel unternehmerischer Entscheidungen, in: Betriebsführung und Operations Research, hrsg. v. *Angermann, A.*, Frankfurt/M. 1963, S. 80–123, hier S. 111–114.

Übervereinfachung erreicht, von der an die Ergebnisse zwar auch noch formal richtig, aber sachlich wertlos werden.

Die relativ engen Grenzen der bekannten analytischen Verfahren zur Lösung komplexerer Entscheidungsprobleme gaben Anlaß zur Entwicklung der Simulationstechnik. Im allgemeinen Sprachgebrauch versteht man unter Simulieren das bewußte Vortäuschen von etwas, was eigentlich nicht vorhanden ist, insbesondere aber von Krankheit. Die Umgangssprache in Süddeutschland bezeichnet auch das Nachsinnen und Grübeln als Simulieren. Ausgehend von diesen Wortbedeutungen könnte man generell die Verwendung von Modellen als eine Simulation der durch die Modelle abgebildeten Wirklichkeit betrachten. Wir wollen den Begriff Simulation in dieser Arbeit in einem engeren Sinne für ein bestimmtes Verfahren zur Ableitung von Aussagen aus einem mathematischen Modell verwenden. Unter *Simulation* wollen wir die Berechnung von alternativen möglichen Einzelfällen eines Entscheidungsmodells verstehen[9]. Im Gegensatz zu einem analytischen Verfahren besteht hier jedoch kein formaler Algorithmus, der zwangsläufig zu einer optimalen Lösung führt. In einer Reihe von Berechnungsexperimenten wird jeweils für einen bestimmten Satz von Koeffizienten der unabhängigen Variablen die zugehörige abhängige Variable als Ergebnis bestimmt. An die Stelle der direkten Frage nach der „besten" Lösung bei analytischen Verfahren tritt hier die Frage, „Was ist, wenn?" Es wird also nach den Auswirkungen alternativ möglicher Konstellationen der Aktionsparameter gefragt. Die Ergebnisse der einzelnen Berechnungsexperimente werden miteinander verglichen und im Hinblick auf die Zielvorstellung diskutiert. Aus diesen errechneten Einzelfällen wird die relativ beste Lösung ausgewählt. Da mit diesem Verfahren aber normalerweise nicht alle möglichen Alternativen erfaßt werden, läßt sich nur mit Sicherheit sagen, daß diese Lösung besser als alle anderen berechneten Fälle ist. Ob sie gleichzeitig auch die absolut beste Lösung des Modells ist, kann daraus nicht geschlossen werden.

Die Simulationstechnik besitzt nicht die formale Eleganz und Sicherheit analytischer Verfahren. Auch kann die Durchrechnung einer Vielzahl von Einzelfällen bei komplexen Modellen einen erheblichen Aufwand verursachen. Die Beurteilung der Frage, ob ein bereits erreichtes relatives Optimum ausreichend ist oder ob mit entsprechendem zusätzlichem Aufwand nach einer noch besseren Lösung gesucht werden soll, erfordert von dem Experimentierenden ein verhältnismäßig hohes Niveau an fachlichem Können und Beurteilungsvermögen. Deshalb wird man bei einer bestimmten Situation zunächst den Versuch einer analytischen Lösung machen. Erst wenn die vorliegende Modellstruktur so komplex ist, daß kein Algorithmus zur Optimierung vorhanden ist, wird man sich normalerweise der Simulationstechnik bedienen. Der mögliche Anwendungsbereich für die quantitative Modellanalyse wird also wesentlich erweitert. Daß zudem das notwendige mathematische Wissen für die Anwendung der Simulation geringer ist als für manche Verfahren der mathematischen Programmierung, dürfte nicht ohne Einfluß für den Einsatz dieser Technik

---

9 Wir begrenzen unsere Untersuchung auf den Bereich der mathematischen Modelle. In einem Teil der amerikanischen Literatur findet sich hierfür der Begriff "digital simulation". Im Gegensatz dazu spricht man bei der Verwendung von physischen Modellen oder beim Einsatz von Analogrechnern auch von "analog simulation". Eines der wenigen Beispiele dieser Art in den Wirtschaftswissenschaften stellt das erwähnte hydraulische Kreislaufmodell der *London School of Economics* dar.

in der Betriebswirtschaft sein. Dies gilt sowohl für diejenigen, die die eigentliche Arbeit durchführen müssen, als auch für deren Auftraggeber, das heißt für die Führungskräfte in den Unternehmungen. Dabei sollte aber nicht übersehen werden, daß vielfach nun der Fehler gemacht wird, die Modellstruktur über den notwendigen Grad von Übereinstimmung hinaus zu komplizieren. Der dadurch ausgelöste progressive Rechenaufwand und die steigenden statistischen und betriebswirtschaftlichen Schwierigkeiten bei der Interpretation der errechneten Ergebnisse stellen jedoch eine wirksame Bremse für viele Übertreibungen in dieser Richtung dar.

Grundsätzlich läßt sich die Simulationstechnik auch in allen Fällen anwenden, in denen analytische Lösungsverfahren verfügbar sind; ihr möglicher Anwendungsbereich ist also weiter. Aus Gründen der größeren Sicherheit und Wirtschaftlichkeit wird man dann jedoch meist das analytische Verfahren vorziehen. Gemeinsam ist beiden Methoden, daß bis zur endgültigen, adäquaten Formulierung der Modellstruktur häufig eine Reihe von Versuchen notwendig ist. Dieses Experimentieren ist jedoch streng zu unterscheiden von dem für die Simulation charakteristischen Berechnungsexperiment, bei dem im Rahmen einer fixierten Modellstruktur die unabhängigen Variablen als Aktionsparameter in mehreren Versuchen verändert werden.

3. Begriffe und Arten der Simulation

In der Literatur über die analytischen Verfahren hat sich bereits eine weitgehend einheitliche Terminologie herausgebildet. Neben einer fast unübersehbaren Fülle von Arbeiten über Teilprobleme und praktische Anwendungsfälle gibt es auch schon viele geschlossene Darstellungen dieser Verfahren[10].

Auf dem Gebiet der Simulationstechnik herrscht die Beschreibung spezifischer Simulationsmodelle vor[11]. In diesen Arbeiten werden jedoch der Umfang des Begriffes Simulation und das Wesen dieses Verfahrens sehr unterschiedlich definiert[12].

10 Als Beispiele aus der Literatur in deutscher Sprache seien genannt: *Churchman, C. W.; Ackoff, R. L.; Arnoff, E. L.*: Operations Research, Wien und München 1961. — *Woitschach, M.; Wenzel, G.*: Lineare Planungsrechnung in der Praxis, 2. Aufl., Stuttgart 1961. — *Kromphardt, W.; Henn, R.; Förstner, K.*: Lineare Entscheidungsmodelle, Berlin 1962. — *Krelle, W.; Künzi, H. P.*: Nichtlineare Programmierung, Berlin 1962. — *Sasieni, M.; Yaspan, A.; Friedman, L.*: Methoden und Probleme der Unternehmungsforschung, Würzburg 1962. — *Angermann, A.*: Entscheidungsmodelle, Frankfurt/M. 1963.
11 Die meisten dieser Arbeiten sind in den amerikanischen Zeitschriften auf dem Gebiet Operations Research und Management Science erschienen. Siehe hierzu die Spezialbibliographien: *Shubik, M.*: Bibliography on Simulation, Gaming, Artificial Intelligence and allied Topics, in: Journal of the American Statistical Association, Vol. 55 (1960), S. 736–751. — *Malcolm, D. G.*: Bibliography on the Use of Simulation in Management Analysis, in: Operations Research, Vol. 8 (1960), S. 169–177. — *Deacon Jr., A. R. L.*: A Selected Bibliography — Books, Articles, and Papers on Simulation, Gaming, and Related Topics, in: Simulation and Gaming: A Symposium, AMA Management Report Nr. 55 der *American Management Association*, New York 1961, S. 113–131.
12 Vgl. Simulation: Management's Laboratory, hrsg. von INFO/SERV, Pittsburgh 1959. — *Morgenthaler, G. W.*: The Theory and Application of Simulation in Operations Research, in: Progress in Operations Research, Bd. 1, hrsg. v. *Ackoff, R. L.*, New York 1961, S. 363–419. — *Dawson, R. E.*: Simulation in the Social Sciences, in: Simulation in the Social Science, hrsg. von: *Guetzkow, H.*, Englewood Cliffs o. J. [1962], S. 1–15. —

Soweit Ansätze zu einer allgemeineren Behandlung gemacht werden, stehen verfahrenstechnische Fragen beim Einsatz von Elektronenrechnern für die umfangreichen Rechenarbeiten und statistische Probleme der Auswahl von zu berechnenden Einzelfällen und der Interpretation der Ergebnisse im Vordergrund[13]. Systematische Darstellungen fehlen auf diesem Gebiet noch vollständig. Dieser Mangel liegt nur zum Teil in der relativen Neuheit des Verfahrens begründet. Der sachliche Grund für dieses Fehlen ist vielmehr, daß es bei den verschiedenen Verfahren der Simulation keine Lösungsalgorithmen mit einem festen und allgemein beschreibbaren, formalen Gerippe gibt. Die folgenden Ausführungen können deshalb nur einen Versuch darstellen, einige Grundbegriffe der Simulationstechnik zu definieren. Weiterhin soll versucht werden, die Fülle möglicher Simulationsmodelle nach mehreren Gesichtspunkten zu gliedern.

Wir haben die Simulation als Berechnungsexperiment definiert, in dem mehrere alternative Einzelfälle eines Entscheidungsmodells berechnet werden[14]. Dabei spielt eine große Rolle, wie viele Einzelfälle berechnet werden. Auch die Art der Auswahl dieser Fälle wirft gewisse Probleme auf. Aus dem Wesen des Verfahrens ergibt sich, daß auch alle ihrer Natur nach kontinuierlichen Variablen als diskrete Größen behandelt werden müssen. Dadurch löst sich zwar das Problem der Ganzzahligkeit von selbst, aber es taucht dafür die Frage auf, wie groß die Intervalle maximal sein dürfen, in die man die kontinuierlichen Faktoren auflösen muß. Hierüber läßt sich keine generelle Aussage machen. Im Einzelfall ist entscheidend, wie stark sich Änderungen einer bestimmten Variablen auf die Ergebnisse des Modells auswirken. Die meisten Modelle besitzen eine gewisse Bandbreite nahezu optimaler Lösungen[15]. Da die verfügbaren Informationen oft Ungenauigkeiten enthalten und das Modell die wirkliche Situation mehr oder weniger unvollkommen abbildet, lohnt es sich kaum, in diesem breiteren Lösungsbereich nach der absolut besten Lösung zu suchen. Von

Churchman, C. W.: An Analysis of the Concept of Simulation, in: Symposium on Simulation Models: Methodology and Applications to the Behavioral Sciences, hrsg. von *Hoggatt, A. C.; Balderston, F. E.,* Cincinnati 1963, S. 1–12. – *Lindsay, F. A.:* New Techniques for Management Decision Making, New York 1963, S. 60.

13 Siehe u. a. bei: *Maffei, R. B.:* Simulation, Sensitivity, and Management Decision Rules, in: The Journal of Business, Vol. 31 (1958), S. 177–186. – *Harling, J.:* Simulation Techniques in Operations Research – A Review, in: Operations Research, Vol. 6 (1958), S. 307–319. – *Saaty, T. L.:* Mathematical Methods of Operations Research, New York 1959, S. 292–295. – *Conway, R. W.; Johnson, B. M.; Maxwell, W. L.:* Some Problems of Digital Systems Simulation, in: Management Science, Vol. 6 (1960), S. 92–110. – *Flagle, C. D.:* Simulation Techniques, in: Operations Research and Systems Engineering, hrsg. von *Flagle, C. D.; Huggins, W. H.; Roy, R. H.,* Baltimore 1960, S. 425–447. – *Kay, E.:* Wesen und Grenzen der Simulation, in: Ablauf- und Planungsforschung, 4. Jg. (1963), S. 191–194. – *Tocher, K. D.:* The Art of Simulation, Princeton 1963. – *Geisler, M. A.:* The Sizes of Simulation Samples Required to Compute Certain Inventory Characteristics with Stated Precision and Confidence, in: Management Science, Vol. 10 (1964), S. 261–286.

14 *Kosiol* spricht in diesem Zusammenhang von „einfachen Ermittlungsmodellen" für Wahlentscheidungen. Siehe *Kosiol, E.:* Modellanalyse als Grundlage unternehmerischer Entscheidungen, S. 322.

15 Siehe hierzu: *Maffei, R. B.:* Simulation Sensitivity, and Management Decision Rules, S. 177–186. – *Sieber, E. H.:* Das Planspiel unternehmerischer Entscheidungen, S. 112–113.

besonderer Bedeutung ist bei allen dynamischen Modellen die Frage der Aufteilung des Zeitablaufes in Zeitabschnitte[16].

Im Hinblick auf die Auswahl der zu berechnenden Einzelfälle lassen sich verschiedene Formen der Simulation unterscheiden. Werden im Rahmen eines Entscheidungsmodells alle möglichen Zahlenkombinationen der unabhängigen Variablen systematisch durchgerechnet, so wollen wir von *kombinatorischer Simulation* sprechen. In diesem Fall einer totalen Suche ist mit Sicherheit unter allen möglichen Lösungen auch die absolut beste enthalten. Diese beste Lösung kann durch einfachen Vergleich der Berechnungsergebnisse untereinander und mit der Zielvorstellung ausgesucht werden. So einfach und selbstverständlich die berechnungstechnische Konzeption dieser Form der Simulation ist, so enge Grenzen sind ihrer praktischen Anwendung gesetzt. Mit steigender Anzahl der Variablen, mit wachsender Breite ihrer möglichen Veränderungsbereiche und mit zunehmender Feinheit bei der Unterteilung kontinuierlicher in diskrete Größen, wächst die Anzahl der möglichen Kombinationen bald in Größenordnungen, die selbst mit den größten vorhandenen Rechenanlagen nicht mehr in angemessener Zeit und mit vertretbarem Aufwand bewältigt werden können[17].

Wird aus der Gesamtheit der möglichen Einzelfälle eine bestimmte Anzahl ausgewählt und durchgerechnet, so kann man von *Stichprobensimulation* sprechen. Die zu berechnenden Stichproben werden üblicherweise mit Hilfe der *Monte-Carlo-Technik* ausgewählt[18]. Bei dieser Technik handelt es sich um ein mathematisches Verfahren zur künstlichen Erzeugung eines Zufallsprozesses. Das Wort Zufall bezieht sich in diesem Zusammenhang nur auf die Art der Auswahl von Einzelfällen. Die Anwendung dieser Technik ist nicht — wie häufig in der Fachliteratur behauptet wird — auf Modelle mit stochastischen Elementen beschränkt. Auch bei rein deterministischen Modellen verwendet man häufig dieses Verfahren[19]. Auf die bei der Bestimmung der Stichprobengröße und bei der rechentechnischen Erzeugung der Zufallszahlen entstehenden Probleme soll hier nicht eingegangen werden[20]. Da bei diesem Verfahren nicht alle möglichen Einzelfälle berechnet werden, kann auch nicht mit Bestimmtheit die absolut beste Lösung gefunden werden. Aus allen berechneten Einzelfällen kann jetzt nur mehr die relativ beste Lösung bestimmt werden. Schließlich ist auch noch der Fall denkbar, daß die Auswahl der zu berechnenden Einzelfälle nicht durch einen rechentechnischen Prozeß, sondern durch den

16 Diese Frage ist beispielsweise auch beim innerbetrieblichen Rechnungswesen von Bedeutung. Die Höhe der ausgewiesenen Beschäftigungs-Abweichungen in der Plankostenrechnung ist bei Betrieben mit stärkeren Beschäftigungsschwankungen auch abhängig von der Länge des Planungs- und Abrechnungszeitraumes, da die Beschäftigung praktisch als Durchschnittsgröße eines Zeitraumes gemessen wird.
17 *Krelle, W.:* Gelöste und ungelöste Probleme der Unternehmensforschung, in: Bericht von der 105. Sitzung der Arbeitsgemeinschaft für Forschung des Landes Nordrhein-Westfalen, hrsg. von: *Brandt, L.,* Köln und Opladen 1962, S. 7–30, hier S. 27–28.
18 Siehe zur Monte-Carlo-Technik u. a.: *Churchman, C. W.; Ackoff, R. L.; Arnoff, E. L.:* Operations Research, S. 166–175. – *Angermann, A.:* Entscheidungsmodelle, S. 267–280.
19 Beispielsweise verwendet man die Monte-Carlo-Technik zur Integration von Funktionen, für die es hierzu keine direkte Methode gibt. Siehe: *Kay, E.:* Wesen und Grenzen der Simulation, S. 192.
20 Siehe zu diesen Problemen *Morgenthaler, G. W.:* The Theory and Application of Simulation in Operations Research, S. 363–419.

Experimentierenden selbst vollzogen wird. Auf Grund seines Wissens und seiner Erfahrung wird er zunächst einige bestimmte Einzelfälle berechnen. Nach der Analyse der Ergebnisse wird er dann durch gezielte Veränderung der unabhängigen Variablen versuchen, das Ergebnis weiter zu verbessern. Da diese Art eines schrittweisen Lösungsversuches mit Einschaltung der menschlichen Urteilsfähigkeit dem allgemeinen Vorgehen des Menschen bei der Lösung komplexer Probleme sehr ähnlich ist, könnte man hier von *heuristischer Simulation* sprechen[21]. Die heuristische Programmierung stellt den Versuch dar, derartige Suchvorgänge zu formalisieren[22]. Auch hier fehlt ein eindeutiges Kriterium zur Beurteilung der Frage, wieweit sich die Ergebnisse der Berechnungsexperimente einem möglichen Optimum angenähert haben. Der Vergleich der einzelnen Ergebnisse zeigt lediglich an, ob die neue Lösung gegenüber den vorherigen Resultaten besser oder schlechter im Hinblick auf die Zielvorstellung geworden ist.

Ist der Datenkranz eines Simulationsmodells eindeutig bestimmt, so spricht man von einem *deterministischen Modell*. Bei einer bestimmten Größe der unabhängigen Variablen als Aktionsparameter liefert das Modell bei jeder wiederholten Berechnung ein eindeutiges, gleichbleibendes Ergebnis. Der Datenkranz wird in diesem Falle durch Konstanten gebildet. In einem *stochastischen Modell* unterliegen die Daten einer subjektiv oder objektiv bestimmten Wahrscheinlichkeitsverteilung. Eine mehrmalige Berechnung des Modells mit denselben unabhängigen Variablen kann zu verschiedenen Ergebnissen führen, da der Datenkranz nicht mehr aus Konstanten besteht. Stochastische Größen werden in diesen Modellen als Parameter mit ihren Mittelwerten und der Form ihrer Wahrscheinlichkeitsverteilung definiert. Rechentechnisch haben diese Parameter den Charakter von Variablen, wodurch sich die Anzahl der möglichen Kombinationen sehr stark erhöht. Für die Berücksichtigung stochastischer Elemente stehen analytische Verfahren nur in einfach gelagerten Fällen zur Verfügung. Man wird dann versuchen, mit der Simulationsmethode eine Näherungslösung zu finden. Vielfach verwendet man hierzu gleichzeitig die Stichprobensimulation und die heuristische Simulation. Der Experimentierende legt bestimmte Größen für die unabhängigen Variablen fest und rechnet eine Reihe von Stichproben durch, bei denen die Größen der Parameter mit Hilfe der Monte-Carlo-Technik ausgewählt werden. Die Ergebnisse dieser Berechnungen stellen ebenfalls stochastische Größen dar. Bei der Interpretation von Ergebnissen stochastischer Simulationsmodelle hinsichtlich einer optimalen Lösung ist noch größere Vorsicht geboten als bei deterministischen Modellen.

Statische Modelle sind auf einen Zeitpunkt bezogen. Die statische Analyse vergleicht alternativ mögliche Zustände des Modells zum gleichen Zeitpunkt. Die komparativ-statische Betrachtung bezieht sich auf verschiedene Zeitpunkte, ohne daß der Reaktionsverlauf zwischen diesen Zeitpunkten ausdrücklich Berücksichtigung findet. Für viele betriebswirtschaftliche Probleme spielt aber die Veränderung im

---

21 *Ashenhurst, R.:* Computer Capabilities and Management Models, in: Contributions to Scientific Research in Management, hrsg. von: *University of California,* Los Angeles 1959, S. 47–58.
22 *Shubik* spricht in diesem Zusammenhang davon, daß heuristische Verfahren die Formalisierung von Faustregeln darstellen. Siehe: *Shubik, M.:* Simulation and Gaming, Research Report RC-833, *International Business Machines* Corporation, Yorktown Heights 1962, S. 36.

Zeitablauf eine große Rolle. In diesen Fällen wird die Zeit explizit als Variable in das Modell aufgenommen. Man spricht dann von einem *dynamischen Modell*. Mit ihm kann das Verhalten eines Systems im Zeitablauf untersucht werden. Da für die Optimierung dynamischer Modelle nur in einfachen Fällen analytische Verfahren vorhanden sind, liegt hier ein Schwerpunkt für den Einsatz der Simulationstechnik. Vielfach wird in der Literatur unter dem Begriff Simulation überhaupt nur der Fall der dynamischen Simulation verstanden[23]. Mit der dynamischen Simulation gewinnt man Zeitreihen, die das Verhalten des Modells im Zeitablauf beschreiben. Betrachtet man das Informationswesen der Unternehmung als Rückkopplungssystem, so lassen sich mit diesem Verfahren die Auswirkungen von zeitlichen Verzögerungen (time lags) und von unterschiedlichen Anpassungs- und Reaktionsgeschwindigkeiten der betrieblichen Organisation relativ anschaulich darstellen[24].

Die bisherigen Ausführungen befaßten sich mit den berechnungstechnischen Formen der Simulationsmethode und mit einigen wesentlichen Merkmalen von Simulationsmodellen. Eine weitere Untergliederung betrifft die Art der Verwendung von Simulationsmodellen[25]. Bei der *synthetischen Simulation* soll das Gesamtverhalten eines komplexen Modells untersucht werden, das durch Interaktion von mehreren, genau bekannten und beschriebenen Teilkomponenten des Modells zustande kommt. In ähnlichem Sinne wird auch der Begriff der *taktischen Simulation* verwendet. Gegeben ist jeweils eine relativ exakt definierte Modellstruktur. Durch Berechnungsexperimente werden die Auswirkungen alternativ möglicher Entscheidungen untersucht, um den eigentlichen Entscheidungsprozeß vorzubereiten. Dieses Verfahren findet dort seine Anwendung, wo sich eine Entscheidungssituation zwar noch in einem mathematischen Modell abbilden läßt, für die Bestimmung der optimalen Entscheidung aber kein analytisches Verfahren vorhanden ist. Der umgekehrte Fall liegt vor, wenn zunächst nur das Verhalten des realen Gesamtsystems beobachtet werden kann, ohne daß die einzelnen Modellkomponenten und ihr Zusammenhang bekannt sind. Das Problem besteht hier darin, unter Verwendung von Hypothesen ein Simulationsmodell so zu konstruieren, daß es sich wie das abgebildete Gesamtsystem verhält. Bei diesem Vorgehen spricht man von *analytischer Simulation*. In einem leicht abweichenden Sinne spricht *Shubik* auch von *strategischer Simulation* und versteht darunter die Verwendung der Simulationstechnik zur Überprüfung des Verhaltens und der Gültigkeit eines relativ unscharf definierten Modells[26]. Während die synthetische Simulation in erster Linie ein Hilfsmittel für die betriebliche Praxis darstellt, scheint die analytische Simulation auch als Methode der betriebswirtschaftlichen Forschung eine zunehmende Bedeutung zu gewinnen. In vielen Fällen stoßen empirische Untersuchungen, besonders auf dem Gebiet des innerbetrieblichen Entscheidungsprozesses, auf sehr große Schwierigkeiten. Die betriebspolitischen Grund-

23 *Forrester, J. W.:* Industrial Dynamics, S. 23. – *Schrafl, A. E.:* Simulation als Mittel zur Entschlußfassung, Zürich 1961, S. 15.
24 Siehe die Untersuchungen von *Forrester*, in: *Forrester, J. W.:* Industrial Dynamics, insbes. S. 137–308.
25 *Cohen, K. J.; Cyert, R. M.:* Computer Models in Dynamic Economics, in: A Behavioral Theory of the Firm, hrsg. von: *Cyert, R. M.; March, J. G.*, Englewood Cliffs 1963, S. 312–325, hier S. 317–318. – *Shubik, M.:* Simulation and Gaming, S. 3.
26 *Shubik, M.:* Simulation and Gaming, S. 3.

sätze und die innerbetrieblichen Entscheidungsregeln unterliegen oft einer strengen Geheimhaltung. Dagegen sind meist die Ausgangsdaten für die Entscheidungen und Informationen über die getroffenen Entscheidungen und ihre Auswirkungen etwas leichter zugänglich. Man entwickelt auf der Grundlage von bekannten Tatsachen und unter Verwendung von Arbeitshypothesen ein Simulationsmodell für einen bestimmten Entscheidungsprozeß. Mit den empirischen Ausgangsdaten und dem hypothetischen Simulationsmodell können dann die entsprechenden Entscheidungen und ihre Auswirkungen simuliert werden. Die Ergebnisse der Simulationen dienen zur Verifikation oder auch Falsifikation der verwendeten Hypothesen. Als ein Beispiel für die fruchtbare Anwendung dieser Forschungsmethode sei der Prozeß der Preisfestsetzung der einzelnen Unternehmung genannt.

4. Durchführung der Simulation

Bei der Durchführung der Simulation lassen sich zwei Hauptschritte unterscheiden. Das zu untersuchende Problem wird zunächst in einem Simulationsmodell als System von Gleichungen und Ungleichungen formuliert. Mit diesem Simulationsmodell werden dann Berechnungsexperimente durch Berechnung von alternativen Einzelfällen durchgeführt. Ebenso wie bei den analytischen Verfahren läßt sich diese Aufgabe grundsätzlich mit Papier und Bleistift lösen. In den meisten Fällen nimmt jedoch die Anzahl der notwendigen Rechenvorgänge einen so großen Umfang an, daß sich nur sehr einfache Aufgaben wirtschaftlich mit dieser Verfahrenstechnik bearbeiten lassen. Erst die sehr hohe Rechengeschwindigkeit von elektronischen Rechenanlagen ermöglicht die wirtschaftliche Bearbeitung von komplizierten Problemen mit Hilfe der Simulation. Ein großer Teil der Fachliteratur behandelt deshalb unter dem Begriff Simulation ausschließlich die Methode der „Computer Simulation".

Durch die Verwendung elektronischer Rechenanlagen wird die Schnelligkeit, Sicherheit und Genauigkeit der Berechnung sehr wesentlich gesteigert. Jedoch ist nun gegenüber der manuellen Methode ein zusätzlicher Arbeitsschritt notwendig. Das Simulationsmodell muß in ein Maschinenprogramm übersetzt werden, das der Maschine jeden einzelnen Schritt der Berechnung genau vorschreibt[27]. Bis vor einigen Jahren geschah dies mit Hilfe von Programmiersprachen wie ALGOL (algorithmic language) und FORTRAN (formula translation language), die für allgemeine mathematische Probleme entwickelt wurden[28]. Bei der herkömmlichen manuellen Berechnung mit Papier, Bleistift und Tischrechnern liegt der zeitliche Engpaß ganz eindeutig bei den eigentlichen Rechenvorgängen. Mit dem Einsatz von elektronischen Rechenanlagen verschiebt sich das Schwergewicht des zeitlichen Aufwandes auf die maschinengerechte Formulierung des Simulationsmodells. Außerdem

27 *Blake, K.; Gordon, G.:* Systems Simulation with Digital Computers, in: IBM Systems Journal, Vol. 3 (1964), S. 14–20.
28 *Baumann, R.; Feliciano, M.; Bauer, F. L.; Samelson, K.:* Introduction to ALGOL, Englewood Cliffs 1964. – *McCracken, D. M.:* A Guide to FORTRAN Programming. New York-London 1962. – *Colman, H. L.; Smallwood, C.:* FORTRAN: Problemorientierte Programmiersprache, Stuttgart 1963.

ist hierzu auch eine gewisse Kenntnis der Programmierung von Elektronenrechnern notwendig.

Diese Probleme tauchen auch bis zu einem gewissen Grad bei der Verwendung von elektronischen Rechenanlagen für die Berechnung der analytischen Verfahren auf. Diese Verfahren haben jedoch eine relativ starre, formale Struktur. Deshalb ist es dort möglich, einen großen Teil der notwendigen Berechnungsschritte einmalig in sogenannten Standardprogrammen zu programmieren. Bei dem Einsatz für ein bestimmtes Problem bedürfen diese Standardprogramme nur einiger, relativ geringfügiger Modifikationen und Ergänzungen, wodurch der Programmierungsaufwand erheblich reduziert werden kann. Die Möglichkeiten zur Entwicklung und Verwendung von Standardprogrammen bei der Simulationstechnik sind jedoch sehr begrenzt, da dieses Verfahren eben keine Optimierungsalgorithmen mit einem festen, formalen Gerippe besitzt. Lediglich für einige begrenzte Teilgebiete wie Lagerhaltung und Maschinenbelegung bei Werkstättenfertigung wurden Standardprogramme entwickelt. Im allgemeinen jedoch muß für jedes Simulationsmodell ein eigenes Maschinenprogramm gewissermaßen als Maßarbeit geschrieben werden. Zudem ist es nicht selten notwendig, die ursprüngliche Modellformulierung noch öfters zu ändern, ehe ein Simulationsmodell ein bestimmtes Problem mit dem gewünschten Grad von Übereinstimmung abbildet. Bei der analytischen Simulation gehört dieses Umformulieren des Modells und damit das Umändern des Maschinenprogramms mit zum Wesensmerkmal der Methode. Der dabei notwendige Zeitaufwand für die Programmierung setzt der wirtschaftlichen Anwendung der Simulation mit Hilfe von Elektronenrechnern relativ enge wirtschaftliche Grenzen.

Aus diesen Gründen wurde in den letzten Jahren mit großem Nachdruck an der Entwicklung von speziellen Programmiersprachen für die Simulation gearbeitet. Das wichtigste Ziel dieser Bemühungen war es, die notwendige Programmierzeit zu reduzieren und damit die Kosten der Programmierung zu senken. Die heute verfügbaren Programmiersysteme für die Simulation sind auch für einen Laien auf dem Gebiet der Elektronenrechner leicht und schnell zu erlernen. Sie erlauben einen hohen Grad von Flexibilität bei der Formulierung der Simulationsmodelle und enthalten bereits fertig programmierte Programmteile für oft wiederkehrende Berechnungsaufgaben, wie zum Beispiel die künstliche Erzeugung von Zufallprozessen. Dieser Fortschritt auf dem Gebiet der Programmiersprachen entspricht etwa der Entwicklung von wissenschaftlichen Fachterminologien aus der allgemeinen Umgangssprache. Erst die erhebliche Vereinfachung der Programmierung und eine sehr große Verminderung der Programmierzeit machen nun den breiteren Einsatz der Simulationstechnik möglich.

Hier seien nur einige der speziellen Programmiersprachen für die Simulation erwähnt, die bereits im Zusammenhang mit betriebswirtschaftlichen Fragen erfolgreich eingesetzt wurden. Am Massachusetts Institute of Technology in Cambridge (USA) arbeitet seit einigen Jahren eine größere Forschungsgruppe unter der Leitung von *Forrester* an der Anwendung der Simulationstechnik auf dynamische Rückkopplungssysteme in der Wirtschaft[29]. Für die maschinengerechte Formulierung der Modelle

---

29 *Forrester, J. W.:* Industrial Dynamics.

entwickelte die Gruppe eine eigene Programmiersprache, die sie DYNAMO nannte[30]. Die RAND Corporation in Santa Monica (USA), eine Forschungsgesellschaft der amerikanischen Luftwaffe, schuf die Programmiersprache SIMSCRIPT[31]. Mit dieser Sprache wurden Simulationsmodelle zur Vorbereitung von Investitionsentscheidungen formuliert. Die Programmiersprache GPSS der *International Business Machines Corporation* in USA wurde ebenfalls bereits an einer Reihe von Anwendungsfällen erprobt[32]. Neben den genannten gibt es noch eine Reihe weiterer spezieller Programmiersprachen für die Simulation[32a]. Sie unterscheiden sich zum Teil erheblich im Hinblick auf die Breite ihrer Anwendbarkeit für verschiedene Simulationsprobleme, die Einfachheit und allgemeine Verständlichkeit ihrer Handhabung und die mögliche Flexibilität bei der Formulierung der Modelle. Die Frage nach der geeignetsten Programmiersprache läßt sich deshalb nur im Zusammenhang mit einem bestimmten Problem und nicht generell beantworten[33].

5. Anwendung der Simulation

Zum Schluß sei ganz kurz auf den bisherigen Stand und die sich abzeichnende Entwicklung bei der Anwendung der Simulationstechnik eingegangen.

Die betriebliche Praxis betrachtete die Simulation vielfach als letzten Ausweg, wenn für die Optimierung eines Entscheidungsmodells keine entsprechenden analytischen Verfahren verfügbar waren[34]. Meist handelte es sich dabei um nichtlineare, dynamische Modelle von relativ eng begrenzten betrieblichen Teilbereichen, bei denen mit stochastischen Elementen gerechnet werden muß. Warteschlangen-, Reihenfolge- und Zuordnungsprobleme bei Verkehrssystemen, bei der Fließbandbelegung, bei der Fertigungssteuerung für Werkstättenfertigung und bei der Lagerplanung stellen Beispiele dieser Art dar[35]. In neuerer Zeit versucht eine Reihe von Großbetrie-

30 *Pugh, A. L.:* Dynamo User's Manual, Cambridge 1961.
31 *Markowitz, H. M.; Hausner, B.; Karr, H. W.:* SIMSCRIPT: A Simulation Programming Language, Englewood Cliffs 1963. − *Dimsdale, B.; Markowitz, H. M.:* A Description of the SIMSCRIPT Language, in: IBM Systems Journal, Vol. 3 (1964), S. 57−67.
32 *Gordon, G.:* A General Purpose Systems Simulator, in: IBM Systems Journal, Vol. 1 (1962), S. 18−32. − *Efron, R.; Gordou, G.; Velasco, C. R.;* u. a.: A General Purpose Digital Simulator and Examples of its Application, in: IBM Systems Journal, Vol. 3 (1964), S. 21−56.
32 a) Nach der Veröffentlichung dieses Beitrages wurde die sehr komfortable Simulationssprache CSMP/360 (Continuous System Modeling Program) [zuvor unter dem Namen DSL/90 bekannt] entwickelt. Diese Sprache wird in dem Beitrag von *Kunstmann* (S. 181−194) erläutert. (A. d. H.)
33 Eine interessante Gegenüberstellung einiger Programmiersprachen für die Simulation findet sich bei: *Krasnow, H. S.; Merikallio, R. A.:* The Past, Present, and Future of General Simulation Languages, Technical Memorandum 17-7004 der IBM Advanced Systems Development Division, o. O. 1963.
34 *Angermann, A.:* Entscheidungsmodelle, S. 267−268.
35 Zur Simulation von *Verkehrsproblemen* siehe u. a.: *Jennings, N. H.; Dickins, J. H.:* Computer Simulation of Peak Hour Operations in a Bus Terminal, in: Management Science, Vol. 5 (1959), S. 106−120. − *McGuire, J. E.:* The Use of Simulation Techniques in Airline Operations, Management Report No. 46 der *American Management Association,* New York 1960. − *Boss, J.-P.:* Simulation des Verkehrs auf einer Autobuslinie, in: Ablauf- und Planungsforschung, 1. Jg. (1961), S. 20−23.

ben, die Simulation für Probleme der betrieblichen Gesamtplanung und für die Vorbereitung von Entscheidungen der obersten Betriebsführung einzusetzen. Da diese Modelle vertrauliche Daten der Unternehmungen und konkrete Hinweise auf ihre Pläne für die Zukunft enthalten, werden diese Versuche bis jetzt weitgehend geheimgehalten. In der Literatur finden sich lediglich einige fiktive Beispiele oder sehr allgemein gehaltene Erörterungen dieser Fragen[36].

Besonders erfolgversprechend sind die Ansätze zur Verwendung der Simulation für die betriebswirtschaftliche Forschung in den USA. Im Vordergrund des Interesses steht die Untersuchung des Entscheidungsprozesses in der Unternehmung. Dabei wird vor allem auch der Einfluß der betrieblichen Organisation und des Informationswesens auf die Entscheidungen untersucht[37]. Unter Aufhebung einer Reihe von klassischen Prämissen der traditionellen Theorie, wie Gewinnmaximierung als alleinige Zielfunktion, vollkommene Information und Markttransparenz, einheitliche Willensbildung und unendlich große Reaktionsgeschwindigkeit der betrieblichen Organisation, wird der Versuch unternommen, zu einer realistischeren Unternehmungstheorie zu kommen[38]. Die Technik und die Ergebnisse dieser Arbeiten dürften auch für die deutsche Betriebswirtschaftslehre aufschlußreich und anregend sein.

Den Einsatz der Simulationstechnik bei *Lagerhaltungsproblemen* behandeln u. a.: *Emery, J. C.:* Simulation Techniques in Inventory Control and Distribution. Management Report No. 10 der *American Management Association,* New York 1958. – *Weinstock, J. K.:* An Inventory Control Solution by Simulation, in: Report of System Simulation Symposium, hrsg. v.: *Malcolm, D. G.,* Baltimore 1958, S. 65–71. – *Brown, R. G.:* A General-Purpose Inventory-Control Simulation, in: Report of System Simulation Symposium, hrsg. v.: *Malcolm, D. G.,* S. 6–16. – *Popp, W.:* Simulationstechnik bei Lagerplanung mit stochastischer Nachfrage, in: Unternehmungsforschung, 7. Jg. (1963), S. 65–74.
Zu Problemen der *Fertigungsplanung* siehe u. a. *Dallek, W. C.:* Operational Model of a Waiting Line Problem, in: Report of System Simulation Symposium, hrsg. v.: *Malcolm, D. G.,* S. 20–23. – *Jennings, N. H.:* Leading and Scheduling by Simulation Methods, Management Report No. 10 der *American Management Association,* New York 1958. – *Rowe, A. J.:* Computer Simulation Applied to Job Shop Scheduling, in: Report of System Simulation Symposium, hrsg. v.: *Malcolm, D. G.,* S. 59–64. – *Rowe, A. J.:* Toward a Theory of Scheduling, in: Contricutions to Scientific Research in Management, hrsg. v.: *University of California,* S. 101–105. – *Baker, C. T.; Dzielinski, B. P.:* Simulation of a Simplified Job Shop, in: Management Science, Vol. 6 (1960), S. 311–323.

36 *Schrafl, A. E.:* Simulation als Mittel zur Entschlußfassung. – Management Control Systems, hrsg. v.: *Malcolm, D. G.; Rowe, A. J.; McConnell, L. F.,* 3. Aufl., New York 1962. – *Boyd, D. F.; Krasnow, H. S.; Petit, A. C. R.:* Simulation of an integrated steel mill, in: IBM Systems Journal, Vol. 3 (1964), S. 51–56.

37 *Forrester, J. W.:* Industrial Dynamics. – *Stedry, A. C.:* Budget Control and Cost Behavior, 2. Aufl., Englewood Cliffs 1961. – *Clarkson, G. P. E.:* Portfolio Selection: A Simulation of Trust Investment, 2. Aufl., Englewood Cliffs 1963. – *Cohen, K. J.:* Computer Models of the Shoe, Leather, Hide Sequence, 2. Aufl., Englewood Cliffs 1963. – A Behavioral Theory of the Firm, hrsg. v.: *Cyert, R. M.; March, J. G.,* Englewood Cliffs 1963. – *Bonini, C. P.:* Simulation of Information and Decision Systems in the Firm, 2. Aufl., Englewood Cliffs 1964.

38 *Heinen* kommt bei seinen Untersuchungen über die Zielfunktion der Unternehmung ebenfalls zu dem Schluß, daß die moderne betriebswirtschaftliche Theorie ihre klassischen Prämissen im Interesse einer größeren praktischen Aussagefähigkeit überprüfen und gegebenenfalls modifizieren sollte. Siehe hierzu: *Heinen, E.:* Die Zielfunktion der Unternehmung, in: Zur Theorie der Unternehmung, hrsg. v. *Koch, H.:* Wiesbaden 1962, S. 9–71, hier S. 71.

Die Anwendung der Simulation als Entscheidungshilfe

von Heinz Hermann Koelle*

*Simulationsmodelle sind eigentlich nichts anderes als große „Antwortmaschinen"
für Fragen, die der Entscheider stellt und — wenigstens näherungsweise — beantwortet haben möchte. In jedem Fall verschafft ihm das Endprodukt der Simulation
einen vertieften Einblick in die komplexen Zusammenhänge sozio-ökonomisch-
technischer Systeme, ihr Verhalten in der Vergangenheit und ihr wahrscheinliches
Verhalten in der Zukunft.*

Die folgende Übersicht enumeriert in allgemeiner Form, welche Schritte zur Vorbereitung und Durchführung von Systemsimulationen nötig sind.

1. *Definition und Beschreibung des zu simulierenden Systems*

a) Aufgliederung der Elemente des Systems;
b) Kennzeichnung der den Zustand des Systems beschreibenden *Zustandsvariablen;*
c) Kennzeichnung der *Beziehungen* zwischen den Elementen des Systems (Ände-
   rungsgeschwindigkeiten oder Flußvariablen);
d) Definition der *Abgrenzungen* des Systems (folgende Faustregel kann verwendet
   werden: die Anzahl der Beziehungen zwischen den Elementen des Systems soll
   größer sein als die zwischen dem System und seiner Umgebung);
e) Definition der *Zeitspanne* des Systems für den Zweck der Untersuchung (es ist
   wünschenswert, einen vollen Lebenszyklus des Systems zu erfassen und vorzugs-
   weise auch das System mitzubetrachten, das höchstwahrscheinlich auf das un-
   tersuchte System folgen wird).

2. *Definition der Umwelt*

a) Definition der wahrscheinlichsten Umwelt, in der das System betrieben werden
   muß und die sich normalerweise von der Umwelt unterscheidet, in welcher die
   Entscheidungen über die Kennwerte des Systems getroffen werden;
b) falls hinsichtlich der wahrscheinlichsten Umwelt Zweifel herrscht, müssen *alternative Szenarien* „erfunden" werden, um die Empfindlichkeit dieser Annahmen
   überprüfen zu können.

---

* Auszug aus: *Koelle, Heinz Hermann:* Die Anwendung der Simulation als Entscheidungshilfe,
   in: IBM-Nachrichten, 21. Jg. (1971), S. 873–879, hier S. 873 und 876.

3. Definition der Ausgabe- und Eingabeinformation

a) Da der Entscheider eine ziemlich gute Vorstellung davon hat, welche Art von Ausgabeinformationen er wünscht, müssen zuerst *Struktur und Inhalt der Ausgabeinformationen* definiert werden;
b) mit den verfügbaren Ausgabeerfordernissen und der bekannten Grundstruktur des Systems können die *Eingabedaten* hinsichtlich Format und Inhalt abgeleitet werden;
c) an diesem Punkt der Untersuchung stellt sich das Datenproblem, und es muß die Beschaffung der einschlägigen *Daten* organisiert werden, speziell mit Hinweisen, *wie genau* diese Daten sein müssen.

4. Testen und Überprüfen des Simulationsmodells

a) Programmieren des Systemmodells;
b) Testen des dynamischen Verhaltens des Modells, ob es auf typische Impulse wirklichkeitsgemäß reagiert;
c) systematische Prüfung aller identifizierbaren gegenseitigen Beziehungen;
d) Prüfung, ob diese Ausgangsvariablen hinsichtlich Größenordnung und Änderungsrate richtig sind;
e) Prüfung aller Eingabedaten hinsichtlich Vollständigkeit und Dimension.

5. Betrieb des Simulationsmodells

a) Aufsuchen der Kontrollvariablen;
b) Testen der Empfindlichkeit von Ergebnissen in bezug auf die Eingabedaten;
c) Bestimmung der erforderlichen Genauigkeit für die Eingabedaten und falls notwendig, deren Verbesserung;
d) Definition von möglichen Alternativen, die in Betracht gezogen werden können, um den gegenwärtigen Zustand des Systems in Richtung auf den gewünschten Zustand zu ändern;
e) Testen aller möglichen Alternativen einzeln und in Bündeln, um die gewünschten Systemänderungen z. B. wie folgt zu erreichen:

1. in der kürzestmöglichen Zeit ohne Rücksicht auf die erforderlichen Hilfsmittel,
2. zu einer gegebenen Zeit mit den geringstmöglichen Kosten,
3. zum frühesten Zeitpunkt mit einer vorgegebenen Menge von Hilfsmitteln oder
4. irgendeine andere vernünftige Entscheidungsregel.

CSMP/360. Eine leistungsfähige Programmiersprache zur Simulation dynamischer Systeme

von Dirk Kunstmann*

Die Vorteile der Simulation für alle Gebiete der Wissenschaft und Technik sind bekannt. Eine Reihe von Programmiersprachen erleichtert die Anwendung dieses Hilfsmittels. CSMP (Continuous System Modeling Program) ist eine solche Programmiersprache. Diese Sprache, für das System /360 entwickelt, wird kurz vorgestellt und ihre Wirksamkeit und Anpassungsfähigkeit an einem einfachen Beispiel demonstriert.

1. Einleitung

Die Qualität einer neuen Idee anhand eines Modells billig und schnell zu prüfen, zu korrigieren, nach verschiedenen Kriterien zu testen und zu optimieren — diese Möglichkeiten bietet die Simulation. Vier Gründe sind es im wesentlichen, die die Simulation auf dem Gebiet des Organisationswesens, der Unternehmensforschung, der Technik und der naturwissenschaftlichen Forschung heute fast unentbehrlich machen: Kostenersparnis, Zeitersparnis, die Meßbarkeit aller wichtigen Größen eines Systems und die Möglichkeit, nicht in reale Systeme eingreifen zu müssen.

Um beliebige Systeme, die sich durch gewöhnliche Differentialgleichungen und algebraische Gleichungen hinreichend genau beschreiben lassen, auf dem Digitalrechner zu simulieren, wurde die Programmiersprache CSMP (Continuous System Modeling Program) für das IBM System /360 geschaffen [1,2].

Dabei kann es sich ebenso um mechanische, elektrische oder thermodynamische Systeme handeln wie um biologische oder chemische Prozesse oder um Vorgänge, wie etwa den Materialfluß in einem Fertigungsbetrieb.

2. CSMP /360 und FORTRAN

CSMP /360 ist eine Weiterentwicklung der digitalen Simulationssprache DSL 90 und baut wie diese auf der Programmiersprache FORTRAN auf [3,10]. Das bedeutet, daß alle Möglichkeiten, die FORTRAN IV zur Formulierung algebraischer und logischer Zusammenhänge bietet, auch in CSMP /360 gegeben sind.

Die Unterschiede und Vorteile von CSMP /360 gegenüber FORTRAN treten bei der Simulation kontinuierlicher Systeme klar zutage. Diese Systeme sind dadurch

* In: IBM-Nachrichten, 20. Jg. (1970), S. 170–175.

181

gekennzeichnet, daß ihre Größen sich kontinuierlich als Funktion einer unabhängigen Variablen verändern. Die Veränderungen erfolgen simultan für alle Größen des Systems und werden in der Regel durch ein System gekoppelter Differentialgleichungen beschrieben. Anders als z. B. der Analogrechner ist der Digitalrechner auf eine sequentielle Verarbeitung festgelegt. Das bedeutet für die Simulation, daß parallele Strukturen in eine seriell abzuarbeitende Folge von Rechenanweisungen umgesetzt werden müssen. Alle hieraus resultierenden Probleme hat der FORTRAN-Programmierer selbst zu lösen, während sie dem Benutzer einer Simulationssprache so weit wie irgend möglich abgenommen werden. Dadurch kann sich dieser weit mehr auf die Probleme des zu simulierenden Systems konzentrieren als auf die Probleme der digitalen Simulation. Probleme der digitalen Simulation sind unter anderem

die filmartige Auflösung des zu untersuchenden Systems in eine Folge von Momentaufnahmen, die eine nach der anderen durchzurechnen sind (Zeititeration);

der rechnerische Übergang von einer Momentaufnahme zur nächsten durch geeignete numerische Integrationsverfahren und durch Iterationsalgorithmen zur Lösung impliziter algebraischer Gleichungen;

die Vermeidung von Phasenverschiebungen bei Mehrfachintegrationen (zentralisierte Integration);

die Festlegung der Berechnungsreihenfolge für die Durchrechnung der einzelnen Momentaufnahmen (Sortierung), da diese Reihenfolge für jedes neue Modell neu erstellt werden muß.

Zu diesen Punkten kommen weitere wichtige Hilfen für den Benutzer von CSMP /360.

Funktionsblöcke

Eine große Zahl von häufig in Simulationsproblemen wiederkehrenden mathematischen Funktionen sind als Funktionsblöcke vorprogrammiert und brauchen vom Benutzer des CSMP bei Bedarf nur noch unter ihrem Namen aufgerufen zu werden. Dabei kann derselbe Funktionsblock in einem Problemprogramm mehrfach aufgerufen werden. Eine Auswahl der insgesamt 34 standardmäßigen CSMP-Funktionsblöcke zeigt Abbildung 1. In der rechten Spalte ist jeweils die mathematische Funktion angegeben, links davon das Format der zugehörigen CSMP-Anweisung. Dieses ist allgemein gegeben durch:

Ausgänge = Blockname (Parameter, Eingänge).

Ausgangs- und Eingangsgrößen werden mit symbolischen Namen bezeichnet, die nach den gleichen Regeln wie in FORTRAN gebildet werden. Parameter können sowohl numerisch als auch symbolisch angegeben werden.

Diese Bibliothek von Funktionsblöcken kann jeder Benutzer beliebig um solche

CSMP-Funktionsblock	Mathematische Funktion
Y = INTGRL (AB, X) $Y(0) = AB$ Integrator	$Y = \int_0^t X\,dt + AB$ Äquivalente Laplace-Transformierte: $\dfrac{1}{p}$
Y = DERIV (AB, X) $X(t = 0) = AB$ Ableitung	$Y = \dfrac{dX}{dt}$ Äquivalente Laplace-Transformierte: p
Y = DELAY (N, T, X) T = Verzögerungszeit N = Anzahl der Stutzwerte im Intervall T (Integerkonstante) Totzeit	$Y(t) = X(t - T), \quad t \geq T$ $Y = 0 \qquad\qquad t < T$ Äquivalente Laplace-Transformierte: e^{-Tp}
Y = ZHOLD (X_1, X_2) Halteglied	$Y = X_2 \qquad\qquad X_1 > 0$ Y = letzter Wert $\;X_1 \leq 0$ $Y(0) = 0$ Äquivalente Laplace-Transformierte: $\dfrac{1}{p}(1 - e^{-pt})$
Y = STEP (P) Sprungfunktion	$Y = 0 \quad t < P$ $Y = 1 \quad t \geq P$ 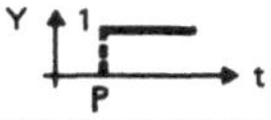
Y = IMPULS (P_1, P_2) Generator von Nadelimpulsen	$Y = 0 \quad t < P_1$ $Y = 1 \quad (t - P_1) = k\,P_2$ $Y = 0 \quad (t - P_1) \neq k\,P_2$ $k = 0, 1, 2, 3, \ldots$ 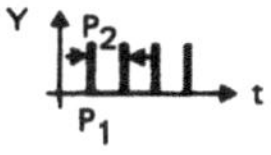
Y = PULSE (P, X) P = Minimale Pulsbreite Impulsgenerator (mit Funktion $X > 0$ als Trigger)	$Y = 1 \quad T_k \leq t < (T_k + P) \text{ oder } X > 0$ $Y = 0 \quad$ sonst T_k = Triggerintervall 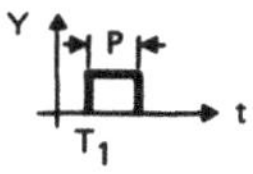
Y = GAUSS (P_1, P_2, P_3) P_1 = beliebige ungerade ganze Zahl P_2 = Mittelwert P_3 = Standardabweichung Rauschen (Zufallszahlen) Generator mit Normalverteilung	Normalverteilung der Variablen Y $p(Y)$ = Wahrscheinlichkeits- dichtefunktion 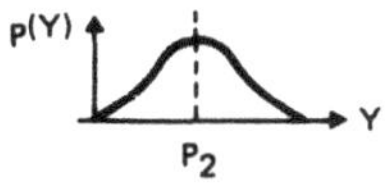

Abbildung 1: Auswahl einiger Funktionsblöcke des CSMP /360
(Fortsetzung auf S. 184)

Blöcke erweitern, die seinen speziellen Bedürfnissen entsprechen. Darüber hinaus sind alle FORTRAN-Funktionen wie z. B. SIN, COS, ALOG, EXP in CSMP verfügbar. Zu diesen zahlreichen Funktionsblöcken kommen schließlich noch die Prozedur und aus mehreren Funktionsblöcken zu einem komplexeren Block zusammengefaßte MACROS.

Das MACRO mit dem Namen POLAR sei z. B. folgendermaßen definiert worden:

183

CSMP-Funktionsblock	Mathematische Funktion
$Y = $ LIMIT (P_1, P_2, X) Begrenzer	$Y = P_1 \quad X < P_1$ $Y = P_2 \quad X > P_2$ $Y = X \quad P_1 \leq X \leq P_2$ 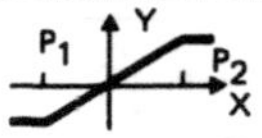
$Y = $ QNTZR (P, X) Quantisierer	$Y = kP \quad (k - \frac{1}{2}) P < X < (k + \frac{1}{2}) P$ $k = 0, \pm 1, \pm 2, \pm 3, \ldots$ 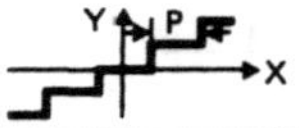
$Y = $ DEADSP (P_1, P_2, X) Unempfindlichkeit	$Y = 0 \quad P_1 \leq X \leq P_2$ $Y = X - P_2 \quad X > P_2$ $Y = X - P_1 \quad X < P_1$
$Y = $ REALPL (AB, P, X) $Y(0) = AB$ Verzogerungsglied 1 Ordnung (real pole)	$P\dot{Y} + Y = X$ Äquivalente Laplace-Transformierte: $\dfrac{1}{P_p + 1}$
$Y = $ LEDLAG (P_1, P_2, X) Voreilung — Nacheilung (lead — lag)	$P_2\dot{Y} + Y = P_1\dot{X} + X$ Äquivalente Laplace-Transformierte: $\dfrac{P_{1p} + 1}{P_{2p} + 1}$
$Y = $ FCNSW (X_1, X_2, X_3, X_4) Funktionsschalter	$Y = X_2 \quad X_1 < 0$ $Y = X_3 \quad X_1 = 0$ $Y = X_4 \quad X_1 > 0$
$Y_1, Y_2 = $ OUTSW (X_1, X_2) Ausgangsschalter	$Y_1 = X_2 \quad Y_2 = 0 \quad X_1 < 0$ $Y_1 = 0 \quad Y_2 = X_2 \quad X_1 \geq 0$
$Y = $ AND (X_1, X_2) Und	$Y = 1 \quad X_1 > 0, \quad X_2 > 0$ $Y = 0 \quad$ sonst
$Y = $ IOR (X_1, X_2) Inklusives Oder	$Y = 0 \quad X_1 \leq 0, \quad X_2 \leq 0$ $Y = 1 \quad$ sonst
$Y = $ EOR (X_1, X_2) Exklusives Oder	$Y = 1 \quad X_1 \leq 0, \quad X_2 > 0$ $Y = 1 \quad X_1 > 0, \quad X_2 \leq 0$ $Y = 0 \quad$ sonst
$Y = $ NOT (X) Negation	$Y = 1 \quad X \leq 0$ $Y = 0 \quad X > 0$

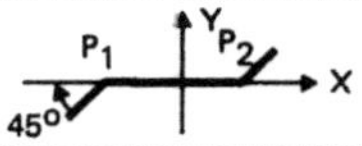

Abbildung 1: Auswahl einiger Funktionsblöcke des CSMP /360
  (Fortsetzung von S. 183)

```
MACRO      X, Y   = POLAR (RHO, PHI)
           PHIB   = PHI/57.3
           X      = RHO*COS (PHIB)
           Y      = RHO*SIN (PHIB)
ENDMAC
```

Das MACRO kann nun im folgenden Programm mehrfach durch Anweisungen aufgerufen werden wie etwa

```
VHORIZ, VVERT     = POLAR (V, ALPHA)
```

184

Prozeduren werden innerhalb des Problemprogramms in FORTRAN-Kodierung definiert. Ihre Anweisungen, die auch CSMP-Funktionsblöcke enthalten dürfen, werden zwischen zwei Steueranweisungen, PROCEDURE und ENDPRO, eingeschlossen.

Die Menge dieser Funktionsblöcke in Verbindung mit den algebraischen und logischen Möglichkeiten von FORTRAN erlaubt die bequeme Programmierung noch so komplexer Systeme gewöhnlicher Differentialgleichungen ohne Rücksicht auf Nichtlinearitäten und zeitabhängige Koeffizienten.

Ausgabe

Auch hinsichtlich der Ausgabe wird dem Benutzer von CSMP viel Programmierarbeit abgenommen. So würde die Anweisung

PRINT   V, ALPHA, VHORIZ, VVERT

eine Liste dieser vier Variablen als Funktion der ebenfalls ausgedruckten unabhängigen Veränderlichen des Systems ergeben, ohne daß FORMAT-Angaben erforderlich wären.

Wie in Listenformat, so kann jede Größe auch graphisch auf dem Schnelldrucker ausgegeben werden. Dazu ist PRINT nur durch PRTPLOT zu ersetzen. Eine dritte Ausgabeart bietet PREPARE. Es bewirkt, daß interessierende Daten auf ein Magnetband geschrieben werden. Die so gespeicherten Ergebnisse der Simulation stehen dann jederzeit für eine Weiterverarbeitung oder für eine Ausgabe über ein Zeichengerät bereit.

3. Konzept des CSMP-Programms

Unter CSMP-Programm soll in diesem Abschnitt nicht das vom Benutzer in der CSMP-Sprache erstellte Problemprogramm verstanden werden, sondern das auf einem IBM System /360 installierte Programm CSMP, das dieses Problemprogramm verarbeitet. Geht man davon aus, daß ein solches Programm die folgenden Anforderungen erfüllen soll:

1. Implementierung jeder Art von FORTRAN-Anweisungen,
2. Aufstellen der internen Berechnungsfolge durch einen Sortiervorgang,
3. Bereitstellung von Funktionsblöcken,
4. Ausführung der Zeititeration, der Integrationen und Ausgabe der Ergebnisse,

dann bietet sich zwangsläufig das in DSL 90 und damit auch in dessen Weiterentwicklung CSMP /360 verwirklichte Konzept an. Danach ist das Programm in drei Komponenten gegliedert: den Übersetzer, die Funktionsblockbibliothek und den Simulator.

Der Übersetzer

Er erfüllt drei Aufgaben:

a) Einlesen des Problemprogramms und dessen Prüfung auf Vollständigkeit und formale Richtigkeit,
b) Sortieren derjenigen Anweisungen, welche die mathematische Struktur des Modells beschreiben (Punkt 2),
c) Übersetzen dieser Strukturanweisungen in ein FORTRAN-Unterprogramm.

Der letzte Punkt gewährleistet, daß alle algebraischen und logischen Möglichkeiten des vorhandenen FORTRAN-Compilers auch in CSMP /360 verfügbar sind (Punkt 1). Im folgenden Schritt wird dann das vom Übersetzer erstellte Unterprogramm kompiliert.

Die Funktionsblockbibliothek

Sie stellt eine Sammlung von FORTRAN-Funktionen und Unterprogrammen dar, welche die Funktionen der einzelnen Blöcke erfüllen (Punkt 3).

Der Simulator

Er übernimmt die Durchführung der eigentlichen Simulation und die damit verbundenen Aufgaben (Punkt 4). In einem vorgeschalteten Linklauf wird er mit dem vom Übersetzer erstellten Unterprogramm und den von ihm benötigten Funktionsblöcken verbunden.

4. Die CSMP-Sprache

CSMP benötigt vom Benutzer drei Arten von Informationen, nämlich eine Beschreibung der mathematischen Struktur des zu simulierenden Systems, die Angabe von Zahlenwerten für Parameter und steuernde Hinweise für die Arbeit von Übersetzer und Simulator. Dementsprechend gibt es in CSMP drei Typen von Anweisungen: Strukturanweisungen, Datenanweisungen und Steueranweisungen.

Strukturanweisungen

Sie definieren die mathematischen Gleichungen des Systems in Form von algebraischen FORTRAN-Anweisungen und Funktionsblöcken. Dazu gehören auch MACRO-Aufrufe und Prozeduren.

Datenanweisungen

Sie weisen den zunächst symbolisch definierten Parametern, Konstanten und An-

186

fangsbedingungen numerische Werte zu und tragen die Kennwörter PARAMETER, CONSTANT und INCON. Eine weitere Datenanweisung, FUNCTION, erlaubt die Angabe von tabellierten Funktionen:

FUNCTION   FUNK 1 = (1.,0.41),(2.,0.30), . . .
           (3.,0.24),(4.,0.19),(5.,0.16), . . .
           (7.,0.12),(10.,0.09),(20.,0.04)

Das Aufrufen dieser FUNK 1 genannten Funktion geschieht durch Strukturanweisungen wie z. B.

REFRAK   = NLFGEN (FUNK 1, HOEHE).

NLFGEN gibt an, daß für REFRAK derjenige Wert einzusetzen ist, der sich aus der Funktion FUNK 1 bei quadratischer Interpolation mit dem Argument HOEHE ergibt. AFGEN (statt NLFGEN) bewirkt eine lineare Interpolation. Auch tabellierte Funktionen zweier unabhängiger Variablen lassen sich in CSMP /360 verwenden [4].

Steueranweisungen

Sie beeinflussen die Arbeit von Übersetzer und Simulator und legen die Art der Ausgabe fest.

Einige Steueranweisungen für den Übersetzer wurden bereits erwähnt, nämlich MACRO, ENDMAC, PROCEDURE und ENDPRO. Beachtung verdienen außerdem die Anweisungen INITIAL, DYNAMIC und TERMINAL.

Häufig treten in den mathematischen Simulationsmodellen Koeffizienten auf, die sich aus einem oder mehreren Parametern errechnen und während der gesamten Simulation konstant bleiben. Sie werden nur einmal zu Beginn der Simulation in der Initialisierungsphase berechnet. Im Problemprogramm werden die in dieser Phase auszuführenden Rechenoperationen durch ein ihnen vorangestelltes INITIAL gekennzeichnet. DYNAMIC schließt die Initialisierung ab und leitet die Berechnung der Systemvariablen ein. Dadurch wird die Simulation von der wiederholten Berechnung konstanter Größen entlastet und die Rechenzeit reduziert.

Einem anderen Zweck dient die Terminierungsphase, die einmal am Ende jeder Simulation durchlaufen werden kann. Sie erlaubt die Prüfung oder Weiterverarbeitung der Ergebnisse der Simulation. Sie wird durch TERMINAL eröffnet und durch END abgeschlossen. Auf ihre besondere Bedeutung wird später noch einmal eingegangen werden.

Sowohl die Anweisungen der Initialisierungsphase als auch die der dynamischen Phase werden grundsätzlich vom Übersetzer sortiert. In beiden Phasen kann es notwendig sein — insbesondere dort, wo FORTRAN-Verzweigungen verwendet werden —, die Sortierung für eine Reihe von Anweisungen außer Kraft zu setzen. Dies ist möglich, indem diese Anweisungen zwischen die Steueranweisungen NOSORT und SORT eingeschlossen werden. Solche NOSORT-Bereiche erlauben z. B. das Zu-

oder Abschalten ganzer Teilmodelle einer Simulation, sobald gewisse Bedingungen erreicht sind.

Ein wesentlicher Bestandteil jeder digitalen Simulation von Differentialgleichungen ist die numerische Integration. Dazu existiert eine große Zahl von Verfahren, die die an sie zu stellenden Forderungen nach Genauigkeit, Stabilität und geringer Rechenzeit mehr oder weniger gut erfüllen [5, 6]. Ihre Bewertung hängt jedoch sehr vom jeweiligen Problem ab. Die Frage, ob z. B. die einfache Rechteckintegration eine ausreichende Genauigkeit liefert oder ein anderes, aber zeitaufwendigeres Verfahren gewählt werden soll, muß jedesmal neu entschieden werden. CSMP /360 stellt dem Benutzer insgesamt sieben Integrationsverfahren zur Auswahl, zwei davon mit variabler Schrittweite Δt, das heißt, Δt wird je nach Fehlerkriterium automatisch verkleinert oder vergrößert. Zusätzlich ist die Verwendung eines benutzereigenen Integrationsverfahrens möglich. Dem Simulator wird das gewünschte Verfahren durch die METHOD-Anweisung mitgeteilt. Die TIMER-Anweisung enthält Angaben für Δt, für die Simulationsendzeit und die Ausgabeschrittweite.

Das folgende Beispiel soll anhand einer einfachen Anwendung diesen Überblick über die CSMP-Sprache abrunden.

5. Ein Anwendungsbeispiel

Es soll die Radaufhängung bei einem Kraftfahrzeug simuliert und untersucht werden, wie sich Stöße von Fahrbahnunebenheiten auf die Kabine übertragen [7]. Ein vereinfachtes Modell der Radaufhängung ist in Abbildung 2 skizziert. Es genügt für die Lösung, ein einzelnes Rad zu untersuchen.

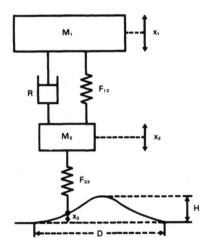

Abbildung 2: Vereinfachte schematische Darstellung der Radaufhängung

Das Rad habe die Masse M_2 und es werde durch die Masse M_1 von der Kabine her belastet. Die Auslenkungen der beiden Massen aus der Ruhelage seien x_2 bzw. x_1, während x_3 das Profil der Bodenerhöhung beschreibt. Die Federkonstante des pneumatischen Reifens sei F_{23}, R sei die Dämpfungskonstante des Stoßdämpfers und F_{12} die Federkonstante der Radaufhängung. Diese Federung komme dadurch zustande, daß ein Luftpolster in einem Zylinder durch die Bewegungen von M_1 und M_2 mehr oder weniger stark komprimiert wird. Für die nichtlineare Federkonstante F_{12} gilt:

$$F_{12} = \frac{FK_{12}}{(x_1 - x_2)}$$

mit der Federkraft

$$FK_{12} = Q \cdot P_0 \cdot \left(1 - \frac{P_1}{P_0}\right).$$

Dabei ist Q der Zylinderquerschnitt und P_0 der Zylinderinnendruck für die Ruhelage beider Massen. Für den variablen Druck P_1 gilt bei adiabatischer Kompression

$$\frac{P_1}{P_0} = \frac{V_0^\kappa}{(V_0 + (x_1 - x_2) \cdot Q)^\kappa}.$$

Bei einer Länge L des Zylinders ist das Volumen $V_0 = Q \cdot L$. Das Rad möge nun eine kosinusförmige Bodenerhebung der Höhe H und der Länge D mit der Geschwindigkeit v überfahren. Dann wird die Bodenerhebung in der Zeit $T = \frac{D}{v}$ passiert und es ist

$$x_3(t) = \frac{H}{2} \cdot \left(1 - \cos 2\pi \frac{t}{T}\right).$$

Zur vollständigen Beschreibung des Systems gehören noch die Bewegungsgleichungen für M_1 und M_2:

$$M_1 \cdot \ddot{x}_1 + R \cdot (\dot{x}_1 - \dot{x}_2) + FK_{12} = 0$$
$$M_2 \cdot \ddot{x}_2 + R \cdot (\dot{x}_2 - \dot{x}_1) - FK_{12} + F_{23} \cdot (x_2 - x_3) = 0.$$

Diese Gleichungen können ohne den Umweg über ein Blockschaltbild unmittelbar in die CSMP-Sprache übertragen werden. Abbildung 3 (s. S. 190) zeigt das vollständige Programm.

Das Programm ist so aufgebaut, daß zunächst die Parameterwerte angegeben werden und dann in einer Initialisierungsphase die Berechnung der konstanten Größen T, Q, V_0 und P_0 erfolgt. Der dynamische Teil beginnt mit den Differentialgleichungen, gefolgt von einer Prozedur für x_3. Statt der Prozedur, welche bewirkt, daß sich die Bodenerhebung nicht periodisch wiederholt, hätte hier auch der Funktionsblock INSW verwendet werden können. Zum Schluß kommen neben einigen Steueranweisungen die Gleichungen für die Federkraft FK_{12}. Die Größe DRUCK (P_1) muß be-

```
TITLE    LUFTGEFEDERTE RADAUFHAENGUNG
*
* R = INNERER RADIUS DES ZYLINDERS
* V IN KM/STD SONST KG,CM,SEK
*
INITIAL
CONSTANT  PI=3.14159,  KAPPA=1.4
PARAMETER      R=5.0,   L=20.0,   H=10.0,   D=100.0,   V=50.0
PARAMETER  M1=600.0,   M2=25.0,   F23=160000.0,   R12=900.0
       T    = D/V*0.036
       Q    = PI*R*R
       VO   = Q*L
       PO   = M1 * 981./Q + 1.
*
DYNAMIC
       X12P = -R12*(X1P-X2P)/M1 - FK12/M1
       X1P  = INTGRL(0.0,X12P)
       X1   = INTGRL(0.0,X1P)
       X2P  = INTGRL(0.0,X22P)
       X2   = INTGRL(0.0,X2P)
       X22P = R12*(X1P-X2P)/M2+FK12/M2 - F23*(X2-X3)/M2
PROCEDURE   X3 = STOSS ( H, T )
       IF (TIME.GE.T) GO TO 20
       X3   = H/2*(1-COS(2.*PI*TIME/T))
       GO TO 30
    20 X3   = 0.0
    30 CONTINUE
ENDPRO
       FK12 = Q*PO*(1.0 - PQUOT)
       PQUOT= (VO/(VO+Q*DIFF))**KAPPA
       DRUCK= PQUOT*PO
       DIFF = X1 - X2
*
TIMER     DELT=1.E-3,  FINTIM=0.3,  OUTDEL=0.6E-2
PRTPLOT    DRUCK(X1,X2,DIFF)
LABEL        GESCHWINDIGKEIT:   50 KM/H
METHOD ADAMS
END
RESET     PRTPLOT
PRTPLOT    X1(X2,X3)
TIMER     FINTIM=1.5,  OUTDEL=3.E-2
END
RESET     LABEL
LABEL        GESCHWINDIGKEIT:   100  KM/H
PARAMETER    V=100.0
END
STOP
```

Abbildung 3: CSMP-Programm zur Simulation der Radaufhängung

rechnet werden, da sie über PRTPLOT zur Ausgabe angefordert wird. Um die gegenüber DRUCK langwelligere Schwingung von x_1 etwas zu raffen, wird sie in einem
zweiten Lauf ausgegeben, dessen Veränderungen gegenüber dem ersten Lauf im
Anschluß an die erste END-Karte angegeben werden. Die Abbildungen 4 und 5
(Seite 191, 192) zeigen die so erhaltenen Simulationsergebnisse. Die auf der
PRTPLOT-Anweisung eingeklammerten Größen erscheinen in der Ausgabe rechts
von der Graphik in Listenform.

6. Parameterstudien und Optimierungsprobleme

Das Beispiel zeigt bereits einen Weg, wie dasselbe Modell mehrfach unter veränderten
Bedingungen simuliert werden kann, ohne daß der Übersetzer des CSMP /360 erneut
in Aktion treten muß. Nach jeder END-Anweisung können in Parameter- und gewissen

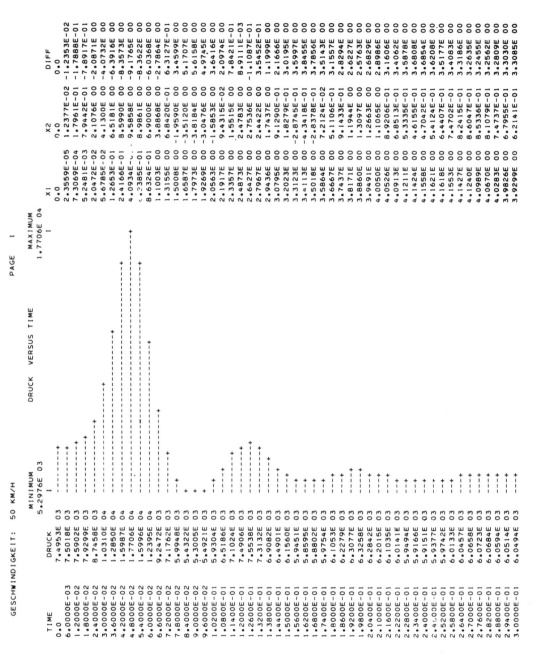

Abbildung 4: PRTPLOT-Ausgabe zur Radaufhängung (1. Lauf)

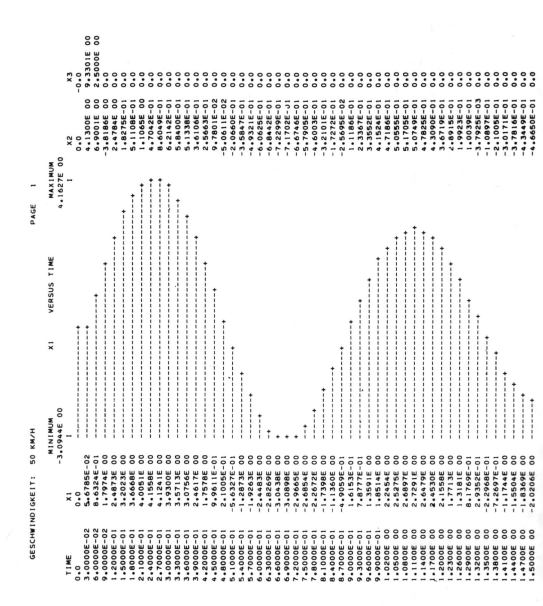

Abbildung 5: PRTPLOT-Ausgabe zur Radaufhängung (2. Lauf)

Steueranweisungen für einen neuen Lauf Veränderungen gegenüber dem vorhergehenden Lauf angegeben werden. So würde das Programm in Abbildung 3 drei
Läufe bewirken.

Soll der Einfluß eines einzelnen Parameters über einen größeren Bereich untersucht werden, so eignet sich dafür am besten die Mehrfachparameterangabe. Eine Untersuchung des Einflusses der Zylinderlänge L für Werte zwischen 10 und 30 cm ließe sich durch die folgende Anweisung erreichen:

PARAMETER L = (10.,15.,4*2.5,30.)

Es würden die sieben Fälle L = 10, 15, 17.5, 20, 22.5, 25 und 30 cm simuliert werden.

Beide hier beschriebenen Wege zur Anforderung von Mehrfachläufen setzen voraus, daß die durchzuspielenden Veränderungen vorher angegeben werden. Das ist aber nicht möglich, wenn es um das Aufsuchen eines optimalen Parameterwerts oder um die Erfüllung zweiseitiger Randbedingungen geht. Bei derartigen Problemen gewinnt die bereits erwähnte Terminierungsphase besondere Bedeutung. Denn in dieser Phase kann z. B. abgefragt werden, wie nahe das Ergebnis der Simulation an ein Optimum heranreicht und in welcher Weise ein Parameter verändert werden muß, um dem Optimum noch näher zu kommen. Nach einer in FORTRAN kodierten Berechnung des verbesserten Parameterwerts wird durch CALL RERUN ein Wiederholungslauf angefordert, um die Verbesserung zu prüfen. Dieser Vorgang läßt sich so lange wiederholen, bis das jeweilige Optimierungskriterium hinreichend gut erfüllt ist.

Durch diese Hilfen können umfangreiche Parameterstudien, für deren Durchführung an einem Analogrechner ein Mitarbeiter Tage oder Wochen benötigen würde, völlig dem Digitalrechner überlassen werden, wie überhaupt die Vorteile der digitalen gegenüber der analogen Simulation bei CSMP /360 erst richtig zur Geltung kommen [8].

7. Schlußbemerkungen

CSMP /360 hat sich bereits bei vielen Anwendungen als eine außerordentlich flexible und leistungsfähige Sprache zur Simulation dynamischer Systeme erwiesen, und die von Zeit zu Zeit erscheinenden neuen Versionen dieser Programmiersprache enthalten immer neue Verbesserungen. So ist erst kürzlich CSMP /360 dahingehend erweitert worden, daß auch indizierte Variablen integriert werden können, was die Simulation von Ketten gleichartiger Differentialgleichungen wesentlich vereinfacht [9].

Die Vielfalt möglicher Anwendungen von CSMP /360 ist so groß, daß hier auf das Literaturverzeichnis verwiesen werden muß.

[1] CSMP /360. Anwendungsbeschreibung, IBM Form 80744.
[2] CSMP /360. User's Manual, IBM Form H20-0367.
[3] *Hartmann, U.; Walther, H.:* Digitale Simulation mit einer blockorientierten Programmiersprache, in: Regelungstechnik, 16. Jg. (1968), S. 464—467.
[4] *Luke, C. A.:* Modeling Arbitrary Functions of Two Variables, in: Simulation, 12. Jg. (1969), S. 251—252.
[5] *Benyon, P. R.:* A Review of Numerical Methods for Digital Simulation, in: Simulation, 11. Jg. (1968), S. 219—238.
[6] *Fowler, M. E.; Warten, R. M.:* A Numerical Integration Technique for Ordinary Differential Equations with Widely Separated Eigenvalues, in: IBM Journal of Research and Development, 11. Jg. (1967), S. 537—543.
[7] Proceedings of the IBM Scientific Computing Symposium on Digital Simulations of Continuous Systems 1967, IBM Form 320-1943, S. 205.
[8] *Forner, H.:* CSMP — Blockorientierte Sprachen zur digitalen Simulation dynamischer Systeme, in: IBM Nachrichten, 18. Jg. (1968), S. 51—57; IBM Form 78234.
[9] CSMP /360. Technical Newsletter, IBM Form N20-2039.
[10] *Dost, M. H.; Barber, R. R.:* Simulation of Electron Beam Control System Using DSL /90, in: Simulation, 9. Jg. (1967), S. 237—247.
[11] *Brennan, R. D.; Silberberg, M. Y.:* The System /360 Continuous System Modeling Program, in: Simulation, 11. Jg. (1968), S. 301—308.
[12] *Fahidy, T. Z.; Luke, C. A.:* Digital Simulation of Chemical Reactor Dynamics, in: Instruments and Control-Systems, 41. Jg. (1968), S. 113—117.
[13] *Abraham, F. F.; Luke, C. A.:* The Multistate Kinetics in Nonsteady-state Nucleation: A Numerical Solution Using S /360 CSMP, IBM Form 320-3253.

Die folgenden Arbeiten sind veröffentlicht in: Proceedings of the Conference on Applications of Continuous System Simulation Languages. San Francisco. 30. Juni— 1. Juli 1969. (New York: Association for Computing Machinery).

[14] *Fan, L. T.; Shah, P. S.; Erickson, L. E.:* Simulation of Reacting Systems Using CSMP /360.
[15] *Herbold, R.:* The Use of Continuous Simulation in Estimating Parameters in Systems of Differential Equations.
[16] *Freudenstein, F.; Hao, C.; Vitagliano, V.; Woo, L.:* Dynamic Response of Mechanical Systems.
[17] *Hill, T. R.; Mingle, L. O.:* Nuclear Reactor Stability Analysis by S /360 CSMP.
[18] *Smith, G.; Waltz, P. W.:* Corporate Financial Management Using Dynamic Simulation.
[19] *Hinchley, E.:* Digital Simulation in Control Systems Design of the Gentilly Nuclear Generating System.
[20] *Desal, A. K.; Dost, M. H.:* Stability Study of Randomly Sampled Nonlinear Control Systems.
[21] *Loomis, R. S.; Fick, G. W.; Williams, W. A.:* Dynamic Simulation of Higher Plant Growth.
[22] *Semmlow, J.; Stark, L.:* A Non Linear Bio Mechanical Model of the Human Iris.
[23] *Freudenstein, F.; Hao, C.; Vitagliano, V.; Woo, L.:* Analysis of Control-Mechanism Performance Criteria for an Above-Knee Prosthesis.
[24] *Aamand, C.:* Simulation of a Cement Kiln.
[25] *Biehl, F. A.:* Aircraft Landing Gear Brake Squeal and Strutt Chatter Simulation.
[26] *Sturcke, E.:* Interactive Graphics in Aircraft Landing and Take-Off Studies.
[27] *Brockett, R.:* Simulation of Steam Pressure Systems Via Remote Terminals.

Dritter Teil:

Anwendung analytischer Methoden auf ökonomische
Planungs-Überwachungs-Modelle

Die Bedeutung der Regelungstheorie für die Überwachung der Produktion[1]

von Herbert A. Simon*

übersetzt** und bearbeitet von *Hans-Ulrich Steenken*

Das Problem, die Produktionsrate eines einzelnen Produktes zu überwachen, läßt sich mit Hilfe der Regelungstheorie darstellen, und die weitentwickelten Verfahren dieser Theorie können dazu verwandt werden, das Verhalten eines solchen Überwachungssystems zu untersuchen. Dies wird anhand eines einfachen Systems erläutert. Ein Kostenkriterium wird entwickelt, um alternative Entscheidungsregeln beurteilen bzw. die optimale Entscheidungsregel auswählen zu können. Darüber hinaus wird eine Einführung in die Laplace-Transformation und einige ihrer elementaren Verwendungsmöglichkeiten zur Untersuchung der Stabilität und des Gleichgewichts von Systemen gegeben.

1. Einleitung

1.1. Problemstellung

Dieser Beitrag hat den Charakter eines Forschungsberichts. Im letzten Jahrzehnt wurden sehr leistungsfähige Verfahren zur Untersuchung von elektrischen und mechanischen Überwachungssystemen und Regelkreisen[2] entwickelt. Zwischen diesen

* *Simon, Herbert A.:* On the Application of Servomechanism Theory in the Study of Production Control, in: Econometrica, Vol. 20 (1952), S. 247–268; wiederabgedruckt unter dem Titel "Application of Servomechanism Theory to Production Control", in: *Simon, Herbert A.* (Hrsg.), Models of Man, Social and Rational, New York 1957, S. 219–240.

** Ausgenommen Abschnitt 5, der im Original ca. 2 Druckseiten umfaßt.

1 Für viele hilfreiche Anregungen bin ich *W. W. Cooper, C. Klahr* und *David Rosenblatt* sowie den Mitgliedern der Cowles Commission zu Dank verpflichtet. Die Untersuchung wurde in meiner Eigenschaft als Berater der Cowles Commission for Research in Economics im Rahmen ihres Vertrages mit der Firma RAND vorgenommen. Dieser Beitrag wird wiederabgedruckt als Cowles Commission Paper, New Series, No. 59.

2 Der Begriff "servomechanism" wird mit "Regelkreis" übersetzt, da dieser Begriff im deutschen Schrifttum üblich ist und da in ökonomischen Überwachungssystemen die Reglerfunktion meist nicht von einem "Mechanismus", sondern von Menschen wahrgenommen wird. Nur wenn das Überwachungssystem programmiert wird, so daß die Tätigkeit des Reglers vom Computer ausgeführt wird, sollte man von einem "Servomechanismus" oder besser "Servoautomatismus" sprechen. Zum Begriff des Regelkreises vgl. *Baetge, Jörg* und *Steenken, Hans-Ulrich:* Theoretische Grundlagen eines Regelungsmodells zur operationalen Planung und Überwachung betriebswirtschaftlicher Prozesse, in: ZfbF, 23. Jg. (1971), S. 593–630, hier S. 599–602; zum Begriff des Servoautomatismus vgl. *ebenda*, S. 596, und *Baetge, Jörg:* Betriebswirtschaftliche Systemtheorie, Opladen 1974, S. 117–128. (A. d. Ü.)

Systemen und den sogenannten Produktionsüberwachungssystemen, die zur Planung der Produktionsmenge in Unternehmungen eingesetzt werden, bestehen offensichtliche Analogien. Die Genauigkeit dieser Analogien läßt sich prüfen, indem ein ziemlich einfaches, aber relativ konkretes Beispiel eines Produktionsüberwachungssystems mit Hilfe von einigen in der Regelungstheorie üblichen Verfahren untersucht wird. In diesem einführenden Beitrag soll kein Versuch gemacht werden, dem gesamten analytischen Instrumentarium gerecht zu werden, das dem Regelungstechniker zur Entwicklung von Überwachungssystemen zur Verfügung steht. Unsere Absicht ist vielmehr, lediglich eine Einführung in die Regelungstheorie zu geben und ihre Anwendbarkeit für Probleme der Produktionsüberwachung zu prüfen.

Es muß hier darauf hingewiesen werden, daß der Gedanke, ein Servoautomatismus könne Funktionen übernehmen, die bisher nur von Menschen wahrgenommen wurden, keineswegs neu ist. Beispielsweise erfüllen Regelkreise, die in bestimmte Waffensysteme eingebaut sind, eine solche Funktion. Der Gedanke, daß Servoautomatismen soziale — im Unterschied zu rein physiologischen Funktionen übernehmen könnten, ist relativ neu. *Richard M. Goodwin*[3] ist allerdings unabhängig zu einem ähnlichen Gedanken gekommen: der Verwendung der Regelungstheorie zur Untersuchung von Marktverhalten und Konjunkturzyklen. Die Anwendbarkeit von Regelungsmodellen in der Theorie der Unternehmung ist von meinem Kollegen *W. W. Cooper*[4] diskutiert worden. Ebenso lassen sich zwei im Schrifttum[5] entwickelte dynamische Makrosysteme, die durch analoge Stromkreise dargestellt (und in einem Falle experimentell erforscht) wurden, als Regelungssysteme ansehen. Alle diese Systeme gehören zu dem von Wiener[6] abgegrenzten Gebiet der Kybernetik.

Einige Vorbemerkungen sind notwendig, (1) um die Grundbegriffe der Regelungstheorie zu erläutern und (2) um die Prämissen des zu untersuchenden Produktionsüberwachungssystems darzustellen.

1.2. Grundbegriffe der Regelungstheorie

Viele elektrische und mechanische Systeme lassen sich — zumindest approximativ — durch Systeme linearer Differential- oder Integral-/Differentialgleichungen mit konstanten Koeffizienten beschreiben. Eingeschlossen sind elektrische Schaltungen mit zusammengefaßten Konstanten. Unter diesen Systemen (oder den analogen mechanischen Systemen) sind viele als „Kontroll-, Überwachungs- oder Regelungssysteme" bekannt. Wir wollen hier nicht versuchen, diese Begriffe genau voneinander zu unterscheiden, sondern wollen stattdessen ein Beispiel eines solchen Systems darstellen.

3 *Goodwin, Richard M.:* Econometrics in Business-Cycle Analysis, in: Business Cycles and National Income, hrsg. v. *Alvin H. Hansen,* New York 1951, S. 417–468.
4 *Cooper, W. W.:* A Proposal for Extending the Theory of the Firm, in: Quarterly Journal of Economics, Vol. 65 (1951), S. 87–109.
5 Vgl. *Morehouse, N. F.; Strotz, R. H.; Horwitz, S. J.:* An Electro-Analog Method for Investigating Problems in Econometric Dynamics: Inventory Oscillations, in: Econometrica, Vol. 18 (1950), S. 313–328, und *Enke, Stephen:* Equilibrium Among Spatially Separated Markets: Solution by Electric Analogue, in: Econometrica, Vol. 19 (1951), S. 40–57.
6 Vgl. *Wiener, Norbert:* Cybernetics or Control and Communication in the Animal and the Machine, New York 1948.

Wir betrachten ein System, das aus einem Haus oder einem geschlossenen Raum mit einem Gasofen und einem Thermostaten besteht, der die Menge des in den Ofen strömenden Gases überwacht.[7] Dieses System wird durch folgendes Blockschaltbild wiedergegeben[8]:

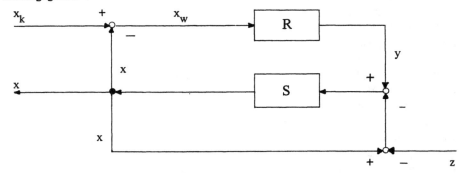

Abbildung 1: Modell der thermostatischen Heizungsregelung

Legende: $\boxed{R}$ $\;\widehat{=}\;$ Regler (Thermostat und Gasofen)

$\qquad\;\;$ $\boxed{S}$ $\;\widehat{=}\;$ Regelstrecke (Haus)

$\qquad\;\;$ → $\;\widehat{=}\;$ Informationsfluß

$\qquad\;\;$ O $\;\widehat{=}\;$ Meß- und Subtraktionsstelle

$\qquad\;\;$ ● $\;\widehat{=}\;$ Verzweigungsstelle

$\qquad\;\;$ z $\;=\;$ Störgröße (Außentemperatur[9])

$\qquad\;\;$ x_k $\;=\;$ Sollgröße (erwünschte Haustemperatur)

$\qquad\;\;$ x_w $\;=\;$ Regelabweichung ($x_k - x$)

$\qquad\;\;$ x $\;=\;$ Regelgröße (tatsächliche Haustemperatur)

$\qquad\;\;$ y $\;=\;$ Stellgröße (Ofentemperatur)

Die gewünschte Haustemperatur wird als Input des Systems oder als Sollwert (x_k) bezeichnet. Output des Systems bzw. Regelgröße (x) ist die tatsächliche Haustemperatur. Die Differenz ($x_k - x$) ist die Regelabweichung (x_w). Die Außentemperatur bezeichnen wir als Störgröße (z)[10,11]. Alle Variablen sind Funktionen der Zeit.

7 Um eine möglichst genaue Analogie mit dem später zu beschreibenden Produktionsüberwachungssystem zu erhalten, setzen wir voraus, daß der Thermostat im Gegensatz zu den üblichen Ein/Aus-Thermostaten kontinuierlich arbeitet; vgl. auch *Brown, G. S.* und *Campbell, D. P.*: Principles of Servomechanisms, New York 1948, S. 298—303.

8 Die in dieser Übersetzung verwandten Abbildungen und Symbole stimmen inhaltlich, nicht jedoch formal mit dem Simonschen Original überein. Um Einheitlichkeit und Vergleichbarkeit zu gewährleisten, haben wir die Darstellungen und Symbole der regelungstheoretischen Terminologie der DIN 19226 angepaßt; vgl. *Deutscher Normenausschuß*: Regelungstechnik und Steuertechnik, Begriffe und Benennungen, DIN 19226, Mai 1968 DK [62-5:001.4]. (A. d. Ü.)

9 *Simon* argumentiert bei der Erläuterung des Beispiels jeweils mit „Temperaturen". Allerdings ergeben sich beim Rechnen mit Temperaturen Schwierigkeiten, so daß es wohl einfacher wäre, stattdessen mit den jeweiligen „Energien" zu arbeiten. (A. d. Ü.)

10 In unserem Beispiel ist der Input (Sollgröße) konstant, während die Störgröße variabel ist. Dies ist typisch für ein Kontrollsystem. Die Sollgröße wird daher auch oft als Standard- oder

Das System ist so aufgebaut, daß die Menge des in den Ofen strömenden Gases und damit auch die Ofentemperatur (y) von der Regelabweichung abhängig sind (im einfachsten Fall proportional zur Regelabweichung). Die Form der Abhängigkeit der Stellgröße von der Regelabweichung wird so gewählt, daß die getroffene Maßnahme tendenziell zu einer Verringerung der Regelabweichung führt, gleichgültig, welche Störgröße auch immer auf das System wirkt.

Der gerade beschriebene Regelkreis läßt sich durch folgendes Gleichungssystem darstellen[12,13]:

(1.1) $x(t) = S R x_w(t) - S [x(t) - z(t)]$ [14]

(1.2) $x_w(t) = x_k(t) - x(t)$ [15] .

Zwei wichtige Merkmale dieses Systems sind zu beachten. Das erste ist die Kontroll- oder Rückkopplungsschleife (die obere Schleife in Abb. 1), mit deren Hilfe

a) die Regelgröße mit dem Sollwert verglichen wird und
b) die Regelabweichung rückgemeldet wird, um die Regelgröße so zu verändern, daß die Regelabweichung verkleinert wird.

Das zweite wichtige Merkmal zeigen die Richtungspfeile. Sollwert und Störgröße beeinflussen das Verhalten des Systems (vor allem die Regelgröße und die Regelabweichung), sie selbst aber werden vom System nicht beeinflußt. Solche Variablen, die sich nicht in der Rückkopplungsschleife befinden, können als unabhängige Variablen angesehen werden, die irgendwelche beliebigen zeitlichen Verläufe aufwei-

Normgröße bezeichnet. Es ist jedoch üblicher, als „Regelkreis" ein System zu bezeichnen, in welchem die Sollgröße variabel ist und die Störgröße fehlt. Viele wichtige technische Systeme enthalten allerdings sowohl eine variable Sollgröße als auch eine variable Störgröße.[12]

11 Die Außentemperatur (Störgröße) wirkt sich allerdings nur dann auf das System aus, wenn sie von der Haustemperatur abweicht. Die Abweichung (x − z) wird in der rechten unteren Meß- bzw. Subtraktionsstelle ermittelt. (A. d. Ü.)

12 Zu den verschiedenen Typen von Regelkreisen vgl. *Baetge, Jörg* und *Steenken, Hans-Ulrich:* Theoretische Grundlagen, S. 609. (A. d. Ü.)

13 Zur Operatorenschreibweise vgl. *Baetge, Jörg* und *Steenken, Hans-Ulrich:* Theoretische Grundlagen, S. 602–613. (A. d. Ü.)

14 Die Gleichung (1.1) wird hier für x(t) angegeben und nicht wie bei Simon für die Ableitung von x(t) nach der Zeit, also

$$\frac{dx(t)}{dt}$$. (A. d. Ü.)

15 In diesem Modell wird unterstellt, daß alle Vorgänge sich „zeitlos" oder besser „mit unendlicher Geschwindigkeit" vollziehen. Das kann jedoch nicht bedeuten, daß die verschiedenen Zustände einer Variablen alle im selben Zeitpunkt eintreten. Vielmehr muß die Reihenfolgebedingung beachtet werden. Das bedeutet beispielsweise folgendes: Eine Abweichung der tatsächlichen Haustemperatur (Zustand 1) von der gewünschten Haustemperatur führt in unserem Modell mit unendlicher Geschwindigkeit zu einer geänderten tatsächlichen Haustemperatur (Zustand 2). Die beiden Zustände (1) und (2) liegen jedoch nicht im selben Zeitpunkt, sondern der Zustand (2) tritt einen allerdings infinitesimal kurzen Zeitraum später ein als der Zustand (1). (A. d. Ü.)

sen können. Diese Art der Abhängigkeit wird manchmal als einseitige Kopplung oder als Kaskadieren bezeichnet. Ein zweiseitige Abhängigkeit dagegen wird durch eine geschlossene Rückkopplungsschleife (vgl. Abb 1) dargestellt.

In physikalischen Regelkreisen wird das Kaskadieren dadurch ermöglicht, daß der geschlossene Teil des Systems sehr wenig Energie im Vergleich zur Energie der unabhängigen Variablen enthält (beispielsweise in einem Sonnensystem mit einer riesigen zentralen Sonne und verhältnismäßig kleinen Planeten), oder − allgemeiner gesagt − dadurch, daß der geschlossene Teil des Systems seine Energie von einer unabhängigen Energiequelle bezieht (beispielsweise von einem Verstärker). Aufgrund dieser Eigenschaft des Systems ist es möglich, daß die Regelgröße dem Sollwert angepaßt wird, ohne den Sollwert zu beeinflussen. Ein Regelkreis ist also ein System, welches (1) einseitig mit dem Sollwert und der Störgröße gekoppelt ist, in dem sich (2) eine oder mehrere Rückkopplungsscheifen befinden, mit deren Hilfe die Regelgröße mit dem Sollwert verglichen wird, und welches (3) eine Energiequelle enthält, die mit Hilfe der Regelabweichung überwacht wird, welche eine Anpassung der Regelgröße an den Sollwert auslösen soll. Wenn die Störgröße zweiseitig mit der Regelgröße gekoppelt ist, dann muß sie in das geschlossene System aufgenommen werden und kann nicht als unabhängige Variable behandelt werden.

Ein sehr leistungsfähiges Hilfsmittel zur Untersuchung von Regelkreisen ist die Laplace-Transformation.[16] Die Laplace-Transformation des Inputs läßt sich als seine Zerlegung in die Frequenzen, aus denen er zusammengesetzt ist, interpretieren (die Laplace-Transformation ist also sehr eng verwandt mit dem Fourier-Integral). Die Laplace-Transformation des Übertragungsfaktors[17] des Regelkreises beschreibt, inwieweit das System die im Input vorkommenden Frequenzen filtert (indem es Amplitude und Phase verändert). Die Laplace-Transformation des Outputs, die das Produkt der beiden anderen Transformationen ist, stellt den Output mit Hilfe der Frequenzen dar, aus denen er zusammengesetzt ist. (Bei dieser Darstellung verzichten wir auf eine gesonderte Betrachtung der Störgröße, die als weiterer Input in das System eingeht.) Die Untersuchung des Systems verläuft folgendermaßen: Zunächst wird die Laplace-Transformation des Übertragungsfaktors des Regelkreises bestimmt, diese wird mit den Transformationen verschiedener Inputs multipliziert, und anschließend wird das zeitliche Verhalten[18] der sich daraus ergebenden Outputs analysiert. Uns interessiert die Stabilität des Outputs (welche vom Einschwingverhalten abhängig ist) und sein Gleichgewicht bei unterschiedlichen Inputs. Legen wir nun ein bestimmtes Beurteilungskriterium fest (und zwar muß dieses Beurteilungskriterium eine Funktion des Outputs sein), so lassen sich die Überwachungsergebnisse alternativer Regelkreise miteinander vergleichen.

16 Vgl. *James, H. M.; Nichols, N. B.; Phillips, R. S.* (Hrsg.): Theory of Servomechanisms, New York 1947, Kapitel 2 u. 3.
17 Der Übertragungsfaktor von Systemen oder Systemelementen ist das Verhältnis des Outputs zum Input; vgl. dazu *Baetge, Jörg* und *Steenken, Hans-Ulrich:* Theoretische Grundlagen, S. 605. (A. d. Ü.)
18 Zu den Begriffen „zeitliches Verhalten", „Stabilität", „Einschwingverhalten" und „Gleichgewicht" vgl. *Baetge, Jörg* und *Steenken, Hans-Ulrich:* Theoretische Grundlagen, S. 614 und 615; *Baetge, Jörg:* Betriebswirtschaftliche Systemtheorie, S. 94−104, und den Beitrag in diesem Buch von *Baetge, Jörg:* Möglichkeiten des Tests.., S. 116−131, hier S. 119−122. (A. d. Ü.)

1.3. Prämissen des zu untersuchenden Produktionsüberwachungssystems

In diesem Beitrag betrachten wir die Überwachung der Produktionsrate eines einzelnen Produktes. Es wird davon ausgegangen, daß es sich um ein Standardprodukt handelt, das nach der Fertigstellung gelagert und auf Bestellung ausgeliefert wird. Das Produkt wird kontinuierlich gefertigt, und die Überwachung besteht darin, daß Instruktionen ausgegeben werden, die kontinuierlich die pro Tag (oder allgemeiner pro Zeiteinheit) gefertigte Menge verändern.

Das Ziel des Überwachungssystems ist die Minimierung der Produktionskosten während eines bestimmten Zeitraumes. Von diesen Kosten bzw. von dem variablen Teil dieser Kosten wird angenommen, daß er abhängig ist: a) von den Schwankungen der Produktionsrate (d. h. die Produktion von 1 000 Mengeneinheiten kostet mehr, wenn die Produktionsrate schwankt als wenn sie konstant ist) und b) vom Lagerbestand an fertiggestellten Produkten (d. h. ein Anwachsen des Lagerbestandes hat zusätzliche Lagerkosten zur Folge, eine Abnahme des Lagerbestandes unter eine bestimmte Menge führt zu Verzögerungen bei der Belieferung der Bestellungen). Daraus folgt, daß das Kriterium, aufgrund dessen das System zu beurteilen ist, irgendeine Funktion der Stärke der Schwankungen von Produktionsrate und Lagerbestand sein muß.

Als Sollwert (x_k) wählen wir den optimalen Lagerbestand. Da wir diesen für unser Problem als konstant annehmen, können wir ihn auch null setzen. Regelgröße (x) ist der tatsächliche Lagerbestand.[19] Die Differenz (positive oder negative) zwischen optimalem und tatsächlichem Lagerbestand ($x_k - x$) ist die Regelabweichung (x_w). Die Bestellrate (Bestellungen pro Zeiteinheit) wird als Störgröße (z) behandelt. Zwei weitere Variablen sind die fertiggestellte Produktionsrate (y_f) und die geplante Produktionsrate (y_p).

Wir gehen davon aus, daß täglich (in unserem Modell kontinuierlich) aufgrund von Informationen über die Bestellungen und den Lagerbestand Entscheidungen zur Festlegung der Produktionsrate getroffen werden. Nach einer gewissen Zeit — diese Verzögerung ergibt sich aus dem für die Produktion benötigten Zeitraum — wird die vorher geplante Produktionsrate tatsächlich fertiggestellt und dem Lagerbestand hinzugefügt. Während dieser Zeit ist der Lagerbestand täglich (kontinuierlich) durch die Belieferung der Bestellungen verringert worden. Daher werden täglich (kontinuierlich) Informationen über den tatsächlichen Lagerbestand rückgemeldet, tatsächlicher und optimaler Lagerbestand werden verglichen, und die ermittelte Abweichung wird bei der erneuten Planung der Produktionsrate berücksichtigt.

Dieses System besitzt offensichtlich die charakteristischen Eigenschaften eines Regelungssystems. Es ist mit Störgröße und Sollwert (Bestellrate und optimaler Lagerbestand) einseitig gekoppelt, und es hat eine Rückkopplungsschleife: Regelabwei-

---

19 Der tatsächliche Lagerbestand kann sowohl positiv als auch negativ sein. Ein negativer Lagerbestand ist ein Rückstand an noch nicht belieferten Bestellungen (Lagerfehlmenge). Wo auch immer der Begriff „Lagerbestand" in diesem Beitrag verwandt wird, sollte er als „Lagerbestand oder Lagerfehlmenge" interpretiert werden. Auch der optimale Lagerbestand kann positiv oder negativ sein — je nachdem, welches Produkt hergestellt wird. Positiv ist er in Unternehmungen, die auf Lager produzieren, negativ in solchen, die erst auf Bestellung produzieren.

chung → geplante Produktionsrate → fertiggestellte Produktionsrate → Lagerbestand → Regelabweichung. Die Regelabweichung bewirkt eine Änderung der geplanten Produktionsrate mit der Folge, daß die Regelabweichung kleiner wird.

In den folgenden Abschnitten werden Systeme dargestellt, mit denen die gerade beschriebenen Funktionen nachgebildet werden können. Wir beginnen mit einem ziemlich einfachen Modell, welches wir dann im folgenden ausbauen werden.

2. Ein einfaches System zur Lagerbestandsüberwachung

2.1. Beschreibung des Systems

Wir wollen zwei verschiedene Systeme betrachten. Beim ersten befassen wir uns lediglich mit der Überwachung des Lagerbestandes; die Produktionsentscheidungen basieren nur auf Informationen über den Lagerbestand (Informationen über die Bestellungen werden außer acht gelassen). Wir unterstellen, daß für die Produktion keinerlei Zeit benötigt wird.[20] Beim zweiten System werden diese einschränkenden Annahmen aufgehoben.

Das erste System wird in Abbildung 2 dargestellt (Abbildung 2 unterscheidet sich von Abbildung 1 nur durch das Fehlen der unteren Schleife):

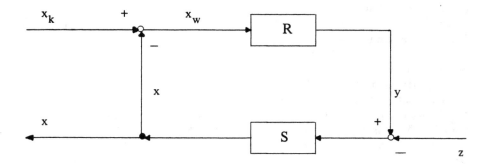

Abbildung 2: Modell der Lagerbestandsüberwachung bei zeitloser Produktion

Legende: $\boxed{R}$ ≙ Regler (Management und Produktion)[21]
$\boxed{S}$ ≙ Regelstrecke (Lager)
O ≙ Meß- und Substraktionsstelle
● ≙ Verzweigungsstelle

20 In der Regelungstheorie sagt man, daß für die Produktion keine „Totzeit" anfällt; zum Begriff „Totzeit" vgl. *Baetge, Jörg* und *Steenken, Hans-Ulrich:* Theoretische Grundlagen, S. 615; *Baetge, Jörg:* Betriebswirtschaftliche Systemtheorie, S. 95 und 96, und den Beitrag in diesem Buch von *Baetge, Jörg:* Möglichkeiten des Tests.. „S. 116–131, hier S. 120. (A. d. Ü.)

21 Zur Zusammenfassung von Produktionsplanung und Produktionsrealisation zu einem Regler vgl. *Baetge, Jörg* und *Steenken, Hans-Ulrich:* Theoretische Grundlagen, S. 620 und 621. (A. d. Ü.)

Legende (Fortsetzung):

$\rightarrow$ ≏ Informationsfluß

z = Störgröße (Bestellrate)

x_k = Sollgröße (erwünschter Lagerbestand)

x_w = Regelabweichung ($x_k - x$)

x = Regelgröße (tatsächlicher Lagerbestand)

y = Stellgröße (Produktionsrate)

Wegen der Zeitlosigkeit der Produktion gilt: $y_f = y_p$[22], d. h. geplante und fertiggestellte Produktionsrate im Zeitpunkt t sind gleich. Die geplante Produktionsrate
wird also ohne erkennbare Verzögerung fertiggestellt.

Die Gleichungen dieses Systems sind folgende:

(2.1) $x(t) = S\,[y(t) - z(t)];$

(2.2) $y(t) = R\,x_w(t);$

(2.3) $x_w(t) = x_k(t) - x(t).$

S und R sind allgemeine lineare Operatoren, die durch konkrete Operatoren ersetzt
werden müssen.[23] Die Gleichung (2.3) ist eine Definitionsgleichung. Gleichung (2.2)
stellt eine Entscheidungsregel dar — durch sie wird die Produktionsrate als Funktion
der Differenz zwischen optimalem und tatsächlichem Lagerbestand festgelegt. Die
genaue Form von Gleichung (2.1) folgt aus den Bedingungen des Problems. Definitionsgemäß gilt

(2.4) $\dfrac{dx(t)}{dt} = y(t) - z(t).$

Um ein Regelungssystem der beschriebenen Art zu entwickeln, das ein bestimmtes
Optimalitätskriterium erfüllt, haben wir also lediglich den Operator R — den Entscheidungsoperator — zu unserer freien Verfügung.

Unsere Gleichungen (2.1) — (2.4) können mit Hilfe der Laplace-Transformation
neu formuliert werden. Die reelle Variable t wird durch die komplexe Variable s ersetzt. Die Laplace-Transformation einer Funktion y(t), geschrieben $\mathcal{L}\,[y(t)] = y(s)$, ist
wie folgt definiert:

(2.5) $y(s) = \displaystyle\int_0^\infty y(t)\,e^{-st}dt.$

Dieses Integral existiert für viele Arten von Funktionen, muß allerdings in einigen Fällen als *Lebesgue*-Integral und nicht als *Riemann*-Integral definiert werden. Die inverse
Transformation lautet[24]:

22 Daher können wir den Index auch weglassen und hier lediglich mit y arbeiten. (A. d. Ü.)
23 Vgl. dazu *Baetge, Jörg* und *Steenken, Hans-Ulrich:* Theoretische Grundlagen, S. 611—613;
 Baetge, Jörg: Betriebswirtschaftliche Systemtheorie, S. 71—93, hier S. 91—93. (A. d. Ü.)
24 Im englischen Text enthält diese Gleichung drei kleine Fehler: Im Nenner des vor dem Integralzeichen stehenden Bruches fehlt das i; in den Integralgrenzen muß das Symbol i anstelle von j verwandt werden; die Integralgrenzen müssen dann lauten: b − i∞ und b + i∞
 und nicht: b − j$^\infty$ und b + j$^\infty$; vgl. dazu *Schröder, Kurt* (Hrsg.): Mathematik für die Praxis.
 Ein Handbuch, Bd. III, Frankfurt a. M. und Zürich 1964, S. 475, Formel 225. (A. d. Ü.)

$$(2.6) \qquad y(t) \ = \ \frac{1}{2\pi i} \int_{b-i\infty}^{b+i\infty} y(s) \, e^{st} \, ds.$$

Der Integrationspfad läuft dabei parallel zur imaginären Achse, und zwar entlang der Linie: Realteil von s = b.[25]

Es läßt sich zeigen, daß die Laplace-Transformation der Ableitung einer Funktion, deren Anfangswert (für t = 0) Null ist, s-mal so groß ist wie die Transformation der Funktion selbst. Unter Verwendung dieser Beziehung ergibt sich aus der Gleichung (2.4) folgende Gleichung:

$$(2.7) \qquad x(s) \ = \ \frac{1}{s} \, [y(s) - z(s)].$$

Der Vergleich von (2.7) mit (2.1) zeigt, daß der Operator S im t-Bereich (Integration) im s-Bereich der Multiplikation mit $\frac{1}{s}$ entspricht. Durch Transformation der Gleichungen (2.2) und (2.3) ergeben sich die Gleichungen (2.8) und (2.9). Das Gleichungssystem lautet dann:

$$(2.7) \qquad x(s) \ = \ \frac{1}{s} \, [y(s) - z(s)];$$

$$(2.8) \qquad y(s) \ = \ R(s) \, x_w(s);$$

$$(2.9) \qquad x_w(s) \ = \ x_k(s) - x(s).$$

Dabei stellen x(s), y(s) usw. die jeweiligen Laplace-Transformationen von x(t), y(t) usw. dar. Der in den Laplace-Bereich transformierte Übertragungsfaktor des Systems (vgl. S. 200) ist wie folgt definiert:

$$(2.10) \qquad T(s) \ = \ \frac{x(s)}{z(s)}.$$

Durch Einsetzen der Gleichungen (2.7) – (2.9) und unter Berücksichtigung von $x_k = 0$ (vgl. S. 201) erhält man:

$$(2.11) \qquad T(s) \ = \ \frac{-\dfrac{1}{s}}{1+\dfrac{R(s)}{s}} = \frac{-1}{s+R(s)} \ .$$

2.2. Lehrsätze über die Laplace-Transformation

Das Verhalten des Systems bei unterschiedlichen Verläufen der Störgröße läßt sich mit Hilfe der Eigenschaften des in den Laplace-Bereich transformierten Übertragungsfaktors T(s) untersuchen. Als Grundlage für diese Untersuchung wollen wir einige

25 In diesem Beitrag wird nicht unbedingt auf strenge mathematische Exaktheit geachtet. Zu den hier verwandten mathematischen Hilfsmitteln vgl. *James, H. M.; Nichols, N. B.; Phillips, R. S.* (Hrsg.): Servomechanisms, Kapitel 11, und *Gardner, M. F.; Barnes, J. L.:* Transients in Linear Systems, Vol. I, New York 1942; dieses Buch enthält auch eine sehr nützliche Tabelle grundlegender Laplace-Transformationen (S. 332–357).

Lehrsätze über die Laplace-Transformation darstellen, ohne sie allerdings zu beweisen bzw. ohne sie streng mathematisch abzuleiten.

Wir bezeichnen ein System dann als stabil, wenn die Regelgröße (im t-Bereich) für alle in bestimmten Grenzen liegenden Werte der Störgröße (im t-Bereich) ebenfalls innerhalb bestimmter Grenzen bleibt. Die Gleichung, die man durch Nullsetzen des Nenners von T(s) erhält, wird charakteristische Gleichung von T(s) genannt. In unserem Fall ergibt sich:

$$(2.12) \qquad s + R(s) = 0.$$

Vorausgesetzt daß der Zähler von T(s) im endlichen Bereich keine Pole aufweist, ist das System dann und nur dann stabil, wenn alle Wurzeln der charakteristischen Gleichung negative reelle Teile besitzen.

Der Übertragungsfaktor im t-Bereich T(t) ergibt sich durch Rücktransformation von T(s) entsprechend Gleichung (2.6). T(t) wird auch als Gewichtsfunktion des Systems bezeichnet. Multiplikation im s-Bereich entspricht Faltung im t-Bereich. Der aus (2.10) folgenden Gleichung x(s) = T(s) z(s) im s-Bereich entspricht im t-Bereich also[26]:

$$(2.13) \qquad x(t) = \int_0^\infty T(\tau) \; z(t-\tau) \; d\tau.$$

Die Gleichung (2.13) zeigt die Abhängigkeit des zeitlichen Verlaufs der Regelgröße von der Gewichtsfunktion des Systems und dem zeitlichen Verlauf der Störgröße. Diese Beziehung verwenden wir allerdings im allgemeinen nicht. Stattdessen multiplizieren wir die Laplace-Transformierte von z(t) mit dem Übertragungsfaktor im Laplace-Bereich, transformieren das Produkt zurück in den t-Bereich und erhalten dadurch x(t) direkt. Gerade dieses Verfahren macht — zusammen mit der Möglichkeit, Tabellen für grundlegende Laplace-Transformationen zu benutzen — die Laplace-Transformation besonders leistungsfähig.

Zwei weitere Lehrsätze, die gelten, wenn die entsprechenden Grenzwerte existieren, werden sich als nützlich erweisen:

$$(2.14) \qquad \lim_{t\to\infty} y(t) = \lim_{s\to 0} s \cdot y(s);$$

$$(2.15) \qquad \lim_{t\to 0} y(t) = \lim_{s\to\infty} s \cdot y(s).$$

Im folgenden wird gezeigt, daß die Gleichung (2.14) uns ermöglicht, das Gleichgewicht der Regelgröße bei gegebener Störgröße und gegebenem Übertragungsfaktor direkt zu ermitteln ohne vorherige Rücktransformation in den t-Bereich.

26 Es ist für das Ergebnis gleichgültig, ob als obere Grenze des Integrals ∞ oder t gewählt wird. Vgl. dazu *Leonhard, Werner:* Einführung in die Regelungstechnik, Braunschweig und Frankfurt 1969, S. 40; vgl. auch in diesem Beitrag die Gleichungen (3.11) und (4.15). (A. d. Ü.)

2.3. Gleichgewicht und Einschwingverhalten

Wir kehren nun zu unserem Vorhaben zurück, für unser System einen Entscheidungsoperator R(s) zu suchen, der „geeignetes" Verhalten von x(t) gewährleistet. Unter „geeignetem" Verhalten wollen wir verstehen, daß x(t) so klein wie möglich sein soll. Zunächst betrachten wir das Gleichgewichtsverhalten, welches wir mit Hilfe von (2.14) untersuchen wollen[27]:

$$(2.16) \qquad \underset{t \to \infty}{\mathrm{Lim}} \; x(t) \;=\; \underset{s \to 0}{\mathrm{Lim}} \; s \cdot x(s) \;=\; \underset{s \to 0}{\mathrm{Lim}} \; - \frac{s\, z(s)}{s + R(s)}$$

Wir unterstellen nacheinander drei verschiedene Störgrößenverläufe:

A. Bis zum Zeitpunkt t = 0 liegen keine Bestellungen vor; von diesem Zeitpunkt an beträgt die Bestellrate n Mengeneinheit pro Zeiteinheit:

$$(2.17) \qquad z(t) = 0 \quad \text{für} \quad t < 0; \; z(t) = n \; \text{ für } \; t \geqslant 0.$$

Durch Laplace-Transformation erhalten wir:

$$(2.18) \qquad \mathcal{L}\,[z(t)] = z(s) = \frac{1}{s}.$$

In (2.16) eingesetzt ergibt sich:

$$(2.19) \qquad \underset{t \to \infty}{\mathrm{Lim}} \; x(t) \;=\; \underset{s \to 0}{\mathrm{Lim}} \; - \frac{1}{s + R(s)}$$

Um für $t \to \infty$ einen möglichst kleinen Wert für x(t) zu erhalten, muß der Nenner des Bruches auf der rechten Seite von (2.19) für $s \to 0$ möglichst groß werden. Dies läßt sich erreichen, indem wir R(s) beispielsweise wir folgt festlegen:

$$(2.20) \qquad R(s) = \frac{1}{s^k}\,(b + as) \; \text{ mit } \; k \geqslant 1, \; a > 0, \; b > 0.$$

x(t) geht umso schneller gegen Null, je größer b ist.

B. Wiederum liegen bis zum Zeitpunkt t = 0 keine Bestellungen vor; von diesem Zeitpunkt an beträgt die Bestellrate t^n Mengeneinheiten:

---

27 Im englischen Text enthält diese Gleichung zwei kleine Fehler. Der Bruch hinter dem dritten Grenzwertzeichen hat ein negatives Vorzeichen, wie sich folgendermaßen zeigen läßt: Für x(s) hinter dem zweiten Grenzwertzeichen wird gemäß (2.10) eingesetzt: x(s) = T(s)z(s), wobei T(s) aus (2.11) übernommen wird; daraus folgt:

$$\underset{t \to \infty}{\mathrm{Lim}} \; x(t) = \underset{s \to 0}{\mathrm{Lim}} \; \frac{(-1)s\, z(s)}{s + R(s)} = \underset{s \to 0}{\mathrm{Lim}} \; - \frac{sz(s)}{s + R(s)}.$$

Simon verwendet außerdem unter dem Bruchstrich das Symbol k_2 anstelle des entsprechend seinem Symbolgebrauch richtigen K_2. (A. d. Ü.)

(2.21) $z(t) = 0$ für $t < 0$; $z(t) = t^n$ für $t \geqslant 0$.

Die Laplace-Transformation ergibt:

(2.22) $\mathcal{L}[z(t)] = z(s) = \dfrac{n!}{s^{n+1}}$.

Bei diesem Störgrößenverlauf konvergiert x(t) beispielsweise dann gegen Null, wenn R(s) dieselbe Form wie in Gleichung (2.20) gegeben wird, allerdings mit der Restriktion $k \geqslant n + 1$.

C. Auch hier liegen bis zum Zeitpunkt $t = 0$ keine Bestellungen vor; von diesem Zeitpunkt an schwankt die Bestellrate sinusförmig:

(2.21)[28] $z(t) = 0$ für $t < 0$,

(2.22)[28] $z(t) = \dfrac{A}{2}(e^{i\omega t} + e^{-i\omega t}) = A \cos \omega t$ für $t \geqslant 0$.

Bei diesem sinusförmigen Störgrößenverlauf läßt sich das bei den beiden vorherigen Verläufen angewandte Verfahren nicht verwenden, da — wie sich zeigen läßt — der $\underset{t \to \infty}{\text{Lim}}$ x(t) hier nicht existiert. Stattdessen verwenden wir die Erkenntnis, daß bei sinusförmigem Verlauf der Störgröße auch die Regelgröße sinusförmig verläuft (abgesehen vom Einschwingverhalten) und zwar mit derselben Frequenz, aber geänderter Amplitude und Phase. Das bedeutet[29]:

(2.23) $x(t) = C \cos(\omega t + \psi)$.

Die Amplitude C des Lagerbestandes läßt sich wie folgt ermitteln:

(2.24) $C = A[T(i\omega) \cdot T(-i\omega)]^{\frac{1}{2}}$.

Legen wir beispielsweise fest: $R(s) = \dfrac{b}{s} + a$, so ergibt sich in Gleichung (2.11):

(2.25) $T(s) = \dfrac{-1}{s + R(s)} = \dfrac{-s}{s^2 + as + b} = \dfrac{-s}{(s - s_1)(s - s_2)}$.

28 Die Gleichungsnummern (2.21) und (2.22) werden von *Simon* irrtümlich doppelt gebraucht. Aus Gründen der Vergleichbarkeit zwischen englischem Text und Übersetzung wird diese Numerierung hier allerdings beibehalten. (A. d. Ü.)
29 Im Original lautet Gleichung (2.23)
$\underset{t \to \infty}{\text{Lim}}$ x(t) $= C \cos(\omega t + \psi)$.
Diese Grenzwertbetrachtung beschreibt nicht den hier unterstellten Zusammenhang zwischen einer schwingenden Störgröße und einer Regelgröße mit geänderter Amplitude und Phase. *Simon* geht auch bei der Ermittlung der Amplitude C des Lagerbestandes von der geänderten Gleichung (2.23) aus. (A. d. Ü.)

Dabei sind s_1 und s_2 die Wurzeln der charakteristischen Gleichung. Der Ausdruck in der eckigen Klammer in (2.24) läßt sich mit Hilfe von Gleichung (2.25) wie folgt schreiben[30]:

$$(2.26) \qquad T(i\omega) \cdot T(-i\omega) \; = \; \frac{-i\omega}{(i\omega - s_1)(i\omega - s_2)} \cdot \frac{i\omega}{(-i\omega - s_1)(-i\omega - s_2)} \; =$$

$$= \; \frac{\omega^2}{(\omega^2 + s_1{}^2)(\omega^2 + s_2{}^2)}$$

Für Gleichung (2.24) ergibt sich dann:

$$(2.27) \qquad C \; = \; A\omega \left[(\omega^2 + s_1{}^2)(\omega^2 + s_2{}^2) \right]^{-\frac{1}{2}} .$$

Bei gegebenen Werten von s_1 und s_2 geht C gegen Null, wenn ω gegen Null geht; bei wachsendem ω geht C gegen $\frac{A}{\omega}$. Sind s_1 und s_2 gleich, erreicht C ein Maximum bei $\omega = s_1 = s_2$. Die Amplitude hat hier den Wert:

$$C_{max} \; = \; \frac{A}{2s_1} \; = \; \frac{A}{2s_2} .$$

Daraus folgt: Wird R(s) so gewählt, daß die Wurzeln der charakteristischen Gleichung hohe Werte aufweisen, so gewährleistet das eine rasche Dämpfung von x(t) bei sinusförmigem Verlauf der Störgröße.[31]

Damit haben wir die Eigenschaften abgeleitet, die unser Entscheidungsoperator (der Operator R) besitzen muß, um bei unterschiedlichen Störgrößenverläufen im Gleichgewicht kleine oder verschwindende Lagerbestände zu gewährleisten.

Diese Ergebnisse wollen wir im t-Bereich interpretieren. Unterstellt man, daß T(s) ein algebraischer Ausdruck der folgenden Form ist:

$$(2.28) \qquad T(s) \; = \; \frac{b_m s^m + b_{m-1} s^{m-1} + \ldots + b_0}{a_n s^n + a_{n-1} s^{n-1} + \ldots + a_0} \, ,$$

so erhält man durch Rücktransformation in den t-Bereich unter Berücksichtigung von Gleichung (2.10):

30 Dabei gilt: $s = i\omega$, d. h. die komplexe Zahl s wird zu einer rein imaginären Zahl; der Realteil ist Null. (A. d. Ü.)
31 Analog zu der Tatsache, daß sich viele Arten von Funktionen durch *Fourier*-Summen sinusförmiger Funktionen darstellen lassen, kann die Gleichgewichtsanalyse bei beliebigen Störgrößenverläufen in der Regelungstheorie oft vorgenommen werden, indem die Störgrößenfunktion in ein gewichtetes Integral sinusförmiger Verläufe mit kontinuierlich variierenden Frequenzen zerlegt wird. Aus diesem Grunde ist die Annahme, daß die Störgröße bei der Gleichgewichtsanalyse in den folgenden Abschnitten dieses Beitrags einen einfachen sinusförmigen Verlauf aufweist, keine wesentliche Einschränkung an Allgemeinheit bezüglich der Form der Bestellratenfunktion; vgl. dazu auch Fußnote 40.

$$(2.29) \qquad a_n \frac{d^n x(t)}{dt^n} + a_{n-1} \frac{d^{n-1} x(t)}{dt^{n-1}} + \ldots + a_0 x(t)$$

$$= b_m \frac{d^m z(t)}{dt^m} + b_{m-1} \frac{d^{m-1} z(t)}{dt^{m-1}} + \ldots + b_0 z(t) \, .$$

Ist T(s) beispielsweise wie in Gleichung (2.25) gegeben, so ergibt sich:

$$(2.30) \qquad \frac{d^2 x(t)}{dt^2} + a \frac{dx(t)}{dt} + b \, x(t) = - \frac{dz(t)}{dt} \, .$$

Anhand dieser Gleichung können wir die oben abgeleiteten Ergebnisse auf ihre Richtigkeit prüfen. Unter Punkt A hatten wir beispielsweise gesetzt: $\frac{dz(t)}{dt} = 0$ für $t \geqslant 0$. Dafür lautet die allgemeine Lösung von (2.30)[32]:

$$(2.31) \qquad x(t) = M \, e^{s_1 t} + N \, e^{s_2 t} \, .$$

Für s_1 und s_2, die Wurzeln der charakteristischen Gleichung, gilt:

$$(2.32) \qquad s_{1,2} = - \frac{a}{2} \pm \sqrt{\frac{a^2}{4} - b} \, .$$

Da gilt: $a > 0$ und $b > 0$, sind s_1 und s_2 entweder negative reelle Zahlen oder komplexe Zahlen mit negativem Realteil. Daher konvergiert x(t) in Gleichung (2.31) mit wachsendem t gegen Null.

Setzen wir stattdessen: $\frac{dz(t)}{dt} = 1$ für $t \geqslant 0$ (vgl. oben Punkt B), so lautet die allgemeine Lösung von (2.30):

$$(2.33) \qquad x(t) = M \, e^{s_1 t} + N \, e^{s_2 t} - \frac{1}{b} \, . \qquad [33]$$

32 Diese Lösung erhält man mit Hilfe der Partialbruchzerlegung; vgl. dazu *Göldner, Klaus*: Mathematische Grundlagen für Regelungstechniker, Frankfurt/M. und Zürich 1969, S. 203–206, und *Landgraf, Christian; Schneider, Gerd*: Elemente der Regelungstechnik, Berlin-Heidelberg-New York 1970, S. 54. (A. d. Ü.)

33 Das Vorzeichen des letzten Gliedes ist nicht, wie im englischen Text angegeben, ein Plus-, sondern ein Minuszeichen, wie sich aus folgender Überlegung ergibt: Die ersten beiden Summanden von (2.33) gehen bei wachsendem t gegen Null, da s_1 und s_2 gemäß Gleichung (2.32) negative Realteile besitzen. Das letzte Glied ist eine Konstante, die bei wachsendem t nicht verschwindet. Es ergibt sich also eine Abweichung zwischen tatsächlichem und erstrebtem Gleichgewicht, die man als Regelfehler bezeichnet (vgl. *Baetge, Jörg* und *Steenken, Hans-Ulrich*: Theoretische Grundlagen, S. 615, und *Baetge, Jörg*: Betriebswirtschaftliche Systemtheorie, S. 94 und 95). Das tatsächliche Gleichgewicht und damit der Regelfehler lassen sich mit Hilfe von Gleichung (2.14) unter Berücksichtigung von (2.10) ermitteln:

$$\lim_{t \to \infty} x(t) = \lim_{s \to 0} s \cdot T(s) \cdot z(s) \, .$$

T(s) wird aus Gleichung (2.25) übernommen. Für z(t) gilt: z(t) = t und damit im Laplace-Bereich:

$$z(s) = \frac{1}{s^2} \, .$$

(Vgl. *Holbrock, James G.*: Laplace-Transformationen, 2. Aufl., Braunschweig 1970, S. 286.) Es ergibt sich:

$$\lim_{t \to \infty} x(t) = \lim_{s \to 0} \frac{s(-s)}{(s^2 + as + b) \, s^2} = \lim_{s \to 0} - \frac{1}{s^2 + as + b} = - \frac{1}{b} \, . \qquad \text{(A. d. Ü.)}$$

Der Übertragungsfaktor gemäß Gleichung (2.25) führt in diesem Falle also zu einem Regelfehler von $-\frac{1}{b}$. Dieses Ergebnis läßt sich wiederum direkt durch Substitution von (2.25) und $z(s) = \frac{1}{s^2}$ in (2.16) ableiten. Die ersten beiden Summanden von (2.33) gehen umso rascher gegen Null, je größer die negativen Realteile von s_1 und s_2 sind.

Betrachten wir nun noch den Fall eines sinusförmigen Verlaufs der Störgröße[34]:

$$(2.34) \qquad z(s) = \mathcal{L}\,[\cos \omega t] = \frac{s}{s^2 + \omega^2}\,.$$

Mit Hilfe des Übertragungsfaktors gemäß Gleichung (2.25) erhält man:

$$(2.35) \qquad x(s) = \frac{-s^2}{(s - s_1)\,(s - s_2)\,(s^2 + \omega^2)}$$

$$= \frac{M}{s - s_1} + \frac{N}{s - s_2} + \frac{Ps + Q}{s^2 + \omega^2}\,.$$

Die Rücktransformation ergibt:

$$(2.36) \qquad x(t) = M\,e^{s_1 t} + N\,e^{s_2 t} + C \cos(\omega t + \psi).$$

Der letzte Summand von (2.36) ist uns schon in Gleichung (2.23) begegnet — er gibt das Gleichgewicht der Regelgröße bei sinusförmigem Störgrößenverlauf an. Die ersten beiden Summanden stellen das Einschwingverhalten dar, welches wiederum rasch gedämpft wird, wenn s_1 und s_2 große negative Realteile aufweisen.

2.4. Stabilität des Systems

Wir haben im Abschnitt 2.2 dargestellt, daß ein System stabil ist, wenn die Wurzeln der charakteristischen Gleichung des Systems negative Realteile aufweisen. Im Abschnitt 2.3 haben wir festgestellt, daß das Einschwingverhalten des Systems unabhängig von der Störgröße ist und daß es von den Wurzeln der charakteristischen Gleichung festgelegt wird. Haben die Wurzeln große negative Realteile, dann wird das Einschwingverhalten rasch gedämpft. Aus diesen Ergebnissen folgt, daß viele Eigenschaften des Systems direkt durch Untersuchung der Wurzeln der charakteristischen Gleichung bestimmt werden können. Diese Erkenntnis wollen wir verwenden, um das Systemverhalten bei unterschiedlicher Festlegung von R(s) zu untersuchen.[35]

34 Diese Gleichung enthält im englischen Text einen Fehler. Auf dem Bruchstrich muß s und nicht ω stehen. Vgl. dazu *Allen, R. G. D.:* Mathematische Wirtschaftstheorie, Berlin 1971, S. 192. (A. d. Ü.)

35 Wir wollen uns in diesem Beitrag nicht mit den in der Regelungstheorie oft verwandten Verfahren — beispielsweise dem Nyquist-Kriterium — beschäftigen, mit deren Hilfe festgestellt werden kann, ob irgendeine der Wurzeln der charakteristischen Gleichung einen positiven Realteil besitzt; zum Nyquist-Kriterium vgl. *James, H. M.; Nichols, N. B.; Phillips, R. S.* (Hrsg.): Servomechanisms, S. 67–75, und *Mc Coll, L. A.:* Fundamental Theory of Servomechanisms, New York 1945, Kapitel 5. Es ist an dieser Stelle wohl angebracht, den For-

A. Wir setzen: $R(s) = \frac{b}{s}$, wobei b eine reelle Zahl ist. Setzt man diesen konkreten Operator in die charakteristische Gleichung gemäß (2.12) ein, so lassen sich die Wurzeln ermitteln[36]: $s_{1,2} = \pm\sqrt{-b}$. Dieses System ist nicht stabil, da zumindest eine der beiden Wurzeln einen nichtnegativen Realteil besitzt.

B. Für R(s) wird gesetzt: $R(s) = \frac{b}{s} + a$, wobei a und b reelle Zahlen sind. Die Wurzeln der charakteristischen Gleichung dieses Systems sind: $s_{1,2} = -\frac{a}{2} \pm \sqrt{\frac{a^2}{4} - b}$. Für $a > 0$ und $b > 0$ haben beide Wurzeln negative Realteile, und das System ist stabil; in allen anderen Fällen ist es instabil. Dieses Ergebnis ergab sich schon aus den Gleichungen (2.31) und (2.32).

C. Für R(s) wird festgelegt: $R(s) = \frac{b}{s} + a + cs$, wobei a, b und c reelle Zahlen sind. Die charakteristische Gleichung dieses Systems hat die Wurzeln:

$$s_{1,2} = -\frac{a}{2(c+1)} \pm \sqrt{\frac{a^2}{4(c+1)^2} - \frac{b}{c+1}}.$$

Beide Wurzeln haben negative Realteile und das System ist damit stabil, wenn a, b und $(c+1)$ alle dasselbe Vorzeichen haben; ist das nicht der Fall, so ist das System instabil.

2.5. Interpretation des Entscheidungsoperators

Der Operator R stellt eine Entscheidungsregel dar. Gemäß Gleichung (2.8): $y(s) = R(s)\, x_w(s)$ wird durch diesen Entscheidungsoperator auf der Grundlage der Informationen über den Lagerbestand bzw. die Regelabweichung die Produktionsrate festgelegt. Unter den konkreten Operatoren, die wir getestet haben und bei denen wir befriedigende Eigenschaften festgestellt haben, befand sich $R(s) = \frac{b}{s} + a$, wobei a und b große positive Konstanten sind. Dieser konkrete Operator wird in Gleichung (2.8) eingesetzt, und nach Rücktransformation in den Zeitbereich wird nach t differenziert. Es ergibt sich:

schungscharakter dieses Beitrags ausdrücklich zu betonen. Besonderer Wert wurde daher darauf gelegt, das Problem in der Sprache der Regelungstheorie zu formulieren, die Kriterien festzulegen, um die Ergebnisse des Überwachungssystems zu beurteilen, und allgemein zu begutachten, wie man mit der Regelungstheorie solche und ähnliche Probleme in den Griff bekommen kann. Hinsichtlich einer genaueren Darstellung der großen Zahl an analytischen und graphischen Verfahren, die dem Regelungstechniker zur Konstruktion von Regelungssystemen, die gewünschte Eigenschaften aufweisen sollen, zur Verfügung stehen, möge der Leser die in diesem Beitrag zitierten Lehrbücher der Regelungstheorie einsehen.

36 Hier ist Simon ein kleiner Fehler unterlaufen. Unter dem Wurzelzeichen muß $-b$ und nicht b stehen, wie sich mit Hilfe von Gleichung (2.12) zeigen läßt:

$$s + \frac{b}{s} = 0,$$
$$s^2 + b = 0,$$
$$s = \pm \sqrt{-b}. \quad \text{(A. d. Ü.)}$$

$$(2.37) \qquad \frac{dy(t)}{dt} = b \; x_w(t) + a \frac{dx_w(t)}{dt}.$$

Das bedeutet: Der Betrag, um den die Produktionsrate zum Zeitpunkt t vermindert bzw. erhöht werden sollte, ist proportional (1) zum Lagerbestand bzw. der Lagerfehlmenge und (2) zur Veränderung von Lagerbestand bzw. Lagerfehlmenge. Die Proportionalitätskonstanten a und b sollten große Werte erhalten, wenn gewünscht wird, daß der Lagerbestand innerhalb einer schmalen Bandbreite bleiben soll. Darüber hinaus sollte die Beziehung $a^2 \geqslant 4b$ beachtet werden, wenn Oszillationen vermieden werden sollen.[37]

All dies ist für den gesunden Menschenverstand offensichtlich. Nicht offensichtlich ist vielleicht, daß die Überwachung der Veränderung des Lagerbestandes (also die Berücksichtigung des zweiten Summanden in Gleichung (2.37)) wesentlich für die Stabilität des Systems ist. Legt man den Betrag, um den die Produktionsrate zum Zeitpunkt t verändert werden soll, lediglich in Abhängigkeit vom Lagerbestand selbst fest (setzt man also: a = 0), so treten ungedämpfte Schwingungen im System auf (vgl. die Punkte A. und B. in Abschnitt 2.4).

3. System mit Berücksichtigung der Produktionszeit

3.1. Beschreibung des Systems

Nach dieser einleitenden Analyse eines einfachen Systems sind wir in der Lage, ein System zu untersuchen, in dem einige der unrealistischen Prämissen des einfachen Systems aufgehoben sind. Die wichtigsten Merkmale, die dem einfachen System fehlten, sind der Zeitbedarf für die Produktion und die Verwendung von Informationen über neue Bestellungen. In realistischen Fällen vergeht ein bestimmter Zeitraum von dem Augenblick, in dem die Instruktionen zur Veränderung der Produktionsrate ausgegeben werden, bis zu dem Augenblick, zu dem die veränderte Produktionsrate fertiggestellt ist. Abbildung 3 zeigt ein solches System mit Totzeit für die Produktion[38].

Die Gleichungen dieses Systems lauten:

$$(3.1) \qquad x(t) = S \, [y_f(t) - z(t)];$$

$$(3.2) \qquad y_f(t) = V \, y_p(t);$$

$$(3.3) \qquad y_p(t) = R x_w(t) + Z \, z(t);$$

$$(3.4) \qquad x_w(t) = x_k(t) - x(t).$$

37 Das ergibt sich aus den Gleichungen (2.31) und (2.32). (2.32) zeigt, daß die Wurzeln s_1 und s_2 für $a^2 < 4b$ komplexe Zahlen mit negativem Realteil sind. Setzt man diese komplexen Zahlen in (2.31) ein, so zeigt sich, daß x(t) mit wachsendem t zwar gegen Null geht, daß es dabei aber zu Oszillationen kommt. (A. d. Ü.)

38 Bei diesem Regelungssystem handelt es sich um einen Regelkreis mit Störgrößenaufschaltung; vgl. dazu *Baetge, Jörg* und *Steenken, Hans-Ulrich*: Regelungstheoretischer Ansatz zur operationalen Planung und Überwachung von Produktion und Lagerung, in: ZfbF, 24. Jg. (1972), S. 22–69, hier S. 27. (A. d. Ü.)

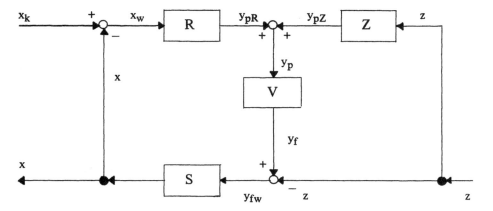

Abbildung 3: Modell mit Berücksichtigung der Produktionszeit und Prognose der künftigen Bestellungen

Legende:

R ≙ Regler (Management)	y_p = Stellgröße (geplante Produktions-
S ≙ Regelstrecke 1 (Lager)	rate)
Z ≙ Steuerglied (Management)	y_{pR} = vom Regler geplante Produktions-
V ≙ Regelstrecke 2 (Produktion)	rate
○ ≙ Meß-, Additions- u.	y_{pZ} = vom Steuerglied geplante Produktionsrate
Subtraktionsstelle	y_f = fertiggestellte Produktionsrate
● ≙ Verzweigungsstelle	y_{fw} = Lageränderungsrate = $y_f - z$
→ ≙ Informationsfluß	x = Regelgröße (tatsächlicher Lagerbestand)
z = Störgröße (Bestellrate)	x_k = Sollwert (erwünschter Lagerbestand)
	x_w = Regelabweichung = $x_k - x$

Die neue Variable $y_p(t)$ stellt die Anweisungen zum Zeitpunkt t über die zu fertigende Produktionsrate dar; $y_f(t)$ dagegen ist die zum Zeitpunkt t bereits fertiggestellte Produktionsrate. $y_f(t)$ ist von $y_p(t)$ abhängig, und zwar über den Verzögerungsoperator V (vgl. Gleichung (3.2)). Wie in unserem einfachen System gilt auch hier $S(s) = \frac{1}{s}$. Die Operatoren R und Z geben die Entscheidungsregel wieder. Den Entscheidungen werden in diesem System sowohl der Lagerbestand als auch die erwartete Bestellrate zugrundegelegt. Beide Operatoren stehen uns bei der Suche nach einer optimalen Entscheidungsregel zur Verfügung. Zuvor muß allerdings der Operator V konkretisiert werden.

Die einfachste Annahme für die Produktionszeit ist ein konstanter Zeitraum τ. Das bedeutet:

(3.5) $y_f(t) = y_p(t-\tau)$.

Hat man sich im Zeitpunkt $(t-\tau)$ für die Fertigung einer bestimmten Produktionsrate entschieden, so wird diese Produktionsrate im Zeitpunkt t fertiggestellt. Der

213

in den Laplace-Bereich transformierte Operator V(s), der (3.5) entspricht, lautet:

(3.6) $V(s) = e^{-Ts}$.

Transformiert man die Gleichungen (3.1) − (3.4) in den Laplace-Bereich und setzt man die konkreten Operatoren S(s) und V(s) ein, so läßt sich der transformierte Übertragungsfaktor des Systems ermitteln:

(3.7) $T(s) = \dfrac{x(s)}{z(s)} = \dfrac{e^{-Ts}\,Z(s) - 1}{s + e^{-Ts}\,R(s)}$.

Ein Vergleich von (3.7) und (2.11) zeigt, daß sich gegenüber dem einfachen System sowohl der Zähler als auch der Nenner verändert haben. Wir müssen also die gesamte Situation erneut untersuchen.

3.2. Die Verwendung von Informationen über neue Bestellungen

Einige Überlegungen zum Zähler von (3.7) werden zeigen, daß die Überwachung des Lagerbestandes keineswegs ein triviales Problem ist. Wenn wir setzen: $Z(s) = 1$ [39], so lautet der Zähler: $e^{-Ts} - 1$. Dieser Ausdruck wird nur dann Null, wenn gilt: $s = \dfrac{2n\,\pi i}{T}$, wobei n Null oder eine ganze Zahl ist. Daraus folgt, daß diese Vorgehensweise nur dann im Zeitablauf einen Lagerbestand von Null gewährleisten würde, wenn die Störgröße sinusförmig wäre, und zwar mit einer Frequenz, die ein genaues Vielfaches der der Produktionszeit τ entsprechenden Frequenz sein müßte. Wir können höchstens sagen, daß das System mit dem Operator $Z(s) = 1$ besser arbeiten wird als ohne jede Berücksichtigung von Informationen über Bestellungen, daß es aber keineswegs perfekt arbeiten wird.

Warum setzen wir nicht: $Z(s) = e^{Ts}$? Daraus würde folgen: $e^{-Ts} \cdot e^{Ts} - 1 = 0$; der Lagerbestand wäre also immer gleich Null. Aus Gleichung (3.3) folgt: $y_{pZ}(t) = Z\,z(t)$ und nach Transformation in den Laplace-Bereich und Einsetzen des konkreten Operators für $Z(s)$:

(3.8) $y_{pZ}(s) = e^{Ts}\,z(s)$.

Die Rücktransformation ergibt:

(3.9) $y_{pZ}(t) = z(t + \tau)$.

Der konkrete Operator $Z(s) = e^{Ts}$ impliziert also, daß die Bestellrate jeweils τ Zeiteinheiten vor dem tatsächlichen Eingang der Bestellungen exakt prognostiziert werden

---

39 Bei dieser Konkretisierung von Z(s) handelt es sich um eine recht einfache Schätzregel: Es wird erwartet, daß die Bestellrate zum Zeitpunkt (t + τ) die gleiche Höhe hat wie die tatsächliche Bestellrate zum Zeitpunkt t; vgl. dazu *Baetge, Jörg* und *Steenken, Hans-Ulrich: Regelungstheoretischer Ansatz*, S. 29. (A. d. Ü.)

kann. Dieses Ergebnis ist unmittelbar einleuchtend. Könnten wir die Bestellrate am Ende des Zeitraumes τ exakt voraussagen, so könnten wir die Produktionsrate rechtzeitig entsprechend festlegen und könnten jede Schwankung des Lagerbestandes vermeiden. Wir wollen das Problem, $z(t + \tau)$ zu prognostizieren, nicht weiter untersuchen, sondern wollen eine optimale Entscheidungsregel für den Fall der Unsicherheit über die künftigen Bestellungen suchen.[40]

3.3. Rückkopplung von Informationen über den Lagerbestand

Wir betrachten den Nenner der Gleichung (3.7). Da $e^{-\tau s}$ Ähnlichkeit mit einer Sinusfunktion hat (vgl. beispielsweise Gleichung (2.22)), besitzt dieser Nenner ungefähr die gleichen Eigenschaften wie $s + R(s)$. Daher wird sich dieses System im wesentlichen gleich verhalten wie das in Abschnitt 2. analysierte einfache System. Darüber hinaus können wir wegen Gleichung (2.14) bei beiden Systemen im wesentlichen dasselbe Gleichgewichtsverhalten erwarten.

Für $R(s) = \dfrac{b}{s} + a$ lautet die charakteristische Gleichung dieses Systems:

$$(3.10) \qquad s^2 + (b + as)\, e^{-\tau s} = 0.$$

Die Wurzeln dieser Gleichung lassen sich nur schwer ermitteln. Wir wollen die Wurzeln dieser transzendenten Gleichung hier nicht weiter untersuchen. Stattdessen wollen wir ein System betrachten, bei dem die konstante Totzeit — mit dem Operator $V(s) = e^{-\tau s}$ — ersetzt wird durch eine variable Totzeit mit dem Operator $V(s) = \dfrac{d^2}{(d + s)^2}$.[41] Dadurch wird der algebraische Charakter des Laplace-transformierten Übertragungsfaktors wiederhergestellt, und die Schwierigkeiten, auf die wir bei Gleichung (3.10) gestoßen sind, werden vermieden.

An die Stelle von $y_f(t) = y_p(t - \tau)$ tritt:

$$(3.11) \qquad y_f(t) = \int_0^t P(\tau)\, y_p(t - \tau)\, d\tau.$$

40 In einem weiterführenden Air Forces-Projekt am Carnegie Institute of Technology wird der Versuch gemacht, das Problem im Rahmen eines stochastischen Ansatzes neu zu formulieren. Bei diesem Versuch wird die Funktion der Bestellrate als autokorrelierte Funktion angesehen und nicht als eine Summe überlagerter sinusförmiger Funktionen. Bei einer solchen Betrachtung des Problems hat es den Anschein, daß unsere ziemlich künstliche Unterscheidung zwischen Prognoseproblem und Filterproblem überflüssig wird. Der stochastische Ansatz — wie er in der Regelungstheorie verwandt wird — ist weitgehend das Werk von *Norbert Wiener*; vgl. *Wiener, Norbert*: The Extrapolation, Interpolation, and Smoothing of Stationary Time Series, New York 1949, und *James, H. M.; Nichols, N. B.; Phillips, R. S.* (Hrsg.): Servomechanisms, Kapitel 6—8. Unsere Arbeit ist noch nicht weit genug fortgeschritten, um die Nützlichkeit des stochastischen Ansatzes für die hier behandelten Probleme abschätzen zu können.
41 *Simon* unterläuft in dieser Gleichung ein Fehler, der sich sehr stark auf die weiteren Ausführungen auswirkt. Er arbeitet im Nenner mit $d^2 + s^2$ und nicht, wie es richtig wäre, mit $(d + s)^2$, so daß bei ihm das gemischte Glied (2ds) im Nenner fehlt. Zur Begründung vgl. die Anmerkung 43. (A. d. Ü.)

Dabei gilt:

$$\int_0^\infty P(\tau)\ d\tau = 1.$$

$P(\tau)$ kann als die Wahrscheinlichkeit[42] dafür angesehen werden, daß die Produktionszeit für eine bestimmte Produktionsrate die Länge τ hat. Für große Werte von τ wird $P(\tau)$ Null oder zumindest sehr klein. Die Laplace-Transformation von Gleichung (3.11) lautet (vgl. Gleichung (2.13)):

$$(3.12) \qquad y_f(s) = P(s)\ y_p(s).$$

Nehmen wir beispielsweise an: $P(\tau) = d^2\ \tau e^{-d\tau}$. Im Laplace-Bereich ergibt sich dann: $P(s) = \dfrac{d^2}{(d+s)^2}$.[43] Die Gegenüberstellung der Gleichung (3.12) und der Laplace-transformierten Gleichung (3.2) zeigt, daß gilt: $V(s) = P(s)$; als Übertragungsfaktor des Systems ergibt sich dann:

$$(3.13) \qquad T(s) = \frac{\dfrac{d^2}{(d+s)^2}\ Z(s) - 1}{s + \dfrac{d^2}{(d+s)^2}\ R(s)}.$$

Die durchschnittliche Produktionszeit $\bar\tau$ läßt sich wie folgt ermitteln: $\bar\tau = \int_0^\infty \tau\ P(\tau)\ d\tau$. Durch Einsetzen von $P(\tau)$ erhält man: $\bar\tau = \dfrac{2}{d}$. Das bedeutet, daß die durchschnittliche Produktionszeit immer noch unabhängig von der geplanten Produktionsrate ist. Der in den Laplace-Bereich transformierte Übertragungsfaktor gemäß Gleichung (3.13) läßt sich mit Hilfe der in den vorigen Abschnitten verwandten Verfahren untersuchen, um befriedigende konkrete Operatoren für $Z(s)$ und $R(s)$ zu finden.

Setzen wir beispielsweise: $Z(s) = 1$ und $R(s) = a + cs^2$, so ergibt sich aus Gleichung (3.13) als Übertragungsfaktor im Laplace-Bereich:

$$(3.14) \qquad T(s) = \frac{-s^2 - 2ds}{s^3 + (2d + d^2 c)\ s^2 + d^2 s + d^2 a}.$$

Dieses System gewährleistet für $z(s) = \dfrac{1}{s}$ bzw. $z(t) = 1$ (für $t \geqslant 0$), daß der Lagerbe-

42 Da $P(\tau)$ als kontinuierliche Funktion angenommen wird, handelt es sich genauer gesagt um eine Dichtefunktion, die die jeweilige Wahrscheinlichkeitsdichte dafür angibt, daß die Produktionszeit die verschiedenen möglichen Längen τ annimmt. (A. d. Ü.)

43 Hier zeigt sich der in Anmerkung 41 schon erwähnte Fehler. Die Laplace-Transformation von $P(\tau) = d^2\tau\ e^{-d\tau}$ lautet:

$$P(s) = \frac{d^2}{(d+s)^2} \quad \text{und nicht:} \quad P(s) = \frac{d^2}{d^2 + s^2};$$

vgl. dazu: *Göldner, Klaus:* Mathematische Grundlagen, S. 365, 6. Formel. Bei den weiteren Ausführungen ist dieser Fehler in dieser Übersetzung jeweils korrigiert worden. (A. d. Ü.)

216

stand im Gleichgewicht Null ist. Für $z(s) = \frac{1}{s^2}$ bzw. $z(t) = t$ (für $t \geqslant 0$) ergibt sich dagegen ein Regelfehler von $-\frac{2}{da}$.[44] Die Koeffizienten a und c können so gewählt werden, daß die Realteile der Wurzeln der charakteristischen Gleichung negativ sind, so daß das System stabil ist. Notwendige und hinreichende Bedingung dafür ist[45]: $2d + d^2 c > a \geqslant d^2 c > 0$.

4. Überwachung des Lagerbestandes und der Schwankungen der Produktionsrate

4.1. Kostenbetrachtung

Allgemeines Optimalitätskriterium für ein Produktionsüberwachungssystem der von uns untersuchten Art ist die Minimierung der Produktionskosten.

Hohe Lagerbestände führen einerseits zu Zinskosten, möglichen Kosten durch Wertverlust bei der Lagerung, Kosten für externe Lagerung usw. Übermäßige Lagerfehlmengen haben andererseits „Kosten" in dem Sinne zur Folge, daß Verzögerungen bei der Belieferung der Bestellungen auftreten und daß Kunden verärgert werden. Es erscheint daher sinnvoll, den Produktionskosten ein Element hinzuzufügen, das die Lagerbestands- bzw. Fehlmengenkosten wiedergibt. Näherungsweise können wir annehmen, daß diese Kosten proportional dem absoluten Wert des Lagerbestandes ($|x|$) oder dem Quadrate des Lagerbestandes (x^2) sind.

Ebenso erscheint es sinnvoll zu unterstellen, daß die Kosten für die Fertigung einer bestimmten Menge während einer Periode minimiert werden, wenn die Produktionsrate während dieser Periode konstant ist. Nehmen wir an, daß die Funktion der Produktionsrate ($y_f(t)$) zusammengesetzt ist aus einer Konstanten ($\bar{y}_f$) und einer Schwingungsfunktion mit dem Mittelwert Null ($y_0(t)$) — es gilt also: $y_f(t) = \bar{y}_f + y_0(t)$ —, so können wir unterstellen, daß die entstehenden Kosten eine Funktion von $\bar{y}_f$ und von der Frequenz und Amplitude von $y_0(t)$ sind.

Entsprechend Gleichung (2.7) bzw. Gleichung (3.1) gilt:

$$(4.1) \qquad x(s) = \frac{1}{s} y_f(s) - \frac{1}{s} z(s).$$

Durch Rücktransformation und Differentation nach t erhält man:

$$(4.2) \qquad \frac{dx(t)}{dt} = y_f(t) - z(t).$$

Wenn es uns also gelingt, $x(t)$ konstant auf dem Wert $x(t) = 0$ zu halten, dann bleibt $y_f(t)$ nicht konstant, sondern schwankt entsprechend den Veränderungen von $z(t)$. Wenn wir demgegenüber $y_f(t)$ konstant halten, dann bleibt $x(t)$ nicht konstant, sondern schwankt, wenn die Bestellrate sich verändert. Da es nicht möglich ist, gleich-

44 Dieses von *Simon* abweichende Ergebnis ist bedingt durch den in Anmerkung 43 erwähnten Fehler im englischen Text. Vgl. dazu *Baetge, Jörg* und *Steenken, Hans-Ulrich:* Regelungstheoretischer Ansatz, S. 32–35. (A. d. Ü.)

45 Wegen des schon erwähnten Fehlers im englischen Text weicht auch dieses Ergebnis von *Simon* ab; zur Ableitung dieser Bedingung vgl. *Baetge, Jörg* und *Steenken, Hans-Ulrich:* Regelungstheoretischer Ansatz, S. 36. (A. d. Ü.)

zeitig sowohl Schwankungen des Lagerbestandes als auch der Produktionsrate zu vermeiden, müssen wir ein Kriterium berücksichtigen, das einen Ausgleich zwischen diesen beiden Bestrebungen ermöglicht.

4.2. Untersuchung eines speziellen Kriteriums

Wir betrachten das Gleichgewicht eines Systems bei sinusförmiger Störgröße. Diese Unterstellung ist mit unseren Überlegungen zu Gleichung (4.2) vereinbar. Wenn $z(t)$ sinusförmig ist, dann sind $x(t)$ und $y_f(t)$ im Gleichgewicht ebenfalls sinusförmig, und zwar mit derselben Schwingungsdauer. Wir nehmen an, daß die mit $y_f(t)$ verbundenen Kosten proportional zum Quadrate der Amplitude dieser Schwingung sind ($ZK_p = k_p B^2$, wobei B die Amplitude der Produktionsratenschwankungen ist und k_p die Kosten pro Einheit des Quadrates der Amplitude sind). Ähnlich unterstellen wir für die Lagerkosten: $ZK_l = k_l C^2$, wobei C die Amplitude der Lagerbestandsschwankungen ist und k_l die Kosten pro Einheit des Quadrates der Amplitude sind.
Wir gehen von folgendem Gleichungssystem aus:

$$(4.3) \qquad z(t) \;=\; A \cos \omega t \; ;$$

$$(4.4) \qquad y_f(t) \;=\; D \cos \omega t + E \sin \omega t \; ;$$

$$(4.5) \qquad x(t) \;=\; F \cos \omega t + G \sin \omega t.$$

A, D, E, F und G sind reelle Zahlen, zwischen denen folgende Beziehungen bestehen[46]:

$$(4.6) \qquad \begin{aligned} - G\omega &= - D + A; \\ - F\omega &= E. \end{aligned}$$

Unter Berücksichtigung dieser beiden Beziehungen soll die Summe aus $ZK_p + ZK_l$ minimiert werden[47]:

$$(4.7) \qquad ZK = ZK_p + ZK_l = k_p (D^2 + E^2) + k_l (F^2 + G^2).$$

Nach Substitution von F und G gemäß (4.6) wird ZK nach D und E partiell differenziert. Setzt man die partiellen Ableitungen gleich Null, so ergibt sich:

$$(4.8) \qquad D = \frac{k_l A}{k_p \omega^2 + k_l} \; ; \qquad\qquad E = 0;$$

---

46 Diese Beziehungen lassen sich mit Hilfe der Gleichung (4.2) ermitteln; vgl. dazu *Baetge, Jörg* und *Steenken, Hans-Ulrich*: Regelungstheoretischer Ansatz, S. 41. (A. d. Ü.)
47 Für die Amplituden B und C wird dabei eingesetzt:
$$B = \sqrt{D^2 + E^2} \quad \text{und} \quad C = \sqrt{F^2 + G^2}. \qquad \text{(A. d. Ü.)}$$

$$(4.9) \qquad F = 0; \qquad\qquad G = \frac{-A\, k_p \omega}{k_p \omega^2 + k_l}. \qquad \text{48}$$

Geht ω gegen Null, so gehen D gegen A und G gegen Null. Bei wachsendem ω streben D und G gegen Null und $G\omega$ gegen $-A$. Das bedeutet: Die optimale Entscheidungsregel sorgt bei Bestellratenschwankungen, die über sehr lange Zeiträume gehen, für einen annähernd konstanten, geringen Lagerbestand, während die Produktionsrate der Bestellrate angepaßt wird. Folgen die Bestellratenschwankungen dagegen schnell aufeinander, so wird die Produktionsrate konstant gehalten, so daß der Lagerbestand schwankt. Die Lagerbestände bzw. Lagerfehlmengen bleiben allerdings gering ($G \to 0$), weil die Schwingungsdauer kurz ist. Die Amplitude der Produktionsratenschwankungen (D) wird umso größer, je kleiner ω wird. Die Amplitude des Lagerbestandes (G) dagegen wird zunächst mit wachsendem ω größer, erreicht ein Maximum bei $\omega = \sqrt{\dfrac{k_l}{k_p}}$ und nimmt dann bei weiter wachsendem ω wieder ab.

4.3. Ein alternatives Kriterium

Im Abschnitt 4.2. haben wir die quadratische Kostenfunktion (4.7) verwandt. Interessante Ergebnisse erhält man, wenn man eine lineare Kostenfunktion verwendet:

$$(4.10) \qquad ZK = k_p \,|\, \sqrt{D^2 + E^2}\,| + k_l \,|\, \sqrt{F^2 + G^2}\,|.$$

Die Minimierung von ZK nach Substitution von F und G gemäß (4.6) liefert folgende optimale Werte:

$$(4.11) \qquad E = 0; \qquad\qquad F = 0.$$

Für D ergibt sich abweichend von (4.8):

$$(4.12) \qquad D = \begin{cases} A & \text{für } \omega < \dfrac{k_l}{k_p} \\[2ex] 0 & \text{für } \omega > \dfrac{k_l}{k_p} \end{cases}$$

Entsprechend erhält man für G^{49}:

---

48 Hier unterläuft *Simon* ein kleiner Fehler. Der Bruch, der den Wert von G angibt, muß negativ sein; vgl. dazu *Baetge, Jörg* und *Steenken, Hans-Ulrich:* Regelungstheoretischer Ansatz, S. 42. (A. d. Ü.)

49 Im englischen Text befindet sich in dieser Gleichung ein Fehler. Für

$$\omega > \frac{k_l}{k_p} \text{ gilt } G = -\frac{A}{\omega} \text{ und nicht } G = -A,$$

wie sich folgendermaßen zeigen läßt: Gemäß Gleichung (4.12) wird $D = 0$ in (4.6) eingesetzt:

$$\begin{aligned} -G\omega &= A \\ G &= -\frac{A}{B}. \end{aligned} \qquad \text{(A. d. Ü.)}$$

$$(4.13) \qquad G = \begin{cases} 0 & \text{für } \omega < \dfrac{k_1}{k_p} \\[2ex] -\dfrac{A}{\omega} & \text{für } \omega > \dfrac{k_1}{k_p} \end{cases} \quad .$$

Definieren wir: $U(s) = \dfrac{y_f(s)}{z(s)}$, so zeigt sich, daß $U(s)$ zur Erzielung optimaler Ergebnisse die Eigenschaften eines idealen Tiefpaß-Filters haben muß: Alle Frequenzen unter $\dfrac{k_1}{2\pi\, k_p}$ sollten ohne Verzerrung übermittelt werden, alle Frequenzen über $\dfrac{k_1}{2\pi\, k_p}$ sollten dagegen herausgefiltert werden.[50] Die Bedeutung dieser Forderung als Entscheidungsregel läßt sich mit denselben Verfahren analysieren, die in den folgenden Abschnitten für die quadratische Kostenfunktion verwandt werden.

4.4. Anforderungen an den Laplace-transformierten Übertragungsfaktor

Wir wenden uns wieder der quadratischen Kostenfunktion des Abschnitts 4.2. zu. Es ist zu untersuchen, welcher Laplace-transformierte Übertragungsfaktor die Gleichungen (4.4) und (4.5) erfüllt, wobei D, E, F und G durch (4.8) und (4.9) festgelegt sind. $T(s)$ und $U(s)$ sind definiert:

$$T(s) = \frac{x(s)}{z(s)} \quad \text{und} \quad U(s) = \frac{y_f(s)}{z(s)} \; .$$

Aus Gleichung (4.1) läßt sich folgende Beziehung zwischen beiden ableiten:

$$(4.14) \qquad U(s) = 1 + s\, T(s).$$

Wir suchen zunächst den optimalen konkreten Operator für $U(s)$. Entsprechend Gleichung (2.13) läßt sich $y_f(t)$ bei sinusförmiger Störgröße $z(t) = e^{i\omega t}$ wie folgt schreiben:

$$(4.15) \qquad y_f(t) = \int_0^t U(\tau)\, e^{i\omega(t-\tau)}\, d\tau$$

$$= e^{i\omega t} \int_0^t U(\tau)\, e^{-i\omega\tau}\, d\tau_{\,:}$$

Der Ausdruck unter dem rechten Integralzeichen ist aber gemäß Gleichung (2.5) $U(i\omega)$.[51] Es gilt also:

$$(4.16) \qquad y_f(t) = U(i\omega)\, z(t).$$

---

50 *Simon* nennt als Grenze zwischen den beiden Filterwirkungen die Frequenz $\dfrac{2\pi k_1}{k_p}$. Das ist jedoch nicht richtig. Die Frequenz ist allgemein definiert als: $f = \dfrac{\omega}{2\pi}$. Aus (4.12) und (4.13) ergibt sich daher: $f = \dfrac{k_1}{2\pi\, k_p}$. (A. d. Ü.)

51 Dabei wird wiederum $s = i\omega$ unterstellt; vgl. die Anmerkung 30 auf S. 208. (A. d. Ü.).

Setzen wir in diese Gleichung die Gleichungen (4.3) und (4.4) unter Berücksichtigung von (4.8) ein, so ergibt sich:

$$(4.17) \qquad U(i\omega) \quad = \quad \frac{D}{A} \quad = \quad \frac{k_l}{k_p \omega^2 + k_l}$$

Daraus folgt:

$$(4.18) \qquad U(s) \quad = \quad \frac{k_l}{-k_p s^2 + k_l} \quad = \quad \frac{-k_l}{k_p s^2 - k_l} \quad .$$

Durch Einsetzen von (4.18) in (4.14) läßt sich T(s) ermitteln:

$$(4.19) \qquad T(s) \quad = \quad \frac{-k_p s}{k_p s^2 - k_l} \quad .$$

Die charakteristische Gleichung von T(s) hat zwei reelle Wurzeln mit entgegengesetzten Vorzeichen: $s_{1,2} = \pm \sqrt{\frac{k_l}{k_p}}$. Ein solches System mit dem Übertragungsfaktor gemäß Gleichung (4.19) ist also instabil. Das Einschwingverhalten würde exponentiell anwachsen.

Der Grund für dieses unangenehme Ergebnis liegt darin, daß wir den Übertragungsfaktor mit der Absicht abgeleitet haben, die Kosten, die entstehen, wenn sich das System im Gleichgewicht befindet, zu minimieren. Dadurch werden allerdings im allgemeinen nicht die Kosten minimiert, die entstehen, wenn das System von einem Gleichgewicht zu einem anderen übergeht. Deutlich gesagt: Ist die Störgröße eine Konstante (z(t) = K für $t \geqslant 0$), so wünschen wir uns folgendes Verhalten des Systems:

$$(4.20) \qquad y_f(t) \quad = \quad K \quad + \quad \text{Einschwingverhalten};$$

$$(4.21) \qquad x(t) \quad = \quad 0 \quad + \quad \text{Einschwingverhalten}.$$

Das System sollte dabei so beschaffen sein, daß das Einschwingverhalten rasch abklingt. Das setzt voraus, daß die Wurzeln der charakteristischen Gleichung des Systems negative Realteile besitzen.

Damit das System das gewünschte Gleichgewichtsverhalten von $y_f(t)$ für z(t) = K aufweist, muß gelten:

$$\underset{s \to 0}{\text{Lim}} \; s \; U(s) \; \frac{K}{s} = \underset{s \to 0}{\text{Lim}} \; U(s) \cdot K = K.$$

Ebenso muß für x(t) gelten

$$\underset{s \to 0}{\text{Lim}} \; s \; T(s) \; \frac{K}{s} = \underset{s \to 0}{\text{Lim}} \; T(s) \cdot K = 0.$$

Aus Gleichung (4.14) folgt, daß diese letzte Bedingung eine hinreichende Bedingung dafür ist, daß gilt: $\underset{s \to 0}{\text{Lim}} \; U(s) \cdot K = K.$

Es läßt sich zeigen, daß diese Bedingungen durch die konkreten Operatoren gemäß (4.18) und (4.19) erfüllt werden, obwohl die für ein Abklingen des Einschwingverhaltens notwendigen Bedingungen nicht erfüllt werden. Um einen Ausweg aus dieser Situation zu finden, ersetzen wir den Nenner von T(s) durch folgenden Ausdruck:

$$(\sqrt{k_p}\, s + \sqrt{k_l}\,)^2 \, .$$

Daraus ergibt sich folgender Laplace-transformierte Übertragungsfaktor:

$$(4.22) \qquad T(s) \;=\; \frac{-k_p\, s}{(\sqrt{k_p}\, s + \sqrt{k_l}\,)^2} \, .$$

Dieser Übertragungsfaktor zeigt für $s \to \infty$ übereinstimmendes Verhalten mit dem Übertragungsfaktor gemäß (4.19) und sorgt für Stabilität des Systems. Die charakteristische Gleichung hat die beiden gleichen negativen reellen Wurzeln: $s_{1,2} = -\sqrt{\frac{k_l}{k_p}}$.

4.5. Ermittlung der Entscheidungsregel

Wir wenden uns dem Problem zu, die konkreten Operatoren für Z(s) und R(s) zu finden, die zu dem Übertragungsfaktor gemäß Gleichung (4.22) führen. Zunächst betrachten wir den einfachen Fall, daß für die Produktion keine Zeit benötigt wird (V(s) = 1). In diesem Falle lautet der allgemeine Übertragungsfaktor des Systems:

$$(4.23) \qquad T(s) \;=\; \frac{Z(s) - 1}{s + R(s)} \, .$$

Wählen wir nun[52]:

$$Z(s) \;=\; 1 - k_p s, \qquad R(s) \;=\; k_p s^2 + (2\sqrt{k_p k_l} - 1)\, s + k_l$$

und setzen dies in (4.23) ein, so erhalten wir (4.22). Darüber hinaus ergibt sich für U(s):

$$(4.24) \qquad U(s) \;=\; \frac{2\sqrt{k_p k_l}\, s + k_l}{(\sqrt{k_p}\, s + \sqrt{k_l}\,)^2} \, .$$

Da im Falle der zeitlosen Produktion gilt: $y_f(t) = y_p(t)$, läßt sich aus (4.24) folgende Regel zur Festlegung von $y_p(t)$ ableiten:

$$(4.25) \qquad k_p\, \frac{d^2 y_p(t)}{dt^2} + 2\sqrt{k_p k_l}\, \frac{dy_p(t)}{dt} + k_l\, y_p(t)$$

$$= 2\sqrt{k_p k_l}\, \frac{dz(t)}{dt} + k_l\, z(t) .$$

52 Im englischen Text befindet sich ein kleiner Fehler. Um tatsächlich durch Einsetzen in (4.23) den Übertragungsfaktor gemäß (4.22) zu erhalten, muß bei R(s) unter der Wurzel $k_p \cdot k_l$ stehen und nicht $s \cdot k_1$. (A. d. Ü.)

Berücksichtigt man, daß die Produktion Zeit benötigt, ergibt sich bei Unterstellung einer konstanten Totzeit ($V(s) = e^{-Ts}$):

$$T(s) = \frac{e^{-Ts} Z(s) - 1}{s + e^{-Ts} R(s)} \; ;$$

(4.26)

$$U(s) = \frac{e^{-Ts} [R(s) + s Z(s)]}{s + e^{-Ts} R(s)} .$$

Definieren wir: $W(s) = \frac{y_p(s)}{z(s)}$, so erhalten wir mit Hilfe der Laplace-transformierten Gleichung (3.2) aus (4.26):

(4.27)
$$W(s) = \frac{R(s) + s Z(s)}{s + e^{-Ts} R(s)} .$$

Wenn wir dieselben konkreten Operatoren wie vorher für $Z(s)$ und $R(s)$ verwenden, ergibt sich:

(4.28)
$$W(s) = \frac{2\sqrt{k_p k_l'}\, s + k_l}{s(1 - e^{-Ts}) + e^{-Ts} (\sqrt{k_p}\, s + \sqrt{k_l'})^2} .$$

Die dieser Gleichung entsprechende Entscheidungsregel lautet:

$$\frac{dy_p(t)}{dt} = - k_p \frac{d^2 y_p(t-\tau)}{dt^2}$$

$$+ (1 - 2\sqrt{k_p k_l})\, \frac{dy_p(t-\tau)}{dt}$$

$$- k_l\, y_p(t-\tau)$$

$$+ 2\sqrt{k_p k_l}\, \frac{dz(t)}{dt} + k_l\, z(t).$$

Diese Entscheidungsregel können wir als Annäherung an diejenige Entscheidungsregel, die die Kosten minimieren würde, ansehen. Für die Grenzfälle $s \to \infty$ und $s \to 0$ hat sie dieselben Eigenschaften wie die aus Gleichung (4.24) abgeleitete Entscheidungsregel.

5. Erweiterte Betrachtung des Kostenkriteriums[53]

---

53 Bei diesem Abschnitt handelt es sich im wesentlichen um Überlegungen zum Kostenkriterium mit nur geringem Bezug zur Regelungstheorie. In einem Buch über „Betriebswirtschaftliche Kontrolltheorie" kann dieser Abschnitt daher weggelassen werden. (A. d. Ü.)

6. Ergebnis

Zwar waren unsere Untersuchungen eigentlich nur ein Versuch, doch läßt sich aus ihnen die allgemeine Erkenntnis ableiten, daß die Regelungstheorie und ihre grundlegenden Verfahren tatsächlich nutzbringend zur Analyse und zum Entwurf von Entscheidungsprozessen bei der Überwachung der Produktionsrate eingesetzt werden können. Selbstverständlich kann man die meisten Ergebnisse, die wir erhalten haben — zumindest der Tendenz nach — auch intuitiv erhalten. Aber gerade hier konnte die Intuition mit Hilfe der Verfahren der Regelungstheorie unterstützt werden. Darüber hinaus erlauben diese viel exakteren Verfahren eine Präzision der Ergebnisse, die ohne sie nicht erreicht werden kann. Selbst in diesem sehr frühen Stadium liefert die Regelungstheorie Ergebnisse, die sich mit einem beachtlichen Grad an Wirklichkeitsnähe zum Entwurf von Entscheidungsregeln in praktischen Fällen verwenden lassen.

Die Theorie der Regelungstechnik als Hilfsmittel des Operations Research

von Paul Truninger *

bearbeitet von *Gerhard Bolenz*

Es ist das Verdienst der relativ jungen Wissenschaft des *Operations Research,* für viele
früher empirisch gelöste Probleme der Unternehmungsführung mathematische Methoden eingeführt zu haben, die es ermöglichen, diese Probleme nicht nur besser, sondern
auch optimal zu lösen. So lassen sich z. B. viele Planungsaufgaben mathematisch durch
lineare Gleichungs- und Ungleichungssysteme darstellen. Wieder andere Probleme erfordern zur Lösung die Anwendung der mathematischen Statistik. Solche und ähnliche Methoden sind dem *Operations Researcher* gut bekannt.

Dagegen hört man in diesem Zusammenhang wenig von der Theorie der Regelungstechnik, denn man ist gewohnt, sie nur auf rein physikalische Vorgänge anzuwenden.
Es gibt aber eine Unmenge Regelkreise, in welchen wenigstens ein Glied nicht-physi-
kalischer Natur ist. Ein klassisches Beispiel dafür ist das Autofahren. Es ist ein Regel-
vorgang in einem Kreis, der durch einen Menschen geschlossen wird. Obwohl der
Autofahrer als Steuermann die uneingeschränkte Befehlsgewalt über seinen Wagen
besitzt, ist er doch in seiner Handlungsfreiheit sehr eingeschränkt, weil er dem engen
und kurvenreichen Band der Straße folgen muß. „Folgen" hat hier auch die Bedeutung von „Gehorchen". Ähnlich ergeht es dem verantwortungsbewußten Unternehmer. Er ist der Steuermann seiner Unternehmung, und doch kann er nicht tun, was
ihm gerade beliebt. Im Gegenteil, sein Handeln ist auf ganz bestimmte Ziele hin gerichtet, und er versucht, sein Unternehmen so zu steuern, daß diese Ziele erreicht
werden. Konstatiert er nun, daß ein gestecktes Ziel gegenwärtig nicht erreicht wird,
so wird er versuchen, dieses durch entsprechende Maßnahmen in Zukunft doch zu
erreichen. Damit ist aber bereits angedeutet, daß der Unternehmer oder die Unternehmungsführung ein Glied eines weitverzweigten Regelkreises ist. Dieser umfaßt
ein ganzes sogenanntes „mikroökonomisches System", das sich zusammensetzt aus
der Unternehmung und demjenigen Teil des Marktes, durch den deren Produkte gehen. Innerhalb dieses Systems können die Zusammenhänge wie folgt dargestellt werden:

Der Unternehmer bestimmt die Art und Zahl der durch die Firma herzustellenden
Produkte; diese stellen daher in der Sprache des Regelungstechnikers die geregelte
Größe dar. Die Erzeugnisse werden auf dem Markt verkauft, und der Verkaufserlös
fließt wieder in die Unternehmung zurück. Der Markt wirkt daher wie eine Rückfüh-
rung im Regelkreis. Es kann daher kein Zweifel darüber bestehen, daß in jedem mikroökonomischen System Regelungsvorgänge stattfinden.

Man mag sich nun fragen, welche Bedeutung dieser Feststellung zukommt. Diese

* In: Industrielle Organisation, 30. Jg. (1961), S. 475–480.

Bedeutung wird einem jedoch sofort klar, wenn man berücksichtigt, daß die Theorie der Regelungstechnik physikalischer Systeme (zum mindesten die der linearen und kontinuierlichen Systeme) schon genügend bekannt ist, um durchaus zuverlässige und brauchbare Resultate zu erhalten. Ihre Anwendung auf Aufgaben des *Operations Research* sollte deshalb fruchtbringend sein, sofern es gelingt, das Problem entsprechend mathematisch zu formulieren. Aber es ist nicht nur wünschbar, die Theorie der Regelungstechnik bei Problemen der Unternehmungsführung anzuwenden, sondern in gewissen Fällen wäre es geradezu falsch, den Regelkreis-Charakter des mikroökonomischen Systems zu ignorieren, nämlich immer dann, wenn seine zeitlichen Veränderungen mitberücksichtigt werden müssen.

Im folgenden wird ein willkürlich gewähltes Beispiel durchgerechnet, das besser als viele Worte veranschaulicht, wie sich bestimmte *Operations-Research*-Probleme mit Hilfe der Theorie der Regelungstechnik lösen lassen. Dabei wird versucht, auch in dieser Theorie nicht bewanderten Lesern ein Folgen der Gedankengänge und Ableitungen zu ermöglichen.

Die Problemstellung ist folgende: Ein Produkt unterliege einer stark veränderlichen Nachfrage. Trotzdem versuche die Geschäftsleitung der das betreffende Produkt herstellenden Fabrik, die Produktion ständig auf optimaler Höhe zu halten. Als Mittel der Beeinflussung der Nachfrage stehe ihr einzig die Festsetzung des Preises zu Verfügung. Der Unternehmer sollte also eine Berechnungsmethode besitzen, die es ihm erlaubt, auf Grund der ihm zur Verfügung gestellten Informationen jeweils den für ihn günstigsten Preis festzusetzen. Dieser wird hier der Einfachheit halber bei derjenigen Produktionsmenge gewählt, bei der der Stückgewinn maximal wird. Das Ziel der folgenden Rechnung ist es, diese Berechnungsmethode sowohl qualitativ als auch quantitativ analytisch abzuleiten.

Von vornherein wird also angenommen, daß der Preis auf die Dauer nicht konstant ist, sondern in kürzeren Zeitabständen den jeweiligen Gegebenheiten angepaßt wird. Da es sich hier um einen zeitlich veränderlichen Vorgang handelt, kann dieses Problem nur gelöst werden, wenn die dynamischen Zusammenhänge zwischen allen beteiligten Faktoren bekannt sind. In der Regelungstechnik bedient man sich zu diesem Zwecke der sogenannten Blockschemen, die es erlauben, auch kompliziertere Fälle einfach und übersichtlich darzustellen. Ein Block bedeutet vorläufig lediglich, daß irgendein Zusammenhang zwischen Ursache (C) und Wirkung (R) besteht. In der Systemtheorie werden diese Blöcke auch als Operatoren bezeichnet. Man unterscheidet dabei zwischen allgemeinen Black Box-Operatoren, die noch keine spezifische Rechenvorschrift beinhalten und konkretisierten Operatoren, die eine spezifische Rechenvorschrift darstellen.[1] Welcher Art dieser Zusammenhang (G) ist, wird später erläutert. Dabei werden die folgenden Symbole verwendet:

$$\xrightarrow{\text{C}}\boxed{\text{G}}\xrightarrow{\text{R}}$$

C = Eingang (Ursache)
R = Ausgang (Wirkung)
G = Übertragungsfunktion

1 Vgl. dazu *Baetge, Jörg:* Betriebswirtschaftliche Systemtheorie, Opladen 1974, S. 75

Symbole	Gleichung
$\xrightarrow{C}\boxed{G}\xrightarrow{R}$	$R = CG, \qquad G = R/C$
$\xrightarrow{R_1 +}\bigcirc\xrightarrow{e}$ $\quad\uparrow -R_2$	$e = R_1 - R_2 \quad$ (Fehler)
$\xrightarrow{R_1}\bigcirc\xrightarrow{R_3}$ $\quad\downarrow R_2$	$R_1 = R_2 = R_3$ Informationsrichtung angedeutet durch Pfeile
$\rightarrow\boxed{G_1}\rightarrow\boxed{G_2}\rightarrow\boxed{G_3}\rightarrow\; =\;\rightarrow\boxed{G_4}\rightarrow$	$G_4 = G_1 G_2 G_3$

Im allgemeinen sind R und C Funktionen der Zeit. Die oben angegebenen Gleichungen gelten jedoch nur für ihre *Laplace*-Transformierten R (p) und C (p). Um diese einfachen Beziehungen benützen zu können, ist man gezwungen, an Stelle der Zeitfunktionen mit den entsprechenden *Laplace*-Transformierten zu operieren.

Mit Hilfe der *Laplace*-Transformation werden die Zeitfunktionen in den sogenannten Bildbereich (bzw. Spektralbereich) transformiert. Diese Transformation hat den Vorteil, daß sich bestimmte Rechenoperationen des Zeitbereichs vereinfachen, so wird z. B. eine Differentiation im Zeitbereich im Bildbereich durch eine einfache Multiplikation und eine Integration im Zeitbereich durch Division im Bildbereich berechnet. Dadurch lassen sich insbesondere komplizierte Differentialgleichungen unter Benutzung der *Laplace*-Transformation relativ einfach lösen. Nach der entsprechenden Operation im Bildbereich sind die Ergebnisse in den Zeitbereich zurückzutransformieren, um sie in der gewohnten Form interpretieren zu können.[2]

1. Wahl eines mikroökonomischen Systems

Mit Hilfe dieser Symbole wird in Abbildung 1 (siehe S. 228) ein mikroökonomisches System dargestellt. Es ist willkürlich gewählt, und es erhebt absolut keinen Anspruch auf Allgemeingültigkeit. Es wird lediglich verlangt, daß das oben definierte Problem im System von Abbildung 1 gelöst werden soll.

Was in Abbildung 1 symbolisch dargestellt ist, kann mit Worten etwa wie folgt ausgedrückt werden: Die Leitung des Unternehmens setzt den Preis des Produktes auf Grund des momentan resultierenden Gewinnes fest. Der Zusammenhang zwischen Preis und Nachfrage ist durch die Nachfragekurve gegeben. Die Differenz zwischen dem Angebot und der Nachfrage, e_3, wird auf Lager gelegt. (Ein negatives e_3 bedeutet Abnahme des Lagerbestandes.) Das Zeitintegral von e_3 ergibt den momentanen Lagerbestand. Abweichungen dieses Lagerbestandes von einem Sollwert wer-

---

2 Vgl. dazu *Simon, Herbert A.:* Die Bedeutung der Regelungstheorie für die Überwachung der Produktion, in diesem Buch S. 196–224, hier S. 203–206, und *Baetge, Jörg:* Betriebswirtschaftliche Systemtheorie, S. 71–75.

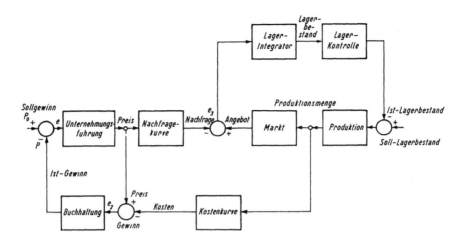

Abbildung 1: Blockschema eines mikroökonomischen Systems

den nach einer durch die Lagerkontrolle verursachten Zeitverzögerung der Fabrikationsabteilung gemeldet, die ihrerseits die Produktionsmenge so festlegt, daß der Lagerbestand seinen Sollwert wieder erreicht. Die Produkte erscheinen dann nach einer weiteren Verzögerung, der Marktverzögerung, als Angebot auf dem Markt. Der Zusammenhang zwischen Produktionsmenge und Stückkosten ist durch die Kostenkurve gegeben. Der Bruttoertrag als Differenz zwischen Preis und Stückkosten wird nach einer durch die Betriebsbuchhaltung verursachten Verzögerung der Geschäftsleitung gemeldet. Damit ist ein vollständiger Zyklus, welcher sich ständig wiederholt, beschrieben.

Absichtlich wurde ein möglichst einfaches System gewählt, wobei alle unnötigen Details weggelassen wurden, um so die wesentlichen Zusammenhänge um so deutlicher hervortreten zu lassen. Wesentlich sind alle diejenigen Faktoren, die auf das zeitliche Verhalten des Systems einen Einfluß ausüben.

Rechnerisch wird dieses Beispiel wie ein kontinuierlicher Regelkreis behandelt, wobei praktisch die Regelung sich teilweise in diskreten Schritten abspielt. So z. B. wird in der Praxis das Produktionsziel nicht kontinuierlich, sondern nur in gewissen Zeitabständen, welche nicht einmal konstant zu sein brauchen, geändert. Damit die Rechnung noch genügend genau wird, muß allerdings vorausgesetzt werden, daß die Zeitabstände genügend klein sind.

2. Die Nachfrage- und Kostenkurven

Es erweist sich als notwendig, die Nachfrage- und Kostenkurven näher zu untersuchen. Zu diesem Zwecke werden eine lineare rechtsgeneigte Nachfragekurve (Abbildung 2) und eine u-förmige Kostenkurve (Abbildung 3) gewählt, wobei als Mengeneinheit Stück pro Tag angesetzt werden.

228

Überträgt man die Kurven der Abbildung 2 und 3 in ein Koordinatensystem (Abbildung 4), so erhält man den Gewinn als Fläche zwischen den beiden Schnittpunkten der Nachfrage- mit der Kostenkurve.

Abbildung 2: Nachfragekurve

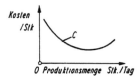

Abbildung 3: Kostenkurve

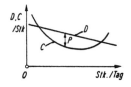

Abbildung 4: Nachfrage- und Kostenkurve

In einem Gewinn-Mengen-Koordinatensystem (Abbildung 5) kann nun der Gewinn in Abhängigkeit der täglichen Produktionsmenge dargestellt werden.

Bei 0_0 ist der Gewinn maximal. Wie schon oben erwähnt, wird angenommen, daß dieser Punkt 0_0 vom Unternehmer angestrebt wird. Wenn die produzierte Menge um $\Delta 0_1$ abweicht, ist der resultierende Gewinn $P_0 - \Delta P$. Den gleichen Gewinn würde man aber auch bei der Tagesproduktion $0_0 + \Delta 0_2$ erhalten. Um diese Zweideutigkeit zu eliminieren, wird gemäß Abbildung 6 der linke Teil der Gewinnkurve P um

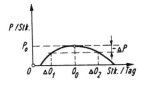

Abbildung 5: Gewinn P als Funktion der täglichen
Produktionsmenge

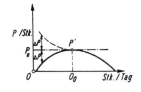

Abbildung 6: Konstruktion von P'

229

eine Horizontale P_0 umgeklappt und dadurch das Vorzeichen der Gewinnabweichung für Produktionsmengen $< 0_0$ geändert. Die so erhaltene Kurve $P' = f(0)$ stellt einen eindeutigen Zusammenhang zwischen P und 0 her.

Um ebenfalls eine eindeutige Beziehung zwischen den Kosten und der Tagesproduktion herzustellen, wird analog zu der Gewinnfunktion P' eine Kostenfunktion C' aus den jeweiligen Differenzen zwischen Nachfragekurve D und Gewinnfunktion P' $(D - P')$ ermittelt und in Abbildung 7 dargestellt.

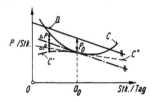

Abbildung 7: Konstruktion von C' und C''

C' ist jedoch noch nicht die endgültige Form der Kostenkurve. C' ist nicht-linear und würde daher gewisse mathematische Schwierigkeiten bereiten. Um diese zu umgehen, wird die Kostenkuve C' linearisiert durch C''. Der dadurch entstehende Fehler ist bedeutungslos, da nur kleine Veränderungen um den Punkt P_0 berücksichtigt werden müssen. Die Approximation C'' wird so gewählt, daß die Steigung der Geraden C'' etwas kleiner als diejenige von D ist. Im folgenden wird C'' der Einfachheit halber nur noch mit C bezeichnet.

3. Bestimmung der Übertragungsfunktionen

Die in Abbildung 1 mit Worten beschriebenen Funktionen der einzelnen Blöcke sollen nun in eine mathematisch erfaßbare Form gebracht werden. Die Beziehung zwischen Ursache und Wirkung (Eingang und Ausgang) jedes einzelnen Blocks wird durch eine Übertragungsfunktion charakterisiert, und es gilt nun, diese Übertragungsfunktionen zu bestimmen. Die Übertragungsfunktion wird im Schrifttum manchmal auch als Übertragungsfaktor bezeichnet. Am einfachsten geschieht dies mit Hilfe eines kleinen Gedankenexperiments, welches am besten an Hand eines Beispieles erläutert werden kann. So soll z. B. die Übertragungsfunktion der Produktionsabteilung bestimmt werden. Zu diesem Zwecke nehmen wir an, die Produktionsmenge sei schon längere Zeit konstant geblieben (vgl. Abbildung 8). Nun werde der Befehl erteilt, das Produktionsniveau von 0 auf $0 + \Delta 0$ zu erhöhen. Die Produktionsabteilung ist normalerweise nicht in der Lage, dem Befehl sofort zu entsprechen, sondern es braucht eine gewisse Zeit T (Abbildung 9), in der die Vorbereitungen getroffen werden müssen, bis die Produktion auf diese neue Menge umgestellt werden kann. Erst nach Ablauf der Zeitverzögerung T wird das gewünschte Produktionsniveau hergestellt.

Die Übertragungsfunktion P muß daher so beschaffen sein, daß eine beliebige

230

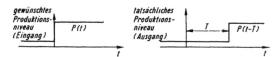

Abbildung 8 und 9: Beziehung zwischen Eingang und Ausgang der Produktions-
abteilung

Eingangsfunktion P (t) eine Ausgangsfunktion P (t−T) zur Folge hat, d. h., die
Ausgangsfunktion mit dem in Abbildung 9 dargestellten Verlauf erfordert eine
Eingangsfunktion die bereits T Zeiteinheiten früher wirksam geworden sein muß.
P hat daher die Form e^{-pT}, wie aus einschlägigen *Laplace*-Lexika unschwer gefunden werden kann. Die wenigen Grundformen von *Laplace*-Transformierten,
welche in dieser Arbeit benötigt werden, sind in Abbildung 10 dargestellt. Die Bedeutung dieser sogenannten Grundprozesse geht jeweils aus dem angeführten Beispiel hervor. In 4 von 5 Fällen wurde als Eingangszeitfunktion ein Einheitssprung
gewählt und dann die entsprechende Ausgangszeitfunktion bestimmt. Lediglich
im Fall 2 wurde als Eingangszeitfunktion eine Anstiegsfunktion gewählt und die
entsprechende Ausgangszeitfunktion ermittelt. Diese einfachen Funktionen lassen
den Zusammenhang zwischen Eingang und Ausgang des betreffenden Blocks eindeutig erkennen. Selbstverständlich könnte als Eingangsfunktion auch irgendeine
andere, beliebige Funktion gewählt werden. Es ist nun also möglich, für jeden
Block von Abbildung 1 eine Übertragungsfunktion im Bildbereich anzugeben, indem man sich vorstellt, wie der Ausgang des betreffenden Blocks auf eine momen-
tane Änderung des Eingangs reagiert.

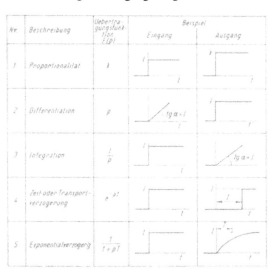

p repräsentatiert eine Zahl in
der Gaußschen Zahlenebene,
die sich aus der Summe des Real-
teils b und des Imaginärteils $i\omega$
zusammensetzt, wobei ω die
Kreisfrequenz und $i = \sqrt{-1}$
bedeuten.

Abbildung 10: Grundprozesse

In Abbildung 11 sind die so bestimmten Übertragungsfunktionen zusammen mit den willkürlich gewählten numerischen Werten dargestellt.

Mit Hilfe der *Laplace*-Transformation läßt sich die lineare Nachfragefunktion D durch den Grundprozeß 1, der die negative Steigerung −d der Nachfragekurve angibt und den Grundprozeß 5, der die Verzögerungszeit T_1 berücksichtigt, darstellen. Die Lagerhaltung des Unternehmens wird durch die Operatoren S und I repräsentiert. S hat die Aufgabe, den jeweiligen Lagerbestand durch Integration aller Lageränderungen zu ermitteln, was im Bildbereich lediglich durch eine Division durch p erreicht wird.

I entspricht einer Verzögerungszeit von T_0 für die Lagerkontrolle. Die Produktion P setzt sich aus dem Grundprozeß 1, dem Proportionator b und dem Grundprozeß 4 für die Verzögerungszeit T_2 zusammen. Die Reaktionszeit des Marktes B wird ebenfalls durch eine Verzögerungszeit T_3 berücksichtigt. Die Kostenkurve C ist im Bildbereich ein Proportionator, dessen Größe durch die negative Steigung −c der linearisierten Kostenkurve bestimmt wird. Dies ergibt sich aus der Annahme, daß für den hier relevanten Bereich der Stückkostenkurve bei einer Erhöhung der Ausbringungsmenge die Stückkosten sinken. Die Verzögerung durch die Bearbeitungszeit der Buchhaltung A umfaßt eine Zeitspanne von T_4. Damit ist das mikroökonomische System sowohl qualitativ als auch quantitativ eindeutig definiert.

4. Ableitung der optimalen Preispolitik

Die die Preispolitik der Unternehmung charakterisierende Übertragungsfunktion soll zunächst als Unbekannte eingeführt werden, und sie wird erst dann berechnet, wenn das Verhalten der übrigen Systemelemente festgelegt ist.

Wie bereits angedeutet, soll das mikroökonomische System ständig mit dem maximalen Stückgewinn arbeiten. Dieser Wunsch legt aber die Preispolitik der Unternehmungsführung vollständig fest.

Bevor aber darauf näher eingegangen wird, ist am System von Abbildung 12, in der die Operatoren durch die entsprechenden Übertragungsfunktionen konkretisiert wurden, noch eine kleine Änderung technischer Natur vorzunehmen. Da die Sollwerte P_0 und S_0 konstant sind, haben sie auf das dynamische Verhalten des Systems keinen Einfluß und können daher wie folgt eliminiert werden:

$$e_2 = P_0 - P_1 = - P_2 \quad \text{und} \quad e_1 = S_0 - S_1 = - S_2$$

Anstelle von e_2 wird also $- P_2$ und anstelle von e_1 $- S_2$ gesetzt. Die Minuszeichen werden in Abbildung 13 den Blöcken A bzw. P zugeteilt.

Bis jetzt wurde nur die innere Struktur des Systems untersucht, jedoch wirken auch äußere Störgrößen auf das System ein. Im vorliegenden Falle ist das eine veränderliche Nachfrage. Es wird angenommen, daß die Nachfrage einer bestimmten statistischen Verteilung unterworfen sei. Der Mittelwert dieser Verteilung ist durch die Preisfestsetzung gesteuert, dagegen treten Schwankungen nach beiden Seiten auf, welche unkontrollierbar sind und deshalb als Störgröße D_1 (Abbildung 13)

Bezeichnung	Symbol	Grundprozeß Nr.	Übertragungs-funktion	Dimension der Konstanten	Angenommener numerischer Wert
Nachfragekurve	D	1 + 5	$\dfrac{-d}{1+pT_1}$	$d = (Stk)^2/Tag$ $T_1 = Tage$	$d = 10$ $T_1 = 5$
Integrator	S	3	$1/p$	—	—
Lagerkontrolle	I	4	e^{-pT_0}	$T_0 = Tage$	$T_0 = 1$
Produktion	P	1 + 4	be^{-pT_2}	$b = (Tage)^{-1}$ $T_2 = Tage$	$b = 0,125$ $T_2 = 10$
Markt	B	4	e^{-pT_3}	$T_3 = Tage$	$T_3 = 6$
Kostenkurve	C	1	$-c$	$c = Tag/(Stk)^2$	$c = 0,08$
Buchhaltung	A	4	e^{-pT_4}	$T_4 = Tage$	$T_4 = 1$

Abbildung 11: Wahl der Übertragungsfunktionen

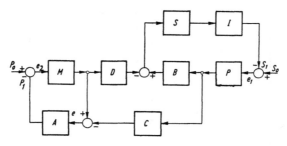

Abbildung 12: Blockschema eines mikroökonomischen Systems

wirken. Das Verhalten des Systems soll bei der Zielsetzung Stückgewinnmaximierung so sein, daß die Abweichungen P_2 (= $-e_2$) des tatsächlichen Gewinns P_1 von seinem optimalen Wert P_0 minimal sind, wenn sich die Störgröße D_1 beliebig ändert. Es gibt verschiedene Minimalfehler-Kriterien, und je nach Wahl des einen oder anderen Kriteriums ist die Optimallösung verschieden. Zum Beispiel könnte verlangt werden, daß das mittlere Fehlerquadrat minimal sein soll. Dagegen ist es unstatthaft, den Fehler $P_2 \equiv 0$ zu setzen, da der Entscheidungsoperator M für die Preispolitik in Abbildung 13 das Vorhandensein von P_2 voraussetzt.

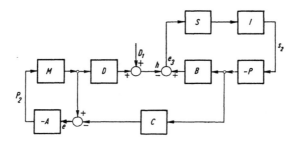

Abbildung 13: Blockschema eines mikroökonomischen Systems mit äußeren Störgrößen

In der Praxis wird es aber so sein, daß die Unternehmungsführung nicht nur auf eine einzige Information, nämlich P_2 angewiesen ist. Vielmehr werden auch Informationen über den Verlauf der Nachfrage direkt der Geschäftsleitung übermittelt. Dieser Umstand ist in Abbildung 14 durch Anfügen des Blockes F berücksichtigt. Im übrigen ist Abbildung 14 nur eine andere Darstellung von Abbildung 13. F ist ebenso wie der Entscheidungsoperator M noch nicht konkretisiert. Sie sollen nun dadurch bestimmt werden, daß der Fehler $P_2 \equiv 0$ gesetzt wird. Dies ist im System der Abbildung 14 ohne weiteres möglich, da M nicht mehr ausschließlich durch P_2 gesteuert wird.

Gemäß den einleitend gegebenen Rechenregeln für die einzelnen Operatoren können auf Grund von Abbildung 14 folgende Gleichungen aufgestellt werden:

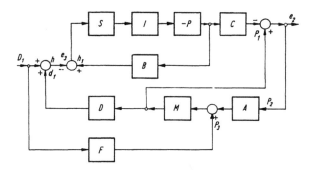

Abbildung 14: Mikroökonomisches System mit Nachfrageprognose

(1) $\qquad h = d_1 + D_1$

(2) $\qquad e_3 = -e_3\,SIPB - h$

(3) $\qquad P_2 = e_3\,SIPC + M\,(-P_2 A + D_1 F)$

(4) $\qquad D_1 + d_1 = MD\,(-P_2 A + D_1 F) + D_1$

Aus diesen 4 Gleichungen läßt sich folgende Beziehung ableiten:

$$\frac{P_2}{D_1} = \frac{[FM\,(SIPB+1) - SIPC\,(FMD+1)]\ A}{(1 + AM0\,(SIPB)+1) - AMDSIPC}\,.$$

Für $P_2 = 0$ erhält man

$$FM = \frac{C}{B - CD + 1/SIP}\,.$$

Setzt man nun für die letzte Gleichung die entsprechenden *Laplace*-Transformierten mit den dazugehörigen Konstanten aus Abbildung 11 ein, dann erhält man folgende Gleichung im Bildbereich

$$FM = \frac{ce^{pT_3}}{\dfrac{cde^{pT_3}}{1 + pT_1} - \dfrac{pe^{p\,(T_0 + T_2 + T_3)}}{b} - 1}\,.$$

Um obige Gleichung zu erfüllen, kann für F beispielsweise $F = ce^{pT_3}$ und für M

$$M = \frac{1}{\dfrac{cde^{pT_3}}{1 + pT_1} - \dfrac{pe^{p\,(T_0 + T_2 + T_3)}}{b} - 1}$$

gesetzt werden.

Damit sind sowohl F als auch M eindeutig bestimmt. Die Bildfunktionen F(p) und M(p) müssen aber im Zeitbereich interpretiert werden, um ihre Bedeutung ermessen zu können.

1. Die Bedeutung von F: Es läßt sich leicht zeigen, daß der Ausdruck $F = ce^{pT_3}$ bedeutet, daß der Ausgang von F im Zeitpunkt t die Eingangsfunktion T_3 Tage im voraus, d. h. im Zeitpunkt $t - T_3$ schätzt (bekannt ist). (Siehe Abbildung 15.) In einem physikalischen Regelsystem wäre ein solches Verhalten undenkbar, in einem Wirtschaftssystem dagegen ist es durchaus üblich. F hat nämlich die Funktion der Vorhersage, im speziellen der Nachfrageprognose. Die Aufgabe von F ist übrigens sehr genau umschrieben: F soll der Unternehmungsleitung bekanntgeben, wie groß die Nachfrage in T_3 Tagen sein wird. Kurzfristigere oder langfristigere Prognosen sind nicht erforderlich. Es ist ein bemerkenswertes Ergebnis dieser Rechnung, daß ein optimales Verhalten des Systems nur mit Hilfe einer genau definierten Nachfrageprognose möglich ist.

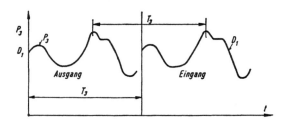

Abbildung 15: Erklärung der Bedeutung von F

2. Die Bedeutung von M: Um M interpretieren zu können, ist es wiederum notwendig, die Ausgangszeitfunktion für eine bestimmte Eingangsfunktion zu ermitteln. Als Eingangs- oder Anregungsfunktion wird der Einfachheit halber die *Dirac*sche Funktion (Einheitsimpuls) gewählt. Die Ausgangsfunktion ist dann gleich der Rücktransformierten von M(p). Es ist nicht mehr ganz einfach, diese Rücktransformation auszuführen, und es hatte sich als notwendig erwiesen, dazu eine elektronische Rechenmaschine einzusetzen. Das Resultat, die Funktion M(t), ist in Abbildung 16 dargestellt.

Was bedeutet nun diese Funktion M(t)? Wenn im mikroökonomischen System von Abbildung 14 unter Berücksichtigung der entsprechenden konkreten Operatoren eine Nachfrageänderung nach D_1 eintritt, so wird der Stückgewinn dann — und nur dann — maximal bleiben, wenn der Preis gemäß M(t) festgesetzt wird. Jede andere Lösung für M(t) würde einen verminderten Gewinn oder sogar einen Verlust einbringen.

Der Preis wird bis zur Aufnahme der erhöhten Produktion auf dem bisherigen Niveau belassen. Gleichzeitig mit der Produktionserhöhung wird der Preis um 1 Geldeinheit GE/Stück gesenkt. Dies ist ohne Schmälerung des Gewinns möglich, da die Gestehungskosten sich ja gesenkt haben. Nach 34 Tagen erreicht die Preissenkung ein Maximum, um dann nach etwa 80 Tagen praktisch zu verschwinden. Damit sind der ursprüngliche Preis und das ursprüngliche Produktionsvolumen wieder hergestellt.

Die Funktion M(t) dient aber auch der Unternehmungsleitung bei unveränderten

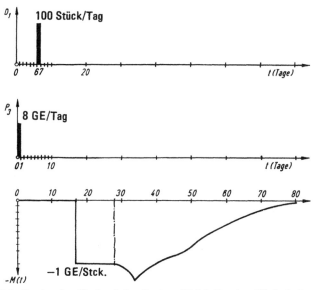

Abbildung 16: Optimaler Verlauf des Preises M (t) für eine Einheitsimpuls-Nachfrageänderung

Voraussetzungen bezüglich des in Abbildung 14 dargestellten Systems als Berechnungsgrundlage für jeden beliebigen Nachfrageverlauf. Ist dieser durch eine beliebige Funktion $P_3(t)$ gegeben, so berechnet sich der optimale Preis mit Hilfe eines Superpositionsintegrals (bzw. der Faltung) aus

$$P_1(t) = \int_0^t P_3(\tau) \, M(t-\tau) \, d\tau .$$

Um eine umständliche analytische Rechnung zu umgehen, kann dieses Integral mit Hilfe von Zeitreihen numerisch ausgewertet werden. Es ist auch möglich, ein elektronisches Analogon des Systems zu bauen, wobei je nach Aufwand mit größeren oder kleineren Approximationen gearbeitet werden muß. Wird einem solchen Modell der Nachfrageverlauf mit einem Funktionsgenerator eingegeben, so kann am Ausgang der optimale Preisverlauf abgelesen werden.

Abschließend sei nochmals ausdrücklich darauf hingewiesen, daß es nicht Aufgabe der vorliegenden Arbeit war, die dynamischen Zusammenhänge innerhalb eines mikroökonomischen Systems in ihrer ganzen Komplexität ein für allemal festzulegen, noch dafür eine allgemeingültige Lösung zu geben. Wenn es gelungen ist, die Berechtigung der dynamischen Betrachtungsweise hervorzuheben und gleichzeitig für Probleme dieser Art eine Lösungsmöglichkeit aufzuzeigen, so ist der Zweck dieses Aufsatzes erfüllt.

[1]   *Simon, H. A.:* On the Application of Servomechanisms Theory in the Study of Production Control, in: Econometrica, Vol. 20 (1952), S. 247–268.
[2]   *Campell, D. P.:* Dynamic Behavior of Linear Production Systems, in: Mechanical Engineering, Vol. 75 (1953), S. 279–285.
[3]   *Smith, O. J. M.:* Economic Analogues, Proceedings of the Institute of Radio Engineers, Vol. 41 (1953), S. 1514–1519.
[4]   *Moorehouse, N. F.; Strotz, R. H.* and *Horwitz, S. J.:* An Electro-Analogue Method for Investigating Problems in Economic Dynamics, Inventory Oscillations, in: Econometrica, Vol. 18 (1950), S. 313–328.
[5]   *Strotz, R. H.; Calvert, J. F.* and *Moorehouse, N. F.:* Analogue Computing Techniques Applied to Economics, Transactions of the American Institute of Electrical Engineers, Vol. 17 (1951), S. 557–563.
[6]   *Cooper, W. W.:* A Proposal for Extending the Theory of the Firm, in: Quarterly Journal of Economics, Vol. 65 (1951), S. 87–109.
[7]   *Simon, H. A.:* Modern Organization Theories. Advanced Management, Vol. 15 (1950), S. 2–4.
[8]   *Tustin, A.:* The Mechanism of Economic Systems. Cambridge 1953.

Vierter Teil

Anwendung der Simulation auf ökonomische System-Modelle

Zur Bestimmung des Zeitverhaltens betrieblicher Systeme

von Herbert Fuchs, Helmut Lehmann und Karl-Ernst Möhrstedt *

1. Die Unternehmung in systemtheoretisch-kybernetischer Sicht

Die bislang im Vordergrund organisationstheoretischer Untersuchungen stehenden Ansätze waren vorwiegend statisch-strukturell orientiert. In neuerer Zeit werden jedoch diese strukturellen Ansätze immer mehr durch Untersuchungen ergänzt, die Teilsysteme der Unternehmung, wie z. B. das Informationssystem, unter dynamisch-funktionalen Gesichtspunkten betrachten, die sich also mit dem zeitlichen Ablauf der betrieblichen Aktivitäten sowie mit Veränderungen der organisatorischen Struktur der Unternehmung im Zeitablauf befassen. Ziel dieser Bemühungen ist es, auch im organisatorischen Bereich zu einer dynamischen Theorie der Unternehmung vorzudringen. Als geeignetes Konzept für eine solche dynamische Betrachtungsweise der Unternehmung bietet sich die „Allgemeine Systemtheorie"[1] an. Sie hat — nicht zuletzt durch ihre umfassende allgemeine Terminologie — eine Reihe von Instrumentarien zur Verfügung gestellt, die, über den ursprünglich engen Anwendungsbereich in der Biologie hinausgehend, generell zur Untersuchung struktureller und funktionaler Zusammenhänge in Systemen geeignet sind[2].

Wird die Unternehmung als eine wirtschaftliche Aktionseinheit im Gefüge der Gesamtwirtschaft verstanden, so lassen sich ihre Beziehungen zur Umwelt durch Austausch von Strömungsgrößen kennzeichnen. Damit muß für eine systemtheore-

---

* Gekürzte, leicht überarbeitete Fassung des gleichnamigen Artikels, in: ZfB, 42. Jg. (1972), S. 779–802.

1 Zu Aufgabe, Inhalt und Erkenntnisstand der allgemeinen Systemtheorie auch im Zusammenhang mit dem kybernetischen Konzept vgl. *Bertalanffy, Ludwig von:* Zur Allgemeinen Systemlehre, in: Biologia Generalis, Bd. XIX, Heft 1, Wien 1949, S. 114–129; *Bertalanffy, Ludwig von:* An Outline of General System Theory, in: The British Journal for the Philosophy of Science, Bd. I, Heft 2, Edinbourgh 1950, S. 134–165; *Ashby, W. Ross:* An Introduction to Cybernetics, 4. Aufl., London 1961; *Ashby, W. Ross:* Design for a Brain. The Origin for Adaptive Behavior, 2. Aufl., London 1960; *Fuchs, Herbert:* Systemtheorie, in: Handwörterbuch der Organisation, hrsg. von *E. Grochla,* Stuttgart 1969, Sp. 1618–1630; *Grochla, Erwin:* Systemtheorie und Organisationstheorie, in: Zeitschrift für Betriebswirtschaft, 40. Jg. (1970), S. 1–16; *Fuchs, Herbert:* Die Verallgemeinerung der Theorie offener Systeme als Grundlage zur Erforschung und Gestaltung betrieblicher Systeme, Diss. Köln 1971; *Lehmann, Helmut; Fuchs, Herbert:* Probleme einer systemtheoretisch-kybernetischen Untersuchung betrieblicher Systeme, in: Zeitschrift für Organisation, 40. Jg. (1971), S. 251–262.

2 Zur strukturellen und funktionalen Analyse betrieblicher Systeme vgl. *Fuchs, Herbert:* Basiskonzept zur Analyse und Gestaltung komplexer Informationssysteme, in: Management-Informationssysteme. Eine Herausforderung an Forschung und Entwicklung. Hrsg. von *Erwin Grochla* und *Norbert Szyperski,* Wiesbaden 1971, S. 63–86.

tisch-kybernetische Betrachtung die Unternehmung als offenes System aufgefaßt werden[3]. Die Struktur des offenen Systems Unternehmung läßt sich aus ihrem Aufgabenzusammenhang herleiten. Die Elemente innerhalb dieser Struktur können — je nach Gliederungsmerkmal und -tiefe — durch weniger komplexe Subsysteme (Bereiche, Abteilungen, Gruppen) oder durch einzelne Aktionseinheiten (Menschen, Maschinen) repräsentiert werden. Der Beziehungszusammenhang innerhalb des Systems stellt sich als Material- und Informationsfluß sowie als soziales Kommunikationssystem zwischen Elementen oder Subsystemen dar.

2. Grundlagen zur Untersuchung systemtheoretischer und kybernetischer Zusammenhänge in betrieblichen Informationssystemen

Für die quantitative Beschreibung zeitabhängiger Prozesse sind Differentialgleichungen geeignet. Der gegenseitigen Beeinflussung der einzelnen Elemente eines Systems läßt sich durch lineare oder nichtlineare Verknüpfungen der Einzeleinflüsse mit Hilfe von Differentialgleichungen höherer Ordnung oder Differentialgleichungssystemen Rechnung tragen.

Im einfachsten Fall läßt sich ein (geschlossenes) System durch ein System homogener Differentialgleichungen darstellen, welche ausschließlich lineare Beziehungen enthalten. Das Verhalten eines solchen geschlossenen Systems wird durch die Koeffizienten-Matrix des Gleichungssystems determiniert. Diese Koeffizienten-Matrix ist das Abbild der Struktur des realen Systems.

Liegt der Untersuchung ein offenes System zugrunde, so müssen neben den systeminternen auch die externen Beziehungen in das mathematische Modell einbezogen werden. Aus dem homogenen Gleichungssystem, welches das geschlossene System beschreibt, wird ein inhomogenes System, welches auch die externen zeitabhängigen Variablen umfaßt. Ebenso wie bei den geschlossenen Systemen sind auch hier die Differentialgleichungen 1. Ordnung mit konstanten Koeffizienten Sonderfälle, deren Bedeutung vor allem darin liegt, daß die mathematische Formulierung und Lösung mit relativ einfachen Mitteln zu bewerkstelligen ist. Im allgemeinen wird ein komplexer Beziehungszusammenhang vorliegen, der sich am besten dadurch beschreiben läßt, daß für jedes einzelne Element des Systems Eingangsgröße und Ausgangsgröße zueinander in Beziehung gesetzt werden wie in Abbildung 1 bzw. Gl. 1 dargestellt. Welche Beziehungen für die einzelnen Elemente gelten, muß dann jeweils ermittelt werden. Während für geschlossene Systeme das Energiegesetz in einem sehr weit gefaßten Wortsinn als „Regler" interpretiert werden kann, muß beim offenen System eine gewisse Regulationsfähigkeit gegenüber äußeren Störungen vorhanden sein, wenn das System nicht durch äußere Einflüsse zerstört werden soll. Andererseits soll ein System im allgemeinen nach einer vorgegebenen Änderung einer externen Größe (Führungsgröße) sein Systemverhalten so

---

3 Zur Bedeutung des Konzepts offener Systeme vgl. *Kade, Gerhard; Ipsen, Dirk; Hujer, Reinhard:* Modellanalyse ökonomischer Systeme. Regelung, Steuerung oder Automatismus? In: Jahrbücher für Nationalökonomie und Statistik, Bd. 182, Heft 1, 1968, S. 2–35, hier S. 6–7 und 34–35.

verändern, daß ein neuer Fließgleichgewichtszustand erreicht wird. Die Regulations-fähigkeit eines Systems hinsichtlich Führung und Störung befähigt das System, einen bestimmten Schwankungsbereich (Bandbreite) auszuregeln. Nimmt etwa die Stör-größe einen Wert an, der außerhalb der ausregelbaren Bandbreite liegt, so geht das System in einen unregelbaren Zustand über, der zu seiner Zerstörung führen kann.

Zur Bestimmung dieser Regulationsfähigkeit soll zunächst ein einzelnes Element aus einem System herausgegriffen werden (vgl. Abbildung 1):

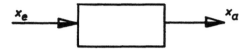

Abbildung 1

Das Element stehe über die Strömungsgrößen x_e (Eingangsgröße) und x_a (Ausgangs-größe) mit anderen Elementen des Systems oder mit der Umwelt in Beziehung. Die rechnerische Behandlung von Gleichungen ist verhältnismäßig aufwendig, wenn für $x_e(t)$ beliebige Eingangsfunktionen zugelassen werden. Elemente lassen sich in ih-rem Verhalten am besten dann miteinander vergleichen, wenn für die Eingangsgröße $x_e(t)$ bestimmte, standardisierte Funktionen gewählt werden. Das Übertragungs-verhalten läßt sich dann allgemein durch den Ausdruck

$$(1) \qquad F(t) = \frac{x_a(t)}{x_e(t)}$$

charakterisieren. Als standardisierte Eingangsgrößen werden vor allem Sprungfunk-tion, Stoßfunktion, Anstiegsfunktion und Sinusschwingung verwendet.

Neben der Untersuchung der Regulationsfähigkeit von Systemen und deren Stabilität ergeben sich für betriebliche Informationssysteme besondere Probleme dann, wenn die im System zu verarbeitenden Informationen quantifiziert, d. h. bewertet werden müssen. Es kann davon ausgegangen werden, daß in einem kom-plexen System Strömungsgrößen sowohl in Form von Materie- bzw. Energieflüssen als auch in Form von Informationsflüssen auftreten. Dabei wird die Quantifizierung der Materie- und Energieströme weniger Schwierigkeiten bereiten als die der Infor-mationsströme.

3. Simulationsmodell eines betrieblichen Teilsystems

Ein geeignetes Mittel zur Untersuchung realer Systeme stellt die Simulation dar[4]. Das gegebene reale System ist dabei durch ein Modellsystem abzubilden. Die Bedeutung

4 Aus der umfangreichen Literatur seien genannt: *Tustin, Arnold:* The Mechanism of Economic Systems, Melbourne-London-Toronto 1953; *Forrester, Jay W.:* Industrial Dynamics, Cambridge/Mass. 1961; *Bonini, Charles P.:* Simulation of Information and Decision Systems in the Firm, Englewood Cliffs 1963; *Cohen, Kalman J.; Cyert, Richard M.:* Simulation of Organizational Behavior, in: *March, James G.* (Hrsg.): Handbook of Organizations, Chicago 1965, S. 305–334; *Chorafas, Dimitris N.:* Systems and Simulation, New York-London 1965; *Koller, Horst:* Simulation als Methode in der Betriebswirtschaft. In: Zeitschrift für Betriebswirtschaft, 36. Jg. (1966), S. 95–110; in diesem Buch S. 165–178; *Müller, Wolfgang:* Die Simulation betriebswirtschaftlicher Systeme, Wiesbaden 1969; *Koller, Horst:* Simulations und Planspieltechnik. Berechnungsexperimente in der Betriebswirtschaft, Wiesbaden 1969.

der Simulation für die Analyse betrieblicher Informationssysteme läßt sich durch mehrere Aspekte kennzeichnen. Simulationsmodelle eignen sich sowohl zur Beschreibung als auch zur Erklärung und zur Prognose von informationsverarbeitenden Prozessen, die in der Zeit ablaufen. Sie können damit im Rahmen einer heuristischen Vorgehensweise sowohl der betriebswirtschaftlichen Theorienbildung dienen als auch Grundlagen für Entscheidungen in der betrieblichen Praxis darstellen[5].

Ein wesentlicher Teil der Probleme bei der Simulation ergibt sich bei der Abbildung des realen Systems im Modell. Dabei muß einerseits ein ausreichend hoher Abstraktionsgrad gewählt werden, damit sekundäre Einflüsse des Einzelfalles nicht die grundsätzlichen Zusammenhänge überdecken, andererseits darf die Abstraktion nicht so weit getrieben werden, daß Modell und Realität zu stark voneinander abweichen und die durch die Simulation gewonnenen Erkenntnisse nicht mehr für die Gestaltung des realen Systems nutzbar gemacht werden können.

Hier ergeben sich insbesondere bei der Abbildung von Systemen, die von Menschen gestaltet worden sind, erhebliche Probleme, da zumeist das Zeitverhalten einzelner Bestimmungsgrößen (Variablen) solcher Strukturen noch nicht bekannt ist.

Ziel der Untersuchung des Zeitverhaltens betrieblicher Systeme, insbesondere der Informationsströme und des Zusammenwirkens betrieblicher Teilsysteme im Zeitablauf, kann einmal die Ermittlung der den Abläufen zugrundeliegenden Gesetzmäßigkeiten sein. In diesen Fällen müssen in der Realität zu beobachtende Verhaltensweisen des realen Systems im Modell möglichst getreu reproduziert werden. Andererseits kann das Ziel der Untersuchung darin bestehen, das Verhalten eines bereits vorhandenen Modells in Situationen zu bestimmen, die bis dahin in der Realität noch nicht aufgetreten waren, um damit Prognosemöglichkeiten über das Verhalten des realen Systems zu gewinnen.

Beide Zielsetzungen unterscheiden sich prinzipiell dadurch, daß in einem Falle aus der bekannten Realität unter Zuhilfenahme definierter „Konstruktions"-prinzipien ein Modell entwickelt werden muß, dessen Verhalten mit dem des realen Systems in den wesentlichen Teilen übereinstimmt. Im anderen Falle muß ein Modell, welches die Realität mit der gewünschten Genauigkeit abbildet, bereits vorhanden sein.

Für die vorliegende Arbeit wurden die beiden Vorgehensweisen miteinander verknüpft, um zu aussagefähigen Ergebnissen zu gelangen. Diese Verknüpfung bestand darin, daß einerseits bekannte Strukturen betrieblicher Teilsysteme — aus den Bereichen Produktion, Lager und Absatz —, andererseits bekannte Zielfunktionen betrieblicher Bestimmungsgrößen in das Modell übernommen wurden. Da derartige Beziehungen bisher fast ausschließlich für solche Informationsflüsse bekannt sind, die mengen- und wertorientiert sind, beschränkt sich das Modell auf solche Strömungsgrößen, die mit den Dimensionen Menge, Wert und Zeit beschrieben werden können.

Für das vorliegende Modell lautet die Problemstellung: Untersuchung des Einflusses von Änderungen der Absatzmenge und -geschwindigkeit einer Unternehmung

5 Vgl. *Müller, Wolfgang:* Die Simulation betriebswirtschaftlicher Systeme, S. 153; *Steffens, Franz E.:* Zum Wissenschaftsprogramm der betriebswirtschaftlichen Theorie der Unternehmung, in: Zeitschrift für Betriebswirtschaft, 32. Jg. (1962), S. 748—761.

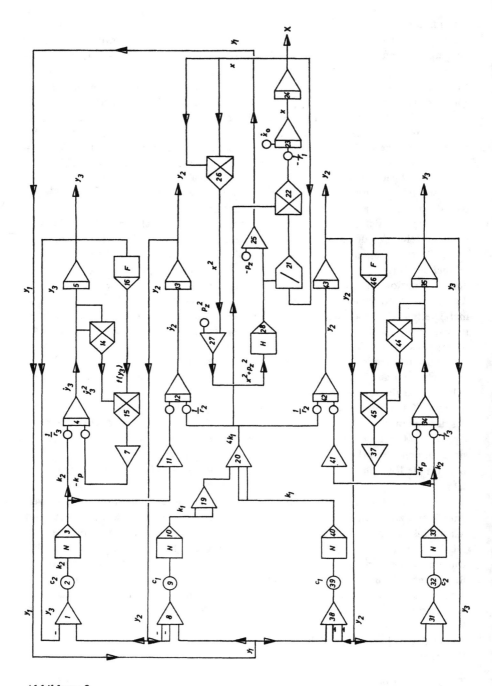

Abbildung 2

244

uf Lagerbewegungen und Produktionsleistung im Zeitablauf. In dieser allgemeinen ormulierung hat die Fragestellung für jede Art der Fertigung — mit Ausnahme der inen Auftragsfertigung — Bedeutung. Wird zur Bearbeitung ein zeitkontinuierlicher ösungsansatz gewählt, so werden die Ergebnisse naturgemäß vor allem für Fließfer-gung Bedeutung haben; damit ist bereits mit dem Lösungsansatz eine sehr weitrei-hende Abgrenzung und Einschränkung der Aufgabenstellung herbeigeführt worden, ie bei der Diskussion der Ergebnisse in Betracht gezogen werden muß.

Entsprechend der wirtschaftlichen Zielsetzung muß der Lösungsansatz in seiner ielfunktion — selbstverständlich unter Berücksichtigung aller technischen Gegeben-eiten — eine betriebswirtschaftlich-relevante Größe enthalten. Aus der Aufgaben-ellung ließen sich vor allem zwei interessante „sekundäre" Zielsetzungen ableiten:

. Gewinnoptimale Annäherung an die Aufgabenstellung, d. h. u. U. nur eine mehr oder weniger weitgehende Anpassung des Produktionsniveaus an die geänderte Absatzmenge und -geschwindigkeit unter eventueller Inkaufnahme einer gewissen „Unterproduktion"; d. h. entweder Terminüberschreitung für die Auftragserfül-lung oder Teillieferung.

. Exakte Erfüllung der Aufgabenstellung unter allen Bedingungen, jedoch bei mög-lichst geringen Kosten.

ür die hier beschriebene Untersuchung wurde die zweite Zielsetzung gewählt, d. h. laßstab für die Bewertung aller sich ergebenden Systemalternativen waren die re-ultierenden Gesamtkosten.

) Die Struktur des Modells

bbildung 2 stellt das Modell in einer blockorientierten Form dar, die für die Simu-tion auf einem Analog- bzw. Digitalrechner gewählt wurde. Für diese Simulations-udie stand ein Analogrechner Telefunken RA 741 zur Verfügung, der wegen sei-er begrenzten Kapazität nur die Untersuchung von Teilen des gesamten Systems estattete. Das Gesamtmodell wurde dann mit Hilfe des Simulationsprogrammes 1130 Continuous System Modeling Program (CSMP)" im Time-Sharing-System AX auf einem Rechner IBM/360—40 untersucht.

Das betrachtete System gliedert sich in drei Teilsysteme: Absatzbereich, Fertig-aren-Lagerbereich und Produktionsbereich. Entsprechend der Zielsetzung soll er-iittelt werden, in welcher Weise Änderungen im Auftragseingang Änderungen im roduktionsbereich erforderlich machen. Dem zwischengeschalteten Lager kommt abei die Funktion eines Puffers zu. Die Wirksamkeit dieses Puffers hängt von ver-chiedenen Faktoren ab, die im folgenden noch näher zu erläutern sind. Die ge-ählte Struktur des Modells ist — verglichen mit anderen Ansätzen — nicht neu, benso ist die Pufferwirkung des zwischen Absatz- und Produktionsbereich geschal-eten Lagers grundsätzlich bekannt und beabsichtigt. Das vorliegende Modell erlaubt s jedoch — über bisherige Ansätze hinausgehend —, zeitkontinuierlich auftretende trömungsgrößen zu beobachten, also auch in dem Zeitraum, in dem eine eingetre-ene Änderung in der Absatzmenge Änderungen der übrigen Größen im System bewirkt und ein neuer Gleichgewichtszustand noch nicht eingetreten ist. Um das Modell realitätsnäher zu gestalten, wurden Lager- und Produktionsbereich aufgeteilt; dadurch lassen sich auch solche Fälle untersuchen, in denen die Produktion auf getrennte, parallel arbeitende Anlagen verteilt werden kann. Durch entsprechende Wahl der Parameter können dabei beide Anlagen-Zweige mit gleichen oder mit verschiedenen Leistungen simuliert werden. Für die Lagerbereiche wurden verschiedene Konfigurationen getestet. Im vorliegenden Modell wurde jedem der beiden Produktionszweige ein Lagerbereich zugeordnet. Beide Lagerbereiche haben gleiche Struktur, doch besteht die Möglichkeit, durch unterschiedliche Parameter die Pufferwirkung der Läger in beiden Zweigen zu differenzieren. Der Aufbau der beiden Lagerbereiche ist schematisch in Abbildung 3 dargestellt.

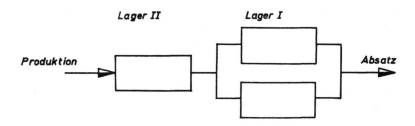

Abbildung 3

Im Blockschaltbild (Abbildung 2) umfassen die einzelnen Bereiche die folgenden Funktionsblöcke:

Absatzbereich	Blöcke 19 bis 28
Lagerbereich	
Zweig 1	Blöcke 8 bis 13
Zweig 2	Blöcke 38 bis 43
Produktionsbereich	
Zweig 1	Blöcke 1 bis 7, 14 bis 16
Zweig 2	Blöcke 31 bis 37, 44 bis 46

Hier ist jedoch zu beachten, daß die zwischen den Bereichen wirksamen Einflußgrößen sowohl dem einen als auch dem anderen Bereich zugerechnet werden können.

Während sich der Aufbau des Modells — zumindest in seiner Grundstruktur: Produktions-, Lager-, Absatzbereich — verhältnismäßig leicht beschreiben läßt, da auf allgemein bekannte Zusammenhänge Bezug genommen werden kann, muß bei der Beschreibung des Beziehungszusammenhanges im System näher auf die Überlegungen eingegangen werden, die im Einzelfall zu den letztlich gewählten Funktionen geführt haben. Da hier das Zeitverhalten der einzelnen Systemelemente ein wesentliches Bestimmungsmerkmal darstellt — in der betrieblichen Realität dieses Zeitverhalten jedoch noch weitgehend unerforscht ist —, mußte oftmals von Hypothesen ausgegangen werden. Die Richtigkeit dieser Hypothesen läßt sich im Grunde nur dadurch bestätigen, daß die Verhaltensweisen realer Systeme in ihren wesentlichen Merkmalen mit Hilfe empirischer Daten genügend genau simuliert werden können.

Bei der Festlegung einzelner funktionaler Beziehungen im Modell muß stets darauf Rücksicht genommen werden, daß in einem komplexen System eine gegenseitige Beeinflussung von Elementen vorliegen kann. Sehr leicht sind diese Zusammenhänge bei alternativen oder substitutiven Produktionsverhältnissen, bei Kuppelprodukten oder mehrstufigen Lagerorganisationen, bei variablen Zinssätzen usw. zu erkennen. Neben dieser „gleichzeitigen" Abhängigkeit muß außerdem berücksichtigt werden, daß Abhängigkeiten auch dadurch zustande kommen, daß jeder reale Vorgang im Zeitablauf vor sich geht, wodurch sich bei der Betrachtung von verschiedenen Einzelabläufen parallele oder zeitlich versetzte (phasenverschobene) Prozesse ergeben. Solche Phasenverschiebungen treten besonders dort auf, wo periodische Funktionen und deren zeitliche Differentiale vorkommen. Hier lassen sich dann die bekannten Phasenverschiebungen, wie z. B. die zwischen Sinus- und Cosinus-Funktionen, feststellen.

Diese Abhängigkeiten stellen bedeutsame Restriktionen dar, die – bei der hypothetischen Festlegung von Einzelabläufen – eine Vielzahl von scheinbar möglichen Funktionen von vornherein ausschließen, da sie zu resultierenden Beziehungen führen, die vom bloßen Augenschein her unmöglich sind. Es hat sich im Verlaufe der Untersuchungen herausgestellt, daß besonders schlüssige Ergebnisse dann erzielt werden konnten, wenn von klaren, nicht weiter diskussionsbedürftigen Prämissen ausgegangen wurde. Solche Prämissen liegen dann vor, wenn eine fest umrissene wirtschaftliche Aufgabenstellung vorgegeben wird, zu deren Erfüllung die einzelnen Systemelemente bzw. -funktionen solange zu modifizieren sind, bis eine möglichst genaue Einhaltung aller Restriktionen gewährleistet ist.

b) Die Übertragung des Modells auf den Rechner

Die Spezifikationen der Simulationssprache CSMP erlauben für einen Funktionsblock maximal drei Input- und eine Output-Strömungsgröße. Ca. 25 verschiedene Standard-Funktionsblöcke mit vorgegebener Funktion können benutzt werden. Darüber hinaus besteht die Möglichkeit für den Benutzer, sogenannte Funktionsgeber zu verwenden, für die er den funktionalen Zusammenhang zwischen unabhängigen und abhängigen Variablen selbst definieren kann. Die folgende Übersicht enthält alle in Abbildung 2 verwendeten Funktionsblöcke mit Block-Nummer, Symbol und Funktionsbeschreibung. Dabei werden die Input-Variablen allgemein mit x_{ei}, $i = 1, 2, 3$, die Output-Variablen mit x_a bezeichnet.

Die einzelnen Blöcke haben dabei folgende Funktionen:

Symbol	Block-Nr.	Funktion	Erläuterungen
▷1	1, 8, 19, 20, 31, 38	Summierer	$x_a = \pm x_{e1} \pm x_{e2} \pm x_{e3}$
—②—	2, 9, 32, 39	Verstärker	$x_a = p \cdot x_e$

Symbol	Block-Nr.	Funktion	Erläuterungen
N 3	3, 10, 33, 40	Diode	$x_a = x_e$ für $x_e \geqslant 0$; $x_a = 0$ für $x_e < 0$
4	4, 5, 12, 13, 23, 24, 34, 35, 42, 43	Integrierer	$x_a = p_1 +$ $+ \int (x_{e1} + p_2 x_{e2} + p_3 x_{e3})\, dt$
7	7, 11, 37, 41	Inverter	$x_a = -x_e$
14	14, 15, 22, 26, 44, 45	Multiplizierer	$x_a = x_{e1} \cdot x_{e2}$
F 16	16, 46	Funktionsgeber	$x_a = f(x_e)$
p 25	25, 27	Anfangswertgeber	$x_a = x_e + p$
H 28	28	Radizierer	$x_a = \sqrt{x_e}$
21	21	Dividierer	$x_a = x_{e1} / x_{e2}$

c) Das Problem der zeitbezogenen Kosten

In der betrieblichen Realität werden Kosten im allgemeinen nur dann auf die Zeit bezogen, wenn sie konstant sind (z. B. Lagerkosten, Fertigungskosten). Für die Untersuchung eines Systems bei Bedingungen, die nicht konstant bleiben, lassen sich indessen solche Kostengrößen nur mit Einschränkungen verwenden. Das Wesen der Analyse zeitabhängiger Prozesse liegt ja gerade darin, diejenigen Phasen der Prozeßabläufe zu beobachten, in denen sich einige oder alle der beteiligten Einflußgrößen ändern. In dem vorliegenden Modell mußten also Annahmen über die Kosten und deren Veränderungen bei variablen Bedingungen getroffen werden. Bezogen auf die Lagerkosten bedeutet das konkret: nicht die Lagerkosten/Zeiteinheit bei konstantem Lagerbestand waren zu verwenden, sondern es mußten die Kosten für die Änderung des Lagerbestandes herangezogen werden.

Ganz ähnliche Probleme ergaben sich im Produktionsbereich. Auch hier kam es weniger auf die Fertigungskosten/Zeiteinheit bei konstanter Produktionsgeschwindigkeit an als auf die Kosten, die mit einer Änderung der Produktionsgeschwindigkeit verbunden sind, denn diese Kosten sind ausschlaggebend für die Entscheidung, mit welcher Geschwindigkeit die Produktion der geänderten Absatzlage angepaßt werden soll. Andererseits hängt diese Entscheidung auch von den Lagerkosten und deren Änderungen ab, denn je niedriger die Lagerkosten sind, desto höher läßt sich der wirtschaftlich vertretbare Lagerbestand halten und entsprechend geringere Kosten für die Produktionsumstellung fallen an.

Auch für den Absatzbereich lassen sich Kosten definieren, die mit der Absatzgeschwindigkeit in Beziehung stehen, z. B. wären Kosten für nicht termingerechte Lieferungen in Betracht zu ziehen (Vertragsstrafen etc.).

Die beabsichtigte Untersuchung des Modells unter der Zielsetzung, die termingerechte Auftragserfüllung bei Minimierung der Gesamtkosten zu erreichen, läuft somit darauf hinaus, für die einzelnen Bereiche des Modells Kostenfunktionen zu erstellen und im Anschluß daran „Kostengleichgewichte" zwischen den Bereichen zu ermitteln. Ein solches Kostengleichgewicht für die Bereiche Produktion-Lager liefert dann Aufschluß darüber, welche Auftragseingänge eine schnelle Anpassung der Produktionskapazität zweckmäßiger erscheinen lassen als eine erhöhte Lagerhaltung und umgekehrt.

Die Ermittlung der angesprochenen Kostenfunktionen ist angesichts des Mangels an geeigneten empirischen Daten nicht leicht. Daß solche Daten aus der Praxis kaum vorliegen, ist indessen nicht verwunderlich, denn in solche Kostenfunktionen gehen nicht nur exakte Leistungsdaten für Maschinen, Lager und standardisierte Personalkosten ein. Vielmehr sind zahlreiche weitere Faktoren zu berücksichtigen und hier nicht zuletzt der organisatorische Aufbau des Unternehmens, welcher die Flexibilität, d. h. Anpassung an sich ändernde Bedingungen, entscheidend bestimmt.

Bei der Aufstellung der Kostenfunktionen für das vorliegende Modell wurde bewußt darauf verzichtet, durch Einbeziehung einer Vielzahl von Einflußgrößen einen speziellen Fall zu konstruieren. Für den grundsätzlichen Ablauf und die Ergebnisse der Untersuchungen hätte dies ohnehin keine Bedeutung, sondern würde lediglich den Rechenaufwand erhöhen. Darüber hinaus kann, ausgehend von den gewählten einfachen Grundbedingungen, ohne weiteres eine Ergänzung um weitere Einflußgrößen für den jeweiligen Einzelfall vorgenommen werden. Die vorliegenden Beispiele für solche Einzeleinflüsse — parallele Produktionszweige, Lagerzentralisationsfunktion, Lagerstruktur — sollen sichtbar machen, in welcher Weise solche zusätzlichen Faktoren erfaßt und in ein Modell eingebaut werden können.

Der Wahl der Kostenfunktionen k_1, k_2, k_p (vgl. Gln. 2–4) wurden folgende Zusammenhänge zugrundegelegt:

(2) $\qquad k_1 = c_1 (y_1 - 2y_2)$

(3) $\qquad k_2 = c_2 (y_2 - y_3)$

(4) $\qquad k_p = f(y_3)\ \dot{y_3}^2$

Darin bedeuten:

$\qquad c_1$ Stückkosten für Lager I (DM/Stück ZE)

$\qquad c_2$ Stückkosten für Lager II (DM/Stück ZE)

$\qquad y_1$ Lagermenge I (Stück/ZE)

$\qquad y_2$ Lagermenge II (Stück/ZE)

$\qquad y_3$ Produktionsmenge (Stück/ZE)

$\qquad f(y_3)$ Stückkostenanteil für Produktion (DM ZE^2/$Stück^2$) entsprechend Abbildung 4

$\dot{y}_3$ Produktionsgeschwindigkeit (Stück/ZE^2)
(Zeiteinheit ZE)

Die Beobachtung realer wirtschaftlicher Prozesse zeigt, daß die Beschleunigung eines Prozesses mit einer Erhöhung der Kosten verbunden ist. Für das vorliegende Modell wurde für den Lagerbereich angenommen, daß die Kosten der Mengenänderung/ Zeiteinheit proportional seien (Faktoren c_1 bzw. c_2). Dies führt zu den angegebenen Funktionen k_1 und k_2 für die Teilläger I und II. Die Dimension für diese Kostengrößen (DM/ZE^2) ergibt sich daraus, daß die Lagerhaltungskosten bei konstantem Lagerbestand bereits auf die Zeit bezogen sind. Ändert sich der Lagerbestand im Zeitablauf, so ergeben sich die Änderungskosten des Lagerbestandes durch nochmalige Differentiation nach der Zeit. In Gl. 2 wurde davon ausgegangen, daß die parallelen Läger stets gleiche Mengenänderungen aufweisen.

Für die Kosten der Änderung der Produktionsgeschwindigkeit (k_p) wurde von zeitunabhängigen Kosten (Stückkosten) ausgegangen, wie sie in der Betriebswirtschaftslehre häufig verwendet werden (Stückkosten-Parabel). Die in Abbildung 4 dargestellte Kostenkurve gibt daraus abgeleitete zeitabhängige Stückkosten wieder. Die ursprüngliche Parabel wurde hierzu in der Weise abgewandelt, daß der rechte Kurvenzweig, also für hohe Produktionsmengen/ZE, wiederum mit höheren Kosten belegt wurde. Darüber hinaus wurde der stetige Kurvenverlauf — um größere Realitätsnähe zu erreichen — durch Abschnitte annähernd konstanter Kosten ersetzt. Derjenige Kostenanteil, der durch die Produktionsgeschwindigkeit beeinflußt wird, wurde durch den Faktor $\dot{y}_3{}^2$ dargestellt. Die Gewichtung der beiden Kostenanteile f(y_3) und $\dot{y}_3{}^2$ innerhalb der Funktion k_p wurde mangels empirischer Fundierung angenommen. Selbstverständlich sind im konkreten Falle andere Funktionen k_p denkbar.

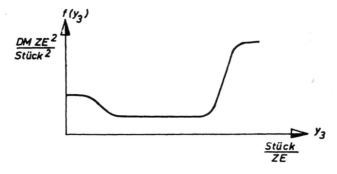

Abbildung 4

Für den Lagerbereich wurde noch eine besondere Korrekturfunktion x_z eingeführt, welche die Möglichkeit eines weiter differenzierten Lageraufbaus veranschaulichen soll. Eine solche Differenzierung ist deshalb geboten, weil der vereinfachte Lageraufbau gemäß Abbildung 3 in der Praxis in den wenigsten Fällen anzutreffen sein wird. Bei komplexen Fertigungs- und Vertriebsformen wird auf allen Stufen des jeweiligen Prozesses eine Vielzahl von Lägern zu beobachten sein, deren Einfügung in das Modell die Zahl der Systemelemente schnell ansteigen ließe. Da alle diese Läger in einer gewissen Interdependenz stehen, wurde für das vorliegende Modell die Funktion x_Z zur Charakterisierung der „Lagerzentralisation" eingeführt. Damit soll der Erfahrung Rechnung getragen werden, daß große Änderungen in der Absatzmenge ohne Beeinflussung von Zwischenlägern unmittelbar auf die Zentralläger bzw. die Produktion (im Extremfall: Auftragsfertigung) zurückwirken.

Gl. 5 zeigt den Aufbau von x_Z. Dabei gilt für große Auftragsmengen x wegen $x^2 \gg p_Z^2$ sin $x_Z \approx 1$; für kleine Mengen zeigt sich demgegenüber eine Verringerung der wirksamen Kosten k_1 wegen sin $x_Z < 1$.

$$(5) \qquad \sin x_Z = \frac{x}{\sqrt{x^2 + p_Z^2}}$$

Dabei ist p_Z ein Parameter, der die „Lagerzentralisation" charakterisiert. Die Gln. 6 bis 8 stellen abschließend die schon genannten Kostengleichgewichte dar, welche zwischen den einzelnen Bereichen aufgestellt werden können.

Werden je zwei Bereiche mit Hilfe einer zeitabhängigen Kostengleichung miteinander verknüpft, dann gilt zu jedem Zeitpunkt:

1. für Absatz — Lager I

$$(6) \qquad r_1 \, \ddot{x} = -4 \, k_1 \sin x_Z.$$

Darin bedeuten:

r_1	Zeit-Stück-Kosten für Absatz (DM ZE/Stück)
x	Absatzmenge (Stück/ZE)
$\ddot{x}$	Änderung der Absatzgeschwindigkeit (Stück/ZE³)
k_1	Lagerkosten für Lager I (DM/ZE²)
sin x_Z	Korrekturfunktion für die Lagerzentralisation.

2. für Lager I — Lager II

$$(7) \qquad r_2 \ddot{y}_2 = 4 \, k_1 - k_2.$$

Darin bedeuten:

r_2	Zeit-Stück-Kosten für Lager I und II (DM ZE/Stück)
y_2	Lagermenge II (Stück/ZE)
$\ddot{y}_2$	Änderung der Lagerumschlaggeschwindigkeit (Stück/ZE³)
k_1	Lagerkosten für Lager I (DM/ZE²)
k_2	Lagerkosten für Lager II (DM/ZE²)

3. für Lager II — Produktion

$$(8) \qquad r_3 \ddot{y}_3 = k_2 - k_p.$$

Darin bedeuten:

r_3 Zeit-Stück-Kosten für Produktion (DM ZE/Stück)

y_3 Produktionsmenge (Stück/ZE)

$\ddot{y}_3$ Änderung der Produktionsgeschwindigkeit (Stück/ZE^3)

k_2 Lagerkosten für Lager II (DM/ZE^2)

k_p Kosten für Produktion (DM/ZE^2)

Die Abbildungen 5 und 6 zeigen die Ergebnisse für einen Simulationslauf mit dem Programm 1130 CSMP (1130 Continuous System Modeling Program. Program Description and Operations Manual. IBM-Form-Nr. GH 20-0282, 3. Aufl. 1969) für einige Blöcke des Modells. Für die vorliegende Untersuchung war eine Erhöhung der Produktionsmenge/ZE innerhalb einer gegebenen Zeitspanne als Zielsetzung vorgegeben. Dabei mußte ermittelt werden, ob die beabsichtigte Steigerung der Absatzmenge bei den angenommenen Parametern überhaupt realisiert werden konnte. Danach war der Zeitraum zu bestimmen, nach dessen Ablauf die erhöhte Produktionsmenge zur Verfügung steht.

Die Klärung dieser beiden Fragen ist bei der gegebenen Zielsetzung notwendige Voraussetzung für die weitere Beschäftigung mit dem Modell. Ergibt sich bereits an dieser Stelle, daß die geforderte Produktionssteigerung bei den gegebenen Parametern gar nicht oder nicht in einer vorgeschriebenen Zeit erreicht werden kann, so müssen entweder die Bestimmungsgrößen der Produktion (d. h. in der Realität das Produktionsverfahren oder die Kapazität der Anlagen) oder die des Lagerbereichs (d. h. die Pufferfunktion des Lagers als abgeleitete Größe der Lagerumschlagsgeschwindigkeiten, der Lagergrößen, der Lagerstruktur usw.) solange verändert werden, bis die geforderte Änderung der Absatzmenge mengenmäßig und zeitgerecht realisiert werden kann.

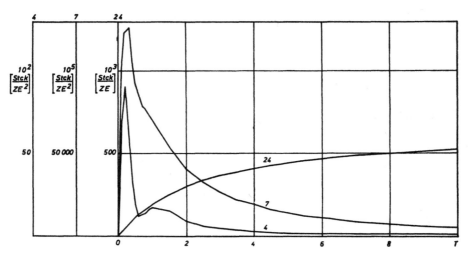

Abbildung 5

OUTPUT SPECIFICATIONS

R BLOCK FOR PRINT-PLOT,MINIMUM VALUE AND MAXIMUM VALUE
   6ØØ
R THE 3 OUTPUTS
R3

	OUTPUT 7	OUTPUT 4	OUTPUT 23	OUTPUT 24	Ø.Ø
	Ø.Ø	Ø.Ø	29Ø.ØØØØ	Ø.Ø	+
ØØ	-715Ø4.875Ø	97.3ØØ5	276.4912	28.58Ø5	I-+
ØØ	-91684.375Ø	124.278Ø	24Ø.9822	54.5296	I---+
ØØ	-663Ø8.875Ø	127.Ø585	2Ø6.86Ø7	76.8278	I-----+
ØØ	-35532.3594	1Ø6.7Ø21	185.957Ø	96.3556	I-------+
ØØ	-2Ø137.23Ø5	93.Ø728	174.5654	114.3268	I--------+
ØØ	-12325.875Ø	87.7326	167.779Ø	131.4158	I---------+
ØØ	-13Ø91.9688	79.6591	162.6633	147.9439	I----------+
ØØ	-14939.5977	77.18Ø7	156.6894	163.9176	I-----------+
ØØ	-16197.25ØØ	74.26Ø5	15Ø.Ø62Ø	179.2592	I-----------+
ØØ	-16937.4727	71.Ø545	143.Ø133	193.9151	I------------+
ØØ	-17353.9922	67.6335	135.7239	2Ø7.8532	I-------------+
ØØ	-1737Ø.41Ø2	64.2235	128.3373	221.Ø559	I--------------+
ØØ	-17Ø24.3516	6Ø.7879	121.Ø236	233.5224	I--------------+
ØØ	-16Ø7.4258	57.3913	113.9177	245.2668	I---------------+
ØØ	-15459.3633	54.5248	1Ø7.12Ø4	256.3152	I----------------+
ØØ	-13784.39Ø6	51.4864	1ØØ.9Ø96	266.7Ø29	I----------------+
ØØ	-12263.89Ø6	48.5638	95.3914	276.5Ø66	I-----------------+
ØØ	-1Ø981.2773	45.9542	9Ø.4662	285.7888	I-----------------+
ØØ	-9897.6Ø94	43.6278	86.Ø4Ø9	294.GØ38	I------------------+
ØØ	-8973.7422	41.5418	82.Ø396	3Ø2.9993	I------------------+
ØØ	-8174.Ø43Ø	39.6476	78.4Ø39	311.Ø125	I-------------------+
ØØ	-7667.4219	37.7591	75.Ø53Ø	318.6777	I-------------------+
ØØ	-726Ø.6992	36.1687	71.8844	326.Ø171	I-------------------+
ØØ	-6864.1172.	34.655Ø	68.8855	333.Ø486	I--------------------+
ØØ	-6484.2773	33.2254	66.Ø51Ø	339.7881	I--------------------+
ØØ	-6124.3945	31.88Ø7	63.3741	346.2517	I---------------------+
ØØ	-578Ø.433G	3Ø.6Ø46	6Ø.8467	352.4553	I---------------------+
ØØ	-5457.9648	29.4Ø71	58.46Ø8	358.4138	I---------------------+
ØØ	-515Ø.1836	28.2663	56.2Ø93	364.14Ø1	I----------------------+
ØØ	-4861.1328	27.19Ø1	54.Ø84Ø	369.6477	I----------------------+
ØØ	-4598.7734	26.1578	52.Ø763	374.9482	I----------------------+
ØØ	-436Ø.6992	25.2ØØ4	5Ø.1733	38Ø.Ø537	I-----------------------+
ØØ	-4135.8555	24.2953	48.3691	384.9736	I-----------------------+
ØØ	-3922.3481	23.4349	46.6582	389.718Ø	I-----------------------+
ØØ	-3718.Ø776	22.611Ø	45.Ø361	394.2959	I------------------------+
ØØ	-3526.7134	21.8333	43.4973	398.7153	I------------------------+
ØØ	-3349.554Ø	21.1Ø5Ø	42.Ø372	4Ø2.9854	I------------------------+
ØØ	-3179.7ØØ7	2Ø.4Ø41	4Ø.651Ø	4Ø7.1135	I------------------------+
ØØ	-3Ø19.8Ø91	19.7381	39.3347	411.1Ø62	I-------------------------+
ØØ	-2869.9185	19.1Ø69	38.Ø844	414.97Ø5	I-------------------------+
	·	·	·	·	
	·	·	·	·	
	·	·	·.	·	
	·	·	·	·	
	·	·	·	·	
	·	·	·	·	
ØØ	-641.6582	7.2196	14.5519	5Ø8.4182	I--+
ØØ	-629.Ø315	7.1116	14.2795	5Ø9.8542	I--+
ØØ	-619.8511	7.Ø244	14.Ø15Ø	511.2625	I--+
ØØ	-6Ø3.4268	6.8972	13.7579	512.6448	I--+
ØØ	-584.4373	6.7559	13.5Ø79	514.ØØ17	I--+
ØØ	-568.9463	6.6353	13.2644	515.334Ø	I--+
ØØ	-554.489Ø	6.5214	13.Ø273	516.6426	I--+
ØØ	-54Ø.2771	6.4Ø94	12.7967	517.9277	I--+
ØØ	-523.5872	6.283Ø	12.5725	519.19Ø4	I--+
ØØ	-5Ø4.4629	6.1418	12.3544	52Ø.43Ø2	I--+
ØØ	-489.2671	6.Ø244	12.1421	521.6484	I--+
ØØ	-491.5137	6.Ø146	11.9329	522.8464	I--+
ØØ	-472.886Ø	5.8771	11.7271	524.Ø237	I--+
ØØ	-47Ø.3367	5.8395	11.5274	525.1797	I--+
ØØ	-462.6Ø79	5.77Ø5	11.332Ø	526.3169	I--+
ØØ	-439.49Ø5	5.6Ø44	11.1433	527.4341	I--+
ØØ	-429.8657	5.5235	1Ø.9585	528.533Ø	I--+
ØØ	-412.3442	5.3915	1Ø.7788	529.6135	I--+
ØØ	-411.7346	5.3698	1Ø.6Ø31	53Ø.6768	I--+
ØØ	-392.1367	5.2235	1Ø.4321	531.7219	I--+
ØØ	-4Ø1.86Ø4	5.2712	1Ø.2666	532.7515	I--+

Abbildung 6

Der Untersuchung dieser notwendigen Voraussetzungen für die Zielerfüllung liegen nur die mengenmäßigen Zusammenhänge, gewissermaßen die technischen Gegebenheiten, zugrunde. Für eine Analyse unter dem umfassenderen Aspekt einer wirtschaftlichen Erbringung der geforderten Leistung sind nun auch die begleitenden Kostenfunktionen zu betrachten. Dabei kann sich ergeben, daß sich eine technisch durchaus realisierbare Lösungsvariante gleichwohl unter Kostengesichtspunkten als nicht vertretbar herausstellt.

Der von der Auslastung abhängige Anteil der Produktionskosten $f(y_3)$ wurde entsprechend der Abbildung 4 vorgegeben.

Der Output für den Block 24 in Abbildung 5 und 6 zeigt, daß dieses Ziel erreicht wurde. Darüber hinaus ist jedoch zu erkennen, daß Produktionsgeschwindigkeit (Block 4) und -kosten (Block 7) Spitzenwerte aufweisen, die sich aus einer überschlägigen Berechnung ohne Berücksichtigung des Zeitverhaltens des Gesamtsystems auf keinen Fall abschätzen lassen. Gerade solche Spitzenwerte sind jedoch entscheidend für die Beurteilung, ob die zur Verfügung stehenden Produktionsanlagen der zu erwartenden Mehrbelastung kapazitätsmäßig gewachsen sind. Spitzen in den Kostenverläufen können die Gesamtkosten in entscheidender Weise erhöhen, ohne daß solche Gesamtkostenerhöhungen aus Berechnungen mit durchschnittlichen Kosten hinreichend geklärt werden könnten.

4. Zusammenfassung

Die durchgeführten Untersuchungen haben gezeigt, daß der gewählte systemtheoretisch-kybernetische Ansatz geeignet ist, die zu untersuchenden Probleme, insbesondere das Zeitverhalten betrieblicher Systeme, adäquat zu beschreiben. Die Heranziehung kybernetischer Denkweisen, insbesondere die Nutzbarmachung von Methoden und Arbeitstechniken anderer Wissenschaften, hat deutlich werden lassen, daß die zu untersuchenden Probleme äußerst komplex sind und einen hohen Arbeitsaufwand für Formulierung wie Problemlösung erfordern.

Eine anzustrebende quantitative Bearbeitung solcher Aufgabenstellungen macht die Verwendung technischer Hilfsmittel, insbesondere Rechner, erforderlich. Bei der Kapazität der gegenwärtig verfügbaren Rechner scheint der Versuch einer Analyse komplexer Systeme, insbesondere der gesamten Unternehmung, z. Z. als wenig erfolgversprechend. Vielmehr ist eine Zerlegung komplexer Systeme in Subsysteme — unter Beachtung aller funktionalen Beziehungen dieser Subsysteme untereinander — vorzunehmen.

Regelungen mit Strukturveränderungen (primäre Regelungen) erfordern die Entwicklung von Algorithmen für eine automatische Strukturveränderung. Für die Bestimmung optimaler Algorithmen zur Schaffung adaptiver Systeme sind in der Literatur z. Z. lediglich einige Ansätze zu erkennen[6], die unter den Begriffen ,selbst-

---

6 Vgl. *Emeljanov, S. V.*: Automatische Regelsysteme mit veränderlicher Struktur, München-Wien 1969, S. 173−186.

strukturierende oder selbstorganisierende Systeme'[7] und ,multivariable und optimierende Regelungssysteme'[8] bekannt geworden sind.

Bei der Anwendung des entwickelten theoretischen Konzepts auf betriebliche Teilsysteme bereitete die mangelnde Information über das Zeitverhalten dieser Systeme die größten Schwierigkeiten. Obgleich in letzter Zeit verschiedene Versuche unternommen worden sind, solche Funktionen für einzelne betriebliche Teilbereiche zu bestimmen[9], reicht das bisher vorliegende Material für realitätsbezogene Untersuchungen bei weitem nicht aus. Aus diesem Grunde mußten für die vorliegende Arbeit zumeist hypothetische Zeitverläufe angenommen werden. Die damit angestellten Untersuchungen lieferten in vielen Fällen auf Grund der entsprechenden Stabilitätsbetrachtung bzw. des Regelverhaltens der Systeme wertvolle Anregungen für notwendige Modifikationen.

Solche Untersuchungsmethoden sind einmal zur logischen Überprüfung bestehender und zu entwickelnder dynamischer Modelle geeignet, und zum anderen wird es unter Verwendung systemtheoretisch-kybernetischer Instrumentarien möglich, die Anforderungen zu explizieren, die an betriebliche Modellsysteme zu stellen sind, um Zustände und Verhaltensweisen realer betrieblicher Systeme zu erklären und zu prognostizieren[10]. In der Phase der Konzipierung beinhalten solche Modelle Hypothesen über das Zeitverhalten betrieblicher Systeme, die empirisch zu überprüfen sind. Empirische Untersuchungen werden durch die Arbeit am Modell insofern ge-

---

7 Vgl. Self-Organizing Systems. Proceedings of an Interdisciplinary Conference, 5. and 6. May 1959. Hrsg. von *Marshall C. Yovits* und *Scott Cameron*, Oxford-London-New York-Paris 1960.

8 Vgl. *Griffin, A. W. J.:* Multivariable Systeme und Systeme mit optimierender Regelung, in: in: Regelkreistheorie und Datenverarbeitung, hrsg. von *D. Bell* und *A. W. J. Griffin*, Berlin 1971, S. 229–240 und 241–244.

9 Vgl. beispielsweise *Baetge, Jörg; Steenken, Hans Ulrich:* Theoretische Grundlagen eines Regelungsmodells zur optimalen Planung und Überwachung betriebswirtschaftlicher Prozesse, in: Zeitschrift für betriebswirtschaftliche Forschung, 23. Jg. (1971), S. 593–630; *Baetge, Jörg; Steenken, Hans Ulrich:* Regelungstheoretischer Ansatz zur optimalen Planung und Überwachung von Produkten und Lager, in: Zeitschrift für betriebswirtschaftliche Forschung, 24. Jg. (1972), S. 22–69; *Brachthäuser, Norbert:* Betrachtungen über den Funktionsmechanismus des endogenen Teils der Konjunkturschwankungen. Fortschritt-Berichte, VDI-Zeitschrift, Reihe 16, Nr. 2, 1967; *Brachthäuser, Norbert; Hauske, Gert; Heine, Gerhard:* Wirtschaftskybernetische Modellversuche, in: Industrielle Organisation, 40. Jg. (1971), S. 62–66; *Edin, Robert:* Übergangsfunktion in betriebswirtschaflichen Systemen, in: Zeitschrift für Betriebswirtschaft, 39. Jg. (1969), S. 569–594; *Edin, Robert:* Dynamische Analyse betrieblicher Systeme. Ein Beitrag zur industriellen Planung, Berlin 1971; *Thiel, R.:* Zur mathematisch-kybernetischen Erfassung ökonomischer Gesetzmäßigkeiten, in: Wirtschaftswissenschaft, 10. Jg. (1962), S. 889–905; *Schiemenz, Bernd:* Die Leistungsfähigkeit einfacher betrieblicher Entscheidungsprozesse mit Rückkopplung, in: Zeitschrift für Betriebswirtschaft, 41. Jg. (1971), S. 107–122; *Schiemenz, Bernd:* Die mathematische Systemtheorie als Hilfe bei der Bildung betriebswirtschaftlicher Modelle, in: Zeitschrift für Betriebswirtschaft, 40. Jg. (1970), S. 769–786.; *Schiemenz, Bernd:* Regelungstheorie und Entscheidungsprozesse. Ein Beitrag zur Betriebskybernetik. Wiesbaden 1972; *Starkermann, Rudolf:* Zur Kybernetik wachsender Organisationen, in: Industrielle Organisation, 39. Jg. (1970), S. 264–276; *Truninger, Paul:* Die Theorie der Regelungstechnik als Hilfsmittel des Operations Research, in: Industrielle Organisation, 30. Jg. (1961), S. 475–480, in diesem Buch S. 225–238.

10 Vgl. hierzu *Kade, Gerhard; Ipsen, Dirk; Hujer, Reinhard:* Modellanalyse ökonomischer Systeme, S. 234.

fördert, als diejenigen Parameter transparent werden, die in solchen Untersuchungen zu berücksichtigen sind. Hierdurch können zugleich Anregungen zur Messung betrieblicher und organisatorischer Größen gewonnen und Erfahrungen für die Abbildung realer Sachverhalte in dynamischen Modellen gesammelt werden. Auf diese Weise zeigt sich, daß der vorgeschlagenen Betrachtungsweise auch eine nicht zu unterschätzende heuristische Funktion beizumessen ist.

Sind „Lernkurven" adäquate Hypothesen für eine möglichst realistische Kostentheorie?

von Jörg Baetge

In dem Beitrag wird die Frage untersucht, ob und wieweit die empirisch gefundenen „Lernkurven" in der Produktions- und Kostentheorie als dynamische Kostenfunktionen verwendet werden dürfen. Die der Lernkurventheorie zugrundeliegende Hypothese, daß die Lerneffekte bzw. der Verlauf der „Lernkurven" durch Übungsgewinne begründet sind, kann — wie die Untersuchung zeigt — durch die Hypothese erweitert werden, daß die Höhe der Lerneffekte durch die Motivationsstruktur der Mitarbeiter mitbestimmt wird. Demgemäß wird eine gemeinsame Theorie des Lernens durch Übung (Lernkurventheorie) und durch Reaktion auf Reize (gemäß der Motivationsstruktur) vorgelegt. Das Ergebnis der Untersuchung ist eine Lernkurve, die durch Übungsgewinne und die jeweilige Motivationsstruktur bestimmt wird. Da sich die Motivationsstruktur durch vielerlei betriebliche Maßnahmen gestalten läßt, wird anhand eines Modells gezeigt, wie man eine betriebswirtschaftlich „optimale" Motivationsstruktur bei einer gegebenen Übungsgewinnkurve ermitteln kann.

1. Problemstellung

In der Lernkurven-Theorie[1,2] geht von davon aus, daß sich bei gleichen (oder gleichartigen) Tätigkeiten — insbesondere bei Serien- oder Massenfertigung — das Produk-

* In: ZfbF, 26. Jg. (1974), S. 521–543.
  Meinen Mitarbeitern, den Herren Dipl.-Kfm. *Wolfgang Ballwieser* und Dipl.-Kfm. *Gerhard Bolenz*, danke ich sehr für die kritische Lektüre des Manuskriptes, wertvolle Anregungen und große Hilfe bei der Anfertigung der Zeichnungen.

1 *Schneider, Dieter:* „Lernkurven" und ihre Bedeutung für Produktionsplanung und Kostentheorie, in: ZfbF, 1965, S. 501–515, und *Böhmer, Götz:* Lerneffekte als Kosteneinflußgrößen und ihre Berücksichtigung in der Kostenplanung und der Kostenrechnung, Dissertation, Münster 1970, sowie die in beiden Arbeiten angeführte Literatur. *Alchian, A.:* Reliability of Progress Curves in Airframe Production, Rand Report RM-260-1, 1950. *Hirsch, W. Z.:* Manufacturing Progress Functions, in: The Review of Economics and Statistics, 1952, S. 143–155. *Andress, F. J.:* The Learning Curve as a Production Tool, in: Harvard Business Review, Jan./Febr. 1954, S. 87–97. *Hirsch, W. Z.:* Firm Progress Ratios, in: Econometrica, 1956, S. 136–143. *Schieferer, G.:* Die Vorplanung des Anlaufs einer Serienfertigung, Dissertation, Stuttgart 1957, *Hall, L. H.:* Experience with Experience Curves for Aircraft Design Changes, in: N. A. A. Bulletin, Dec. 1957, Sect. 1, S. 59–66. *Crossman, E. R. W. F.:* A Theory of the Acquisition of Speed-Skill, in: Ergonomics, 1959, S. 153–166. *Kilbridge, M. D.:* Predetermined Learning Curves for Clerical Operations, in: The Journal of Industrial Engineering, May/June 1959, S. 203–209. *Alchian, A.:* Costs and Outputs, in: Baran, P. A./Scitovsky, T. / Shaw, E. S. (Hrsg.), The Allocation of Economic Resources, 1959, S. 23–40. *Conway, R. W. / Schultz, A.* jr.: The Manufacturing Progress Function, in: The Journal of Industrial Engineering, Jan./Febr. 1959, S. 39–54. *Cochran, E. B.:* New Concepts of the Learning Curve, in: The Journal of Industrial Engineering, 1960, No. 4, S. 317–327. *Keachie, E. C.:* Manufacturing Cost Reduction through the Curve of Natural Productivity Increase, 1964. *Hirschmann, W. B.:* Profit from the Learning Curve, in: Harvard Business Review, Jan./Febr. 1964, S. 125–139. *Hartley, K.:* The Learning Curve and its Application to the Aircraft Industry, in: The Journal of Industrial Economics, 1964/65, S. 122–128.

2 Im angelsächsischen Sprachbereich werden die Kurven als "learning curves" bezeichnet. Als Synonyme für diesen Begriff finden sich: progress function, manufacturing progress function und curve of natural productivity increase.

tionsergebnis mit kumulativ steigender Ausbringungsmenge verbessert, obwohl sich die Faktoren in ihrer Art, Menge und Zusammensetzung nicht ändern und insbesondere die gleichen Produktionsverfahren verwendet sowie die Kapazitäten in gleichem Umfang ausgelastet werden. Unabhängig davon, ob die Lernkurventheoretiker unterstellen, daß die Arbeitsproduktivität in jeder Periode um einen gleichbleibenden oder einen sinkenden Prozentsatz des in der Vorperiode erreichten Zuwachses der Arbeitsproduktivität steigt, ist allen Lernkurven-Ansätzen gemeinsam, daß für jeden Arbeitsprozeß ein *bestimmter prognostizierbarer* Verlauf der Lernkurve gegeben ist. Die meisten (empirischen) Lernkurven haben einen exponentiellen Verlauf, bei dem sich die Kurve einem Grenzwert asymtotisch nähert. Die empirischen Untersuchungen haben gezeigt, daß der Verlauf der konkreten Lernkurven jeweils aus den Ergebnissen der Nullserie extrapoliert werden kann. Der prognostizierbare gesetzmäßige Produktivitätszuwachs (bzw. die Kostensenkung) wird auf die durch Erfahrung oder Übung hervorgerufene Qualitätserhöhung des Faktors Arbeit zurückgeführt. Man spricht in diesem Zusammenhang von Übungsgewinnen. Diese Begründung des Lernkurvenverlaufs verarbeitet indes nur eine der Lerntheorien über den menschlichen Lernprozeß, das sogenannte „Lernen durch Übung". Die Lernkurventheorie zieht damit einen zu' engen Rahmen für die Gründe der Leistungssteigerung. Die Lernpsychologen „wissen" nämlich seit langem, daß es neben dem „Lernen durch Übung" viele unterschiedliche Arten von Lernprozessen beim menschlichen Lernen gibt, die allerdings alle interdependent sind. Diese Interdependenz führt dazu, daß kaum ein Lernprozeß in „Reinkultur" vorkommt, vielmehr alle Prozesse nur in Mischformen auftreten. Die im folgenden aufgeführten sechs Lerntheorien sind der Versuch einer Systematisierung[3] von weit über tausend Ansätzen von Lerntheoretikern, die *McGeoch*[4] gesichtet hat[5]. Es ist klar, daß dieser Versuch der Reduktion teils zu grob, teils nicht völlig überschneidungsfrei sein kann, zumal der menschliche Lernprozeß alle diese Lernformen umfaßt. Von den im folgenden aufgeführten Lernprozessen schließen diejenigen mit höheren Ordnungsnummern die mit den niedrigeren häufig mit ein[6]. Allen Arten von Lernprozessen ist gemeinsam, daß sie auf der Grundlage des Rückkopplungsprinzips arbeiten[7]. Sie können daher mit kybernetischen Methoden analysiert werden. „Lernen ist seinem Wesen nach eine Form der Rückkopplung, bei der das Verhaltensschema durch die vorausgegangene Erfahrung abgewandelt wird."[8]

3 Vgl. *Cube, Felix von:* Was ist Kybernetik? Grundbegriffe, Methoden, Anwendungen, o. J. [3. Aufl., 1967], S. 51.
4 *McGeoch, John A.;* The Psychology of Human Learning, 1945.
5 Um einem Mißverständnis vorzubeugen, möchten wir noch auf folgendes hinweisen. Auch wenn wir viele verschiedene Lerntheorien kennen und damit arbeiten, ist zuzugeben, daß der eigentliche Vorgang des Lernens im zellularen Bereich noch völlig unbekannt ist. Man weiß bisher nur, daß bestimmte Nervenerregungen bestimmte „bleibende" Eindrücke (Engramme) im zentralen Nervensystem hinterlassen und daß der Organismus später in irgendeiner Weise auf die Eindrücke zurückgreifen kann und sie für sein Verhalten verarbeitet. Trotz dieser Unkenntnis der Vorgänge im Mikro-Bereich ist der Ökonom gezwungen, mit den „vergröbernden" Lerntheorien zu arbeiten, wenn seine Produktions- und Kostentheorie einigermaßen realistisch sein soll, denn ihn interessiert primär das Ergebnis der Lernvorgänge.
6 Vgl. *Adam, Adolf / Helten, Elmar / Scholl, Friedrich:* Kybernetische Modelle und Methoden. Einführung für Wirtschaftswissenschaftler, 1970, S. 138.
7 „In seiner einfachsten Form bedeutet das Rückkopplungsprinzip, daß das Verhalten auf sein Ergebnis hin geprüft wird und daß der Mißerfolg dieses Ergebnisses das zukünftige Verhalten beeinflußt." *Wiener, Norbert:* Mensch und Menschmaschine, 1952, S. 63 f.
8 *Ebenda.*

Die wichtigsten Arten von Lernprozessen sind[9]:

1. Trial and Error-Verhalten (Lernen durch Erfolg),
2. Reaktion auf Reize,
3. Bedingte Reflexe (Lernen durch bedingte Zuordnung),
4. Übung (Lernen durch Nachahmung [= Lernkurventheorie]),
5. Einsicht (Lernen durch Optimierung, Lernen durch Erfassung, Lernen durch Belehrung),
6. Automation.

Wir werden hier zusätzlich zum „Lernen durch Übung" nur auf die Theorie des „Lernens durch Reaktion auf Reize" eingehen. Hierin liegt natürlich eine erhebliche Einschränkung unserer lerntheoretischen Analyse. Theoretisch befriedigend wäre erst ein Ansatz, der eine Synthese aller Teiltheorien darstellt[9a]. Allerdings bringt bereits die Aggregation von nur zwei Theorien, nämlich des „Lernens durch Übung" und des „Lernens durch Reaktion auf Reize" die Möglichkeit, „ . . . die vor allem in der amerikanischen Lernpsychologie übliche Trennung zwischen learning (Lernen) einerseits und performance (Ausführungshandlung) andererseits . . . "[10] zu überwinden. Die Theorie des „Lernens durch Übung" beschäftigt sich explizite nämlich nur mit dem „Lernenkönnen" durch Übung und berücksichtigt das „Lernenwollen", beispielsweise durch äußere und innere Reize, nur implizite. Versteht man unter Lernen die *tatsächliche* „ . . . Verbesserung oder den Neuerwerb von Verhaltens- und Leistungsformen und ihren Inhalten"[11], d. h. orientiert man sich an der Ausführungshandlung, dann wird deutlich, daß jede Lerntheorie neben dem „Lernenkönnen" auch das „Lernenwollen" (explizit) berücksichtigen muß, denn das Lernenkönnen führt nur dann zu einer *tatsächlichen* Verbesserung des Verhaltens, wenn neben das Können ein bestimmtes Maß an Lernbereitschaft hinzutritt, welches bei der Lernkurventheorie offenbar als konstant angenommen wird.

Wir möchten im folgenden die Frage untersuchen, ob und wieweit die Unternehmung (a) die tatsächlichen Lernkurven durch das „Lernenwollen" beeinflussen und (b) durch die Berücksichtigung der Kosten dieser Beeinflussung und der durch die Lernförderung entstehenden zusätzlichen Leistungen ein besseres Gesamtergebnis erzielen kann als ohne diese Beeinflussung. Wir suchen also nach einer Möglichkeit, den betriebswirtschaftlich optimalen Lernkurvenverlauf unter Einbeziehung der Theorie der Reaktion auf Reize zu finden.

Für die Kostentheorie liegt die Bedeutung der Fragestellung darin, daß sich nicht die (gemäß Lernkurventheorie) aus der Nullserie prognostizierte Lernkurve als optimale dynamische Kostenfunktion ergeben muß, sondern daß man bei den Mitarbei-

---

9 *Cube, Felix von:* Was ist Kybernetik?, S. 51−56.
9 a Bei der hier betrachteten Serien- und Massenproduktion sind die beiden herangezogenen Lerntheorien u. E. allerdings die bedeutsamsten.
10 *Foppa, Klaus:* Lernen und Lerntheorien, in: Speck, Josef / Wehrle, Gerhard (Hrsg.), Handbuch pädagogischer Grundbegriffe, Bd. II, o. J., S. 37−56, hier S. 38.
11 *Roth, Heinrich:* Pädagogische Psychologie des Lehrens und Lernens, 1963, S. 205.

tern durch entsprechende Motivation[12] eine Anreiz-Situation schaffen kann, die für die Unternehmung eine „bessere" Lernkurve verwirklicht. In einer für die Praxis möglichst relevanten, dynamischen Kostentheorie wäre mit einer variablen — im Falle einer gegebenen Zielvorschrift mit der optimalen — Lernkurve zu arbeiten, um die tatsächlich erzielbaren Lerneffekte zu berücksichtigen.

2. Das „Lernen durch Übung" (= Lernkurventheorie) als Rückkopplungsprozeß

Die den (empirischen) Lernkurven zugrundeliegende Gesetzmäßigkeit läßt sich am Beispiel des Stoffgrades[13] wie folgt formulieren:

Der Stoffgrad (P) steigt ceteris paribus degressiv in Abhängigkeit von der gesamten (kumulierten) Ausbringungsmenge. Die kumulative Ausbringungsmenge entspricht der Summe der folgenden periodenbezogenen Größen:

$$\frac{\text{Gesamter eingesetzter Rohstoff je Periode} \times \text{Stoffgrad}}{\text{Erforderliche Rohstoffmenge je Fertigerzeugniseinheit}}$$

Wir ersetzen im folgenden zur Vereinfachung die kumulative Ausbringungsmenge durch die Summe der in Prozent gemessenen Stoffgrade je Periode. Wir dürfen dies tun, sofern wir die erforderliche Rohstoffmenge je Erzeugniseinheit zu einer Rohstoffmengeneinheit normieren und die Periodenlänge mit jener Zeit festsetzen, die zur Bearbeitung von einer Rohstoff-Mengeneinheit erforderlich ist [vgl. auch Abschnitt 4.2, Prämisse (2) (a)]. Zur Vereinfachung wird Konstanz der Produktionszeit und absolute Teilbarkeit der Erzeugnisse unterstellt.

Der durch die Lernkurve charakterisierte Lernprozeß läßt sich damit durch folgendes Blockschaltbild (siehe S. 261) veranschaulichen.

Die Subskripte von P können im Blockschaltbild weggelassen werden, weil jeder Durchlauf für sich durchgerechnet wird. Dies gilt insbesondere für die Berechnung mit Hilfe des Digital-Computers. Bei der Simulation werden die in den einzelnen Perioden erreichten Stoffgrade durch das schrittweise Abtasten automatisch unterschieden. Die Nützlichkeit der Blockschaltbild-Darstellung wird erst in Abschnitt 4 bei der Erweiterung des Lernkurven-Ansatzes deutlich. Das Blockschaltbild kann man wie folgt erläutern:

---

12 *Maslow (, A. H.*: Motivation and Personality, 1954) hat eine Pyramide von Motiven entwickelt, die zur Erzeugung von positiven Reizen geeignet ist, vgl. unsere Anm. 21.

13 Der Stoffgrad ist eine Produktivitätsziffer, für die gilt:

$$P_i = \frac{\text{Eingesetzter Rohstoff} \div \text{Ausschuß (= Ausgebrachter Rohstoff)}}{\text{Eingesetzter Rohstoff}} = \frac{\text{in den Fertigerzeugnissen enthaltener Rohstoff}}{\text{Eingesetzter Rohstoff}},$$

wobei: i = Zahl der Perioden (i = 1, 2, . . . , n).

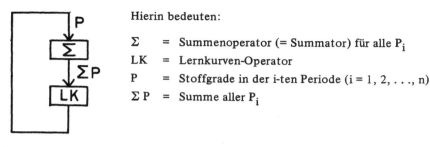

Hierin bedeuten:

Σ = Summenoperator (= Summator) für alle P_i

LK = Lernkurven-Operator

P = Stoffgrade in der i-ten Periode (i = 1, 2, . . ., n)

ΣP = Summe aller P_i

Abbildung 1: Blockschaltbild für das Lernen gemäß einer Lernkurve

Der Summator hat die Aufgabe, jeweils die Summe über alle P_i zu bilden. Sein Input sind die einzelnen P_i und sein Output ist die jeweilige $\sum_{i=1}^{n} P_i$. Der Lernkurven-Operator hat die Aufgabe, mit Hilfe der jeweiligen Summe über alle P_i das erreichte neue P an der Lernkurve abzulesen. Der Abszissenwert (ΣP) wird auf den Lernkurven-Operator gegeben und der jeweilige Ordinatenwert (P) abgelesen. Hat die Lernkurve des Stoffgrades beispielsweise folgenden Verlauf

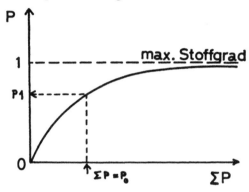

Abbildung 2: Lernkurve für den Stoffgrad

und gibt man als Anfangswert P_0 auf den Summator, so erhält man im ersten Rechendurchgang $\Sigma P = P_0$. Mit diesem ΣP wird der neue Wert P_1 an der Lernkurve abgelesen. Im zweiten Rechendurchgang ist $\Sigma P = P_0 + P_1$. Der Prozeß geht nun in dieser Weise immer weiter.

3. Die „Theorie" der Reaktion auf Reize als Rückkopplungsprozeß

3.1. Darstellung des Lernens durch Reaktion auf Reize anhand des *Bush/Mosteller-Modells*

Die Theorie der Reaktion auf Reize[14] unterscheidet sich grundlegend von der Theorie des Lernens durch Übung, da hier der Einfluß der Umwelt auf das „lernende We-

---

14 Vgl. hierzu insbesondere: *Zypkin, Jakow Salmanowitzsch*: Adaption und Lernen in kybernetischen Systemen, 1970, S. 255 f. und insbesondere S. 283 f. und das dort angegebene russische Schrifttum.

sen", und zwar insbesondere der Einfluß auf seinen Lern- und Leistungswillen, analysiert wird.

Für die Lerntheorie der „Reaktion auf Reize" ist im Schrifttum u. a. ein Modell von *Bush* und *Mosteller*[15] entwickelt worden. Dieses Modell wollen wir bei der folgenden Analyse — wenn auch in stark abgewandelter Form — zugrundelegen.

Den Lernfortschritt oder -rückschritt wollen die Autoren durch die Veränderung der Lernwahrscheinlichkeit oder Reaktionswahrscheinlichkeit — wie sie es nennen — messen. Dabei verstehen sie den Begriff Wahrscheinlichkeit im Sinne einer relativen Häufigkeit. Der Lernprozeß wird von *Bush/Mosteller* als stochastischer Prozeß[16] formuliert. Ein zentrales Problem des Lerntheoretikers ist, die Wirkung der ausgeübten Reize auf das jeweilige Ergebnis herauszufinden. *Bush* und *Mosteller* unterstellen, daß die Veränderung der Lernwahrscheinlichkeit abhängt von:

1. der in der Vorperiode erreichten Lernwahrscheinlichkeit und
2. den ausgeübten positiven und negativen Reizen.

Die erste Annahme charakterisiert das Lernen durch Reaktion auf Reize als einen *Markoff*-Prozeß[17]. Bei einem solchen Prozeß ist die jeweilige Übergangswahrscheinlichkeit[18] abhängig von dem Zustand, in dem sich der Prozeß in der Vorperiode befunden hat, aber unabhängig von allen Zuständen der davorliegenden Perioden. Die zweite Annahme enthält die plausible Hypothese, daß jedes „lernende Wesen" positiven und negativen Reizen zugleich ausgesetzt ist. Die Änderung der Lernwahrscheinlichkeit von einer zur anderen Lernperiode hängt vom Verhältnis der positiven zu den negativen Reizen ab. Dieses Verhältnis nennen die Autoren „Motivationsstruktur".
Bush/Mosteller haben ihre Theorie der Reaktion auf Reize mathematisch wie folgt formuliert:

$$P_{n+1} = P_n + A \cdot (1 - P_n) - B \cdot P_n.$$

Hierin gelten folgende Symbole:

P_{n+1} = Reaktionswahrscheinlichkeit in der $(n+1)$-ten Periode

15 *Bush, Robert / Mosteller, Frederick*: A Mathematical Model for Simple Learning, in: The Psychological Review, 1951, S. 313–323. Vgl. dazu *Goldberg, Samuel*: Introduction to Difference Equations, 1958, S. 103–112; *derselbe*: Differenzengleichungen und ihre Anwendung in Wirtschaftswissenschaft, Psychologie und Soziologie, 1968, S. 150–159; *Lange, Oskar*: Einführung in die ökonomische Kybernetik, 1970, S. 99–106; *Adam, Adolf / Helten, Elmar / Scholl, Friedrich*: Kybernetische Modelle und Methoden, S. 140–148, und *Feichtinger, Gustav*: „Wahrscheinlichkeitslernen" in der statistischen Lerntheorie, in: Metrika, 1971, S. 35–55.
16 Allerdings ist ein Übergang vom stochastischen Modell zum deterministischen möglich, sofern die relativen Häufigkeiten für die Zustandsänderungen nahe bei Null oder Eins liegen, dann führt nämlich ein Ab- bzw. Aufrunden zu nur geringen Fehlern.
17 Vgl. *Feichtinger, Gustav*: „Wahrscheinlichkeitslernen", S. 44–47.
18 Die Übergangswahrscheinlichkeit ist die Wahrscheinlichkeit dafür, daß von einem bestimmten Zustand ein bestimmter anderer Zustand erreicht wird. Ein Zustand geht also mit einer bestimmten Wahrscheinlichkeit in einen anderen Zustand über.

P_n = Reaktionswahrscheinlichkeit in der n-ten Periode

A = Positive Reize ⎤
B = Negative Reize ⎦ es gilt: $0 < A + B \leq 1$.

Die positiven Reize, dargestellt durch den Parameter A, veranlassen das „lernende Wesen" zu einem Lernfortschritt, der Parameter B als Ausdruck der negativen Reize führt zu einem Rückschritt.

Als Beispiel für positive (= verstärkende) Reize nennen die Autoren „Belohnungen" als Beispiel für negative (= vermindernde) Reize „Strafen".

Zusammenfassend kann gesagt werden, daß mit dem Modell gezeigt werden soll, wie sich die Reaktionswahrscheinlichkeiten eines Individuums im Zeitverlauf ändern, wenn bestimmte gleichbleibende positive und negative Reize nach jeder Wiederholung gleich(artig)er Prozesse ausgeübt werden.

Das Modell von *Bush/Mosteller* läßt sich in Blockschaltbildform wie folgt veranschaulichen:

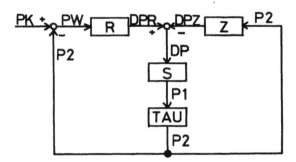

Abbildung 3: Blockschaltbild für das Lernmodell von Bush/Mosteller „Reaktion auf Reize"

Wir haben dabei die Symbolik für die digitale Simulation folgendermaßen geändert, wobei die Symbolik von *Bush/Mosteller* in eckigen Klammern dahinter steht:

PK = Soll-Lernwahrscheinlichkeit [1,0 oder 100 %] (Sollwert)
P1 = Ist-Lernwahrscheinlichkeit zum Zeitpunkt t
P2 = Ist-Lernwahrscheinlichkeit (Regelgröße) zum Zeitpunkt t + TAU
[zu Beginn der Perioden (n = 1, 2, . . .): P_n; nach einem Durchlauf: P_{n+1}]
PW = Lernwahrscheinlichkeitsabweichung (Regelabweichung) [$1-P_n$]
DPR = Lernwahrscheinlichkeits-Erhöhung durch positive Reize (Stellgröße 1) [$A(1-P_n)$]
DPZ = Lernwahrscheinlichkeits-Verminderung durch negative Reize (Stellgröße 2) [$B P_n$]
DP = DPR − DPZ

$\boxed{R}$	$\widehat{=}$	Lern-Verstärker (Regler 1). Er enthält die positiven Reize A
$\boxed{Z}$	$\widehat{=}$	Lern-Verminderer (Regler 2). Er enthält die negativen Reize B
$\boxed{S}$	$\widehat{=}$	Lern-Integrator (Regelstrecke)
$\boxed{TAU}$	$\widehat{=}$	Verzögerer (Postzelerator)
O	$\widehat{=}$	Meßstelle und Substraktionsstelle
●	$\widehat{=}$	Verzweigungsstelle
→	$\widehat{=}$	Informationsflüsse

Bei *Bush/Mosteller* gilt: PK = 1; PW = 1 − P2; DPR = A (1 − P2); DPZ = B P 2;
DP = A (1 − P2) − B P2; $\boxed{R}$ $\widehat{=}$ ein Proportionator, der mit A multipliziert; $\boxed{Z}$ $\widehat{=}$ ein
Proportionator, der mit B multipliziert; $\boxed{S}$ $\widehat{=}$ ein Integrator, der das zeitliche Integral
über alle Reaktionswahrscheinlichkeits-Mehrungen und -Minderungen errechnet;
$\boxed{TAU}$ $\widehat{=}$ ein Verzögerer, der die neue Reaktionswahrscheinlichkeit um die Dauer
einer „Lernperiode" verzögert.

Der Lernprozeß „Reaktion auf Reize" läßt sich am Blockschaltbild wie folgt
erläutern:

Wir wollen annehmen, daß eine Motivationsstruktur M = $\dfrac{\boxed{R}}{\boxed{Z}}$ = $\dfrac{A}{B}$ = $\dfrac{0,6}{0,3}$

vorliegt und die betreffende Tätigkeit mit der Anfangs-Lernwahrscheinlichkeit $P2_0$ =
0,5 aufgenommen wird. Sie wird an die Meßstelle (links oben) und an das Regelglied
Z (rechts oben) gegeben. Die Meßstelle vergleicht $P2_0$ mit dem Sollwert (PK) von
1,0. Die Lernwahrscheinlichkeits-Abweichung (PW) wird auf Grund der vorhandenen
positiven Reize zu einer Lernwahrscheinlichkeits-Erhöhung (DPR) verstärkt.
Für DPR gilt: DPR = (PK − P2) A = (1 − 0,5) 0,6 = 0,3.
Die Anfangswahrscheinlichkeit wird dagegen rechts oben vom Regler (Z) entsprechend den negativ wirkenden Reizen zu einer Wahrscheinlichkeits-Verminderung
(DPZ) transformiert.
Für DPZ gilt auf Grund der Annahmen: DPZ = P2 B = 0,5 · 0,3 = 0,15.
Die Differenz zwischen Lernwahrscheinlichkeits-Erhöhung (DPR) und -Verminde-
rung (DPZ) ergibt die tatsächliche Veränderung DP (= 0,3 − 0,15 = 0,15) der ur-
sprünglichen Wahrscheinlichkeit $P2_0$. Die neue Gesamtlernwahrscheinlichkeit beträgt: $P1_1$ = $P2_0$ + DP = 0,5 + 0,15 = 0,65. Anschließend durchläuft die neue Wahrscheinlichkeit (P1 = $P1_1$) den Verzögerer, so daß $P2_1$ in Höhe von $P1_1$ erst zum
Zeitpunkt t + TAU wirkt. Der Prozeß läuft nun in der beschriebenen Weise fort.

3.2. Beurteilung des *Bush/Mosteller*-Modells

Das *Bush/Mosteller*-Modell läßt sich u. E. in folgenden Punkten verbessern:

(1) Die Autoren sehen in Belohnungen positive Reize und in Strafen negative Rei-

264

ze[19]. Merkwürdigerweise sind einige Autoren[20] dieser Auffassung der beiden Autoren gefolgt. Unseres Erachtens stimmt eine solche Interpretation der positiven und negativen Reize mit der Erfahrung über menschliches Lernen kaum überein. Sie würde nämlich bedeuten, daß Strafen in jedem Fall zu einer Verminderung der Reaktionswahrscheinlichkeit und Belohnungen in jedem Falle zu einer Verstärkung beitragen. Nach dieser Interpretation könnte nur eine völlig straflose Ordnung zu einem maximalen Lernen der Beteiligten führen. — Wir gehen dagegen beim menschlichen Lernen von folgender Hypothese aus: Eine als gerecht empfundene „Strafe" führt bei vorherigem Fehlverhalten normalerweise dazu, daß das intendierte Verhalten und nicht das Fehlverhalten wahrscheinlicher wird.

Positive Reize und damit Erhöhungen der Reaktionswahrscheinlichkeit können u. E. entweder durch Belohnungen bei Lernfortschritten oder durch als gerecht empfundene Strafen bei Lernrückschritten oder bei mangelhaften Lernfortschritten ausgelöst werden. Sie bestärken das „lernende Wesen", bessere Ergebnisse zu erstreben. Positive Reize können — wenn belohnt werden soll — insbesondere durch die Befriedigung der folgenden fünf von *Maslow*[21] herausgearbeiteten Bedürfnisse ausgeübt werden. *Maslow* vertritt die These, daß jeder Mensch versucht, die folgenden fünf Motivgruppen (nacheinander) zu befriedigen:

a) Physiologische Bedürfnisse,
b) Sicherheitsbedürfnisse,
c) Soziale Bedürfnisse,
d) Bedürfnisse nach Selbstachtung und Achtung durch andere,
e) Streben nach Selbstverwirklichung.

Nach der Befriedigung einer Motivgruppe übt diese keine positiven Anreize mehr aus, sondern erst die nächst höhere Motivgruppe. Ein Beispiel für einen positiven Reiz durch das physiologische Motiv ist die in einer Unternehmung gewährte lei-

---

19 Das resultiert vermutlich aus der Tatsache, daß die Autoren Lernen als Änderung der Wahrscheinlichkeit einer bestimmten Verhaltensweise definieren. Zum Begriff „Lernen" gehört aber neben der Änderung einer Verhaltensweise auch die *Bewertung* der festgestellten Verhaltensänderungen. Vgl. dazu *Foppa, Klaus*: Lernen, Gedächtnis, Verhalten, 7. Aufl., 1969, S. 231—242.
20 *Goldberg (, Samuel*: Differenzengleichungen und ihre Anwendung in Wirtschaftswissenschaft, Psychologie und Soziologie, S. 152). „. . . will deshalb diejenigen Begleitereignisse, die verstärkend wirken (wie z. B. Belohnung) durch den Parameter a und die Ereignisse, die hemmend wirken (wie z. B. Bestrafung des Versuchstieres) durch b messen." *Oskar Lange* (Kybernetik, S. 100) stellt fest: „Positive Reize können zum Beispiel Belohnungen aller Art sein und negative Reize Strafen oder andere Nachteile, die mit der Reaktion des Tieres in Verbindung gebracht werden." Oder an anderer Stelle (S. 104): „Wenn die Tätigkeit eines Menschen oder einer Gruppe von Menschen (z. B. eines Betriebes) mit möglichen Verlusten einhergeht (negativen Reizen), dann müssen positive Reize zur Anwendung gelangen (Prämien, zusätzliche Gewinne usw.), die intensiver sind als die bestehenden negativen Reize." Dem gleichen Irrtum scheinen *Adam, Adolf / Helten, Elmar / Scholl, Friedrich* (Kybernetische Modelle und Methoden, S. 146) zu unterliegen. Sie sprechen dort nämlich von der „belohnten Reaktion" und meinen damit offensichtlich „positive Reize". Auf S. 147 wird dann auch von „bestraften Reaktionen" gesprochen, die wohl als „negative Reize" verstanden werden sollen.
21 *Maslow, A. H.*: Motivation and Personality, S. 80—98.

stungsgerechte Entlohnung durch Akkord- oder Prämienlohn. Der positive Reiz kommt dadurch zustande, daß das Individuum versucht, möglichst viel zu verdienen. Beim Akkordlohn werden gute Leistungen „belohnt" und schlechte Leistungen „bestraft". Als Beispiel für negative Reize ist ein inkonsequentes Verhalten bei der Menschenführung anzusehen, z. B. solche „Belohnungen" und „Strafen", die zur unrechten Zeit oder in ungerechter Weise erfolgen (organizational gap), da das Management nicht genügend über die positiven und negativen Leistungen einzelner Mitarbeiter informiert ist. Selbstverständlich sollte jeder Manager versuchen, negative Reize zu eliminieren, doch lassen sich — wie die Erfahrung lehrt — negative Reize selten vollständig — zumindest nicht langfristig — vermeiden.

(2) Im Modell werden die positiven und negativen Reize als konstant angenommen[22]. Es empfiehlt sich, für die Anwendung des Modells im ökonomischen Bereich von der Variabilität der Reize auszugehen. Dadurch kann auch die Eigenheit des Modells vermieden werden, daß in jeder Situation immer beide Reize zugleich wirken. Bei kurzfristiger Betrachtung ist auch die ausschließliche Wirkung eines Reizes denkbar. Es muß daher gelten können:

$$A > 0 \text{ und gleichzeitig } B = 0 \text{ und}$$
$$A = 0 \text{ und gleichzeitig } B > 0.$$

Die Variabilität der Reize ist bei betrieblichen Lernprozessen durch die von der sich ändernden Organisation ausgehenden Reize gegeben. Wenn man die betriebliche Organisation als die methodische Gestaltung von Lernprozessen[23] ansieht, sollen gerade von den Organisationsmaßnahmen erhebliche positive Reize auf den Faktor Arbeit ausgehen. Wenn die Organisation ihren Zweck in der „lebenden" Unternehmung erreichen soll, verlangt jede organisatorische Tätigkeit geradezu Änderungen hinsichtlich der Reize.

Bush/Mosteller berücksichtigen im übrigen keinerlei Störgrößen zwischen dem Reiz-Sender, beispielsweise den Organisatoren des betrieblichen Geschehens und dem Reiz-Empfänger, dem Mitarbeiter. Man könnte auch sagen: Sie berücksichtigen implizite nur einen konstanten Störeinfluß. Störungen (= Änderungen von Störgrößen) müßten bei der Analyse von positiven und negativen Reizen in Unternehmungen indes berücksichtigt werden, um im Modell u. a. auch die in der betrieblichen Praxis auftretenden Mißverständnisse und Schwierigkeiten zwischen Organisatoren und Mitarbeitern bei der Einführung neuer organisatorischer Maßnahmen erfassen zu können. Diese werden von den Mitarbeitern nicht selten als negative Reize empfunden, obwohl sie nach der Absicht der Organisatoren zu einer Vermehrung der positiven Reize führen sollen.

22 Vgl. dazu auch *Adam / Helten / Scholl* (Kybernetische Modelle und Methoden, S. 146), die meinen, daß in dem Modell von *Bush* und *Mosteller* „ . . . vor allem zwei Prämissen im Hinblick auf die angestrebte Beschreibung wirtschaftlicher Lernsysteme problematisch . . . " seien: „Die Konstanz der Lernparameter und die Annahme einer unveränderlichen Welt."
23 Vgl. *Blohm, H[ans]*: Der erwartete Nutzen wirtschaftskybernetischer Forschung für die Gestaltung von Betrieben, in: Fachgespräch „Kybernetik". Bericht über das erste Fachgespräch am 25. Februar 1969 in der Carl-Friedrich-von-Siemens-Stiftung, München-Nymphenburg, hrsg. von der Gesellschaft für Wirtschafts- und Sozialkybernetik e. V., S. 7—8, hier S. 7.

(3) Im Modell sind keine Verknüpfungen mit anderen Lernmodellen vorgesehen. Sehr naheliegend wäre eine Synthese des Modells mit dem des Lernens durch Übung, was wir mit dem folgenden kybernetischen Lernmodell versuchen wollen. Die „Vermaschung" mit weiteren Lernmodellen wäre erforderlich, worauf wir hier verzichten müssen.

(4) Die Autoren berücksichtigen nicht die physischen und geistigen Beschränkungen des Lernens („Lernenkönnen"). Bei der Serienfertigung liegen die Restriktionen wohl meist beim physischen Leistungsvermögen. Im Modell von *Bush/Mosteller* kann ein „lernendes Wesen", wenn nur genügend positive Reize vorhanden sind oder anders ausgedrückt, wenn es nur will, in einem einzigen Lernschritt, und damit in einer Lernperiode, alles adaptieren, was maximal möglich ist. Als Bedingung für die positiven und negativen Reize nennen die Autoren:

$$0 < A + B \leqq 1,$$

um zu verhindern, daß die Reaktionswahrscheinlichkeit P die Null-Prozent-Marke unter- und die Hundert-Prozent-Marke überschreitet, aber sie schließen die Möglichkeit $A + B = 1$ nicht aus. Dieser Fall würde beim Modell von *Bush/Mosteller* — wie sich durch einfache algebraische Umformung feststellen läßt — dazu führen, daß das „lernende Wesen" schon beim ersten Lernschritt eine Reaktionswahrscheinlichkeit in Höhe des positiven Reizes A erreicht (und diese beibehält).
Hierbei sind zwei Grenzfälle von besonderem Interesse: Im Falle einer „idealen Motivationsstruktur" ($A = 1,0$ und $B = 0,0$) ergibt sich ein maximaler Lernfortschritt (DP) in Höhe von: $PK - P2$, und zwar in einer einzigen Lernperiode. Im Falle der „schlechtestmöglichen Motivationsstruktur" ($B = 1,0$ und $A = 0,0$) erreicht der Lernrückschritt die maximal mögliche Verminderung der Reaktionswahrscheinlichkeit, d. h. die Höhe der Reaktionswahrscheinlichkeit der Vorperiode, und die Reaktionswahrscheinlichkeit würde auf Null absinken. Lernprozesse mit derart abrupten Änderungen der Reaktionswahrscheinlichkeit scheinen uns (etwas) unrealistisch zu sein. Im Modell von *Bush/Mosteller* müßte daher die Möglichkeit $A + B = 1$ ausgeschlossen werden. Tatsächlich arbeiten die Autoren bei ihren konkreten Fällen (empirischen Tests) auch nicht mit einem solchen Fall. — Das Modell sollte den Bedingungen genügen:

$$A + B < 1; B \geqq 0, A \geqq 0.$$

(5) Die Autoren betrachten das Lernen als *Markoff*-Prozeß. Die damit verbundene Annahme, daß die Lernwahrscheinlichkeit einer Periode neben der Motivationsstruktur ausschließlich von der in der Vorperiode erreichten Lernwahrscheinlichkeit abhängt, abstrahiert in vielen Fällen vom realen Lernvorgang und berücksichtigt nicht das „Gedächtnis". Die Lernwahrscheinlichkeit hängt nämlich zumeist von sehr vielen vorher erreichten Lernwahrscheinlichkeiten ab. Nur wegen der rechnerischen Verein-

fachung[24] und durch die Tatsache, daß bei *Markoff*-Prozessen jeder Zustand mit dem davorliegenden verknüpft ist und dadurch sogenannte *Markoff*-Ketten entstehen, ist das Arbeiten mit der *Markoff*-Implikation vertretbar.

(6) Das Modell ist von *Bush* und *Mosteller* empirisch am Verhalten von Mäusen getestet worden und hat sich dort bestätigt. Daß dieser Test für menschliches Lernen völlig unzureichend ist, bedarf keiner besonderen Begründung. Jedenfalls hat die Lernforschung festgestellt, daß sich menschliches Lernen bestenfalls mit dem Lernen von Primaten vergleichen läßt. Vermutlich liegt bei der Orientierung der Autoren am Mäuse-Lernen auch die Ursache für die Fehlinterpretation von positiven und negativen Reizen, denn Mäusen mangelt es (vermutlich) an Einsichtsfähigkeit, warum gestraft und belohnt wird. Sie werden durch „Strafen" (völlig) eingeschüchtert, und ihre Aktivität wird auf ein Mindestmaß reduziert. Das zeigen auch die Versuche der Autoren.

Obwohl die Autoren den Test an Mäusen durchführten, halten sie das Modell für allgemeingültiger[25]. Wir folgen dieser Annahme, sofern die von uns vorgeschlagenen Änderungen berücksichtigt werden.

(7) Da die Autoren keine Ökonomen, sondern Lernpsychologen bzw. Mathematiker sind, haben sie — was kein Vorwurf sein soll — die ökonomischen Voraussetzungen, d. h. die Kosten für die Ausübung positiver Reize und für den Abbau negativer Reize im Modell nicht berücksichtigt, zumal sie die Reize ja als konstant annehmen. Außerdem wären für die Anwendung im ökonomischen Bereich auch die Auswirkungen auf den Lernprozeß, d. h. die zusätzlichen Leistungen durch Lernfortschritte, zu analysieren. Wir wollen daher die Zielvorschrift der Gewinnmaximierung bzw. der Kostenminimierung berücksichtigen.

4. Aggregations-Modell für das Lernen durch Übung und durch Reaktion auf Reize

4.1. Modellkonzeption

Wenn man die Ergebnisse unserer bisherigen Überlegungen — etwas vereinfachend — zusammenfaßt, kann man sagen, daß die „Lernkurventheorie" eine „Theorie des Lernenkönnens" und die „Theorie der Reaktion auf Reize" eine „Theorie des Lernenwollens" oder eine Motivationstheorie ist. Da Lernen — wie gesagt — „Lernenkönnen" und „Lernenwollen" voraussetzt, ist zu überlegen, wie die beiden Modelle zusammengefaßt werden können.

In dem folgenden Modell gehen wir von der Hypothese aus, daß Menschen bei

---

24 Vgl. dazu *Adam, Adolf / Helten, Elmar / Scholl, Friedrich:* Kybernetische Modelle und Methoden, S. 147. – Bei der Simulation des Modells wäre die *Markoff*-Vereinfachung nicht erforderlich, sondern man könnte relativ leicht mit „Gedächtnisfunktionen" arbeiten. Wir verzichten darauf, weil der Lernprozeß durch einen *Markoff*-Prozeß vermutlich recht gut angenähert werden kann.
25 ". . . the model is more general." *Bush / Mosteller:* Learning, S. 313.

der Wiederholung gleichartiger Tätigkeiten zum einen entsprechend der Lernkurven-theorie und zum anderen auf Grund der vorhandenen Motivationsstruktur $\left(\dfrac{A}{B}\right)$ lernen. Daraus folgt, daß die Lernfähigkeit, selbst bei der Wirkung ausschließlich positiver Reize, durch eine ganz bestimmte physische oder geistige Leistungsfähigkeit in Form der zugehörigen „reinen" Lernkurve (= Leistungs- oder Übungsgewinnkurve) begrenzt ist. Dem „Lernenwollen" ist in seiner Effektivität also — anders als bei *Bush/Mosteller* — in jeder Periode eine (wenn sich auch ändernde) Grenze gesetzt.

Bei der Verwendung des Modells von *Bush/Mosteller* wollen wir Lernen nicht als die Veränderung der Lernwahrscheinlichkeit, sondern als die Veränderung des Lerngrades definieren. Dabei verstehen wir unter dem Lerngrad das Verhältnis vom Maß der jeweiligen Zielerreichung zum gesetzten Maximal-Ziel. Wir wählen diese Definition erstens aus Vereinfachungs- und Anschaulichkeitsgründen und zweitens, um den in der Lernpsychologie üblichen Lern-Begriff[26] in unserem Modell zu verwenden.

Bei der folgenden Betrachtung, d. h. bei unserem veränderten Modell, bietet sich der (oben kritisierte) Fall A + B = 1 als vorteilhaft an. Bei der Verknüpfung der beiden Modelle wird nämlich die Möglichkeit, daß die Reaktionswahrscheinlichkeit in einem Lernschritt auf A steigt, solange vermieden, bis das lernende Wesen den Prozeß auf Grund der Übungsgewinne völlig beherrscht, d. h. bis neben dem hundertprozentigen Wollen auf Grund von positiven Reizen auch ein hundertprozentiges Können durch Übung erreicht worden ist.

Die Setzung: A + B = 1 hat in unserem Modell im übrigen den Vorteil, daß die Messung der Reize etwas vereinfacht wird. Außerdem wird die Interpretation der Reize durch die Setzung A + B = 1 einleuchtender: Jedes lernende Wesen ist in seiner Umwelt positiven und negativen Reizen ausgesetzt. Die Gesamtheit dieser Reize kann zu einhundert Prozent (= 1) normiert werden. Durch diese Normierung besteht für den Anwender unseres synthetischen Modells, wenn er die Reize messen will, „nur noch" die Notwendigkeit, die Gesamtheit der Reize in einen Prozent-Anteil positiver und negativer Reize aufteilen zu müssen. Bei einer empirischen Überprüfung des synthetischen Modells wären die Anteile der positiven an den gesamten Reizen eventuell leichter zu ermitteln als im *Bush/Mosteller*-Modell die Menge positiver und negativer Reize für die Fälle:

$$0 < A + B < 1.$$

Im folgenden Modell wird der Lerngrad an Hand der Entwicklung des Stoffgrades ceteris paribus analysiert.

Da der Lernfortschritt neben der Lernkurve durch die Motivationsstruktur M bestimmt wird, lautet die Problemstellung des Modells: In welchem Verhältnis sollen die durch die Unternehmensleitung und ihre Organe auf die Mitarbeiter geplant ausgeübten positiven und die an sich noch abbaufähigen negativen Reize bei einer gegebenen (in der Praxis zu ermittelnden) „reinen" Leistungskurve (Übungsgewinnkurve) eines konkreten Arbeitsprozesses zur Erreichung eines bestimmten Ziels stehen? Es

---

26 Vgl. dazu Anmerkung 19 dieser Untersuchung.

ist also die optimale Motivationsstruktur $M_{opt} = \dfrac{A_{opt}}{B_{opt}}$ zu ermitteln. Sie läßt sich allerdings nur für konkrete Arbeitsprozesse einer konkreten Unternehmung errechnen, da sich nur für einen bestimmten Arbeitsprozeß eine Lernkurve prognostizieren läßt und da sich die Kosten für die Ausübung positiver Reize und für die Vermeidung negativer Reize sowie die Höhe der Erlösschmälerungen, die durch die Fertigung von Ausschuß entstehen, bestenfalls für eine konkrete Unternehmung abschätzen lassen.

4.2. Prämissen des Modells

Im folgenden wollen wir von einem fiktiven Fall ausgehen. Der Arbeitsprozeß einer Unternehmung lasse sich mit folgenden Prämissen beschreiben:

1. Zielvorschrift: Gewinnmaximierung.
2. Im Produktionsprozeß ist nur ein Mitarbeiter tätig. Produktionspolitisches und absatzpolitisches Instrumentarium für eine bestimmte Serienproduktion sind ohne die Berücksichtigung des Lernens durch Motivation und Übung bereits partiell optimiert worden.
   a) Danach wäre die folgende Produktionspolitik optimal: Die gegebene Kapazität wird voll ausgelastet, und zwar wird versucht, 100 Stück je Periode zu fertigen. Mögliche Ausfälle durch Ausschuß-Produktion werden nicht durch irgendwelche Anpassungsmaßnahmen korrigiert, sondern man nimmt sie im Rahmen der Produktionspolitik hin. Jede Fertigerzeugniseinheit enthält einen Rohling als Rohstoff.
   b) Im Bereich der Absatzpolitik ist es partiell-optimal, die ~ 100 Stück zu einem konstanten Preis von 10 Geldeinheiten (GE) je Stück abzusetzen. Bei Ausschuß-Produktion geht der Absatz der weniger gefertigten Stücke verloren. Der durch den Ausschuß entstehende Minderabsatz wird im Modell nicht als eine Erlösschmälerung, sondern als Kostenerhöhung (= Ausschußstücke $\times$ Absatzpreis) berücksichtigt. Die Ausschußstücke sind nicht weiter verwendbar. Ihre Beseitigung verursacht keine Kosten. Durch die Erlösschmälerung ergeben sich keine Rückwirkungen auf die Absatzsituation, zumindest wollen wir diese in unserem Modell nicht berücksichtigen.
3. a) Bei der Fertigung fällt Ausschuß an, der primär durch die Motivationsstruktur $\left(M = \dfrac{A}{B}\right)$ begründet ist. Da die Motivationsstruktur durch organisatorische Maßnahmen, z. B. durch die teilweise Befriedigung der von *Maslow* genannten Bedürfnisse (vgl. S. 265) beeinflußbar ist, werden die realisierbaren Motivationsstrukturen von:

$$M = \frac{A}{B} = \frac{0,5}{0,5}; \frac{0,6}{0,4}; \frac{0,7}{0,3}; \frac{0,8}{0,2}; \frac{0,9}{0,1}$$

durchgerechnet.

Die von der Unternehmensleitung und ihren Organen ausgeübten positiven Reize der verschiedenen Intensitäten und die entsprechenden nicht abgebauten negativen Reize werden von den Mitarbeitern nicht im gleichen Verhältnis empfangen, sondern beispielsweise durch Mißverständnisse zwischen Organisatoren und Mitarbeitern etwas verändert. Die Unternehmensleitung hat hierauf keinen Einfluß. Durch diese Störungen ändert sich beispielsweise die geplante Motivationsstruktur von: $M = \frac{0,5}{0,5}$ im Zeitverlauf zu:

$$M_1 = \frac{0,48}{0,52}; \quad M_2 = \frac{0,51}{0,49}; \quad \text{usw.}$$

Die Störungen werden bei der Simulation durch einen Gaußschen Zufallszahlengenerator erzeugt.
Die Durchsetzung geplanter positiver Reize, d. h. die Erhöhung positiver und der Abbau negativer Reize, verursachen Kosten. Es mögen sich folgende Reizkosten-Funktionen ergeben haben:

ARK = $AL^3 \cdot 100$
BRK = $1/B^2$

Legende:

ARK = Reizkostenfunktion für positive Reize
BRK = Reizkostenfunktion für negative Reize
AL = Tatsächlich wirkender positiver Reizfaktor
(A = geplanter positiver Reizfaktor [in Prozent])
B = 1 − AL; tatsächlich wirkender negativer Reizfaktor

Die Schaffung einer sehr guten Motivationsstruktur ist, wie die Exponenten der Funktionen zeigen, sehr teuer.

b) Bei der Fertigung fällt Ausschuß aber auch an, weil die Mitarbeiter noch nicht in dieser Serienproduktion geübt sind. Die auf Grund der Ergebnisse bei der Nullserie prognostizierte „reine" Leistungskurve unter der Annahme, es wirkten ausschließlich (hundert Prozent) positive Reize, habe folgenden Verlauf:

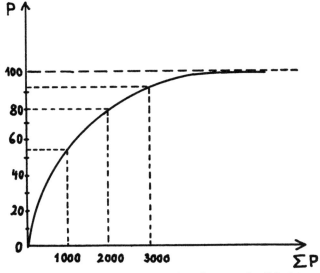

Abbildung 4: Bei der Simulation zugrunde gelegte „reine" Leistungskurve
(= Kurve der maximalen Leistungsfähigkeit)

Die Kurve stellt den Verlauf der voraussichtlich maximal erreichbaren Stoffgrade oder, was hier dasselbe ist, der maximalen Zahl der für den Absatz verfügbaren Fertigerzeugnisse dar. P steht also für den jeweiligen Stoffgrad oder die verfügbare Erzeugnismenge, da für jedes Fertigerzeugnis ein Rohling benötigt wird.

4. Die benötigte Produktionszeit gehorcht nach den Zeitaufnahmen bei der Nullserie einer Gaußschen Normalverteilung, deren Mittelwert für jedes Stück eine Periode beträgt. Die Standardabweichung beträgt 0,2 Perioden.

Die Motivationsstruktur M hat zwar auch einen Einfluß auf die Verteilung und die Entwicklung der Produktionszeit je Stück im Zeitverlauf, sofern der Faktor Arbeit überhaupt die Produktionszeit je Stück beeinflussen kann. Wir haben hier aber auf die Simulation einer Lernkurve für die benötigte Produktionszeit je Stück in Abhängigkeit von der kumulierten Ausbringungsmenge verzichtet, um die ceteris paribus-Wirkung der Stoffgrad-Lernkurve zu zeigen. Die Berücksichtigung einer Lernkurve für die Arbeitsproduktivität im Simulationsmodell wäre allerdings sehr einfach. Schwieriger dürfte die empirische Ermittlung der Lernkurve für die benötigte Produktionszeit sein.

5. Die geplante Dauer der Serienproduktion beträgt 50 Perioden.

4.3. Blockschaltbild des Modells

Das durch die Prämissen formulierte Modell läßt sich durch die Vermaschung der beiden Blockschaltbilder für die Theorie der Reaktion auf Reize (Abbildung 3) und die Lernkurventheorie (Abbildung 1) ebenfalls in Blockschaltbildform darstellen.

Wir schneiden dazu die Regelkreise in Abbildung 1 und Abbildung 3 auf und erhalten:

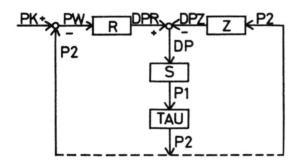 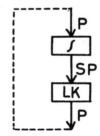

Abbildung 5: Aufgeschnittener[27] Regelkreis   *Abbildung 6:* Aufgeschnittefür das Lernen durch Reaktion   ner[27] Regelkreis
auf Reize   für das Lernen
durch Übung[28]

27 Das Aufschneiden der Regelkreise ist durch die gestrichelten Linien angedeutet.
28 Den Summator haben wir durch einen Integrator ersetzt, weil wir mit kontinuierlichen Größen, d. h. einem System von Differentialgleichungen, arbeiten wollen. Demzufolge haben wir ΣP in SP umbenannt.

Bei der Vermaschung der beiden Modelle dürfen wir das *Bush/Mosteller*-Modell (Abbildung 5) indes nicht unverändert übernehmen, weil wir sonst schwankende Lerngrade erhalten. Das *Bush/Mosteller*-Modell geht nämlich davon aus, daß positive Reize nur auf die jeweils verbleibende Soll-Ist-Abweichung des Lerngrades, negative Reize hingegen auf den vollen Ist-Lerngrad wirken[29]. Das würde bei einer rein additiven Vermaschung der Modelle dazu führen, daß im Laufe des Lernprozesses nach Erreichen einer bestimmten Höhe des Istwertes für den Lerngrad die negativen Reize die Wirkung der positiven Reize mehr als kompensieren und der Lerngrad wieder automatisch absinken würde. Da uns ein solcher Lernprozeß nicht realitätsgerecht erscheint, sind wir bei unserem synthetischen Modell von der Hypothese ausgegangen, daß von dem auf Grund der „reinen" Lernkurve maximal erreichbaren Lernfortschritt jeder Periode nur ein bestimmter Prozentsatz gemäß der vorgegebenen Motivationsstruktur tatsächlich realisiert wird. Dieser Prozentsatz ermittelt sich gemäß unserer Hypothese als Differenz von: A − B. Bei ausschließlich positiven Reizen wird der Übungsgewinn-Lernfortschritt gemäß der „reinen" Lernkurve hundertprozentig realisiert, denn es gilt:

$$A - B = 1,0 - 0,0 = 1,0.$$

Bei 90 % positiven Reizen und 10 % negativen werden nur 80 % (90 % − 10 %) des maximal möglichen Übungsgewinnfortschrittes realisiert. Wir stellen also die Hypothese auf, daß die Differenz A − B beim tatsächlichen Verhalten des Menschen wie ein Filter wirkt, der durch die Motivationsstruktur bestimmt ist. Auf Grund unserer Hypothese ist das Modell, das sich durch eine rein additive Vermaschung der beiden Blockschaltbilder ergäbe, wie folgt zu ändern: Die Operatoren R und Z erhalten *beide* als Input den in der Vorperiode maximal erreichbaren Lernfortschritt (PW). Dieser wird ermittelt, indem der tatsächliche Lerngrad der Vorperiode (P1) von dem in dieser Periode maximal möglichen Lerngrad abgezogen wird. Dazu wird die Subtraktionsstelle unterhalb des LK-Operators in Abbildung 7 mit der Abzweigung von P1 eingefügt. Die Differenz (PW), der Lernfortschritt, wird an R und an Z gegeben. Die Subtraktionsstelle, die sich in Abbildung 5 links oben befand, muß bei der Vermaschung der Modelle in Abbildung 7 fortfallen. Aus diesen Überlegungen ergibt sich folgendes Blockschaltbild für das „Filtermodell".

Der Ablauf im Blockschaltbild läßt sich wie folgt erklären: Wir gehen von dem bei der Nullserie zuletzt erreichten Stoffgrad (P1) aus. Er wird mit einer zeitlichen Verzögerung von TAU wirksam; er erhält damit die Bezeichnung P2. Dieser Stoffgrad ergibt zusammen mit den in der Nullserie insgesamt erreichten Stoffgraden die kumulative Ausbringungsmenge SP. An der „reinen" Lernkurve (LK) wird der zu dem Abszissenwert SP gehörige Stoffgrad P abgelesen. Die „reine" Lern- oder Leistungskurve ist jene, die sich bei idealer Motivationsstruktur, also bei ausschließlich positiven Reizen, ergeben würde. Dieser maximal mögliche Stoffgrad wird mit dem in der Vorperiode erreichten tatsächlichen Stoffgrad P1 verglichen. Die Differenz PW stellt den maximal möglichen Lernfortschritt auf Grund des Übungsgewinns dar. Der Lern-

---

29 Vgl. dazu die Inputs der Operatoren R und Z in Abbildung 5.

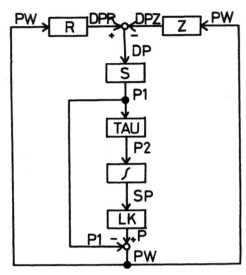

Abbildung 7: Blockschaltbild für das Modell des Lernens durch „Reaktion auf Reize und durch Übung"

Legende:

P1 = Ist-Produktionsmenge zum Zeitpunkt T
P2 = Ist-Produktionsmenge zum Zeitpunkt T + TAU, wobei TAU die stochastische Produktionszeit ist
SP = Kumulierte Ist-Produktionsmenge
P = Vorläufige Ist-Produktionsmenge unter Berücksichtigung der „reinen" Übungs- gewinne zum Zeitpunkt T + TAU
PW = Änderung der Produktionsmenge je Periode = P − P1
DPR = Erhöhung der Produktionsmengen (geringere Ausschußfertigung) auf Grund von positiven Reizen = A · PW
DPZ = Verminderung der Produktionsmenge auf Grund von negativen Reizen = B · PW
DP = Tatsächliche Veränderung der Produktionsmenge auf Grund von tatsächlichen positiven und negativen Reizen = DPR − DPZ

$\boxed{R}$ Lern-Verstärker (positive Reize)

$\boxed{Z}$ Lern-Verminderer (negative Reize)

$\boxed{S}$ Integrator für Produktionsmengenänderungen

$\boxed{TAU}$ Verzögerer (Produktionszeit)

$\boxed{\int}$ Integrator für alle Produktionsmengen

$\boxed{LK}$ „reine" (= maximal mögliche) Leistungs- oder Lernkurve für Übungsgewinne

fortschritt PW wird gemäß Motivationsstruktur „gefiltert", d. h. der tatsächliche Lernfortschritt ergibt sich aus PW · (A − B) = DP. Die Summe aller Lernfortschritte DP ergibt den nun erzielten Stoffgrad P1, der wiederum um die Zeit TAU verzögert wird. Der Lernprozeß läuft in der beschriebenen Weise in unserem Modell immer so weiter.

274

4.4. Die mathematische Formulierung des Modells

Zu diesem Modell haben wir das im folgenden abgebildete Simulationsprogramm aufgestellt. Wir haben dafür die Simulationssprache CSMP/360 verwendet.

Zu Beginn des Programms finden sich neben der verbalen Beschreibung die PARAMETER des Modells und die Anfangsbedingungen (INCON). Als erster Parameter

```
****CONTINUOUS SYSTEM MODELING PROGRAM****

*** VERSION 1.3 ***

TITLE      LERNEN DURCH REAKTION AUF REIZE UND DURCH UEBUNG (ENTSPR. LERNKURVE )
**     REIZE SIND FILTER FUER LERNEN DURCH UEBUNG
**     GEPLANTER REIZFAKTOR A WEICHT VOM TATSAECHL. REIZFAKTOR AL AB
**       STOERUNG DURCH STOCHASTISCHE PRODUKTIONSZEIT
PARAMETER      A=(0.5,0.6,0.7,0.8,0.9)
PARAMETER        SIGMA=0.05,MEANT=1.,SIGMAT=0.2,PS=10.0
INCON          PO=0.5,IO=501.0,PKO=1.0
****************************************
**     TATSAECHLICHE (SIMULIERTE) LERNKURVE ( PROGNOSTIZIERT AUS NULLSERIE )
NLFGEN  LK=0.0,0.0,500.0,35.0,1000.0,54.0,1500.0,69.0,...
          2000.0,80.0,2500.0,87.0,3000.0,91.0,3500.0,94.0,...
          4000.0,95.0,4500.0,95.7,5000.0,96.2,5500.0,96.6
****************************************
**     STRUKTUR DES KOMBINIERTEN MODELLS ( REAKTION AUF REIZE U. LERNKURVEN )
**     INNERES MODELL
       P1=INTGRL(PO,DP)
       T=GAUSS(7,MEANT,SIGMAT)
       TAU=LIMIT(0.0,2.0,T)
       P2=DELAY(500,TAU,P1)
       SP=INTGRL(IO,P2)
       P=NLFGEN(LK,SP)
       PW=P-P1
       A1=GAUSS(7,A,SIGMA)
       AL=LIMIT(0.0,1.0,A1)
       DPR=AL*PW
       B=1.0-AL
       DPZ=B*PW
       DP=DPR-DPZ
**     ENDE DES INNEREN MODELLS
****************************************
**     AEUSSERES MODELL ZUR GESAMTKOSTEN-ERMITTLUNG
**     (1) AUSSCHUSSKOSTEN
       AUSK=(100.0-P2)*PS
**     (2) REIZKOSTEN-FUNKTION FUER POS. REIZE A
       ARK=AL**3*100.0
**     (3) REIZKOSTEN-FUNKTION FUER NEG. REIZE B
       BRK=1/B**2
**     (4) PERIODENGESAMTKOSTEN AUS (1)+(2)+(3)
       PK=AUSK+ARK+BRK
**     (5) GESAMTKOSTEN UEBER 50 PERIODEN
       GESKO=INTGRL(PKO,PK)
**     ENDE DES AEUSSEREN MODELLS
****************************************
TIMER      DELT=0.1,FINTIM=50.0,OUTDEL=1.0
METHOD ADAMS
****************************
PRTPLOT P2(AL,TAU,GESKO)
LABEL  LERNEN DURCH REIZ UND UEBUNG, GEMAESS LERNRATENVERLAUF (P2)
END
STOP
```

```
OUTPUT VARIABLE SEQUENCE
P       PW      A1      AL      B       DPZ     DPR     DP      P1      T
TAU     P2      SP      BRK     ARK     AUSK    PK      GESKO

OUTPUTS    INPUTS    PARAMS   INTEGS + MEM BLKS   FORTRAN   DATA CDS
22(500)    52(1400)  12(400)  3+     1=  4(300)   19(600)     12


       ENDJOB
```

Simulationsprogramm 1 für das Modell Lernen durch Reaktion auf Reize und durch Übung

wird der positive Reiz A mit den zu simulierenden Werten A = 0,5; 0,6; 0,7; 0,8; 0.9 angegeben. Anschließend wird mit Hilfe eines nichtlinearen Funktionsgenerators (NLFGEN) die „reine" Leistungskurve programmiert, indem zu dem jeweiligen SP-Abszissenwert der auf Grund der Nullserie prognostizierte zugehörige P-Ordinatenwert angegeben wird. Im Anschluß an die Leistungskurve folgt die mathematische Struktur des synthetischen Lernmodells. Sie entspricht völlig dem Blockschaltbild und braucht daher nicht erläutert zu werden, denn es gilt für jeden Block des Schaltbildes:

Output = Input X Operator.

Als Ergebnis der Simulation interessiert uns hierbei insbesondere der Verlauf des tatsächlichen Stoffgrades P2 in Abhängigkeit von den verschiedenen Motivationsstrukturen.

Danach haben wir im sogenannten äußeren Modell die relevanten Kostenfunktionen programmiert und ermitteln mit deren Hilfe die Gesamtkosten (GESKO) über die Dauer der geplanten Serienproduktion. Das Ergebnis der Gesamtkosten soll uns die „optimale" Motivationsstruktur angeben. Die folgenden Zeilen (ab TIMER) dienen der Berechnungstechnik und den Ausdruck-Anweisungen. Am Schluß des Programms findet sich eine Gegenüberstellung der Größe unseres Programms für das Lernmodell im Vergleich zu der maximalen Größe eines CSMP-Programms. Die „Kapazitäts"-Möglichkeiten eines CSMP-Programms sind jeweils in Klammern angegeben. Wir haben nicht einmal drei Prozent der maximalen Größe erreicht und doch ist die manuelle Berechnung schon dieses Programms fast unmöglich.

Als Ergebnis der Simulation interessiert uns insbesondere der Verlauf des tatsächlichen Stoffgrades P2 in Abhängigkeit von den verschiedenen Motivationsstrukturen und die Höhe der Gesamtkosten jedes Simulationslaufes.

4.5. Darstellung der Simulationsergebnisse

Im folgenden ist von den fünf Simulationsergebnissen für die Werte der geplanten positiven Reize A = 0,5; 0,6; 0,7; 0,8; 0,9 nur der Output für das „optimale" Ergebnis wiedergegeben, nämlich für A = 0,7. Die Überschrift des Ergebnisblattes gibt den Wert des Parameters A an. Das Blatt zeigt fünf Zahlenkolonnen und eine grafische Darstellung. Die erste Kolonne repräsentiert die Perioden-Zahl. Sie läuft von 1 bis 50. Hierbei ist zu beachten, daß generell jede Zahl, die vor dem E steht, mit einer Potenz von 10 zu multiplizieren ist, wobei der Exponent der Zehner-Potenz hinter E steht. Die zweite Kolonne zeigt die jeweilige Ausbringungsmenge in Stück bzw. den tatsächlich erreichten Stoffgrad P2 in Prozent. Die grafische Darstellung veranschaulicht den Verlauf der zweiten Zahlenkolonne. Es ergibt sich ein typischer Lernkurvenverlauf für P2[29a]. Die dritte Zahlenkolonne bringt den in jeder Periode tat-

29 a Die geringfügigen zufälligen Schwankungen ergeben sich aus den laufenden zufallsabhängigen Störungen (Mißverständnissen) im Kanal zwischen dem die positiven Reize planenden Organisator und dem die Reize empfangenden lernenden Mitarbeiter sowie aus der in gewissen Grenzen zufallsabhängigen Produktionszeit.

-3.3927E 00   A = 7.00C0E-01   9.4201E 01

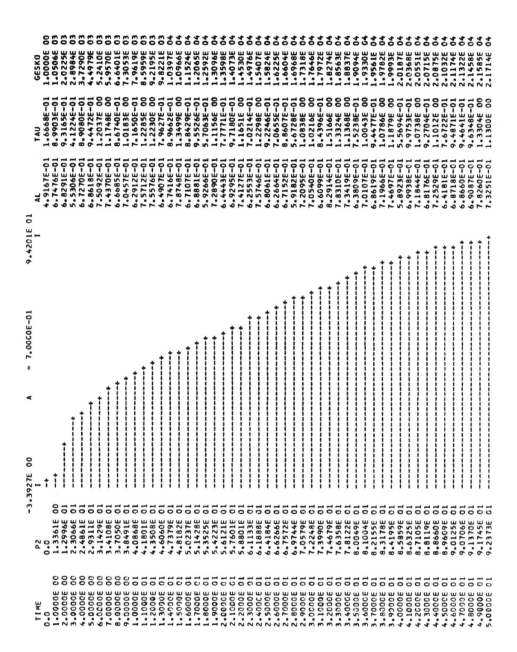

TIME	P2	AL	TAU	GESKO
0.0	0.0	4.9167E-01	1.6668E-01	1.0000E 00
1.0000E 00	1.3361E 00	6.7476E-01	8.9903E-01	1.0506E 03
2.0000E 00	1.2996E 01	6.8291E-01	9.3165E-01	2.0225E 03
3.0000E 00	2.3066E 01	5.5306E-01	4.1224E-01	2.8984E 03
4.0000E 00	2.4861E 01	6.7270E-01	8.9080E-01	3.7290E 03
5.0000E 00	2.9311E 01	6.8618E-01	9.4472E-01	4.4979E 03
6.0000E 00	3.1429E 01	7.5092E-01	1.2037E 00	5.2410E 03
7.0000E 00	3.4108E 01	7.4370E-01	1.1748E 00	5.9570E 03
8.0000E 00	3.7050E 01	6.6685E-01	8.6740E-01	6.6401E 03
9.0000E 00	3.8491E 01	7.0457E-01	1.0183E 00	7.3053E 03
1.0000E 01	4.0868E 01	6.2912E-01	7.1650E-01	7.9619E 03
1.1000E 01	4.1801E 01	7.5712E-01	1.2285E 00	8.5959E 03
1.2000E 01	4.3508E 01	7.5576E-01	1.2230E 00	9.2195E 03
1.3000E 01	4.4606E 01	7.9627E-01	7.9627E-01	9.8221E 03
1.4000E 01	4.7379E 01	6.7416E-01	8.9662E-01	1.0397E 04
1.5000E 01	4.8182E 01	7.8748E-01	1.3499E 00	1.0966E 04
1.6000E 01	5.0237E 01	6.7107E-01	8.8429E-01	1.1524E 04
1.7000E 01	5.1428E 01	6.8881E-01	9.5526E-01	1.2065E 04
1.8000E 01	5.3525E 01	5.9266E-01	5.7063E-01	1.2592E 04
1.9000E 01	5.4223E 01	7.2890E-01	1.1156E 00	1.3096E 04
2.0000E 01	5.6121E 01	6.4443E-01	9.7180E-01	1.3598E 04
2.1000E 01	5.7601E 01	6.9295E-01	1.1651E 00	1.4073E 04
2.2000E 01	5.8801E 01	7.4127E-01	9.7295E-01	1.4530E 04
2.3000E 01	6.1133E 01	6.2553E-01	7.0214E-01	1.4976E 04
2.4000E 01	6.1888E 01	7.5746E-01	1.2298E 00	1.5407E 04
2.5000E 01	6.4184E 01	7.2298E-01	9.2246E-01	1.5824E 04
2.6000E 01	6.6266E 01	8.0061E-01	7.0655E-01	1.6225E 04
2.7000E 01	6.7572E 01	6.2664E-01	8.8607E-01	1.6604E 04
2.8000E 01	6.9744E 01	8.6607E-01	5.6728E-01	1.6968E 04
2.9000E 01	7.0579E 01	5.9182E-01	1.0838E 00	1.7318E 04
3.0000E 01	7.2248E 01	7.2095E-01	1.0216E 00	1.7646E 04
3.1000E 01	7.3990E 01	7.0540E-01	8.4396E-01	1.7972E 04
3.2000E 01	7.4679E 01	6.6099E-01	1.5166E 00	1.8274E 04
3.3000E 01	7.6358E 01	8.4396E-01	1.3324E 00	1.8563E 04
3.4000E 01	7.8122E 01	7.8310E-01	1.1368E 00	1.8837E 04
3.5000E 01	8.0049E 01	7.3419E-01	7.5238E-01	1.9094E 04
3.6000E 01	8.1004E 01	6.3809E-01	1.0043E 00	1.9330E 04
3.7000E 01	8.2155E 01	7.0107E-01	9.4477E-01	1.9561E 04
3.8000E 01	8.3178E 01	6.8619E-01	1.0786E 00	1.9782E 04
3.9000E 01	8.4195E 01	7.1966E-01	1.1879E 00	1.9993E 04
4.0000E 01	8.5859E 01	7.4697E-01	9.9753E-01	2.0187E 04
4.1000E 01	8.6325E 01	5.8923E-01	5.5694E-01	2.0368E 04
4.2000E 01	8.7105E 01	6.9938E-01	1.0738E 00	2.0551E 04
4.3000E 01	8.8119E 01	7.1844E-01	9.2704E-01	2.0715E 04
4.4000E 01	8.8660E 01	9.2704E-01	1.1012E 00	2.0875E 04
4.5000E 01	8.9609E 01	7.2529E-01	7.6722E-01	2.1032E 04
4.6000E 01	9.0125E 01	6.4181E-01	9.4871E-01	2.1174E 04
4.7000E 01	9.0706E 01	6.8718E-01	9.4641E-01	2.1322E 04
4.8000E 01	9.1370E 01	8.6660E-01	9.6348E-01	2.1458E 04
4.9000E 01	9.1745E 01	6.9087E-01	1.3304E 00	2.1585E 04
5.0000E 01	9.2373E 01	7.3251E-01	1.1300E 00	2.1714E 04

sächlich wirkenden positiven Reiz AL. Er schwankt zufällig zwischen 49 und 83 Prozent. Die vierte Zahlenkolonne zeigt die zufällig schwankenden Produktionszeiten je Periode (von $0,16^{30}$ bis 1,51 Perioden). In der letzten Zahlenkolonne sind die kumulierten, für das Modell relevanten, d. h. die beeinflußbaren, Gesamtkosten unseres Modells ausgedruckt. Sie setzen sich aus den Ausschußkosten und den Kosten für die Ausübung positiver Reize und den Abbau negativer Reize zusammen. Durch die Wahl unserer Reizkosten-Funktionen und die Werte A = 0,5; 0,6; 0,7; 0,8; 0,9 ergab sich bei A = 0,7 das günstigste Ergebnis[31] bezüglich der relevanten Gesamtkosten über fünfzig Produktionsperioden, wie die folgende Gegenüberstellung in Geldeinheiten zeigt:

A	0,5	0,6	0,7	0,8	0,9
GESKO	50.450	24.481	21.714	22.134	45.505

Wenn die Hypothesen über den Lernprozeß in unserem Modell einigermaßen mit dem realen Lernen durch Übung und durch Reaktion auf Reize übereinstimmen — und es spricht einiges dafür —, dann könnte man für bestimmte Serien- und Massenproduktionen einer Unternehmung die (jeweils) betriebswirtschaftlich optimale Motivationsstruktur ermitteln, sofern man die Motivationsstrukturen, „reinen" Leistungskurven, Reizkostenfunktionen, Ausschußkostenverläufe und Produktionszeiten annähernd angeben kann.

Die Form des zeitlichen Verlaufs des Lerngrades P2 bzw. der Produktionsmenge unseres Modells ähnelt den von den Lernkurventheoretikern[32] ermittelten „exponentiellen" Lernkurven sehr. Da wir bei jedem Simulationslauf mit einer wenig veränderlichen Motivationsstruktur $M = \frac{AL}{1 - AL}$ gearbeitet haben und das Lernkurvenmodell — wenn auch implizite — mit konstanter Motivationsstruktur arbeitet, überrascht dieses Ergebnis nicht. Die an Hand unseres Modells ermittelten konkreten Werte für den optimalen Lerngrad weichen indes von den Werten ab, die ein Lernkurventheoretiker c. p. prognostizieren würde, weil er eine Veränderung der Motivationsstruktur nicht in Betracht zieht. Das Ergebnis unseres Simulationsmodells hängt neben dem Verlauf der „reinen" Lernkurve vom Verlauf der Reizkostenfunktionen (ARK und BRK) ab. Wenn es sehr teuer ist, die positiven Reize zu erhöhen bzw. negative Reize abzubauen, dann haben die erzielbaren Lerneffekte auf Grund der „reinen" Lernkurve, d. h. die steigenden Ausbringungsmengen je Periode, im „Optimierungskalkül" weniger Gewicht als die Reizkosten. Es könnte also durchaus auch geschehen, daß sich an Stelle einer Motivationsstruktur $M = \frac{0,7}{0,3}$ beispielsweise eine solche von $M = \frac{0,6}{0,4}$ als optimal erweise, weil eine höhere Motivations-

---

30 Diese kurze Produktionszeit ist wohl ein Ausreißer. Sieht man von diesem Werk ab, dann liegt die untere Grenze bei 0,41 Perioden.

31 Das gleiche Ergebnis zeigte sich bei der Simulation des gleichen Modells mit einer anderen Zufallszahlen-Folge für die tatsächlich wirkenden positiven Reize AL und Produktionszeiten je Periode.

32 Vgl. Anmerkung 1 dieser Untersuchung.

struktur im Vergleich zu den dabei erreichbaren Lerneffekten zu hohe Reizkosten verursacht.

Die Überlegungen zeigen, daß in der Produktions- und Kostentheorie neben den Lernkurven sowohl die Motivationsstruktur als auch die Kosten für die Erzeugung einer „günstigen" Motivationsstruktur berücksichtigt werden müssen, wenn die Ergebnisse neben dem „Lernenkönnen" auch das „Lernenwollen" berücksichtigen sollen.

5. Beurteilung des Modells

Bedeutsam für die Beurteilung eines Modells ist die Möglichkeit seiner Anwendbarkeit in der Praxis. Um dies zu ermöglichen, ist eine Reihe von Anforderungen zu erfüllen.

Vor allem bedarf es für die Anwendung auf einen konkreten Arbeitsprozeß in einer konkreten Unternehmung einer empirischen Ermittlung der folgenden Parameter des Arbeitsprozesses:

(1)   Prozentsatz der wirkenden positiven und negativen Reize
    (a)   in der Ausgangslage und
    (b)   nach den beabsichtigten organisatorischen Maßnahmen zur Verbesserung der Motivationsstruktur.
(2)   Reizkostenfunktion(en).
(3)   „Reine" Lernkurve.
(4)   Zeitbedarf für die Fertigung.

Zu (1): Die Aufteilung aller Reize in einen Prozentanteil positiver und negativer Reize dürfte nicht leichtfallen. Hierzu muß möglichst von Lernpsychologen ein besonderes Verfahren entwickelt werden, das es erlaubt, durch Befragung der betroffenen Mitarbeiter oder durch kleinere Lernversuche die Motivationsstruktur der Beteiligten herauszufinden. Denkbar wäre auch ein Verfahren, bei dem die einzelnen positiven und negativen Teilreize mit Hilfe eines Gewichtungsschemas zu einem Gesamtreiz zusammengefaßt werden[33]. Selbstverständlich werden diese Verfahren immer relativ subjektive Ergebnisse liefern. Doch zeigen bereits die Versuche von Bush/Mosteller, daß eine Quantifizierung der Reize (bei ihren Versuchen) möglich ist. Außerdem wird die Messung der Reize im Vergleich zum Modell dieser Autoren durch unsere Setzung A + B = 1 insofern einfacher, als es nur einer Schätzung des prozentualen Anteils der positiven und negativen Reize bedarf und nicht einer absoluten Quantifizierung der Reize. Solange ein Meßverfahren nicht entwickelt worden ist, muß man sich mit der Schätzung der Motivationsstruktur durch Organisations- (oder Refa-)fachleute behelfen.

33 Die Zusammenfassung der Teilreize zu der Gesamtheit positiver und negativer Reize entspricht der Idee von Kawlath (, Arnold; Theoretische Grundlagen der Qualitätspolitik, o. J. [1969]), die Teileigenschaften eines Gutes zu gewichten und die Summe der Gewichte zur Beurteilung der Gesamtqualität heranzuziehen.

Eines solchen näherungsweisen Verfahrens bedient man sich beispielsweise in einer ähnlichen Situation bereits seit langem bei der Arbeitszeitermittlung (Arbeitszeitstudie), indem der Zeitnehmer gleichzeitig mit der Zeitmessung den Leistungsgrad des betreffenden Arbeitnehmers schätzt, um aus der gemessenen Istzeit zu einem geschätzten normalen Zeitbedarf bei hundertprozentigem Leistungsgrad zu gelangen. Da es bisher kein Verfahren zur Messung des Leistungsgrades gibt, muß dieser geschätzt werden. Entsprechendes gilt für die Motivationsstruktur, d. h. neben der Ermittlung der tatsächlichen Lerneffekte bei der Nullserie ist die Motivationsstruktur zu schätzen, damit die „reine" Übungsgewinnkurve bei hundert Prozent positiven Reizen errechnet werden kann. Die Ermittlung der Veränderung des Anteils positiver Reize durch die Verwirklichung bestimmter organisatorischer Maßnahmen, die einige der von *Maslow* genannten Bedürfnisse besser befriedigen sollen, setzt ebenfalls ein entsprechendes Meßverfahren voraus. Entsprechendes gilt für den Abbau negativer Reize. Sehr schwierig dürfte die Ermittlung der Höhe der Störgröße, d. h. der Differenz zwischen geplantem und tatsächlichem positiven Reiz, sein.

Zu (2): Unter der Voraussetzung, daß eine Ermittlung des Anteils positiver und negativer Reize möglich ist, bietet die Ermittlung der Reizkostenfunktion keine größeren Schwierigkeiten als die einer beliebigen anderen Kostenfunktion.

Zu (3): Die „reine" Lernkurve könnte nach der Entwicklung eines Verfahrens zur Messung der Motivationsstruktur leicht festgestellt werden. Ohne dieses Verfahren ist man bei der empirischen Ermittlung der „reinen" Lernkurve aus den Ergebnissen der Nullserie auf die Schätzung der Motivationsstruktur angewiesen, wie etwa auf die Schätzung des Leistungsgrades bei der Arbeitszeitermittlung [vgl. Ziff. (1)]. Die Schätzung der Motivationsstruktur durch Fachleute erweist sich des weiteren als notwendig, weil sich negative Reize wohl nie gänzlich abbauen lassen, was für eine originäre Ermittlung der „reinen" Leistungskurve erforderlich wäre.

Zu (4): Die Schätzung des Zeitbedarfs für die Fertigung eines Erzeugnisses (u. U. in Abhängigkeit von der kumulierten Ausbringungsmenge) ist bereits im Rahmen der sogenannten Arbeitszeitstudie von den Refa-Fachleuten seit langem praktisch „gelöst". Sofern die Produktionszeit je Stück durch Übung des Faktors Arbeit verkürzt wird, wäre dieser Tatbestand durch eine Prognose der Lernkurve für den Zeitbedarf zu berücksichtigen.

Unser Ansatz wurde für den Fall einer Serienfertigung mit nur einem in Produktionsprozeß tätigen Mitarbeiter demonstriert. In der Realität ist in der Regel aber nicht nur ein Einziger, sondern eine Vielzahl von Mitarbeitern im Produktionsprozeß tätig. Häufig arbeiten diese Mitarbeiter sogar in Gruppen zusammen. Die in den voraufgehenden vier Punkten beschriebenen Ermittlungsprobleme potenzieren sich, wenn mehrere Mitarbeiter am Lernprozeß teilnehmen. Sie verhalten sich in diesen Fällen nicht als „Individuen", sondern als Mitglieder einer Gruppe. Sowohl bei der Ermittlung der Motivationsstruktur(en) als auch bei dem Versuch der Änderung der Motivationsstruktur(en) darf sich der Organisator des Produktionsprozesses" . . . mit den einzelnen Arbeitern nicht so befassen, als seien sie isolierte Atome, sondern

... (er; J. B.) muß sich mit ihnen als Mitglieder von Arbeitsgruppen, und zwar entsprechend dem Einfluß dieser Gruppen, auseinandersetzen"[34].

Die Ermittlungsprobleme bezüglich der Motivationsstruktur lassen sich bei Arbeitsgruppen evtl. an Hand der Motivationsstruktur des informellen Gruppenführers lösen. Außerdem ist beim Lernen von Gruppen besonders auf die von der Gruppe informell festgelegte Leistungsnorm zu achten. Wir können auf diese Probleme in dieser Arbeit aber nicht näher eingehen. Eine Anwendung des Modells ist aus den angeführten Gründen noch nicht möglich.

Abschließend ist die im Titel der Arbeit gestellte Frage zu beantworten: Die Analyse hat u. E. gezeigt, daß die ausschließlich durch Übungsgewinne begründeten Lernkurven keine ausreichenden nomologischen Hypothesen für das betriebliche Lernen darstellen, weil sie nur das „Lernenkönnen", nicht aber das „Lernenwollen" berücksichtigen. Eine empirisch gehaltvolle Hypothese muß aber auch das Wollen erfassen. Die Lernkurven dürfen daher nicht ohne weiteres als dynamische Produktions- bzw. Kostenfunktionen verwendet werden. Vielmehr sind auf ihrer Basis dynamische Produktions- und Kostenfunktionen zu entwickeln, die auch die Motivationsstruktur, d. h. das Verhältnis von positiven und negativen Reizen berücksichtigen. Zwar haben die ermittelten Funktionen, wie der zeitliche Verlauf von P2 im Simulationsergebnis zeigt, einen den empirischen Lernkurven ähnlichen asymptotischen Verlauf, doch unterscheiden sie sich von diesen insofern erheblich, als die im Betriebsprozeß gestaltbaren Anreize (Motivationsstruktur) in der Regel zu einer anderen Lage der Kurve führen. Außerdem ist die Motivationsstruktur im Zeitablauf veränderlich, so daß in der Kostentheorie nicht von einer unveränderlichen „Lernkurve" wie in der Lernkurventheorie ausgegangen werden darf, sondern es ist die (jeweils optimale) Lernkurve mit der zugehörigen Motivationsstruktur zu ermitteln.

---

34 *Etzioni, Amitai:* Soziologie der Organisationen. Aus dem Amerikanischen übersetzt von Jörg Baetge unter Mitarbeit von Rolf Lepenies und Helmut Nolte, o. J. [4. Aufl., 1973], S. 62.

Simulation eines ökonomischen Makrosystems auf dem Digitalcomputer

von *Michael Bolle* *

0. Makroökonomische Ziel-Mittel-Analysen

Mit der in den letzten Jahren zunehmend deutlicher werdenden Notwendigkeit der wirtschaftspolitischen Steuerung auch von Systemen mit Privateigentum an Produktionsmitteln und überwiegender Marktregelung erfolgte eine deutliche Hinwendung wirtschaftswissenschaftlicher Fragestellungen zu lenkungsökonomischen Problemen. Dies wird unmittelbar durch den pragmatischen Ansatz der *Keynes*'schen Ökonomie zur Lösung von Steuerungsproblemen im Makrobereich bei Autonomie der Entscheidungen im Mikrobereich erkennbar, ein Ansatz, der zur Konstruktion von Entscheidungsmodellen führt. Wirtschaftspolitische Entscheidungsmodelle sollen die Möglichkeit der Simulation wirtschaftspolitischer Entscheidungen bieten, die wahrscheinlichen Konsequenzen alternativer Strategien aufzeigen und damit auch Grundlage der politischen Entscheidung sein.

Wirtschaftspolitische Entscheidungsmodelle werden in der Regel als ökonometrische Gleichungssysteme formuliert, über die der wirtschaftliche Kernprozeß und damit der Zusammenhang zwischen Zielen und Mitteln beschrieben wird. Vorausgesetzt sind eine bestimmte Gesellschaftsstruktur, die zu realisierenden Ziele und die wirtschaftspolitischen Mittel, die als systemkonform und damit als zulässige Instrumente gewertet werden.

Dieser methodische Ansatz folgt unmittelbar aus dem Erkenntnisinteresse der Lenkungsökonomie. Der Zusammenhang zwischen Gesellschaftsstruktur, Zielformulierung und Mittelwahl wird nicht überprüft, da lediglich die Konsequenzen möglicher Stabilisierungsstrategien gesucht werden. Die Entscheidung über die zu realisierende Strategie bleibt ebenso wie die Zielformulierung und Mittelwahl im politischen Raum.[1]

1. Struktur ökonomischer Schwingungsmodelle und quantitative Wirtschaftspolitik

Die formale Beschreibung des wirtschaftlichen Kernprozesses und des durch die entscheidungslogische Interpretation abzuleitenden Ziel-Mittel-Zusammenhanges erfolgt

---

* Eine in Teilen überarbeitete und leicht ergänzte Fassung des gleichnamigen Artikels in: IBM-Nachrichten, 21. Jg. (1971), S. 600—603.

1 Zum methodischen Ansatz vgl. *Fox, K., u. a.:* The Theory of Quantitative Economic Policy. With Application to Economic Growth and Stabilization, Amsterdam 1966. Eine kritische Stellungnahme findet sich etwa bei *Albert, H.:* Ökonomische Ideologie und Politische Theorie, Göttingen 1954.

im Rahmen der makroökonomischen, dynamischen Kreislauftheorie über Differenzen- oder Differentialgleichungssysteme. Im Interesse der mathematischen Lösbarkeit werden die ökonomischen Probleme durch Vereinfachungen meist so reduziert, daß lineare, autonome Differentialgleichungssysteme entstehen, die leicht auf Stabilität und, im Rahmen der Theorie der quantitativen Wirtschaftspolitik, auf Optimalität geprüft werden können.

Die typische Struktur kurzfristiger Ansätze soll am Beispiel des *Phillips*-Modells verdeutlicht werden[2]: Die gesamtwirtschaftliche Nachfrage (Y_D) wird im einfachsten Falle als Summe der Konsumgüternachfrage (C) und Investitionsgüternachfrage (I) definiert:

$$(1.1) \qquad Y_D = C + I.$$

Die Konsumgüternachfrage soll einen konstanten Bruchteil des Volkseinkommens (Y) betragen

$$(1.2) \qquad C = cY, \; 0 < c < 1,$$

die Entscheidung über die Investitionsgüternachfrage einen konstanten Bruchteil der Veränderung des Volkseinkommens (Akzelerator):

$$(1.3) \qquad E = v\dot{Y}. \qquad \text{[Dimension: Währungseinheit (DM) pro Zeiteinheit]}$$

Die Entscheidung über die Investition ist gegenüber der wirksamen Investitionsgüternachfrage verzögert. Diese Verzögerung wird durch einen *distributed lag* der Art

$$(1.4) \qquad \dot{I} = \lambda(E - I), \; \lambda > 0$$

ausgedrückt. Diese *lag*-Formulierung wird auch bei dem mit

$$(1.5) \qquad \dot{Y} = \gamma(Y_D - Y), \; \gamma > 0$$

beschriebenen Nachfrage-Angebots-*lag* verwendet, der die Reaktion des Volkseinkommens bei expansiven und kontraktiven Lücken beschreibt. Ist die Nachfrage größer (kleiner) als das Angebot, steigt (fällt) das Volkseinkommen.

Das System weist die im Informationsflußbild dargestellten Zusammenhänge auf (Abbildung 1 – s. n. S.).

Die durch Reduktion entstehende Differentialgleichung

$$\ddot{Y} + \alpha\dot{Y} + \beta Y = 0$$
$$\alpha = \lambda(1 - \gamma v) + \gamma s$$
$$\beta = \gamma s v \qquad\qquad \text{mit} \qquad s = 1 - c$$

2 Vgl. *Phillips, A. W.*: Stabilization Policy in a Closed Economy, in: The Economic Journal, Vol. 64 (1954), S. 290–323.

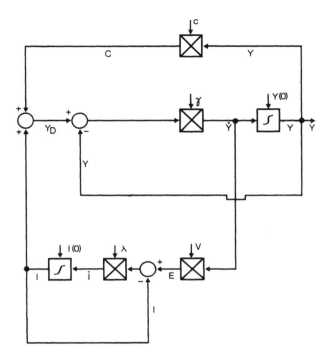

Abbildung 1: Das System als Informationsflußbild

Legende: Die Symbole entsprechen den im Text geannten.

⊠   symbolisiert Multiplikation

∫   symbolisiert Integration

symbolisiert Addition und Subtraktion

kann sehr einfach über die bekannten Kriterien auf Stabilität geprüft werden; eine Simulation erscheint weder auf dem Analog- noch auf dem Digitalrechner sinnvoll.

Zwei Aufgaben erscheinen notwendig:

a) die Untersuchung der Auswirkung wirtschaftspolitischer Aktivitäten auf die Stabilität der Systeme und die Formulierung optimaler Strategien;

b) die Überwindung der lediglich im Interesse der mathematischen Lösbarkeit erfolgenden Simplifizierung ökonomischer Probleme.

Ansätze der Lösung der erstgenannten Problematik sind bekannt. So kann das vorgestellte *Phillips*-System etwa durch Einführung der Staatsnachfrage erweitert und die Wirkung auf Stabilität und Niveau des Volkseinkommens über folgende Strategien geprüft werden:

a) differentiale Politik:

$$\dot{B} = f_D \frac{d(Y^* - Y)}{dt}, \; f_D > 0;$$

b) integrale Politik:

$$\dot{B} = f_i \int (Y^* - Y) \, dt, \; f_i > 0;$$

c) proportionale Politik:

$$\dot{B} = f_P (Y^* - Y), \; f_P > 0.$$

$$Y^* = \text{Sollwert.}$$
$$\dot{B} = \text{zeitliche Veränderung der Staatsausgaben.}$$

Das Problem der optimalen Kontrolle besteht schließlich in der Formulierung alternativer Performance-Integrale und der Lösung der damit verbundenen Optimierungsaufgabe. Im Rahmen der quantitativen Wirtschaftspolitik sind z. B. folgende Performance-Integrale von Interesse[3] :

a) Zeitoptimalität:

$$J = \int_{t_0}^{t_1} dt \rightarrow \text{Min.}, \quad \text{d. h.} \quad \Delta t = t_1 - t_0 = \text{Min.}$$

b) ITAE (Integral Time Absolute Error)

$$j = \int_{t_0}^{t_1} (Y - Y^*)^2 \, dt \rightarrow \text{Min.}$$

Auch in bezug auf die Forderung einer größeren Systemkomplexität sind Ansätze bekannt. Das System etwa von *Föhl*[4] zeichnet sich durch eine so komplexe Beschreibung der wirtschaftlichen Aktivität aus, daß eine Stabilitätsprüfung und die Beschreibung des zeitlichen Verhaltens relevanter Variabler unmöglich erscheint. Diese Versuche scheitern in der Regel an der Lösung nicht-linearer Differentialgleichungen und können mit Erfolg erst durch Simulation auf Analog- oder Digitalrechnern durchgeführt werden. Dabei erscheint die Simulation auf Analogrechnern[5] recht aufwendig

3 Vgl. u a. *Bolle, M.:* Optimale Staatsausgabenpolitik unter Verwendung quadratischer und zeitminimaler Gütekriterien, in: Konjunkturpolitik, 15. Jg. (1969), S. 345—355.
4 Das *Föhl*sche System findet sich vor allen in: *Föhl, C.:* Volkswirtschaftliche Regelkreise höherer Ordnung in Modelldarstellung, in: *Geyer, H.,* und *Oppelt, W.* (Hrsg.): Volkswirtschaftliche Regelungsvorgänge im Vergleich zu Regelungsvorgängen der Technik, München 1957, S. 49 bis 75. Eine Diskussion komplexer Systeme findet sich u. a. bei *Bolle, M.:* Kurz- und langfristige Analyse ungleichgewichtiger makroökonomischer Angebot-Nachfrage-Systeme. Schriften des Instituts für Theorie der Wirtschaftspolitik, Bd. 5, Berlin 1971.
5 Dazu u. a. *Engelke, K.:* Einfluß realistischer time-lags auf die Stabilität makroökonomischer Modelle. Schriften des Instituts für Theorie der Wirtschaftspolitik, Bd. 2, Berlin 1969.

und bleibt aufgrund der geringen Genauigkeit meist nur wenig exakt. Mit der Simulation auf Digitalrechnern können beide Probleme gelöst werden: Genauigkeit der Aussage und vergleichsweise geringe Aufwendigkeit.

2. Ein ungleichgewichtiges, kurzfristiges Makromodell

Im folgenden wird ein ökonomisches Makrosystem auf einem System IBM 7094 mit DSL/90 simuliert[6]. Dieses System erfüllt Mindestanforderungen an ein kurzfristiges, dynamisches Modell: Betrachtet werden drei Teilmärkte (Produktmarkt, Arbeitsmarkt, Geldmarkt), bei Aufgabe der Gleichgewichtsbedingung auf zwei Märkten: Es wird nicht unterstellt, daß Produktmarkt und Arbeitsmarkt bei Übereinstimmung von Angebot und Nachfrage im Gleichgewicht sind. Vielmehr wird eine Reaktion auf der Grundlage von (1.5) angenommen, wobei Y als reales Sozialprodukt und entsprechend C und I als reale Konsum- bzw. Investitionsgüternachfrage interpretiert werden. Damit ist es auch möglich, das zeitliche Verhalten von realen und monetären Größen getrennt zu prüfen. Die Konsumgüternachfrage wird in die der Haushalte der Selbständigen (C_P) und in die der Haushalte der Unselbständigen (C_L) aufgegliedert:

$$(2.1) \qquad C = c_P \cdot P + c_L \cdot L = c_P Y - (c_P - c_L)\,\alpha Y \quad \text{mit} \quad \frac{L}{Y} = \alpha = \frac{l \cdot A}{p \cdot Y}$$

wobei

$$\alpha = \text{Lohnquote und } L + P = Y,$$
$$L = \text{Lohnsumme, } P = \text{Profit.}$$

Die Investitionsgüternachfrage sei zinsabhängig:

$$(2.2) \qquad I = I(i), \quad I'(i) < 0,$$

die Beziehung zwischen Arbeitsinput (A) bei gegebener Ausstattung der Volkswirtschaft mit Realkapital durch die für die kurze Periode modifizierte *Cobb-Douglas-*Funktion

$$(2.3) \qquad Y = A^m, \ 0 < m < 1$$

darstellbar.

Die Beziehungen auf dem Geldmarkt werden analog zur *Keynes*schen Argumentation beschrieben. Bei Gleichgewicht auf dem Geldmarkt entspricht das Geldangebot

6 Die Simulation wurde im Deutschen Rechenzentrum, Darmstadt, während eines Seminars über Simulation kontinuierlicher Systeme im September 1969 durchgeführt. – Für Byte-Maschinen wurde DSL/90 zu CSMP, z B. /360, entwickelt. Vgl. dazu den Beitrag von *Kunstmann* in diesem Buch S. 181–194. (A. d. Hrsg.).

($\overline{\text{M}}$) der Geldnachfrage, die gemäß

$$(2.4) \qquad \overline{\text{M}} = kpY + pf(i), \quad k > 0, \quad f'(i) < 0$$

von der Höhe des Preisniveaus (p), des Zinses (i) und des Sozialproduktes abhängt. Es wird weiter unterstellt, daß die Notenbank eine durch

$$(2.5) \qquad M = \overline{\text{M}} - kpY$$

zu beschreibende Geldpolitik betreibt.

Die Arbeitsmarktbeziehungen werden durch ein unternehmerisches Verhalten konkretisiert, das durch

$$(2.6) \qquad \tau = lp^{-1}, \quad \tau = \text{konstant}$$

dargestellt werden soll. Damit wird angenommen, daß die Unternehmer Lohnerhöhungen über entsprechende Preisniveauerhöhungen so überwälzen, daß der Reallohn (τ) für die kurze Periode konstant bleibt[7].

Die Nominallohnbewegungen werden analog zur *Phillips*-Kurve über

$$(2.7) \qquad w_l = F(\gamma), \quad \gamma = A/Z, \quad Z = \text{Arbeitsangebot} = \text{konstant}$$

beschrieben. Danach ist die Wachstumsrate der Nominallöhne (w_l) abhängig vom Beschäftigungsgrad der Volkswirtschaft. Konstanz der Nominallöhne ist lediglich bei einem bestimmten Unterbeschäftigungsgrad (y*) zu erwarten; je weiter sich das System dem Zustand der Vollbeschäftigung nähert, um so stärker sind die Nominallohnerhöhungen. Die Begründung für diese Beziehung kann einmal über gewerkschaftliches Verhalten, zum anderen aber auch über den *wage*-Drift und die Konkurrenz der Unternehmer um die knappe Arbeitskraft gegeben werden (Abbildung 2).

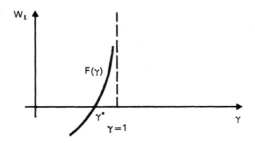

Abbildung 2: Zusammenhang zwischen Nominallohn und Beschäftigungsgrad

---

7 In der kurzen Periode kann von Reallohnerhöhungen aufgrund von Produktivitätszuwächsen abgesehen werden.

Legende:

w_l = Wachstumsrate der Nominallöhne

γ = Beschäftigungsgrad = Arbeitseinsatz dividiert durch Arbeitsangebot

Bei $\gamma = 1$ ist Vollbeschäftigung erreicht.

Bei γ^* sind die Nominallöhne konstant. Je näher die Vollbeschäftigungsgrenze rückt, um so höher ist der Anstieg der Nominallöhne.

Die genannten Argumente führen unter der Besonderheit, daß (1.5) durch

$$(2.8) \qquad \dot{y} = \frac{1}{y} \, (y_D - y)$$

ersetzt wird, zu den im Informationsflußbild dargestellten Zusammenhängen (Abbildung 3).

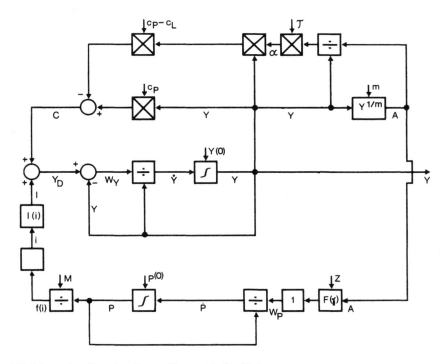

Abbildung 3: Das simulierte ökonomische Makrosystem

Legende:

Die Symbole entsprechen denen im Text. Über die in Abbildung 1 genannten Blöcke hinaus gilt:

÷   symbolisiert Division

☐   noch zu bestimmender Übergang oder (sofern ausgefüllt) Übertragungsfunktion

3. Qualitative Abschätzung und Simulation des Systems

Durch fortgesetzte Substitution entsteht aus (2.1) bis (2.8) das Differentialgleichungssystem

(3.1) $\qquad \dot{A} \;=\; m^{-1} A[I(p) - H(A)], \quad I'(p) < 0$

(3.2) $\qquad H(A) = Y(A) \, [s_p - \bar{s} \, \alpha(A)] \qquad$ mit $\quad s_p = 1 - c_p$

(3.3) $\qquad \dot{p} \;=\; pF(\gamma)$.

Dieses System enthält eine Reihe nicht-linearer Ausdrücke, so daß eine Lösung schwierig erscheint. Einige Ergebnisse können jedoch sofort abgeleitet werden. So werden die Gleichgewichtswerte des Systems durch

(3.4) $\qquad I(p^*) \;=\; H(A^*)$

(3.5) $\qquad F(\gamma^*) \;=\; 0$

gegeben. Im Phasendiagramm gelten folgende Zusammenhänge: wegen $I'(p) < 0$ und $H'(A) > 0$, fällt die A*, p*-Kurve, wegen $F(\gamma^*) = 0$ verläuft die γ*-Gerade parallel zur p-Achse. Für alle A, p-Kombinationen oberhalb der A*, p*-Kurve fällt der Beschäftigungsgrad, für alle A, p-Kombinationen unterhalb dieser Kurve steigt der Beschäftigungsgrad. Das Preisniveau steigt für alle A, p-Kombinationen oberhalb der γ*-Geraden und fällt bei A, p-Kombinationen unterhalb dieser Geraden (Abbildung 4).

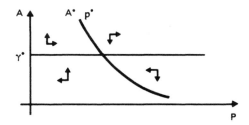

Abbildung 4: Veränderungen des Beschäftigungsgrades und des Preisniveaus

Legende:

A bezeichnet den Arbeitseinsatz, p das Preisniveau.
Die γ*-Gerade folgt aus (3.5), die A*, p*-Kurve aus (3.4). Die Pfeile verdeutlichen die Richtung, in die ein ausgelenkter Bildpunkt bewegt wird. (Vgl. dazu das vom Computer ausgedruckte Phasendiagramm in Abbildung 6. Es ist zu beachten, daß die Achsen in Abbildung 6 gegenüber Abbildung 4 vertauscht sind.) Der Anfangszustand ist durch ein Sternchen kenntlich gemacht. Aufgrund der zeitlichen Beschränkung (FINTIM) ist die Bewegung des Bildpunktes nicht bis zum Gleichgewichtswert ausgedruckt und errechnet.

Es ist daher anzunehmen, daß das System stabil ist, eine genaue Prüfung der Stabilität ist jedoch nur im lokalen Bereich möglich. Die lokale Stabilitätsprüfung hat dabei über

```
$IEDIT            SYSCK1,SRCH
$IBLDR MAIN
$IBLDR CENTRL
$IEDIT
       P1DOT=P*EFOGA
       EFOGA=-0.95+EFOA
       EFOA=A**EM/Z
       P=INTGRL(PO,P1DOT)
       A=INTGRL(AO,A1DOT)
       A1DOT=KELAS*A*INV-KELAS*A*HA
       INV=GELDM/P
       HA=YPS*SP-YPS*SQE*LOHQ
       LOHQ=(TAU*A)/YPS
       YPS=A**ELAS
PARAM Z=1.,EM=1.,ELAS=0.5,KELAS=2.,GELDM=0.169,SP=0.2,SQE=0.1,TAU=0.77
INCON AO=0.96,PO=1.
INTEG RKSFX
CONTRLDELT=0.4,FINTIM=20.
PRINT 0.5,P,YPS,LOHQ,INV,A
TITLE ZEITLICHES VERHALTEN OHNE KAP-EFFEKTE BEI ZUSCHLAG=KONST.
END
STOP



                 *** DSL/90 SIMULATION DATA ***

PARAM Z=1.,EM=1.,ELAS=0.5,KELAS=2.,GELDM=0.169,SP=0.2,SQE=0.1,TAU=0.77

INCON AO=0.96,PO=1.

INTEG RKSFX

CONTRLDELT=0.4,FINTIM=20.

PRINT 0.5,P,YPS,LOHQ,INV,A

TITLE ZEITLICHES VERHALTEN OHNE KAP-EFFEKTE BEI ZUSCHLAG=KONST.

END



                 *** DSL/90 SIMULATION DATA ***

PARAM Z=1.,EM=1.,ELAS=0.5,KELAS=2.,GELDM=0.169,SP=0.2,SQE=0.1,TAU=0.77

INCON AO=0.96,PO=1.

INTEG RKSFX

CONTRLDELT=0.4,FINTIM=20.

PREFAR0.5,P,YPS,LOHQ,A

GRAPH 8.,8.,TIME,P,YPS

LABEL ZEITL. VERH. VON PREIS U. SOZPR. OHNE KAP.EFF. BEI ZUSCHL.=KON.

GRAPH 8.,8.,TIME,LOHQ,A

LABEL ZEITL. VERH. VON LOHNQU. U. BESCH.GRAD O. KAPEFF. B.KON. ZUSCHL.

GRAPH 8.,8.,A,P

LABEL PHASENDIAGRAMM DES SYSTEMS

END
```

Abbildung 5: Das Simulationsprogramm

Erläuterungen zum Simulationsprogramm:

Das DSL-90-Programm besteht aus Strukturaussagen, Parameteraussagen und Bearbeitungsaussagen.

Die Strukturaussagen determinieren die – hier bereits mit dem mathematischen Gleichungssystem (2.1) bis (2.8) beschriebene – Modellstruktur:

P 1 DOT = P * EFOGA	aus (2.6) folgt die Gleichheit der Wachstumsraten des Preisniveaus und der Nominallöhne. Damit gilt, daß $\dot{p}$ (geschrieben als: P 1 DOT) durch die *Phillips*-Funktion EFOGA (dies meint F von Gamma) und p bestimmt ist.
EFOGA = –0,95 + EFOA	dieser Ausdruck bestimmt eine *Phillips*-Kurve, wobei EFOA in der folgenden Strukturaussage determiniert ist. Dabei meinen die Symbole:
**	Exponentiation
*	Multiplikation
+, –	Addition und Subtraktion
( )	Zusammenfassung und Vorrangsregelung
INTGRL	Integrierer
A 1 DOT = KELAS * A * INV –KELAS * A * HA	aus (2.8) folgt unter Beachtung von (2.3) und $Y_D = C + I$ die Beziehung (vgl. (3.1)) $$\dot{A} = m^{-1} A (I - H)$$ KELAS meint den Kehrwert der Produktionselastizität m.

Die weiteren Strukturaussagen beschreiben die Funktion H von A– HA–, die Gleichung für die Lohnquote – LOHQ – (ermittelt aus (2.6) und (2.3)), die Investitionsfunktion – INV – über die geschilderte Geldpolitik – GELDM – (vgl. (2.5)) und die Produktionsfunktion. Die Strukturaussagen lassen sich – und dies ist ein wesentlicher Vorteil in dieser Simulationssprache – unmittelbar aus dem mathematischen Gleichungssystem bzw. den Blockschaltbildern formulieren.

Mit Parameteraussagen werden Systemvariablen numerische Werte zugewiesen:

PARAM	bestimmt Z (Arbeitsangebot, normiert), EM bzw. KELAS (m bzw. m^{-1}), GELDM (Geldpolitik auf der Grundlage von (2.5)), SP (Sparquote der Profitempfänger), SQE (Differenz der Sparquoten der Bezieher von Einkommen aus unselbständiger Tätigkeit und der Profitempfänger), TAU als Ausdruck für den Gewinnzuschlag.
INCON	beschreiben die für die Integration notwendigen Anfangsbedingungen für A (Arbeitseinsatz) und P (Preisniveau) als AO und PO.

Die Bearbeitungsaussagen schließlich bestimmen die Anforderungen in Bezug auf das Integrationsverfahren und die Ergebnisausgaben.

INTEG	bestimmt das Integrationsverfahren als Runge-Kutta – mit fester Schrittweite (RKSFX) und
CONTRL, FINTIM	die Schrittweite und die Zeit. Mit
PRINT, TITLE,	sind die Ergebnisausgaben festgelegt. Das Programm ist damit abge-
PREPAR, GRAPH LABEL	schlossen.

eine Linearisierung des Systems entsprechend der *Taylor*-Entwicklung zu erfolgen, ein Ansatz, dessen Ergebnis nichts über die globale Stabilität aussagt. Die Prüfung der globalen Stabilität ist jedoch durch Simulierung des Systems möglich.

Die Simulation mit DSL/90 führt zu dem Programm in Abbildung 5. Die Strukturaussagen zeigen, daß das System unter den Annahmen $f(i) = I(i)$ und $F(\gamma) = -0.95 + A/Z$ simuliert wird. Die numerischen Werte für die Parameter sind entsprechend den Parameteraussagen gewählt, gleiches gilt für die Anfangsbedingungen (INCON). Für die Bearbeitungsaussagen gilt, daß sowohl ein numerischer Ausdruck als auch eine graphische Darstellung des Phasendiagramms und des zeitlichen Verhaltens des Preisniveaus, des realen Sozialproduktes, der Lohnquote und der Beschäftigung bei einem Integrationsverfahren gemäß *Runge/Kutta* bei fester Schrittweite gefordert wird. Die Ergebnisse sind in Abbildung 6 dargestellt.(Rechenzeit 4.91 Minuten für numerischen Ausdruck, Rechenzeit 2,65 Minuten für Diagramme).

Abbildung 6: Ergebnisse der Simulation

```
ZEITLICHES VERHALTEN OHNE KAP-EFFEKTE BEI ZUSCHLAG=KONST.

TIME          P            YPS          LOHQ         INV          A
0.            1.0000E 00   9.7980E-01   7.5444E-01   1.6900E-01   9.6000E-01
8.000E-01     1.0371E 00   1.0148E 00   7.8138E-01   1.6296E-01   1.0298E 00
1.200E 00     1.0773E 00   1.0295E 00   7.9273E-01   1.5687E-01   1.0599E 00
1.600E 00     1.1316E 00   1.0414E 00   8.0187E-01   1.4935E-01   1.0845E 00
2.000E 00     1.1986E 00   1.0499E 00   8.0840E-01   1.4099E-01   1.1022E 00
2.800E 00     1.3635E 00   1.0559E 00   8.1303E-01   1.2394E-01   1.1149E 00
3.200E 00     1.4554E 00   1.0536E 00   8.1130E-01   1.1612E-01   1.1101E 00
3.600E 00     1.5486E 00   1.0483E 00   8.0722E-01   1.0913E-01   1.0990E 00
4.000E 00     1.6385E 00   1.0405E 00   8.0115E-01   1.0314E-01   1.0826E 00
4.800E 00     1.7914E 00   1.0191E 00   7.8470E-01   9.4338E-02   1.0386E 00
5.200E 00     1.8468E 00   1.0066E 00   7.7511E-01   9.1512E-02   1.0133E 00
5.600E 00     1.8843E 00   9.9364E-01   7.6511E-01   8.9687E-02   9.8733E-01
6.000E 00     1.9028E 00   9.8053E-01   7.5501E-01   8.8818E-02   9.6144E-01
6.800E 00     1.8825E 00   9.5542E-01   7.3567E-01   8.9773E-02   9.1282E-01
7.200E 00     1.8466E 00   9.4406E-01   7.2692E-01   9.1519E-02   8.9124E-01
7.600E 00     1.7967E 00   9.3385E-01   7.1906E-01   9.4063E-02   8.7208E-01
8.000E 00     1.7357E 00   9.2504E-01   7.1228E-01   9.7369E-02   8.5569E-01
8.800E 00     1.5932E 00   9.1238E-01   7.0254E-01   1.0608E-01   8.3245E-01
9.200E 00     1.5179E 00   9.0889E-01   6.9984E-01   1.1134E-01   8.2608E-01
9.600E 00     1.4436E 00   9.0745E-01   6.9874E-01   1.1707E-01   8.2347E-01
1.000E 01     1.3725E 00   9.0818E-01   6.9930E-01   1.2313E-01   8.2478E-01
1.080E 01     1.2476E 00   9.1620E-01   7.0548E-01   1.3546E-01   8.3943E-01
1.120E 01     1.1967E 00   9.2340E-01   7.1102E-01   1.4123E-01   8.5268E-01
1.160E 01     1.1547E 00   9.3253E-01   7.1805E-01   1.4635E-01   8.6961E-01
1.200E 01     1.1226E 00   9.4329E-01   7.2634E-01   1.5054E-01   8.8980E-01
1.280E 01     1.0890E 00   9.6813E-01   7.4546E-01   1.5507E-01   9.3727E-01
1.320E 01     1.0898E 00   9.8116E-01   7.5549E-01   1.5507E-01   9.6267E-01
1.360E 01     1.1009E 00   9.9380E-01   7.6523E-01   1.5352E-01   9.8764E-01
1.400E 01     1.1229E 00   1.0055E 00   7.7420E-01   1.5051E-01   1.0109E 00
1.480E 01     1.1978E 00   1.0237E 00   7.8822E-01   1.4110E-01   1.0479E 00
1.520E 01     1.2487E 00   1.0294E 00   7.9267E-01   1.3534E-01   1.0597E 00
1.560E 01     1.3068E 00   1.0327E 00   7.9520E-01   1.2933E-01   1.0665E 00
1.600E 01     1.3698E 00   1.0335E 00   7.9580E-01   1.2338E-01   1.0681E 00
1.680E 01     1.5007E 00   1.0281E 00   7.9164E-01   1.1262E-01   1.0570E 00
1.720E 01     1.5628E 00   1.0224E 00   7.8728E 01   1.0814E-01   1.0454E 00
1.760E 01     1.6190E 00   1.0153E 00   7.8175E-01   1.0438E-01   1.0307E 00
1.800E 01     1.6666E 00   1.0069E 00   7.7531E-01   1.0140E-01   1.0138E 00
1.880E 01     1.7282E 00   9.8810E-01   7.6084E-01   9.7791E-02   9.7634E-01
1.920E 01     1.7398E 00   9.7835E-01   7.5333E-01   9.7139E-02   9.5716E-01
1.960E 01     1.7382E 00   9.6876E-01   7.4595E-01   9.7226E-02   9.3850E-01
2.000E 01     1.7241E 00   9.5963E-01   7.3891E-01   9.8023E-02   9.2089E-01
```

Druckausgabe

Abbildung 6: Ergebnisse der Simulation (Fortsetzung)

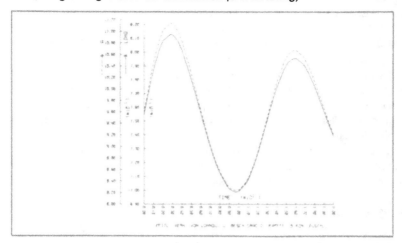

Plotterausgabe: zeitliches Verhalten von Lohnquote und Beschäftigungsgrad

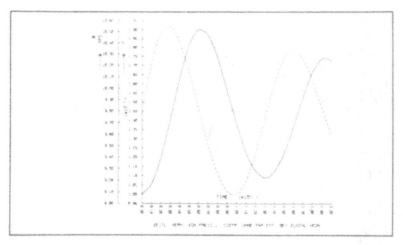

Plotterausgabe: zeitliches Verhalten von Preis und Sozialprodukt

Abbildung 6: Ergebnisse der Simulation (Fortsetzung)

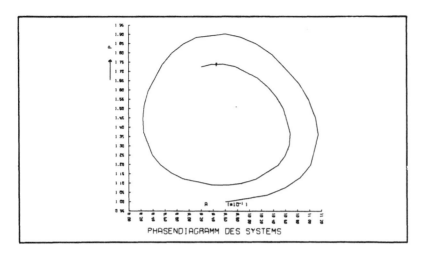

PHASENDIAGRAMM DES SYSTEMS

Phasendiagramme des Systems

Das Phasendiagramm zeigt den durch die qualitative Abschätzung erwarteten Zusammenhang und die asymptotische Stabilität des Systems. In bezug auf das zeitliche Verhalten erscheint die zeitliche Verschiebung zwischen realem Sozialprodukt ebenso interessant wie die Korrelation zwischen Beschäftigung und Lohnquote. In allen Fällen ist eine Systemdämpfung zu beobachten.

Die Lösung ist von den Anfangsbedingungen und Parametern nicht unabhängig. Stabilitätsüberprüfungen sind durch Variation der Anfangsbedingungen und Parameter leicht möglich. Die Wirkungen alternativer Stabilisierungspolitiken (etwa Ersetzung der mit (2.5) formulierten Geldpolitik und Einbeziehung staatlicher Stabilisierungsstrategie gemäß den unter (1) genannten Möglichkeiten) können durch weitere Simulationsläufe leicht ermittelt werden.

Nachwort

Zukünftige Entwicklungsmöglichkeiten des systemorientierten Ansatzes in der Betriebswirtschaftslehre

von *Hans Ulrich* *

Heute läßt sich sagen, daß die systemorientierte Betriebswirtschaftslehre im Begriff steht, die erste Phase einer vorwiegend mechanistischen Übertragung einfacher System- und Regelkreisvorstellungen auf die Unternehmung zu verlassen und ihre wirkliche Aufgabe in Angriff zu nehmen, dem komplexen Charakter der Unternehmung entsprechende Gestaltungsmodelle zu entwerfen. Das Verhalten der Unternehmung wird als Komplex kontinuierlicher Lernprozesse aufgefaßt, und das System Unternehmung muß so gestaltet werden, daß diese Lernprozesse sich ungehindert abspielen können und zu einem dauernden dynamischen Gleichgewicht mit einer ebenfalls komplexen und lernenden Umwelt führen. Die Aufgabe der Betriebswirtschaftslehre besteht dann nicht mehr darin, fertige Problemlösungen anzubieten, sondern Modelle für die Gestaltung der Unternehmung und ihrer Subsysteme, welche genügend Ausgangsvarietät besitzen, um sich selbstdifferenzierend weiter zu entwickeln. Für unsere Absolventen wird es dann die wichtigste Fähigkeit sein, auf der Basis eines soliden kybernetischen und inhaltlichen Wissens solche Lernprozesse für Managementaufgaben entwerfen und handhaben zu können.

Im Systemansatz sehe ich jedoch für die Zukunft auch eine faire Chance, zu neuen Gestaltungsmodellen für viele Bereiche der menschlichen Gesellschaft schlechthin zu kommen. Die systemorientierte Betriebswirtschaftslehre kann einmal unmittelbar die Probleme der Eingliederung der Unternehmung in die moderne Industriegesellschaft aufzeigen und darlegen, daß weder das neoliberale Leitbild der Unternehmung als einer selbständigen und „reinen" Wirtschaftseinheit noch das planwirtschaftliche Konzept einer staatlichen Steuerung zukunftsträchtige Alternativen darstellen. Sie kann — und das scheint mir für eine unmittelbare Zukunft die wichtigste Aufgabe zu sein — komplexe „Metasysteme" zur Lösung der großen Probleme unserer Zeit entwickeln, die weder vom Staat noch von privaten Unternehmungen allein gelöst werden können; — große Systeme, in die viele Unternehmungen eingegliedert sind und die m. E. eine sinnvolle Alternative zur Bildung von Riesenunternehmungen darstellen.

Die Betriebswirtschaftslehre hat m. E. zum ersten Mal in ihrer Geschichte einen tragfähigen Ansatz gefunden, um sich zu einer allgemeinen Managementlehre zu entwickeln, d. h. zu einer allgemeinen Lehre von der Gestaltung und Lenkung zweckorientierter sozialer Systeme.

---

* Auszug aus: *Ulrich, Hans:* Der systemorientierte Ansatz in der Betriebswirtschaftslehre, in: Wissenschaftsprogramm und Ausbildungsziele der Betriebswirtschaftslehre. Tagungsberichte des Verbandes der Hochschullehrer für Betriebswirtschaft e. V., Band 1, hrsg. von *Gert v. Kortzfleisch,* Berlin 1971, S. 43—60, hier S. 59—60.

Abschließend möchte ich betonen, daß die Auffassung, die systemorientierte Betriebswirtschaftslehre schließe höhere Werte aus ihren Überlegungen aus und reduziere im praktischen Ergebnis den Menschen zu einem mechanischen Element in einem Regelkreis, falsch ist und auf mangelhaften Kenntnissen der Systemtheorie und der Kybernetik beruht. Dieses Mißverständnis wird gefördert durch die leider in Deutschland weitverbreitete Verwendung von Ausdrücken aus der Schwachstromtechnik zur Bezeichnung allgemeiner kybernetischer Begriffe. Die höherentwickelten kybernetischen Modelle, welche der Komplexität der Unternehmungen und ihrer Umwelt entsprechen, zeigen mit aller Deutlichkeit auf, daß die Unternehmungen weder Automaten im Sinne der bisherigen Technik sind noch durch einige wenige Menschen zentral beherrscht werden können, sondern daß sie durch eine Vielzahl geistig sehr beweglicher Menschen aufgrund eines Ausgangsmodells laufend neu gestaltet werden müssen. Wenn etwas mit diesen Systemvorstellungen nicht vereinbar ist, dann sind es eine einfache Hierarchie im Sinne linearer Steuerketten und ein autoritärer Führungsstil. Und endlich wird kein vernünftiger Mensch künstliche, kostspielige Systeme entwerfen und funktionsfähig gestalten, ohne nach dem Sinn dieses Funktionierens zu fragen. Die systemorientierte Betriebswirtschaftslehre kann gar nicht anders, als die Unternehmung als offenes System in ihrer Verflechtung mit der Umwelt zu sehen und zu verstehen zu suchen, welche Anforderungen eine zukünftige Gesellschaft an sie stellen wird.

Kurzbiographien

Prof. Dr. rer. pol. *Jörg Baetge*, Seminar für Treuhandwesen an der Universität Frankfurt/Main

Geb. 16. 8. 1937 in Erfurt. 1959–1964 Studium der Betriebswirtschaftslehre, 1964 Dipl.-Kfm. an der Universität Frankfurt/Main. 1968 Dr. rer. pol. an der Universität Münster, 1973 o. Prof. an der Universität Frankfurt/Main. Die besonderen Forschungsinteressen gelten der Prüfungsplanung und der betriebswirtschaftlichen Systemtheorie.

Dr. rer pol. *Wilfried Bechtel*, Akad. Oberrat am Fachbereich Wirtschafts- und Sozialwissenschaften der Universität Münster

Geb. 29. 10. 1936. Mehrjährige kaufmänn. Praxis im In- und Ausland. 1969 Dipl.-Vw., 1972 Dr. rer. pol. mit „Theoretische Grundlagen zur Prognose der Absatzmöglichkeiten in den einzelnen Branchen" an der Universität Münster. Die besonderen Forschungsinteressen gelten dem betrieblichen Rechnungswesen, dem Revisionswesen, der Prognoserechnung und dem Controlling.

Dipl.-Kfm. *Gerhard Bolenz*, wiss. Ass. am Seminar für Treuhandwesen an der Universität Frankfurt/Main

Geb. 14. 9. 1948 in Gau-Algesheim/Rhein. 1968–1972 Studium der Wirtschaftswissenschaften, 1972 Dipl.-Kfm. an der Universität Frankfurt/Main, seit 1973 wiss. Ass. am Seminar für Treuhandwesen an der Universität Frankfurt/Main. Beabsichtigte Dissertation zu einem Thema auf dem Gebiet der betriebswirtschaftlichen Systemtheorie.

Prof. Dr. rer. pol. *Michael-Detlef Bolle*, Fachbereich Politische Wissenschaft an der FU Berlin

Geb. 27. 10. 1941. 1961–1966 Studium der Volkswirtschaftslehre an der FU Berlin; 1969 Promotion zum Dr. rer. pol.; 1967–1971 wiss. Ass. bei Prof. Dr. Carl Föhl. 1971–1972 Äss.-Prof. an der FU Berlin, Fachbereich Wirtschaftswissenschaften. 1972–1974 Prof. für Makroökonomie und allg. Wirtschaftspolitik an der FHW Berlin. Seit WS 1974/75 Prof. für politische Ökonomie – insb. staatliche Wirtschaftspolitik – an der FU Berlin, Fachbereich Politische Wissenschaft. Die Lehr- und Forschungsgebiete sind ökonomische Systemtheorie und Wirtschaftskybernetik, Wachstums- und Verteilungstheorie, allg. Wirtschaftspolitik und politische Ökonomie.

Prof. *Kenneth Ewart Boulding*, University of Colorado, USA

Geb. 18. 1. 1910 in Liverpool, England. Lebt seit 1937 in den USA. B. A. Oxford 1931, M. A. 1939. 1934–1937 Lehrtätigkeiten an der University Edinburgh, 1937–1941 an der Colgate University. 1943–1946 Associate Professor, 1947–1949 Professor an dem Iowa State College, 1949–1967 an der University of Michigan, seit 1967 an der University of Colorado.

Prof. *Jay W. Forrester,* Alfred P. Sloan School of Management, Massachusetts Institute of Technology, Cambridge, Mass., USA

Geb. 1918 in Nebraska. B. Sc., M. Sc., D. Eng. (hon., mult.), D. Sc. (hon.). Forschungen in Servomechanik, Elektrotechnik, Informatik, Management Science und Systems Dynamics. Zahlreiche akademische Ehrungen.

Dr. rer. pol. *Herbert Fuchs,* Mitarbeiter am Seminar für Allg. Betriebswirtschaftslehre und Organisationslehre der Universität Köln

Geb. 1935 in Ludwigshafen. Studium des Maschinenbaus an der TH Darmstadt und der Betriebswirtschaftslehre an der Wirtschafts-Universität Mannheim sowie an der Universität Köln. 1971 Dr. rer. pol. an der Universität Köln. Er ist zur Zeit (1974) als Projektleiter der Abt. „Automationsforschung" am Seminar für Allg. Betriebswirtschaftslehre und Organisationslehre der Universität Köln tätig. Seit 1972 Lehrbeauftragter in Köln. Hauptarbeitsgebiet sind systemtheoretisch-kybernetische Ansätze zur Organisationstheorie.

Prof. *Viktor Michailowitsch Gluschkow,* Institut für Kybernetik der Ukrainischen Akademie der Wissenschaften in Kiew, UdSSR

Gluschkow ist Mitglied der Akademie der Wissenschaften und erhielt für eine Reihe von Arbeiten über die Theorie der Automaten den Leninpreis. Aus seiner Feder stammen mehr als 300 Schriften über Algebra und Theoretische Kybernetik (Theorie der Automaten, Algorithmentheorie, Theorie der Großsysteme usw.). In seinen jüngsten Arbeiten befaßt sich Gluschkow mit Fragen der automatisierten Entwicklung von elektronischen Rechenmaschinen und der Entwicklung von automatisierten Systemen zur Lenkung der Volkswirtschaft.

Dr. rer. pol. *Reinhold Hömberg,* Seminar für Treuhandwesen an der Universität Frankfurt/Main

Geb. 1945 in Havixbeck. Studium der Wirtschaftswissenschaften in Kiel, Bonn, Münster und Cambridge (Mass.). Dipl.-Kfm. 1969. 1973 Dr. rer. pol.

Prof. Dr. Ing. *Heinz Hermann Koelle,* Institut für Raumfahrttechnik an der TU Berlin

Geb. 22. 7. 1925 in Danzig-Langfuhr. 1954 Dipl.-Ing. an der TH Stuttgart, 1963 Dr. Ing. an der TU Berlin. 1948 gründete Koelle die „Deutsche Gesellschaft für Raketentechnik und Raumfahrtforschung" in Stuttgart. 1951 war er beteiligt an der Gründung der "International Astronautical Federation", 1952 gründete er das „Astronautische Forschungsinstitut Stuttgart". 1955—1960 Leiter der Abt. für Vorprojektierung in der "U. S. Ballistic Missile Agency", Huntsville/Alabama, USA. Weiterhin betätigte er sich an der Entwicklung der JUNO I und JUNO II — Träger-Raketen und an dem Start des ersten Satelliten der Vereinigten Staaten am 31. 1. 1958. Als Direktor für zukünftige Projekte am George C. Marshall Space Flight Center nahm er an der Vorbereitung des APOLLO-Projektes teil und war für potentielle Raumflugprojekte in der sog. Nach-Apollo-Periode bis 1965 verantwortlich. Er wurde 1962 Staatsbürger der USA. Koelle ist Ehrenmitglied der Deutschen Gesellschaft für Luft- und Raumfahrt (DGLR), Mitglied der "British Interplanetary Society", dem "American Institute of Aeronautics and Astronautics", der "Operations Research Society of America" und des „VDI". Im Dezember 1966 wurde er zum korrespondierenden Mitglied der "International Academy of Astronautics" gewählt. Er ist Mitglied des Vorstandes des „Zentrums Berlin für Zukunftsforschung e. V.". Im Jahre 1953 wurde ihm die Medaille des Französischen Aero-Clubs und 1963 die Hermann-Oberth-Medaille verliehen. 1966 erhielt er den „Hermann-Oberth-Award" der Alabama Sektion der AIAA.

Prof. Dr. rer. oec. *Horst Koller*, o. Prof. für Betriebswirtschaftslehre an der Universität Würzburg

Geb. 21. 7. 1934 in Nürnberg. 1956 Dipl.-Kfm., 1960 Dr. rer. oec. an der Hochschule für Wirtschafts- und Sozialwissenschaften in Nürnberg. Zwischenzeitlich wiss. Ass. und Mitarbeiter einer Beratungsfirma für mittlere und große Unternehmen. 1961–1970 Mitarbeiter bei IBM Deutschland GmbH in Sindelfingen, Chefberater der DP Grundlagenforschung. 1962–1965 Lehrauftrag Universität Erlangen-Nürnberg. 1968 Habilitation für Betriebswirtschaftslehre an der Universität Erlangen-Nürnberg über „Berechnungsexperimente in der Betriebswirtschaft – Simulation und Planspieltechnik". Seit 1970 o. Prof. an der Universität Würzburg. Vorstand des neu gegründeten Instituts für Industriebetriebslehre und Wirtschaftsinformatik. Besondere Interessen gelten der Industriebetriebslehre, Wirtschaftsinformatik, Unternehmensführung, Planung, Organisation, dem Rechnungswesen, der Datenverarbeitung und Automation.

Dr.-Ing. E. h. *Karl Küpfmüller*, em. o. Prof. Technische Hochschule Darmstadt

Geb. 6. 10. 1897 in Nürnberg. Besuch der Realschule und des Technikums in Nürnberg. Telegraphenversuchsamt in Berlin 1919–1921. Siemens & Halske AG Berlin, Zentrallaboratorium 1921–1928; o. Prof. an der TH Danzig (Grundlagen der Elektrotechnik, theoretische Elektrotechnik) 1928–1935, o. Prof. an der TH Berlin-Charlottenburg (Grundlagen der Elektrotechnik, theoretische Elektrotechnik, Fernmeldetechnik) 1935–1937. Siemens & Halske AG Berlin, Zentrale Entwicklungsleitung 1937–1945. Honorarprof. an der TH Berlin-Charlottenburg 1937–1945. Rohde & Schwarz München 1946–1948. Standard Elektrizitätsgesellschaft Stuttgart, Vorstandsmitglied und Techn. Direktor 1948–1952. O. Prof. an der TH Darmstadt (Elektrotechnik, Allgemeine Nachrichtentechnik) seit 1952; em. seit 1963. Honorarprof. an der Universität Stuttgart seit 1951. Dr.-Ing. E. h. TH Danzig 1944. Mitglied der Akademie der Wissenschaften und der Literatur Mainz seit 1954. Korrespondierendes Mitglied der Bayerischen Akademie der Wissenschaften seit 1964. Veröffentlichungen zu den Gebieten der Elektrotechnik, Nachrichtentechnik, Elektronik und Kybernetik.

Dr. rer. nat. *Dirk Kunstmann*, IBM Deutschland GmbH, Hamburg

Geb. 1937 in Wilhelmshaven. 1964 Staatsexamen in Physik und Mathematik an der Universität Göttingen. Arbeit am Institut für Schwingungsphysik unter Prof. Dr. E. Meyer in Göttingen. 1967 Promotion in Göttingen mit einer experimentellen Arbeit über ein akustisches Interferenzproblem. Eintritt in die IBM Deutschland GmbH in Stuttgart. Beschäftigung mit Programmen zur Simulation dynamischer und diskreter Systeme. Seit 1971 bei der gleichen Firma in der Programmentwicklung in Hamburg tätig.

Dr. rer. pol. *Helmut Lehmann*, Akad. Oberrat an der Universität Köln

Geb. 30. 7. 1930. 1959 Dipl.-Kfm. an der FU Berlin, 1964 Dr. rer. pol. an der Universität Mannheim (WH). Zur Zeit (1974) Akad. Oberrat an der Universität Köln am Seminar für Allg. Betriebswirtschaftslehre und Organisationslehre und Forschungsleiter der Abt. „Automationsforschung" des Seminars. Die Hauptarbeitsgebiete sind Organisationstheorie, Systemtheorie und Kybernetik, Betriebsverbindungen, Typologie.

Prof. Dr. rer. pol. *Peter Lindemann*, IBM Deutschland GmbH, Stuttgart

Geb. 16. 1. 1917 in Koblenz. Studium der Wirtschaftswissenschaften und Jura in Bonn und Frankfurt/Main von 1940–1943. 1953 Dr. rer. pol. an der Universität Frankfurt/Main bei Prof. Dr. Gutenberg. Nach 13-jähriger Praxis als Prüfungsleiter und Organisationsberater bei Price Waterhouse & Co. 1960 Eintritt bei IBM Deutschland GmbH. 1962–1968 Lehrbeauftragter an der Universität Mannheim. 1968 Ernennung zum Honorarprof. Seine Veröffentlichungen betreffen das Gebiet der betriebswirtschaftlichen Organisation, der Datenverarbeitung und Kybernetik.

Prof. Dr. rer. pol. *Heribert Meffert*, o. Prof. für Betriebswirtschaftslehre an der Universität Münster

Geb. 11. 5. 1937 in Oberlahnstein/Rhein. 1961 Dipl.-Kfm., 1964 Dr. rer. pol. an der Universität München. Wiss. Ass. am Institut für industrielle Unternehmensforschung bei Prof. Dr. E. Heinen. 1968 Habilitation an der Universität München über „Flexibilität in Betriebswirtschaftlichen Entscheidungen". 1968 o. Prof. an der Universität Münster, Gründung des Instituts für Marketing. Die besonderen Forschungsinteressen gelten der system- und entscheidungsorientierten Marketing-Theorie. Dabei liegt die Betonung auf dem verhaltensorientierten Ansatz des Marketing. Dem Problemkreis der Marketing-Informationssysteme und der Untersuchung von quantitativen Marketing-Modellen hat Prof. Meffert in jüngster Zeit besonderes Interesse gewidmet.

Dipl.-Ing., Dipl.-Kfm. *Karl-Ernst Möhrstedt*, IBM Deutschland GmbH, Bochum

Geb. 7. 12. 1938 in Halle/Saale. 1963 Dipl.-Ing. an der TH Aachen. 1963–1965 prakt. Arbeit in der Industrie als Versuchs- und Entwicklungsingenieur in Köln. 1968 Dipl.-Kfm. nach Zweitstudium an der Universität Köln. 1968–1970 Arbeit an verschiedenen Forschungsaufträgen als wiss. Hilfskraft am Seminar für Allg. Betriebswirtschaftslehre und Organisationslehre der Universität Köln. Seit 1971 Mitarbeiter in kfm. Außendienst der IBM Deutschland GmbH, Bochum.

Prof. Dr. rer. nat. *Joachim A. Nitsche*, Institut für Angewandte Mathematik der Universität Freiburg i. Br.

Geb. 2. 9. 1926 in Nossen/Sa. 1951 Dr. rer. nat., 1953 Habilitation in Berlin, 1962 o. Prof. für Mathematik in Freiburg i. Br. Das Hauptforschungsgebiet sind numerische Methoden.

Prof. Dr. rer. pol. *Bernd Schiemenz*, Prof. für Betriebswirtschaftslehre an der Universität Marburg

Geb. 1939 in Frankfurt/Main. 1964 Wirtsch.-Ing. TH Darmstadt. 1964–1968 wiss. Ass. in Darmstadt sowie ein Jahr Berater der OECD (Paris), 1968–1972 wiss. Ass. in Marburg. 1969 Dr. rer. pol. in Darmstadt. 1972 Prof. Universität Marburg. Er lehrt insb. Allg. Betriebswirtschaftslehre, betriebliche Datenverarbeitung und Unternehmensforschung. Aktuelle Forschungsschwerpunkte sind Betriebskybernetik, Automatisierung und Anwendungen von Operations Research-Verfahren.

Prof. *Herbert Alexander Simon*, Carnegie Mellon University, Pittsburgh, USA

Geb. 1916 in Milwaukee/USA. B. A., University of Chicago 1936. Research Assistant, University of Chicago 1936–1938. Praktische Tätigkeit als Assistant Manager 1938–1942. Ph. D., University of Chicago 1943. Assistant Professor, Illinois Institute for Technology 1942–1945. Associate Professor, Illinois Institute for Technology 1945–1947. Professor, Illinois Institute for Technology 1947–1949. Professor, Carnegie Institute of Technology, Pittsburgh 1949–1965. Professor of Computer Science and Psychology, Carnegie Mellon University, Pittsburgh, seit 1965, mehrere Doktortitel an verschiedenen Universitäten, umfangreiche praktische Tätigkeit als Berater und Gutachter.

Dr. rer. pol. *Hans-Ulrich Steenken*, wiss. Ass. am Institut für Revisionswesen der Universität Münster

Geb. 1945 in Schüllar/Krs. Wittgenstein. Studium der Betriebswirtschaftslehre in Göttingen und Münster, 1971 Dipl.-Kfm. an der Universität Münster. 1971–1974 Verwalter einer wiss. Ass.-Stelle am Institut für Revisionswesen der Universität Münster. 1974 Dr. rer. pol.

Prof. Dr.-Ing. *Karl Steinbuch*, Direktor des Instituts für Nachrichtenverarbeitung und -übertragung der Universität Karlsruhe

Geb. 1917 in Stuttgart-Bad Cannstatt. Studium der Physik an der TH Stuttgart, dort 1944 Promotion. 1948–1958 Labor- und Entwicklungsleiter bei der Firma Standard Elektrik Lorenz AG, Stuttgart. Verantwortlich für den Aufbau des Informatik-Systems „Quelle". Etwa 50 Patente aus verschiedenen Gebieten der Nachrichtentechnik. Seit 1958 o. Prof. und Institutsdirektor an der TH (jetzt Universität) Karlsruhe. Mitglied der „Deutschen Gesellschaft für Kybernetik", Mitglied der Akademie der Naturforscher LEOPOLDINA, Halle/Saale, Gründungsmitglied der „Gesellschaft für Zukunftsfragen e. V.", Mitglied der Société Européenne de Culture, Preisträger der „Wilhelm-Bölsche-Medaille in Gold" 1969, Verleihung des Deutschen Sachbuchpreises 1972 für das Buch „Mensch-Technik-Zukunft". Forschungsgebiete: Adaptive Systeme und Automatische Zeichenerkennung, Zukunft der Technik.

Dipl.-Ing. *Paul Truninger* M. S., Truninger AG, Maschinenfabrik, Solothurn (Schweiz)

Geb. 16. 6. 1932 in Solothurn, Schweiz. Studium an den Eidgenössischen Technischen Hochschulen in Lausanne und Zürich. 1955 Diplom als Elektroingenieur (Fachrichtung Elektronik, Ausbildung in Regelungstechnik). 1956 Ass. bei Prof. Dr. h. c. E. Gerecke, ETH Zürich. 1956–1957 Studium der Betriebswissenschaften am Georgia Institute of Technology, Atlanta, USA. 1958 Master of Science mit Diplomarbeit: "An Engineers Approach to the Dynamic Behavior of Microeconomic Systems". 1957–1958 Ingenieur im Forschungszentrum Sperry Rand in Norwalk, USA. Seit 1959 in Firma Truninger AG, Maschinenfabrik, Solothurn, ab 1965 als Direktor.

Prof. Dr. rer. pol. *Hans Ulrich*, Institut für Betriebswirtschaft an der Hochschule St. Gallen (Schweiz)

Geb. 1919 in Brig, Schweiz. 1944 Dr. rer. pol., 1947 Habil. Universität Bern. 1951–1953 Vizedirektor des betriebswirtschaftlichen Instituts an der ETH Zürich, 1953 ao. Prof. Universität Bern, 1953 o. Prof. HH St. Gallen. Veröffentlichungen auf den Gebieten der Organisationslehre, des Personalwesens, der Unternehmenspolitik und der Systemtheorie.

Sachregister